电脑美术设计与制作职业应用项目教程

3ds Max职业应用实训教程

主　编　张妍霞
副主编　冯伟博
参　编　王　丰　赵　丹　黄春光
徐慧槟　姜文远　耿利敏
于永胜

机 械 工 业 出 版 社

本书采用任务驱动和项目训练相结合的编写方式，以简明通俗的语言和生动的项目实例，详尽地介绍了3ds Max 9中文版的所有功能。全书共分为8章，包含上百组操作练习和20多个单独的综合实例，内容覆盖了3ds Max 9的基础知识、室内设计的基础知识，以及应用3ds Max 9进行专业家居效果图设计的方法等。每一项目中分为训练要点、训练目标、基础练习、项目实训和经验交流5个环节。通过项目实训中的商业应用案例,让学习者练习软件功能在实际工作中的应用技巧，快速进入学习状态，领会讲述内容，掌握功能和方法，从而大大节省学习时间，提高效率。

本书实训内容丰富、覆盖面广，讲解循序渐进，操作步骤解说详细。从实用性、易掌握性出发，简明易懂，重点突出，可操作性强。本书适合作为职业院校3ds Max初、中级学习者的教材，也可以作为各级各类3ds Max培训班的教材，同时可作为三维设计人员和广大三维设计爱好者案头必备的工具书，方便学习者在使用3ds Max进行设计工作时随时查阅。

本书提供项目素材库和电子课件，方便读者按照教材动手完成项目制作，方便教师开展教学。需要者可在www.cmpedu.com 免费注册后登录下载，或联系责任编辑（010-88379194）索取。

图书在版编目（CIP）数据

3ds Max职业应用实训教程/张妍霞主编．—北京：机械工业出版社，2009.3（2021.6重印）

电脑美术设计与制作职业应用项目教程

ISBN 978-7-111-26445-3

Ⅰ．3…　Ⅱ．张…　Ⅲ．三维—动画—图形软件，3ds Max 9—教材　Ⅳ．TP391.41

中国版本图书馆CIP数据核字（2009）第029087号

机械工业出版社（北京市百万庄大街22号　邮政编码100037）

策划编辑：孔熹峻　　责任编辑：孔熹峻

封面设计：鞠　杨　　责任印制：常天培

固安县铭成印刷有限公司印刷

2021年6月第1版第9次印刷

184mm×260mm・17.5印张・408千字

标准书号：ISBN 978-7-111-26445-3

定价：55.00元

电话服务　　网络服务

客服电话：010-88361066　　机　工　官　网：www.cmpbook.com

010-88379833　　机　工　官　博：weibo.com/cmp1952

010-68326294　　金　书　网：www.golden-book.com

机工教育服务网：www.cmpedu.com

前　言

3ds Max 9基于Windows 操作平台，是深受人们欢迎的三维建模、渲染、动画软件。由于该软件能够完成制作三维场景所需要的建模、材质、灯光、动画以及渲染等所有工作,同时还因其具备强大的三维造型功能和流畅的工作界面，所以已成为从事建筑装潢效果图与动画制作人员的首选应用软件。

本书详尽地介绍了3ds Max 9的常用功能，以及如何利用该软件制作室内外效果图、产品设计效果图等的方法与技巧。全书实例内容丰富，覆盖面广，讲解循序渐进，让学习者从零起步，在最短的时间内从了解3ds Max 9的操作到掌握室内外效果图设计方法，轻松地诠释了成为室内设计高手的最佳捷径。

全书共分为8章，包含上百组操作练习和20多个单独的综合实例，内容覆盖了3ds Max 9的基础知识、室内设计的基础知识以及应用3ds Max 9进行专业家居效果图设计的方法等，采用项目式教学思路与任务驱动法，以实例带动命令进行讲解，在做实例的过程中，逐步渗透知识点，使学习者在不知不觉中轻松掌握设计知识。第1章简明扼要地介绍了3ds Max 9的软件界面组成和新增功能等内容；第2章主要介绍了基本几何体、扩展几何体与二维图形的创建与修改以及标准工具栏的应用；第3章介绍了高级建模与常用修改器的使用方法与相关操作；第4章介绍了材质与贴图的基本属性，标准材质和常用复合材质的设置方法，及其在装潢效果图设计中的具体应用；第5章和第6章讲述了灯光和摄像机的设置与使用方法；第7章讲述了3ds Max 9中的典型环境特效的使用；第8章通过一个综合实例讲解了如何利用3ds Max 9制作装潢效果图，并且还详细介绍了在Photoshop中对图像进行后期处理的方法。

针对职业院校的培养目标和学生特点，本书在内容取舍上不求面面俱到，强调实用需要，在内容编排上注重避繁就简，突出可操作性，在知识点的说明上尽量做到简单明了，通俗易懂并侧重实际应用。为了使读者学习更有效，每个教学项目分为训练要点、训练目标、基础练习、项目实训和经验交流5个环节。训练要点主要介绍了教学项目中的学习重点；训练目标是说明学习与训练能够达到的效果和训练方法；基础练习具体讲解了在项目实训中将要用到的知识内容和操作方法；通过项目实训中的商业应用案例,让学习者练习软件功能在实际工作中的应用技巧，快速进入职业状态，领会讲述内容，掌握功能和方法，从而大大节省学习时间，提高效率。

本书由多位具有丰富实践教学经验的专业教师合力编写。主编张妍霞，副主编冯伟博。第1章、第6章、第7章由赵丹、耿利敏编写；第2章由姜文远、于永胜编写；第3章由冯伟博编写；第4章由张妍霞编写；第5章、第8章由黄春光、王丰、徐慧槟编写。

本书操作步骤详尽，即便是初学者，只要按照步骤操作，也一定能做出最终效果。本书适合作为3ds Max初、中级学习者的教材，也可以作为各级各类3ds Max培训班的教材，同时可作为三维设计人员和广大三维设计爱好者案头工具书，方便学习者在使用3ds Max进行设计工作时随时查阅。

由于写作时间仓促，书中如有疏漏之处，恳请读者批评指正。有关本书意见或建议，请与作者联系（E-mail:zhangyanxiachen@163. com）。

编　者

目　录

第1章 3ds Max 9快速入门

1.1 3ds Max 9概述

3ds Max由美国Autodesk公司研发制作，至今已有二十多年的历史，其版本不断更新，使用平台也由最初的DOS平台过渡到现在的Windows平台。经过这些年的发展和积累，3ds Max已不再是局限于某一领域的专业工具，而被广泛地应用到各行各业中，成为在电脑上展示三维艺术的一个应用平台，是众多三维设计师的首选开发工具。

3ds Max运行于PC平台，使用它不仅能够做出不逊于高档UNIX图形工作站产品的作品，而且其用途也很广泛，能够为游戏动画、影视特效、建筑装潢、工业机械、军事、科学教育等众多领域提供全面、专业的解决方案，如图1-1-1～图1-1-4所示。

2006年10月，Autodesk公司推出了最新版本的3ds Max 9。3ds Max 9与以前的版本相比，最显著的更新是提供了64位版本。借助64位计算机强大的运算能力，3ds Max 9工作效率得到了很大的提高，但同时也对计算机硬件提出了更高的要求。3ds Max 9的新增功能如下。

图 1-1-1

图 1-1-2

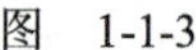

图 1-1-3

图 1-1-4

1. 3ds Max 9用户参考

与reactor动力学系统有关的文档已并入主要参考中，不能再单独使用。

2. 一般改进

1）增强的核心性能使3ds Max 9能够最大程度地提高您的工作效率，并加速您的创造性工作流程。例如，当使用网格密度和在高分辨率与低分辨率位图代理之间进行切换时，可以尽享优美的视口交互。

2）同时交互的使用是视口统计的新功能，不仅会在视口中显示整个场景的信息，还会显示当前选择的信息，包括当前的帧速率以及多边形、面、边和顶点的数量。该显示进行实时更新。

3）新的“隐藏线”渲染方法通过简化线框视口显示改进了可视反馈。

4）3ds Max现在提供64位版本，此版本可以配置比以前版本更大的内存，因此可以处理更多的数据。

5）3ds Max现在支持所有DirectX明暗器，并提供显示性能增强。您可以将cgfx文件加载到DX材质，并使它们显示在视口中。

3. 角色动画

使用两足动物的许多新增功能可以更轻松地制作并重新定义角色动画。例如，您现在就可以移动关键点以使它们相互交叉，并在负帧工作。此操作可以在调整两足动物动画时节省大量步骤，尤其在打算反转动画时非常有效，因为可以反向缩放动画的范围。

4. 常规动画

1）通过使用新的动画层功能可以将动画放置到各个层中，这样可以更轻松地调整密集而复杂的动画。您可以通过启用或禁用层来计算动画，使用现有的运动混合新的关键点，并且可以进行全方位的调整而不需要修改已制作动画的对象的关键帧。

2）使用reactor的用户可以利用新Havok 3引擎中的刚体动力学模拟的增加的速度和精确度。

3）在3ds Max 9中，“点缓存”修改器两个版本的功能均得到了极大扩展。新功能包括：

① 可调整的播放范围和播放图形，对要播放的缓存帧设置动画。这可使您加载缓存然后设置其动画，并进行减速、停止和反转等操作。

② 第N帧采样，如果不需要对每个帧都采样的话，可以每隔几个帧进行采样，以节约磁盘空间。

③ 在“绝对”模式下，“强度”是可以调整的，可以很轻易地将该缓存与堆栈下面的缓存混合。

④ 改进的缓存文件管理。

⑤ 可加快播放速度的预加载缓存。

5. 贴图

1）使用“展开UVW”菜单中新的“快速平面贴图”功能，只需要单击一下鼠标便可以访问最常用的高级贴图工具。

2）查看毛皮缝和贴图缝的流线型选项也是“展开UVW”菜单的新增功能。

6. 渲染

mental ray 3.5软件为3ds Max 9添加了强大的渲染功能，包括：

1）使用太阳和天空解决方案来创建照片级真实感太阳光、天光以及可以看到太阳的天空。

2）新的mental ray建筑和设计材质提高了建筑渲染的图像质量，加快了工作流程，提升了整体性能，并且让设计人员和建筑师们更轻松地制作各种效果，如圆角、模糊反射、被霜覆盖的玻璃、有光泽的曲面（如地板）。

3）新的mental ray汽车颜料材质是重新创建独特的新型汽车外形和感觉的理想工具。它的四个层可用于色料、金属片、透明涂层和尘土（如汽车在路上行驶了一段时间）。“汽车颜料”明暗器具有同样的功能。

4）现在可以更加轻松地使用mental ray中的“全局照明”以及最终聚集预设和易于使用的控制。

5）当从命令行渲染非常大的图像时，可以指定拆分和缝合图像的方式。请参见命令行渲染开关。

7. 建模

1）新的ProBoolean与ProCutter复合对象增加了传统的布尔对象的数量（包括改进了的工作流程），提供更好的生成网格的质量以及在平滑动画时用于圆形边的整合百分数和四边形网格。

2）直接在视口中使用标准的导航工具和选择工具来创建、操控和设计“头发和毛发”。

3）使用布料中的新功能来系紧腰围、缩短摺边，并且在堆栈中缝制衣服，而且不需要编辑原始图案便可以做出合适的衣服。

8. 场景和项目管理

1）选择“资源跟踪”选项的用户可以通过使用视口中自动集成的位图代理新功能来降低内存需求（即使是渲染时也可以执行此操作）。在最终渲染时，可以很轻松地恢复至原始的最大分辨率纹理贴图。

2）可以使用“配置用户路径”对话框来为当前的项目文件夹设置绝对或相对的单独路径。

3）3ds Max 9中的XRefs具有很多新增功能。例如，可以参考两足动物和系统的所有方面，包括几何体和材质；可以参考控制器并维持外部参照项之间的从属关系。外部参照系统的新的依赖处理可以帮您预览网格和外部参照操作中的对象关系，以及更好地控制如何使用外部对象。

1.2 界面简介

3ds Max的突出功能主要体现在建模、材质贴图、动画制作、全局渲染等方面，综合运用3ds Max的这些功能，足以制作出令人惊奇的画面效果。下面介绍一下3ds Max 9主界面，让大家加深了解，这对后续学习是很有帮助的。

3ds Max 9的工作界面可分为8个区域，如图1-2-1所示，依次为标题栏区域、菜单栏区域、主工具栏区域、视图区域、时间滑块和轨迹区域、提示栏和状态栏区域、动画和视图控制区域、命令面板区域。在整个界面中，用户可以方便地找到软件的全部命令选项和工具按钮。合理摆放工作界面中各命令选项和工具按钮，对于在3ds Max 9中高效地进行编辑与创作是很有帮助的。

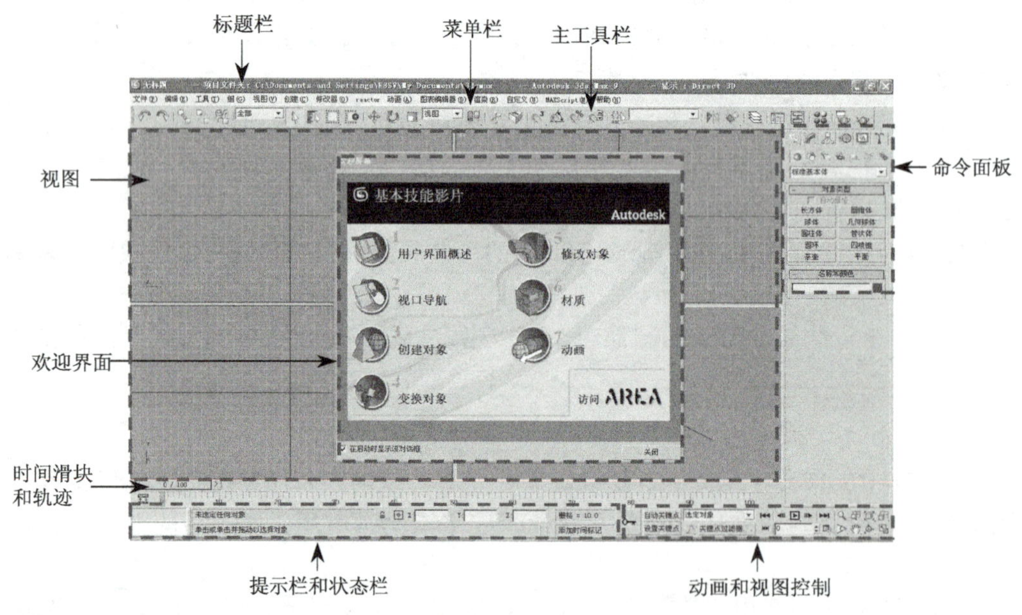

图 1-2-1

1.2.1 标题栏与菜单栏

3ds Max 9同基于Windows操作平台的其他应用程序一样，其标题栏排列在工作界面的最上面，主要用来显示3ds Max的软件版本号以及当前工作文档的名称。

3ds Max 9的菜单栏位于工作界面上端标题栏的下方。在菜单栏中的许多菜单命令都可以在工作界面中的主工具栏、命令面板或者右键单击弹出的快捷菜单中方便地找到。比如“创建”主菜单下的“标准基本体”子菜单下包含有10种三维基本体的创建命令，这些创建命令都可以在命令面板内的“创建”命令面板中找到，而且功能是完全相同的，如图1-2-2所示。同时像“工具”菜单、“修改”菜单等，都是和命令面板、主工具栏中的一些命令按钮相互对应的。

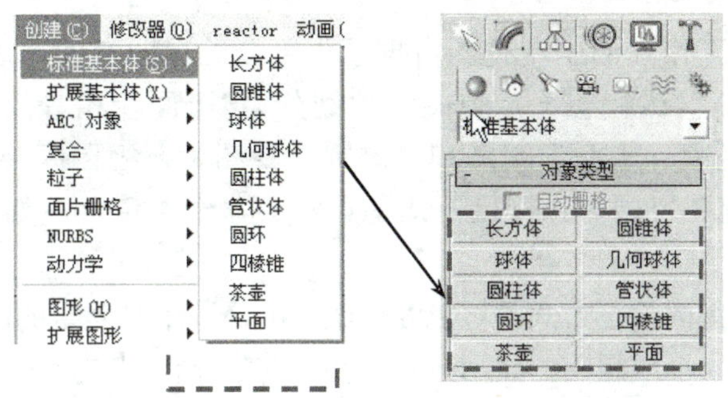

图 1-2-2

菜单栏为用户提供了访问3ds Max中各项命令及功能的使用途径。用户可根据个人的工作习惯，选择是通过使用菜单栏，还是通过命令面板和主工具栏或是其他途径来达到目的，在此就不再进行讨论了。在本书以后章节的讲述过程中，将会陆续接触到各项命令的使用方法。

1.2.2 主工具栏

在菜单栏的下方就是主工具栏，主工具栏由一组带有图案的命令按钮组成。从外观上来看，可以直接从按钮的图案标示上区分其功能。这些工具都是3ds Max常用的工具。灵活使用主工具栏中的各命令按钮，可以使3ds Max中的操作变得更为便捷。

在主工具栏中包含有众多命令按钮，如果用户的显示器分辨率设置得较低，3ds Max的主工具栏就不能在工作界面中完全显示出来。对于这一情况，用户可以将光标移动到主工具栏的空白处，当光标变为（手掌形状）后，单击并拖动主工具栏，主工具栏将随之移动，没有被显示出来的命令按钮便会出现在工作界面中。

默认情况下主工具栏是停靠在工作界面一侧的，用户可将光标移动到主工具栏的最左端，当光标变成状态后，拖动或双击鼠标，使其变成浮动式工具栏，如图1-2-3所示。显示主工具栏的快捷键：Alt＋6。

另外在主工具栏内，有些按钮的右下角带有一个三角形标志，说明在这些按钮的内部还包含了扩展命令按钮。在这些按钮上按下鼠标左键不放，就可在弹出的扩展工具栏中拖动鼠标至需要选择的命令按钮处，松开鼠标就可选择需要的工具按钮。如图1-2-4所示为主工具栏中的所有扩展命令按钮。

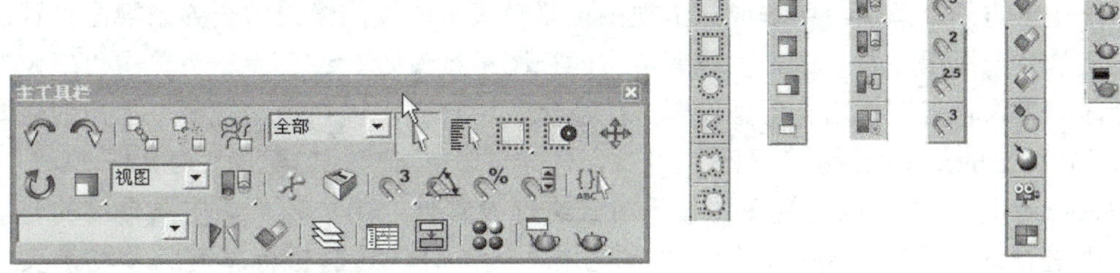

图 1-2-3

图 1-2-4

1.2.3 视图

在3ds Max的整个工作界面中，视图占据了大部分的界面空间，因为它是3ds Max中主要的工作区域。在系统默认状态下，视图区被划分为4个面积相等的工作视图，分别为："顶"视图、"前"视图、"左"视图和"透视"视图。在视图区中单击某个视图，即标示该视图为当前工作视图，同时该视图四周的边框会显示为黄色。如图1-2-5所示，定义当前工作视图为"前"视图。

各视图的划分及视图的显示方式是可以随意改变的，并不是固定的。用户可根据观察对象的需要随时改变视图的大小或视图的显示方式。在当前工作视图左上角的视图名称上右击，可在弹出的快捷菜单中的"视图"子菜单中选择所需要显示的视图方式，如图1-2-6所示。

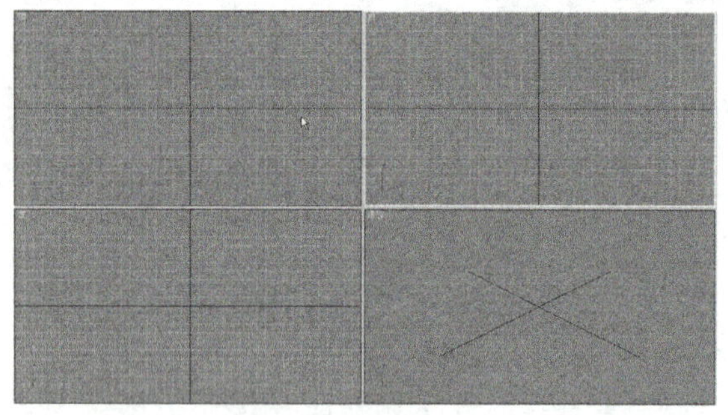

图 1-2-5

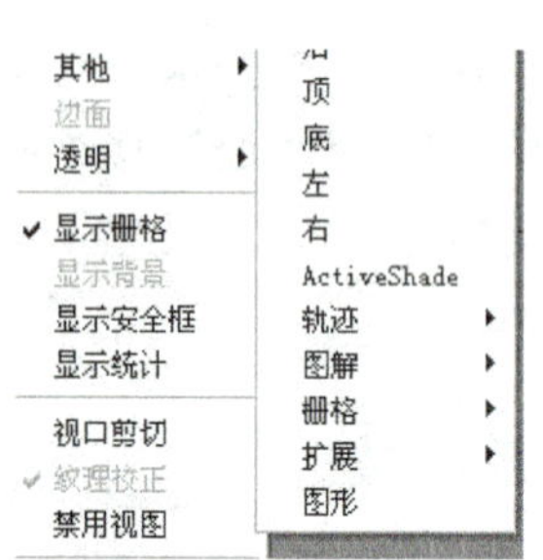

图 1-2-6

在切换视图的显示方式时，使用快捷键能够快速地完成视图的切换，快捷键列表如下。

键　盘	功　能	键　盘	功　能
T	切换到顶视图	F	切换到前视图
L	切换到左视图	P	切换到透视图
B	切换到底视图	C	切换到摄影机视图
U	切换到用户视图		

提示：在3ds Max 9中没有为"右"视图和"图形"视图定义相应的快捷键，用户需要通过视口右击菜单来进行选择。

此外，用户可以自己定义视图的显示方式和整体布局。在菜单栏中执行"自定义"→"视口配置"命令，打开"视口配置"对话框。在该对话框中单击"布局"标签，进入"布局"面板，在该面板中提供了视图划分方法以及视图的显示方式，如图1-2-7所示。

在"布局"面板的上端，通过单击的方式选择定义好的视图划分方法。"布局"面板的下端是工作视图的预览模式，单击或右击视图预览模式中的视图窗口将会弹出视图设置快捷菜单，在菜单中选择相应的命令可以对所单击的视图进行设置。设置完毕后单击"确定"按钮关闭对话框，这时工作视图会根据设置产生变化。用户还可以在当前视图左上角的视图名称上右击，在弹出的菜单中选择"配置"选项，同样可以打开"视口配置"对话框。

在3ds Max 9中除了可以对视图的显示方式进行设置外，用户还可以根据自己的要求对视图的大小进行任意调整。将鼠标置于视图与视图交界处，这时鼠标将变为移动箭头方式，拖动鼠标即可调整视图的尺寸，如图1-2-8所示。

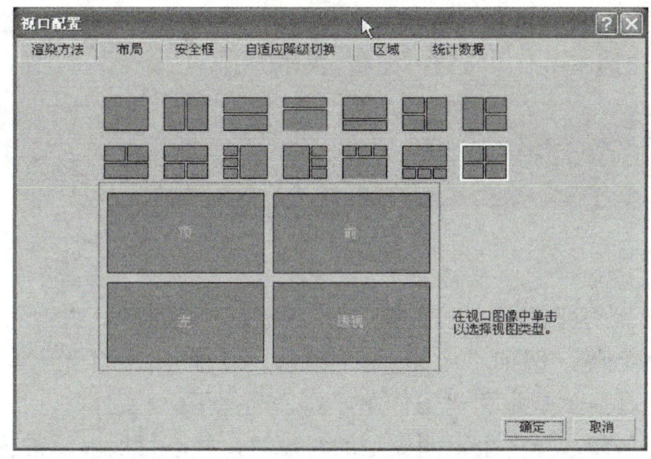

图 1-2-7

图 1-2-8

如果用户需要将视图还原为调整之前的状态，可以通过执行“重置布局”命令将视图尺寸还原。方法是将鼠标置于视图与视图的交界处，然后右击，将会弹出“重置布局”命令菜单，执行该命令后，将完成视图的重置操作。

1.2.4 时间滑块和轨迹栏

在工作视图的下方是时间滑块和轨迹栏，它们都是用来控制动画的，如图1-2-9所示。

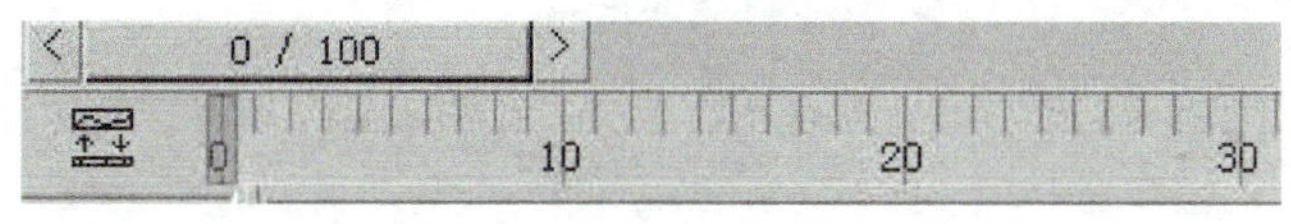

图 1-2-9

时间滑块：显示当前帧并可以通过拖动它将其移动到活动时间段中的任何帧上。

1.2.5 状态栏

轨迹栏的下方是状态栏，状态栏包含了宏录制器行、脚本行、状态行、提示行、“选择锁定切换”按钮、“偏移/绝对模式变换输入”按钮、坐标显示区域、栅格设置显示行、“时间标记”文本标签、“通讯中心”按钮，如图1-2-10所示。

图 1-2-10

状态行和提示行

状态行：显示选定对象的类型和数量。如果选定多个对象，并且都属于同一类型，则将显示对象的类型和数量，例如“选择了2个对象，选择了2个灯光”。如果选择不同类型的多个对象，则状态行显示数量和“实体”，如“选择了6个实体”。图1-2-11～图1-2-13所示为选择多个相同类型和选择多个不同类型的对象时，状态行所显示的内容。

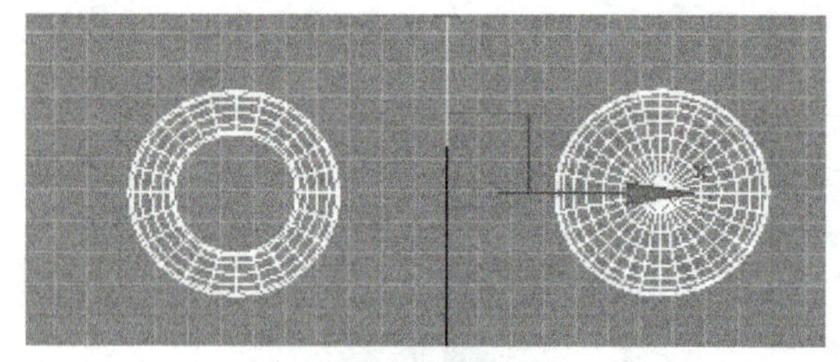

图 1-2-11

选择了 2 个 摄影机

图 1-2-12

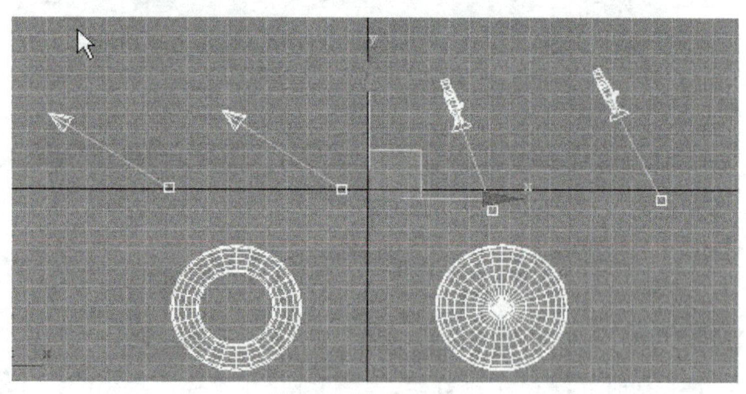

图 1-2-13

提示行：可以基于当前光标位置和当前程序活动来提供动态反馈。如果用户不知道该怎样操作，可参阅提示行的说明内容。提示行会根据用户的操作，显示不同的说明内容，指出程序的进展程度或下一步的具体操作。例如，激活“选择并移动”工具按钮时，提示行显示“单击并拖动以选择并移动对象”，如图1-2-14所示。

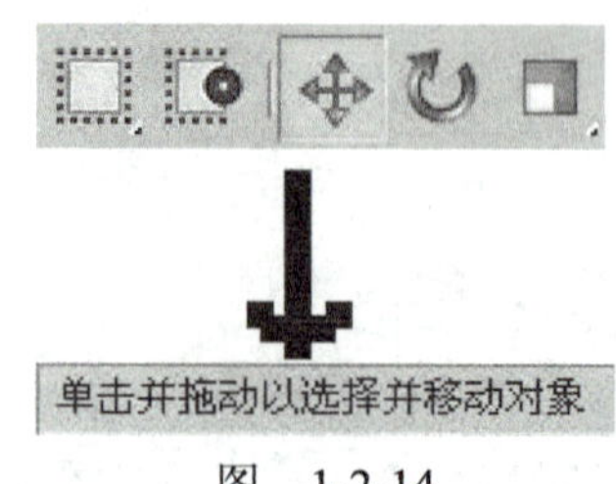

图 1-2-14

1.2.6 动画控制区和视图控制区

制作动画是3ds Max的精华所在，可以为各种应用创建三维动画。当然要做出理想的效果，制作者本身需要具备一定的美术、组织策划相关方面的知识。

动画是以人类视觉原理为基础的，如果一个人快速查看一系列相关的静态图像，那么大脑会将这些图像作为连续的运动记录下来，其中每个静态图像称为一帧。创建动画的主要难点在于必须生成大量的帧。为了保证动画的质量，商业动画 1 秒钟至少需要24个独立的静态图像，如果用手来绘制，这将是一项艰巨的工作。

状态栏的右侧为动画控制区域和视图控制区域。动画控制区域中的命令按钮主要用来定义场景动画的关键帧、控制动画的播放、动画帧的选择以及时间控制等多项任务，如图1-2-15所示。

图 1-2-15

视图控制区域的命令按钮主要用于调控视图的显示效果，使用户能够更好地对所编辑的场景对象进行观察。视图控制区共包含 8 个命令按钮，一些按钮会随着用户选择视图的不同，其功能和形态也会随之发生变化。如图1-2-16所示为在不同视图情况下，视图控制区中的按钮显示状态。

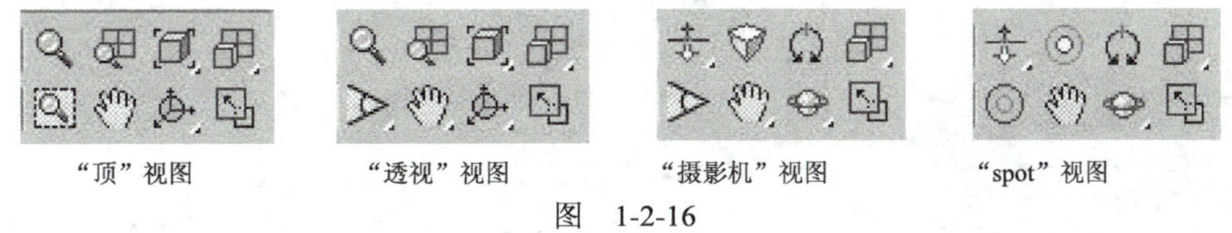

“顶”视图　　“透视”视图　　“摄影机”视图　　“spot”视图

图 1-2-16

1.2.7 命令面板

3ds Max 9的工作界面右侧为命令面板。在命令面板内包含了3ds Max中对象的建立和编辑，以及动画设置等方面的命令。命令面板是3ds Max中使用频率较高的工作区域，绝大多数场景对象的创建，都将在这里编辑完成。因此熟练掌握命令面板中的工具和命令是学习3ds Max的核心内容。

在3ds Max 9的命令面板中，共包含6个命令面板。从左到右依次为“创建”、“修改”、“层次”、“运动”、“显示”和“工具”命令面板，如图1-2-17～图1-2-22所示。

命令面板内的各项命令被分类旋转于卷展栏中。在卷展栏的标题栏左侧，带有“+”符号的表示该卷展栏处于最小化状态，带有“−”符号的则表示该卷展栏处于打开状态。通过单击卷展栏的标题栏，将切换该卷展栏的打开或关闭状态，如图1-2-23所示。

有些对象的设置参数比较多，命令面板中的卷展栏也就比较多，用户如果需要在命令面板内同时显示多个卷展栏，则可以像调整命令场景视图那样，交互式地调整命令面板的显示区域。将鼠标置于命令面板的左侧边缘处，光标会转变为↔移动箭头，向左拖动鼠标，命令面板的面积将跟随光标向左扩大，如图1-2-24所示。向右拖动命令面板可以还原命令面板的显示状态。

除了可以更改命令面板的尺寸以外，用户还可以对命令面板内卷展栏的先后顺序进行调整。利用这一功能用户可以将常用的卷展栏旋转于命令面板的前端，以便于命令的执行与调用。在想要调整顺序的卷展栏的标题上拖动鼠标，可以看到卷展栏的标题栏会随着鼠标移动，调整位置后松开鼠标，即可完成卷展栏的调整，如图1-2-25所示。

图 1-2-17

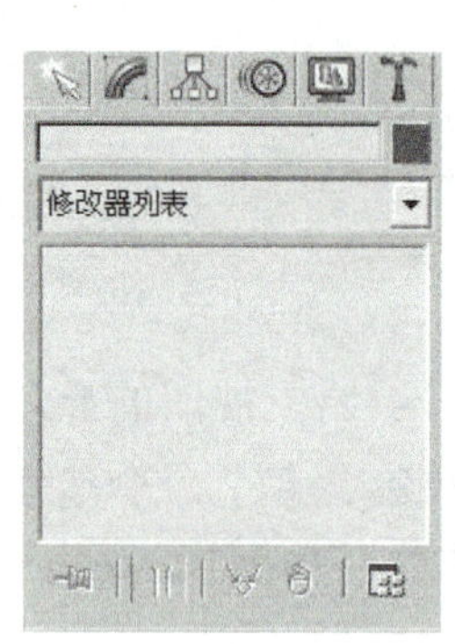

图 1-2-18

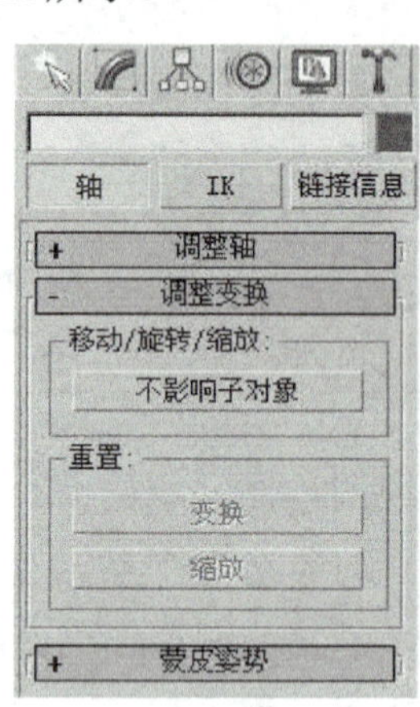

图 1-2-19

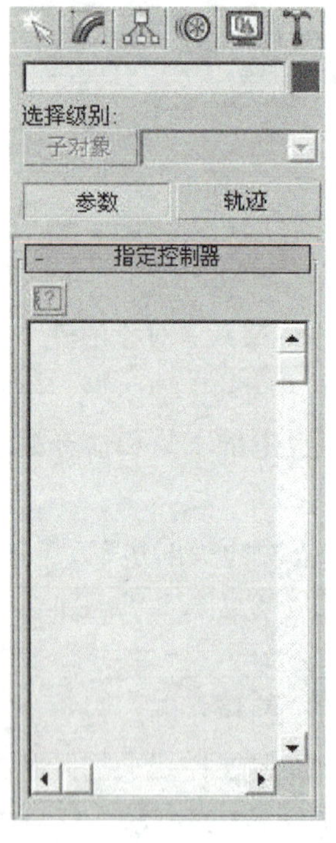

图 1-2-20

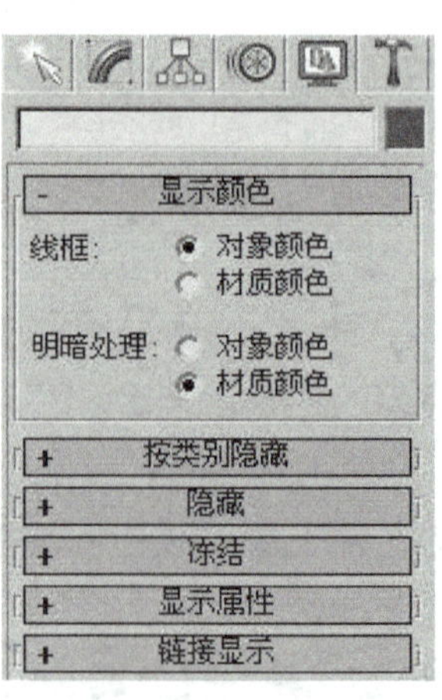

图 1-2-21

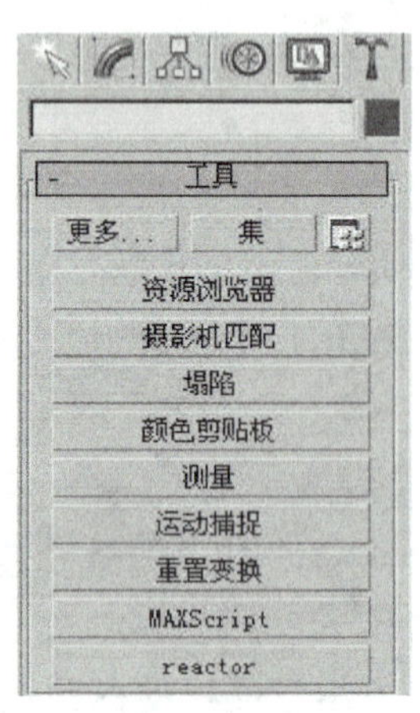

图 1-2-22

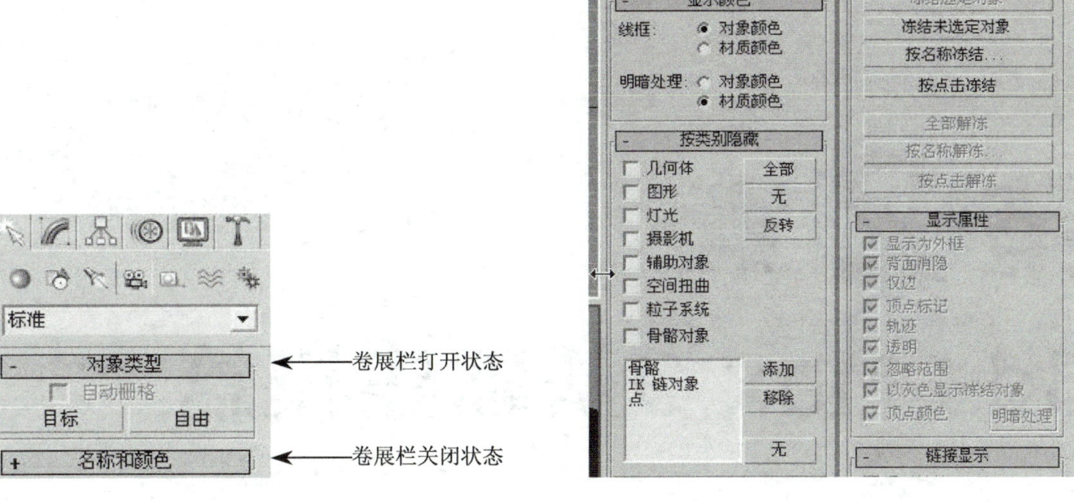

图 1-2-23

图 1-2-24

图 1-2-25

1.3 3ds Max 9系统设置

软件名称：3ds Max 9简体中文正式版_32位版。

软件大小：449 MB。

运行环境：Win2000/WinXP/Win2003/Vista。

资源类型：ISO。

版本：32位版。

发行时间：2006年12月。

制作发行：Autodesk。

地区：美国。

语言：中文。

提示：3ds Max 9安装同时需要DirectX 9和NET.framework 2.00的支持。

第2章 3ds Max 9基础建模篇

2.1 项目训练——电脑桌的制作

训练要点

基本几何体的创建与修改、对象的选择和对象的变换。

训练目标

灵活使用各种标准基本体的组合来创建物体。熟练掌握各种选择方法，为以后的学习奠定坚实的基础。通过使用变换操作，可以使物体大小合适并且处于适当的位置。

基础练习

在3ds Max 9中，用几何体创建面板、二维图形创建面板所创建的模型就属于基础建模，其中几何体创建分为“标准几何体”和“扩展几何体”的创建。

2.1.1 标准几何体的创建

启动3ds Max 9后，系统默认的就是“标准基本体”创建面板，可单击“创建”命令面板中的“几何体”按钮，在其下拉列表中选择“标准基本体”选项。该面板包括了“长方体”、“球体”、“圆柱体”、“圆环”等10种基本体，如图2-1-1所示。

标准基本体的创建方法有两种：鼠标拖拽法和键盘输入法。两种方法最终的效果相同，只是鼠标拖拽法灵活方便，而键盘输入法则更精确。

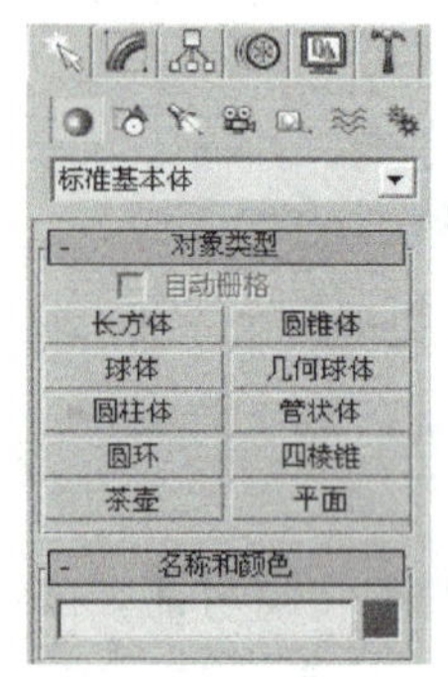

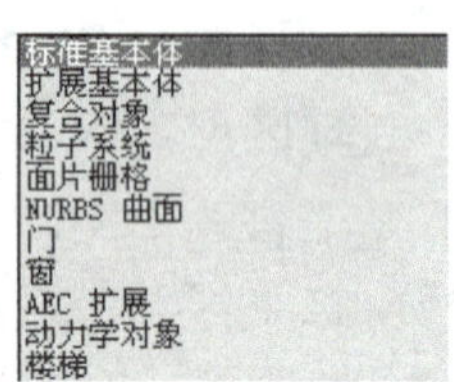

图 2-1-1

1. 基础创建标准几何体的方法

长方体是3ds Max 9中最为简单，使用最为广泛的基本体。因为创建方法基本相同，所以下面以长方体的创建方法来讲解鼠标拖拽法。

（1）选择“标准基本体”创建面板，单击“对象类型”卷展栏中的“长方体”按钮。

说明

在长方体属性面板的“创建方法”卷展栏中，可以生成立方体或长方体。

在“参数”卷展栏中，“长度”、“宽度”和“高度”分别表示长方体的长、宽和高；“长度分段”、“宽度分段”和“高度分段”分别表示长、宽、高边上分段数，默认值都是1。

（2）在“顶视图”中，按住左键并拖动鼠标在窗口中生成一个长方形，松开鼠标，就完成了长方体底面的创建。

（3）接着向上或向下移动鼠标，在适合的高度处单击，一个长方体就创建好了，如图2-1-2所示。

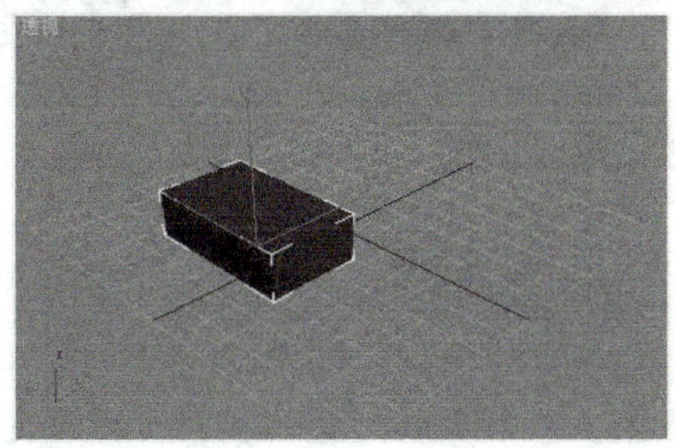
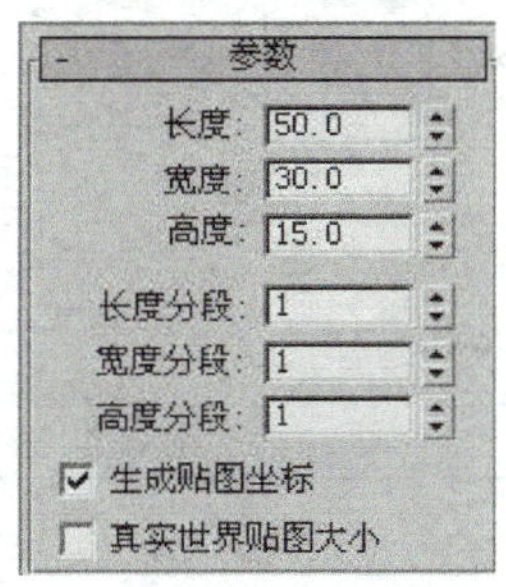

图 2-1-2

2. 不同几何体的创建参数

在“键盘输入”卷展栏中可以直接输入数值来创建几何体，下面以一块红砖的创建步骤，来讲解键盘输入法。

（1）选择“标准基本体”创建面板，单击“对象类型”卷展栏中的“长方体”按钮后，单击[+ 键盘输入]按钮，打开“键盘输入”卷展栏。

（2）在“长度”、“宽度”和“高度”数值框中分别输入240、115、53，单击“创建”按钮，这样一块红砖就创建好了，如图2-1-3所示。

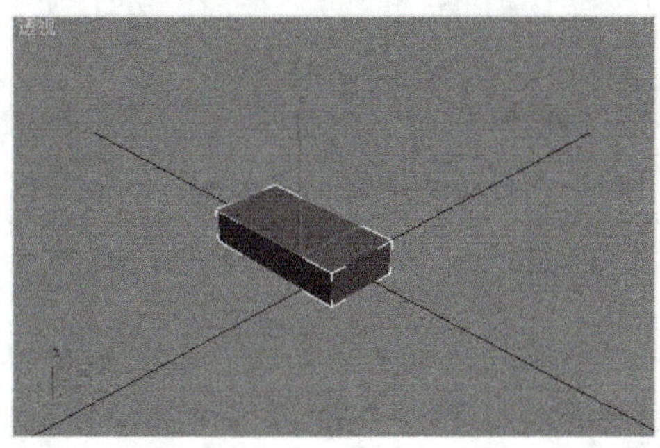
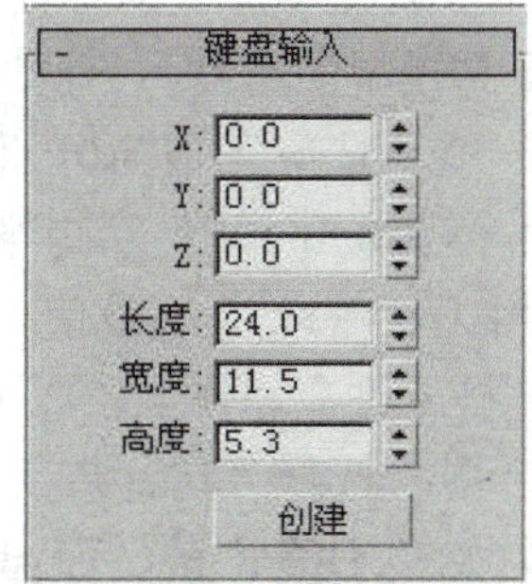

图 2-1-3

说明

X、Y、Z分别表示长方体底面中心位置，默认值都是0。

“长度”、“宽度”和“高度”分别表示长方体的长、宽和高。

（3）新建的长方体，系统默认名为“Box01”，可以在“名称和颜色”卷展栏中输入新的名称“红砖”。单击右侧的色块，打开“对象颜色”对话框可以将红砖改成砖红色，如图2-1-4所示。如没有所要更改的颜色，可以单击 添加自定义颜色... 按钮，在打开的“颜色选择器”对话框中调出想要的颜色，如图2-1-5所示。

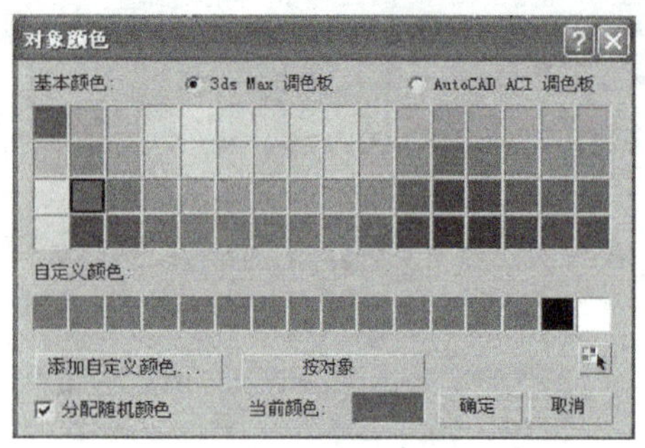

图 2-1-4

图 2-1-5

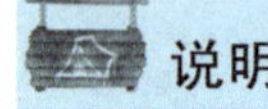

说明

在创建完后，可以在“参数”卷展栏中调整属性参数，同时视图中的物体随之发生变化。但创建完后进行了其他操作，就要单击按钮，打开“修改”命令面板，选择要修改的物体，对它进行修改。

3. 其他几何体的参数面板

标准几何体的参数设置有一部分相似，但也有不同。如球体的“参数”面板就有切片处理的设置，在其他与圆相关的建模中也会涉及到。下面就以球体参数面板为例进行介绍。选择“标准基本体”创建面板中的“对象类型”卷展栏，单击“球体”按钮，展开“参数”卷展栏。

（1）分段　可设置球体上的片段数，默认值是32。当“平滑”处于选中状态时，增加分段数，可以提高模型的精度，但同时也增加了模型的复杂程度。

（2）半球　默认情况下值为0，显示为整个球体。数值变大，显示的球体从底部开始“切削”。当数值为0.5时，显示为半球体；当数值为最大值1时，球体会完全消失。选择“切除”后，增大“半球”的数值，球体上片段的分布和数量没有改变；选择“挤压”时，则片段数被挤压到半球体上。

（3）切片启用　选择“切片启用”，下面的“切片从”和“切片到”被激活，可以分别设置切片的起始角和终止角，而起始角和终止角之间的部分会被切掉。对球体从0度到–270度进行切片处理得到的结果，如图2-1-6所示。

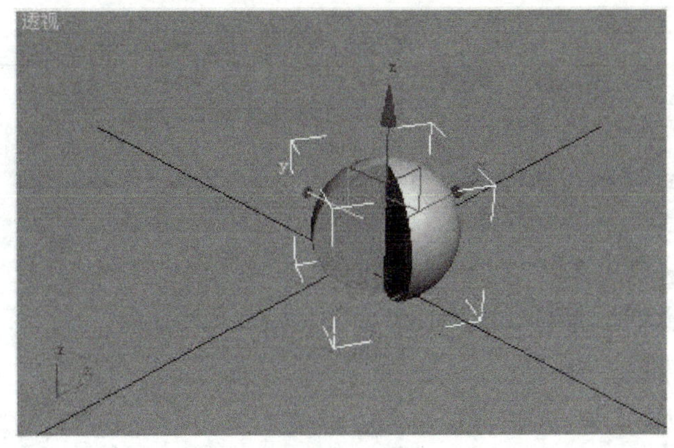

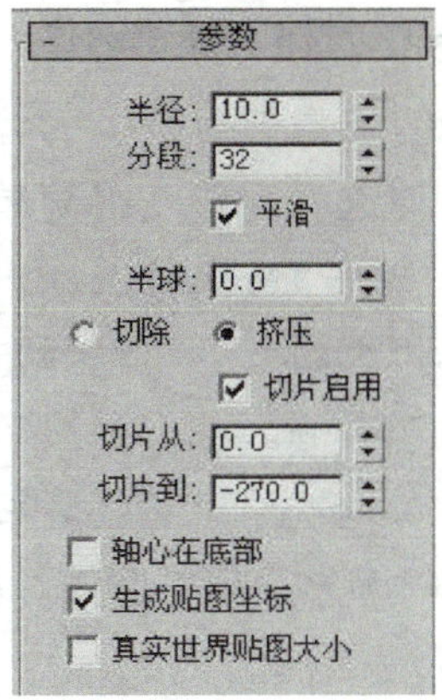

图 2-1-6

（4）轴心在底部　选择此复选框，球体坐标系的中心会从球体的生成中心调整到球体的底部。

说明

参数的调整方法有三种。可单击数值框中的上、下微调按钮；也可以在上、下微调按钮上按住鼠标左键，然后上下拖动鼠标；还可以直接输入数值。

2.1.2　选择操作

想要执行所有的操作，都要先选择后执行，因此选择操作是各种编辑操作的基础。在3ds Max 9中，提供了多种选择物体的方式。可以利用鼠标单击选择物体，也可以利用选择窗口选择物体。

1. 基本选择方法

选择单个物体时，直接使用选择工具在物体上单击即可。选择多个物体时，按住<Ctrl>键单击加选；对于选中的物体，按住<Ctrl>键单击则是减选。选中的物体呈白色显示。单击空白处可取消选择。

此外，也可以使用“编辑”→“选择”命令，如全选、全部不选、反选、或根据条件选择物体。

2. 使用区域选择

区域选择工具包括“矩形选择区域”（默认选择方式）、“圆形选择区域”、“围栏选择区域”、“套索选择区域”和“绘制选择区域”。在主工具栏中可以找到相应的按钮，在按钮上单击，然后拖动可以切换区域工具。

使用区域选择工具，在视图中单击拖动，松开鼠标结束选择区域的绘制。可以选中全部在选择区域内的物体，也会选中一部分在选择区域内的物体，这是交叉窗口选择模式（默认）。在主工具栏中单击按钮，切换到窗口模式（按钮呈黄色显示），这时只能选中全部在选择区域内的物体。

3. 使用名称、颜色选择

复杂的场景中有很多物体，使用名称、颜色选择会使选择操作变得简单方便。可以单击主工具栏中的“按名称选择”按钮，也可以单击菜单“编辑”→“选择方式”→“颜色”或“名称”命令，都会弹出“选择对象”对话框。在该对话框中可对物体按类型、颜色、大小、字母等顺序排列并选择，如图2-1-7所示。

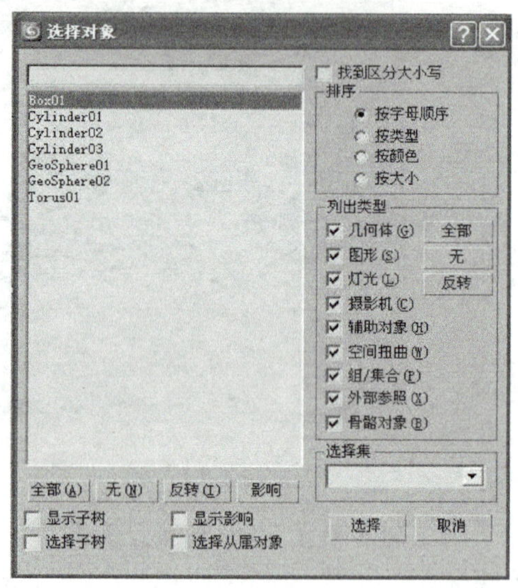

图 2-1-7

在该对话框的列表框中列出了场景中所有物体的名称，便于直接在该列表中选择。在“列出类型”选项区中，可按类别选择场景中的对象。“全部”按钮可以选中所有；“无”按钮可以取消所有选择，“反转”按钮可以反向选择，使之前选中的变成未选中状态，未选中的变成选中状态。

在“列出类型”选项区中，先单击“无”按钮，然后选中其中的复选框，就可以在左侧的列表中只显示选中类别的物体名称。

4. 使用选择集选择

为了方便灵活地选择经常重复使用的同一组物体，3ds Max 9提供了一种选择集选择方式，便于保存并重新利用原来已选定的对象组。

选择多个物体后，在主工具栏中单击按钮，打开“命名选择集”窗口，如图2-1-8所示。单击“新集”按钮，可以创建新集，并可以更改名称。单击面前的<+>号，可以展开集合看到所包含的对象。当选择集处于高亮的选择状态时，在视图中选中物体，单击按钮，可以在选择集中增加物体；单击按钮，可以在选择集中将物体移出，也可以直接在选择集中选中物体，单击按钮将其移出。

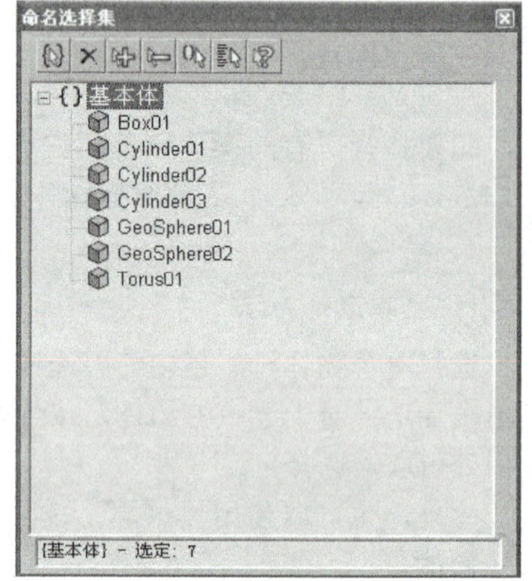

图 2-1-8

想要再次选择集中的物体，可在主工具栏中的“编辑命名选择集”按钮旁的下拉列表框中选择即可。

5. 使用过滤器选择

复杂的场景由很多不同类型的物体组成，选择时很容易发生误操作。3ds Max 9提供的“选择过滤器”可以指定某些类型的物体处于可以选择状态，而其他物体即使在选择区域内也不会被选中。

在主工具栏的“选择过滤器”下拉列表框 全部 中选择物体类型。物体的类型包括：全部、几何体、图形、灯光、摄影机等选项。选择“全部”选项（默认），表示可选择所有物体的类型。

6．其他的选择操作

当场景中有大量物体时，选择的隐藏与冻结及选择的锁定与隔离功能，可以有效防止误操作，同时还可以加速视图显示。

（1）隐藏与冻结　选择物体后，单击“显示”命令面板，在“隐藏”卷展栏中，单击“隐藏选定对象”按钮，可以将选定的对象隐藏；单击“隐藏未选定对象”按钮，可以将未选定的对象隐藏；单击“全部取消隐藏”按钮，可以显示隐藏的对象，并可以选中之前隐藏的对象，如图2-1-9所示。隐藏后的物体在视图中不显示。

打开“冻结”卷展栏，单击“冻结选定对象”按钮，可以将选定的对象冻结；单击“冻结未选择对象”按钮，可以将所有未选择选定对象冻结；单击“全部解冻”按钮，可以解除所有冻结的对象，如图2-1-10所示。冻结后的物体在视图中以暗灰色显示。

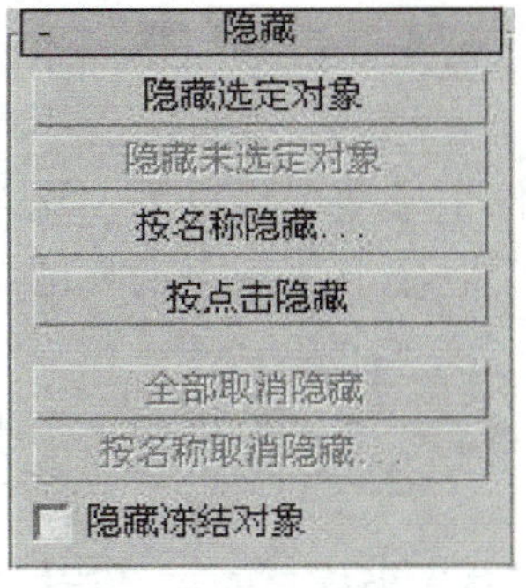

图　2-1-9

图　2-1-10

（2）选择的隔离　选中物体后，单击菜单“工具”→“孤立当前选择”命令，当前选中的物体将被隔离出来，在视图中单独显示并最大化，并弹出一个对话框，单击“退出孤立模式”按钮，就可以退出隔离选择模式，如图2-1-11所示。

图　2-1-11

（3）选择的锁定　在复杂的场景中，要对很小的物体进行反复操作时，很容易丢失对物体的选择。使用3ds Max 9中的“锁定选择”工具可以锁定当前选择的物体，这时在视图中执行操作，就不会丢失对物体的选择。当操作完成后，可以取消锁定，进行其他操作。

“锁定选择”按钮在屏幕下方的状态栏中，单击该按钮或按空格键，可以使用锁定选择，这时按钮变为黄色，再次单击该按钮则取消锁定，即恢复为默认状态。

2.1.3　变换操作

因为在3ds Max 9中，不能一次就创建出尺寸和空间位置都适合的物体，所以需要对物体执行相应的变换操作。变换操作包括物体的移动、旋转和缩放，而所有的变换操作都是以坐标系为前提的。

1. 3ds Max 9中的坐标系

在主工具栏中的"参考坐标系"视图下拉列表中，可以选择并切换坐标系。其中各种坐标系的含义如下：

（1）视图　该坐标是系统默认的最常用的坐标系，是一种包含了世界坐标系和屏幕坐标系的混合坐标系。在正交视图（如"顶视图"、"前视图"和"左视图"）中，与"屏幕"坐标系一致；在非正交视图（如"透视图"、"用户"、"摄影机"等）中，与世界坐标系一致。

（2）屏幕　屏幕坐标系是以当前激活的视图来定义的。在不同的视图中，坐标系的轴将发生变化，X轴水平向右，Y轴垂直向上，Z轴由屏幕内指向外面，这样坐标的XY平面始终平行于视窗。

（3）世界　世界坐标系是一个固定不动的坐标系，在所有的视图中，X轴表示水平方向，Y轴表示垂直方向，Z轴垂直于"顶视图"向上，其原点位于主栅格不变。

（4）父对象　主要用于存在父子链接设置的场景中。选中物体的坐标系跟着父对象的坐标系改变而改变。如果不存在父子链接，此时等同于"世界"坐标系，因为所有物体都可以看成世界的子物体。

（5）局部　创建每个物体时，都会依附于物体生成一个坐标系，这个坐标系由物体的轴点决定。想要调整物体的轴点，可以在"层次"面板中选择"调整轴"卷展栏中的"仅影响轴"按钮。"局部"坐标系的三个旋转轴必须是垂直的。

（6）栅格　激活默认主栅格，栅格坐标系等同于"视图"坐标系。也可以将"栅格"辅助物体定义为工作栅格，取代视图中的主栅格。

（7）万向　与"局部"坐标系类似，只是"万向"坐标系的三个旋转轴可以不垂直。

（8）拾取　该坐标系具有很强的操作性，是3ds Max中一种很重要的坐标系。可以将选择的对象同场景中某一物体的坐标系相适配。

2. 对象的移动变换

在主工具栏中，单击"选择并移动"按钮。选中物体后，就会显示出一个三维坐标系。当鼠标移至箭头处时，坐标轴呈高亮的黄色显示，物体只能沿着单独的坐标轴移动；当鼠标移至区域拐角线时，可以同时选择拐角线两端的两个轴向，这时两个坐标轴之间有一个正方形区域呈高亮显示，拖拽选中的物体，就可以在两条坐标轴所在的平面内移动物体。

右键单击主工具栏中的"选择并移动"按钮，打开"移动变换输入"对话框，在数值框中输入数值，可以精确移动对象，如图2-1-12所示。

"移动变换输入"对话框，由"绝对：世界"和"偏移：屏幕"两个选项区组成。"绝对：世界"表示物体的绝对坐标，没有移动之前数值为0。"偏移：屏幕"表示物体的相对变换。

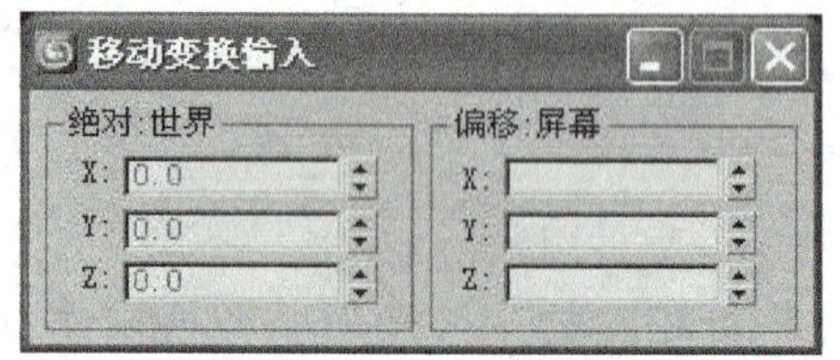

图　2-1-12

3. 对象的旋转变换

在主工具栏中，单击"选择并旋转"按钮。选中物体后，在其周围会出现一些圆圈所形成的平面，选中某个平面后，拖拽鼠标，物体就会在该平面内旋转。

右键单击主工具栏中的“选择并旋转”按钮，打开“旋转变换输入”对话框，在数值框中输入数值，可以精确旋转对象，如图2-1-13所示。

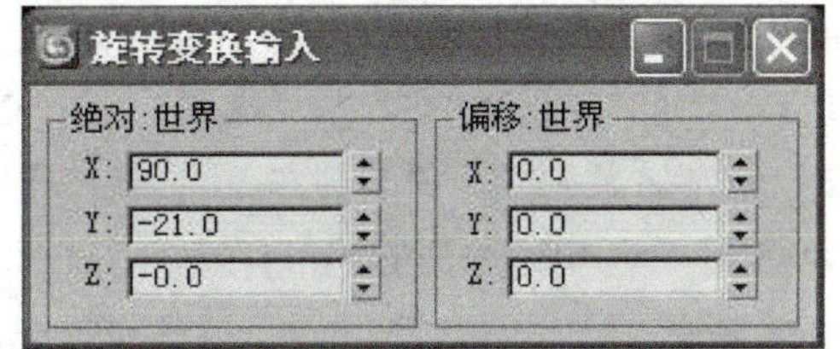

图 2-1-13

4. 对象的缩放变换

缩放变换可分为等比缩放和不等比缩放。在3ds Max 9中，在主工具栏中单击按钮并向下拖动，可以选择“选择并均匀缩放”、“选择并非均匀缩放”和“选择并挤压”三种缩放形式，单击不同的按钮即可切换缩放模式。

（1）等比缩放　使用“选择并均匀缩放”工具，可以使物体的三个轴都按照相同的比例缩放。

（2）不等比缩放　使用“选择并非均匀缩放”或“选择并挤压”工具，可以使物体按照不同的比例进行缩放。其中，“选择并非均匀缩放”工具，可以使物体沿一个或两个轴按一定比例单独缩放；“选择并挤压”工具，可以使物体按相反方向的两轴进行缩放，并保持物体的体积不变。

可以直接用鼠标进行变换操作，也可以单击变换按钮后，按键盘上的方向键（上下左右键）对物体进行精细的变换操作。

5. 多个对象的变换

多个对象的变换工具包括：“使用轴点中心”、“使用选择中心”和“使用变换坐标中心”三种。在主工具栏中单击按钮并向下拖动，可以切换多个对象的变换中心。

（1）以各对象的轴心点为中心的变换　选择主工具栏中的“使用轴点中心”按钮时，场景中所有的物体都是以各自的轴心点为中心进行变换。

（2）以选择集的中心为中心的变换　选择主工具栏中的“使用选择中心”按钮，将鼠标移到某一个坐标轴时，使之变成黄色，移动鼠标，则选中的物体均以选择集的中心为中心进行变换。

（3）以当前坐标系原点为中心的变换　选择主工具栏中的“使用变换坐标中心”按钮，将鼠标移至某一个坐标轴，使之变成黄色，移动鼠标，则所有的物体均以当前坐标系原点为中心变换。

项目实训

电脑桌制作实训步骤

1）选择“文件”→“重置”命令，重置3ds Max。

2）在“顶视图”中单击鼠标激活该视图。在“创建”命令面板中展开“几何体”命令面板中的“标准基本体”卷展栏，单击其中的“长方体”按钮，然后在“顶视图”中创建一个长600、宽1 200、高20的长方体，将默认名称“Box01”改为“桌面”，如图2-1-14所示。

3）在“创建”命令面板中展开“几何体”命令面板中的“对象类型”卷展栏，单击其中的“长方体”按钮，然后在“前视图”中创建一个长740、宽20、高560的长方体，将默认名称“Box02”改为“桌腿1”。使用此方法创建其他2个桌腿，并将其命名为“桌腿2”、“桌腿3”。在工具栏上单击“移动”按钮激活选择移动工具，分别将桌腿移动到适合位置，如图2-1-15所示。

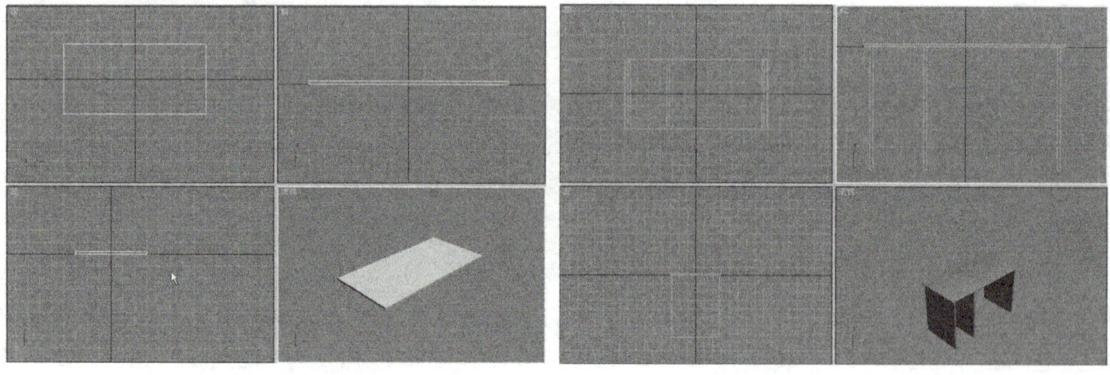

图 2-1-14　　　　图 2-1-15

4）在“创建”命令面板中展开“几何体”命令面板中的“对象类型”卷展栏，单击其中的“长方体”按钮，然后在顶视图中创建一个长560、宽300、高20的长方体，将默认名称“Box05”改为“机箱底板”。使用“选择并移动”工具调整它们的位置和上下关系，如图2-1-16所示。

5）在“创建”命令面板中展开“几何体”命令面板中的“对象类型”卷展栏，单击其中的“长方体”按钮，然后在顶视图中创建一个长560、宽800、高20的长方体，将默认名称“Box06”改为“键盘底板”。使用“选择并移动”工具调整它们的位置和上下关系，如图2-1-17所示。

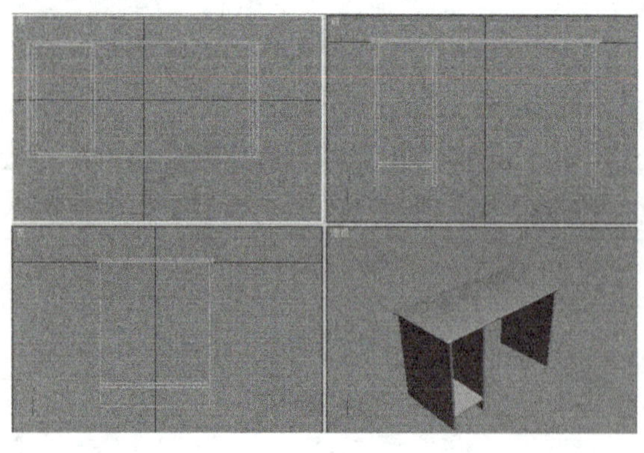

图 2-1-16

图 2-1-17

6）在“创建”命令面板中展开“几何体”命令面板中“对象类型”卷展栏，单击其中的“长方体”按钮，然后在顶视图中创建一个长20、宽800、高35的长方体，将默认名称“Box07”改为“键盘底板包边”。使用“选择并移动”工具调整它们的位置和上下关系，如图2-1-18所示。

7）单击工具栏中“快速渲染” 按钮，显示最终效果如图2-1-19所示。

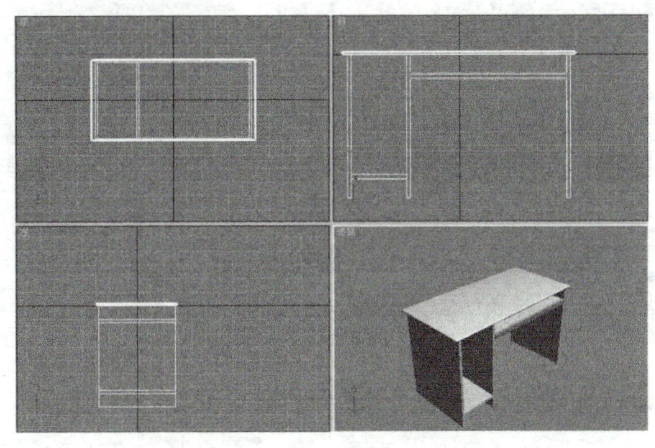

图 2-1-18

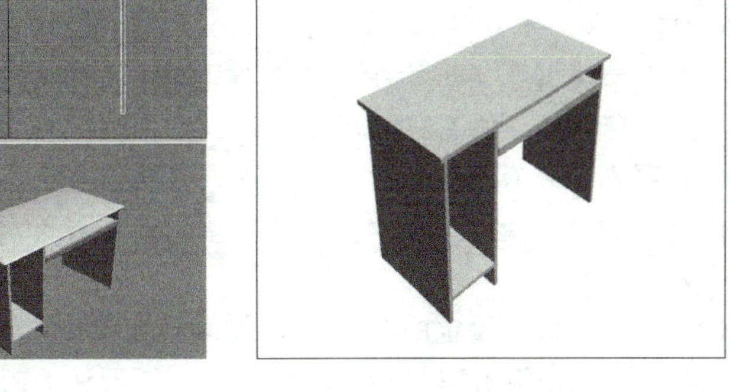

图 2-1-19

经验交流

学习者可以使用多个标准基本体的组合来创建物体，还可以将其结合到更复杂的物体中去。选择对象是各种编辑操作的基础，因此执行任何操作，都要先选择后操作。在创建的同时，还要养成边创建边命名的好习惯，这样有利于对物体的选择与修改。

2.2 项目训练——梳妆台的制作

训练要点

扩展几何形体的创建与修改、对象的复制、群组工具的使用。

训练目标

能够使用扩展基本体创建出不同形态的变形体，并且能够与基本体结合创建组合物体。会灵活地使用复制工具创建出相同的物体；还要学会使用群组工具将关联性很高的物体组合在一起，方便编辑修改。

基础练习

2.2.1 扩展基本体

扩展基本体模型是 3ds Max中复杂基本体的集合，它包括：异面体、环形结、切角长方体、切角圆柱体、油罐、胶囊、纺锤、L-Ext、球棱柱、C-Ext、环形波、棱柱和软管共13种类型。其控制参数比较多，通过调节这些参数，可以获得大小不一形状各异的变形体。

单击“创建”命令面板中的“几何体”按钮，在下拉列表中选择“扩展基本体”选项，就会打开扩展基本体创建面板，如图2-2-1所示。

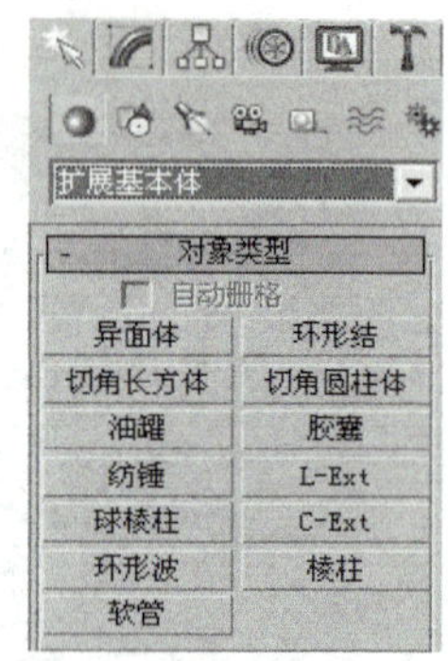

图 2-2-1

1. 异面体

在“对象类型”卷展栏中单击“异面体”按钮，就会打开异面体“参数”卷展栏，如图2-2-2所示。

（1）系列　分为“四面体”、“立方体/八面体”、“十二面体/二十面体”、“星形1”和“星形2”五种基本异面体类型，如图2-2-3所示。

（2）系列参数　设定P和Q参数可控制异面体顶点和面之间的形状转换。

创建三个半径相同的星形2，其中第一个星形体的P值设为1，第三个星形体的Q值设置为1，可以得到如图2-2-4所示的不同星形。

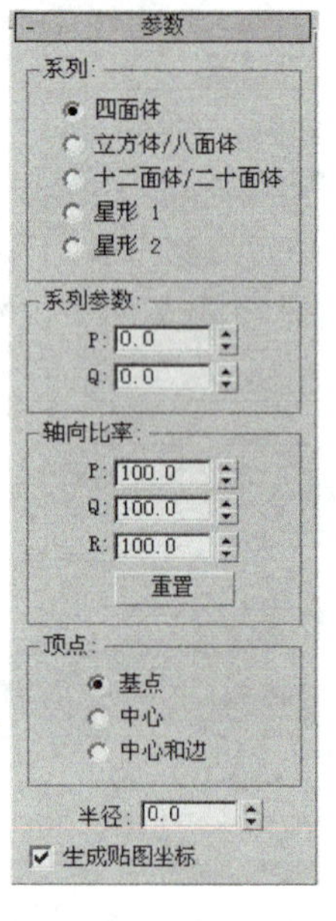

图 2-2-2

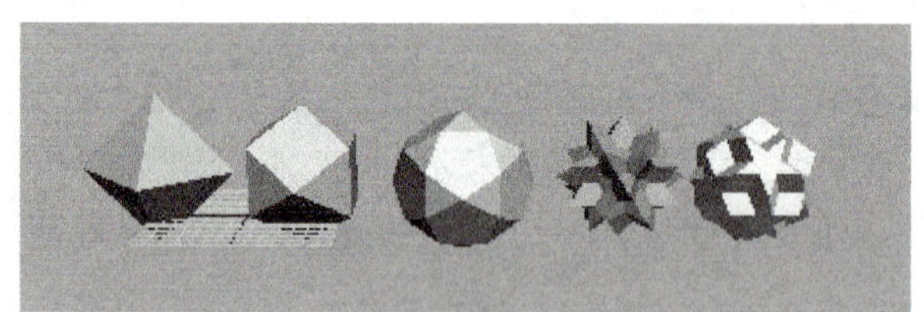

图 2-2-3

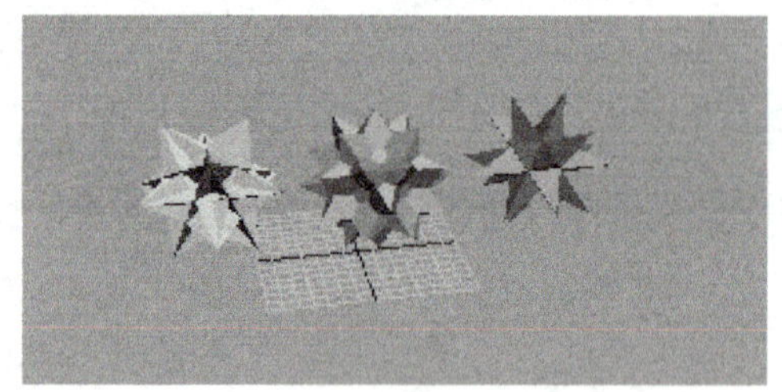

图 2-2-4

（3）轴向比率　设定的P、Q与R参数，可对异面体沿不同的轴进行缩放变形，选择“重置”按钮，可使所作设置不生效并恢复到原状态。

（4）顶点　表示结点在异面体上所处的位置。包括“基点”、“中心”、“中心和边”三个单选按钮。

（5）半径　用于设置所创建异面体的半径。

异面体的创建方法非常简单，只需要在视图内单击拖动，松开鼠标就会生成异面体。可在创建之前设定其参数，也可以在创建好之后修改其参数。

2. 切角长方体

切角长方体是扩展几何体中常用的一种模型，可以看成长方体的各条棱边定义了切角，可以用于创建桌、柜、椅子等模型。

单击“创建”命令面板中的“几何体”按钮，在下拉列表中选择“扩展基本体”选项。在“对象类型”卷展栏中单击“切角长方体”按钮，就会打开切角长方体“参数”卷展栏，如图2-2-5所示。

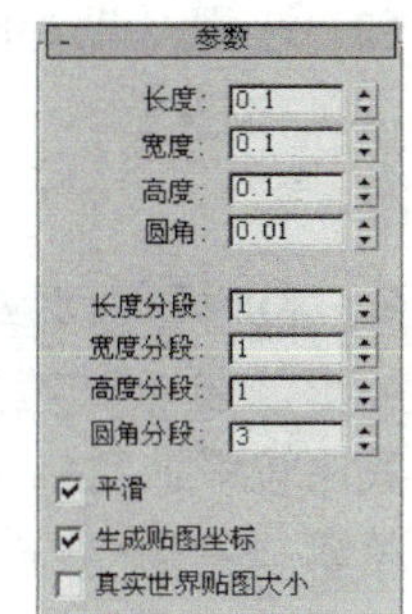

图 2-2-5

其中“长度”、“宽度”、“高度”和“圆角”决定了切角长方体的大小和形状。“圆角”用来设置切角长方体的圆角大小。“圆角分段”用来设置切角长方体圆角的划分片段数。

3．环形结

环形结可以看成是圆环打结产生的。

单击“创建”命令面板中的“几何体”按钮，在下拉列表中选择“扩展基本体”选项。在“对象类型”卷展栏中单击“环形结”按钮，就会打开环形结“参数”卷展栏，如图2-2-6所示。

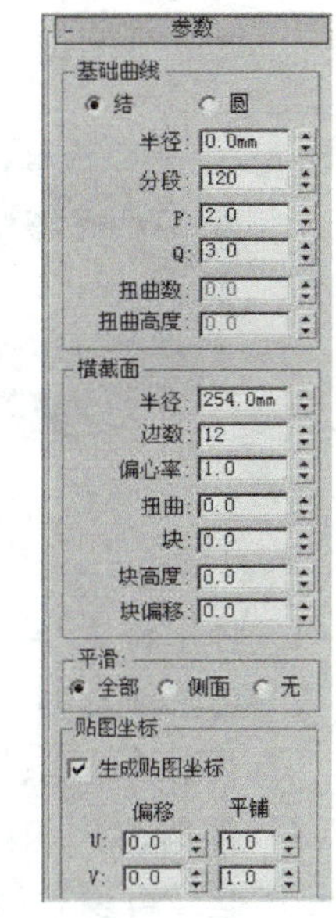

图 2-2-6

环形结的“参数”卷展栏由“基础曲线”、“横截面”、“平滑”和“贴图坐标”四个选项区组成。

（1）基础曲线　选择“结”单选按钮，可创建圆环结；选择“圆”单选按钮，可创建圆环。“半径”可设置圆环结的整体大小。“分段”可调节圆环结周长方向上的片段数。在选择“结”单选按钮时，P、Q值可控制曲线路径蜿蜒缠绕的圈数；当P，Q值都为1时，即可得到一个圆环；P、Q值越大，上下方向和径向的回转数越大。当选择“圆”单选按钮时，可以通过“扭曲数”和“扭曲高度”来设置圆环体上弯曲点的数目和弯曲的高度。当“扭曲数”值为0时，也会成圆环。图2-2-7是环形结所能产生的效果。

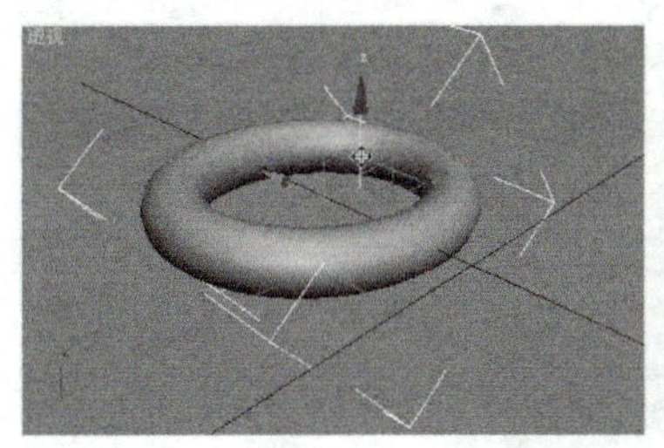
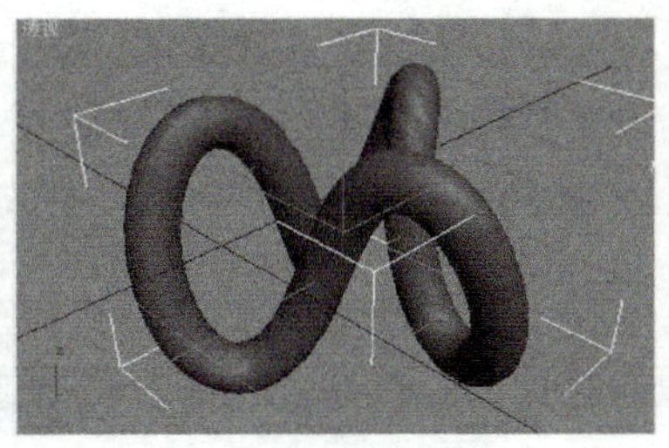
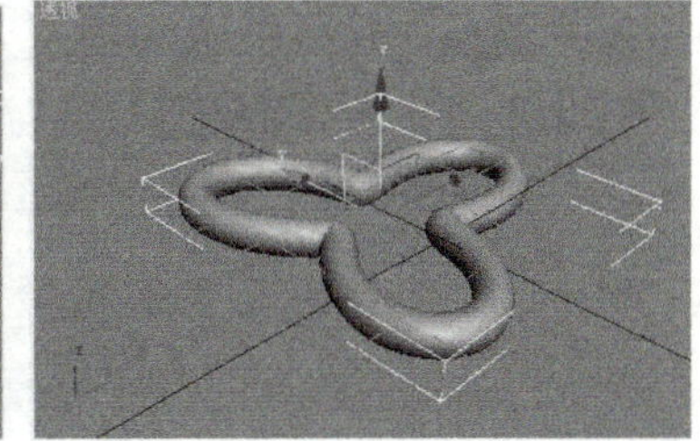

图 2-2-7

（2）横截面　“半径”用于设置圆环结的截面半径，“边数”用于设置圆环结截面圆周方向上的片段数，“扭曲”用来设置截面的扭曲度，其中，“块”、“块高度”和“块偏移”用来设置肿块的数目、高度和偏移值。通过数值的调整，可以得到如图2-2-8的效果。

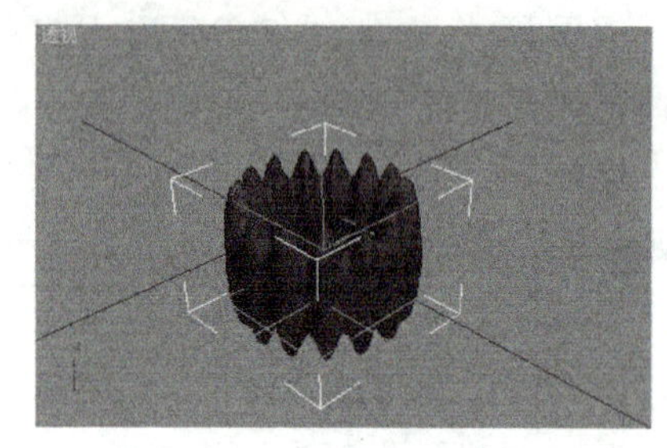

图 2-2-8

（3）平滑　设置圆环结的光滑程度。

（4）贴图坐标　设置圆环结表面的贴图坐标和其他参数。

4．环形波的创建

环形波是一种特殊的环形体，结构较为复杂，控制参数比较多。可以静态设置，也可以动态设置。

单击“创建”命令面板中的“几何体”按钮，在下拉列表中选择“扩展基本体”选项。在“对象类型”卷展栏中单击“环形波”按钮，就会打开环形波“参数”卷展栏，如图2-2-9。

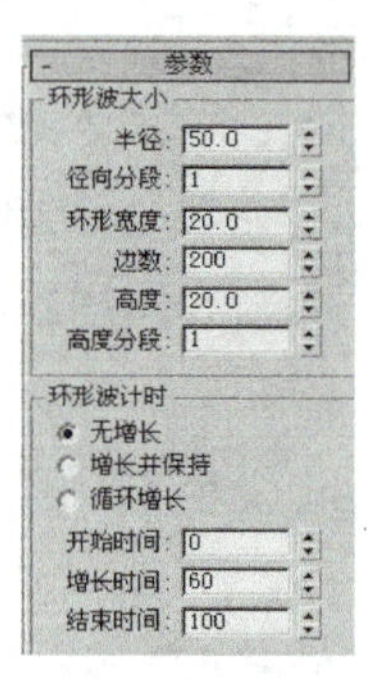

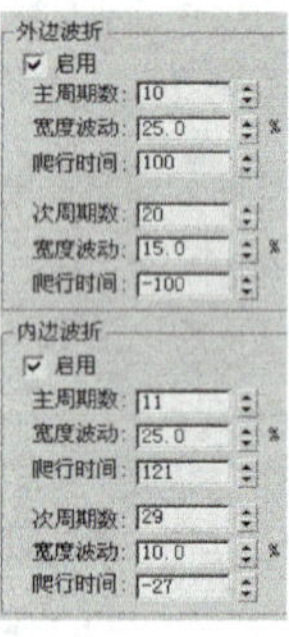

图 2-2-9

（1）环形波大小　用于控制环形波的基本参数。

（2）环形波计时　用于环形波从无到完整大小的动态生长过程。选择“无增长”单选按钮，不产生生长动画；选择“增长并保持”或“循环增长”单选按钮，将会产生生长动画。

（3）外边波折和内边波折　用于设置环形波外圈、内圈的形状和动画效果。选中“启用”复选框，可以激活选项区。

（4）曲面参数　用于设置纹理贴图的坐标和对创建模型的表面进行光滑处理。

5．软管的创建

软管是一种可以连接在两个物体之间的可弯曲的管子，它可随着物体的移动而改变。单击“创建”命令面板中的“几何体”按钮，在下拉列表中选择“扩展基本体”选项。在“对象类型”卷展栏中单击“软管”按钮，就会打开软管“参数”卷展栏，如图2-2-10所示。可以改变软管的长度和直径，还可以改变软管中皱褶的数目、大小和形状。

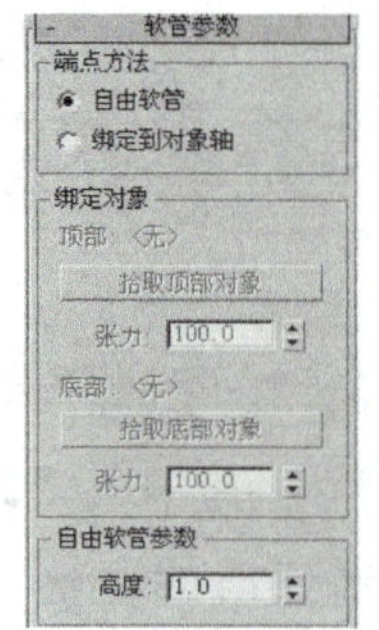

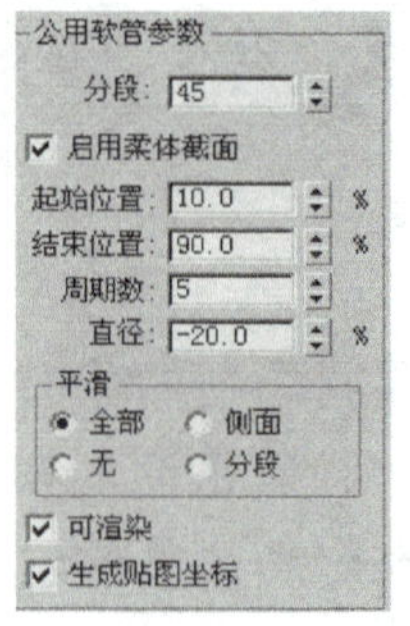

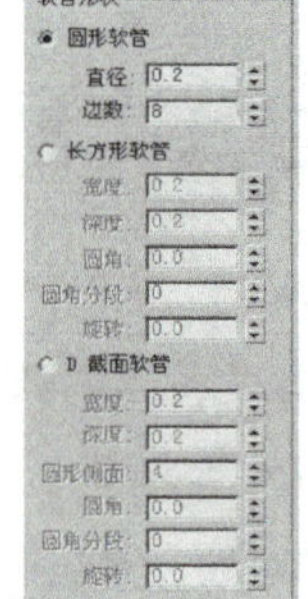

图 2-2-10

（1）端点方法　选择“自由软管”单选按钮，生成的软管是一个独立的物体，两端不受任何约束；此时“自由软管参数”选项区被激活，在“高度”数值框中，可设置软管的高度。

选择“绑定到对象轴”单选按钮，将生成两端固定的软管，此时“绑定对象”选项区被激活，可实现软管与其他物体的连接。“张力”数值框，决定软管连接处的弯曲度，如图2-2-11，数值越大，弯曲程度越高。当两个“张力”都是0时，就是直管。

图 2-2-11

（2）公用软管参数　“分段”数值框，用于设置软管高度方向上的片断数；分段数越多，软管越光滑，管体褶皱越细腻。选择“启用柔体截面”复选框，就会产生皱褶效果；若不选择此复选框，软管就会变成一个柱体。“起始位置”、“结束位置”和“周期数”数值框分别用于设置软管中部皱褶的起始位置、结束位置和数目；“直径”数值框用于设置皱褶的直径，正值和负值分别表示凹入和凸出。

（3）软管形状　用于设置软管的截面形状，可以设置“圆形软管”（默认）、“长方形软管”和“D截面软管”，如图2-2-12所示。

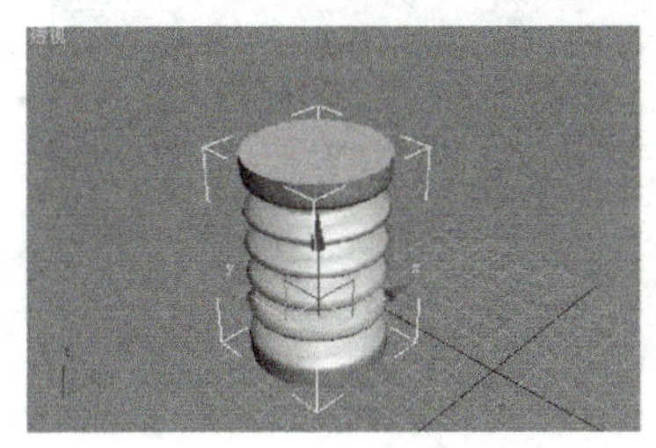
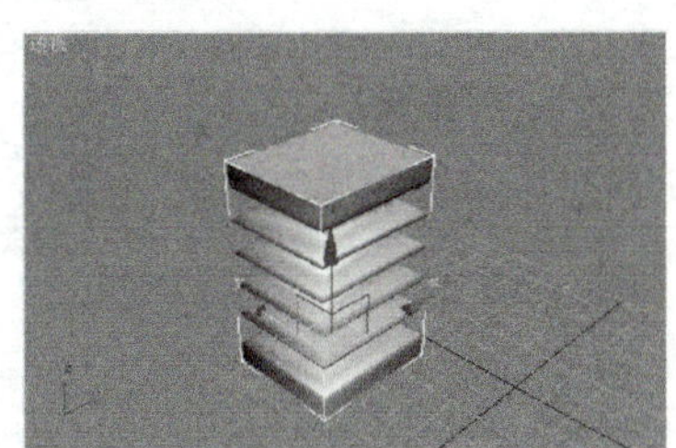
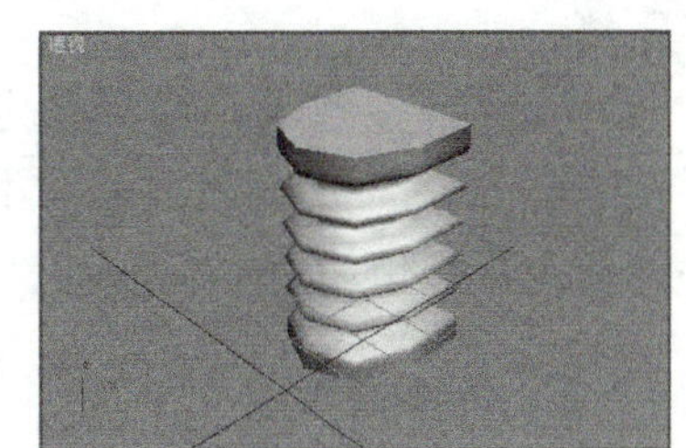

图 2-2-12

2.2.2　对象的复制

复制用于创建相同的物体。在3ds Max中复制的方法有很多，如镜像复制、阵列复制等。

1. 对象的直接复制

最常用、最简单的复制方式就是直接复制。选择变换工具，按住〈Shift〉键的同时拖拽鼠标；或者选择菜单“编辑”→“克隆”命令，都会弹出“克隆选项”对话框，如图2-2-13所示。

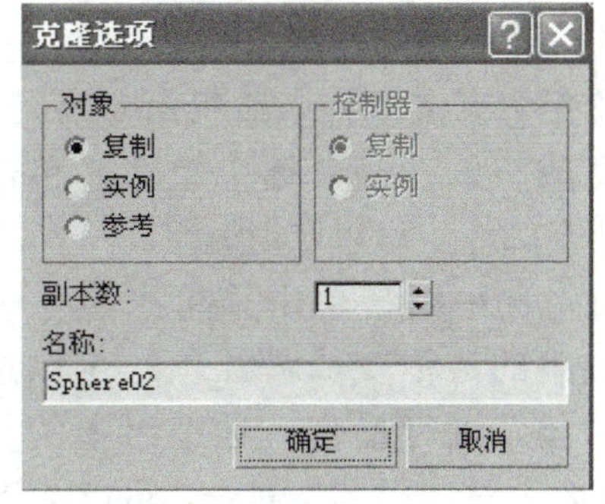

图 2-2-13

（1）在“对象”选项区中有三种复制对象的方法。

复制：复制出来的物体与源物体没有任何关系。如果对源物体进行编辑修改，复制品不会受到影响。

实例：复制出来的物体与源物体是相互关联的，如果对其中之一进行编辑修改，其他的物体也会随之变化。但使用这种方法复制的物体可以拥有不同的材质。常用于多个地方使用同一个物体的时候。

参考：源物体与复制出来的物体具有单向性，即对源物体进行编辑修改，复制品也会随之变化；而对复制品进行编辑修改，源物体不会受到影响。

（2）“控制器”选项区　用于选择复制和实例化原始物体的子物体的变换控制器。只有在复制的物体包含两个或多个层次连接的物体时才能使用。

复制：复制物体的变换控制器。

实例：实例化复制层次顶级下面的复制物体的变换控制器。

2．对象的镜像复制

镜像复制就好比模拟镜子的效果，把物体对应的虚像复制出来。

选中物体后，单击主工具栏中的“镜像”按钮，就会弹出“镜像对话框”，如图2-2-14所示。

镜像轴：用于设置镜像的轴或平面，“X”轴是默认轴。

偏移：用于设定镜像对象偏移源物体轴心点的距离。

克隆当前选项：用于设定物体是否复制，以何种方式复制。默认选项是“不克隆”，即只翻转物体而不复制物体。

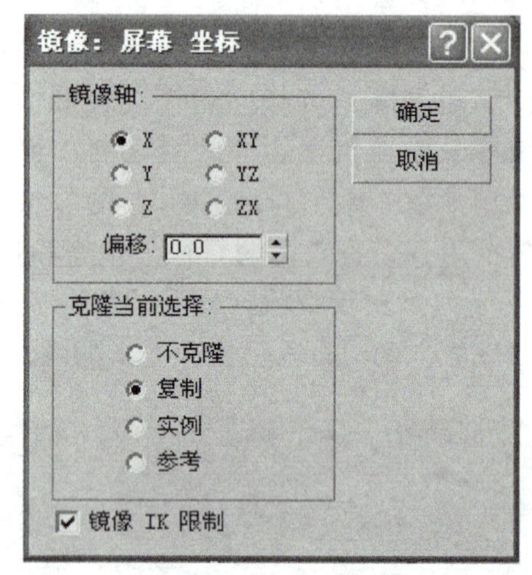

图　2-2-14

2.2.3　对象的群组

使用组将几个物体组合在一起后，可以把它们当成同一个物体来进行操作，还可以对组中的单个物体进行操作。把一些关联性很高的物体组合在一起，方便对物体进行移动、复制等操作，同时还能对局部进行单独控制。

1．组的建立与分离

选中物体，单击菜单“组”→“成组”命令，打开“组”对话框，如图2-2-15所示。在“组名”文本框中给组命名后，单击“确定”按钮，完成组的建立。选中组后，单击菜单“组”→“解组”命令，可以取消编组。

选中组，单击菜单“组”→“打开”命令，这时组的边框变成粉红色，可以选择组或组中的单个物体，进行操作。选中组中的任意对象，单击菜单“组”→“关闭”命令，可以关闭组。

图　2-2-15

2．组的编辑与修改

组的编辑与修改就是可以在组中增加或减少物体，并且嵌套使用组。

选中要新加入组中的物体，单击菜单“组”→“附加”命令后，再单击组中的物体，就可以将另外的物体加入组中。选中物体后，单击菜单“组”→“分离”命令，可以把物体从组中分离出去。

组还可以嵌套使用。选中组和单独的物体后，单击菜单“组”→“成组”命令，可以组成一个新组；一次次执行菜单“组”→“解组”命令，可以一层一层地取消组；如果想一步取消所有的组关系，可以直接单击菜单“组”→“炸开”命令，所有层级的组关系都将被取消。

项目实训

梳妆台制作实训步骤

1）在“创建”命令面板中展开“几何体”命令面板中的“扩展基本体”卷展栏，单击其中的“切角长方体”按钮，然后激活“前视图”，创建一个长450、宽1 200、高20、圆角50的切角长方体，如图2-2-16所示。

2）在“创建”命令面板中展开“几何体”命令面板中的“扩展基本体”卷展栏，单击其中的“切角长方体”按钮，然后在“前视图”创建一个长410、宽1 160、高120、圆角20的切角长方体，如图2-2-17所示。

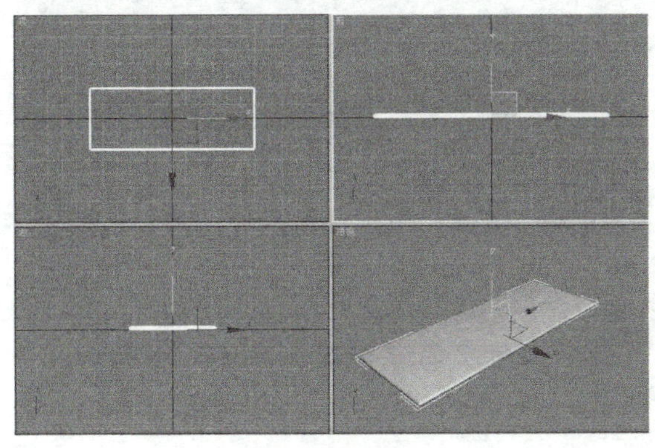

图 2-2-16

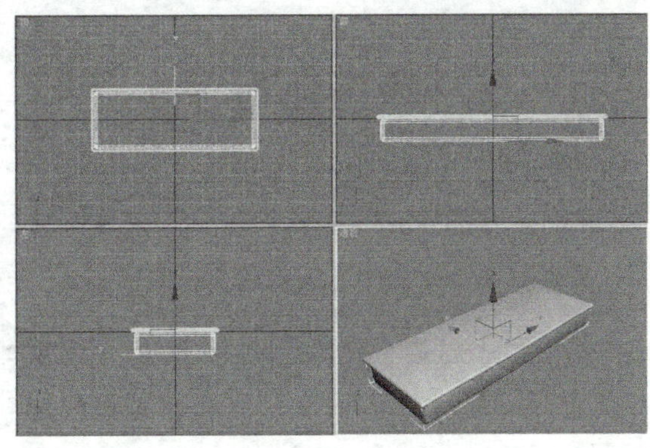

图 2-2-17

3）在“创建”命令面板中展开“几何体”命令面板中的“扩展基本体”卷展栏，单击其中的“切角长方体”按钮，然后在“前视图”创建一个长20、宽360、高80、圆角20的切角长方体，复制多个，如图2-2-18所示。

4）在“创建”命令面板中展开“几何体”命令面板中的“标准基本体”卷展栏，单击其中的“长方体”按钮，然后在“前视图”创建一个长20、宽70、高20的长方体，复制多个，如图2-2-19所示。

5）在“创建”命令面板中展开“几何体”命令面板中的“标准基本体”卷展栏，单击其中的“长方体”按钮，然后在“前视图”创建一个长50、宽50、高640的长方体，将其复制如图2-2-20所示。

6）在“创建”命令面板中展开“几何体”命令面板中的“扩展基本体”卷展栏，单击其中的“切角长方体”按钮，然后在“前视图”创建一个长700、宽600、高20、圆角50的切角长方体，如图2-2-21所示。

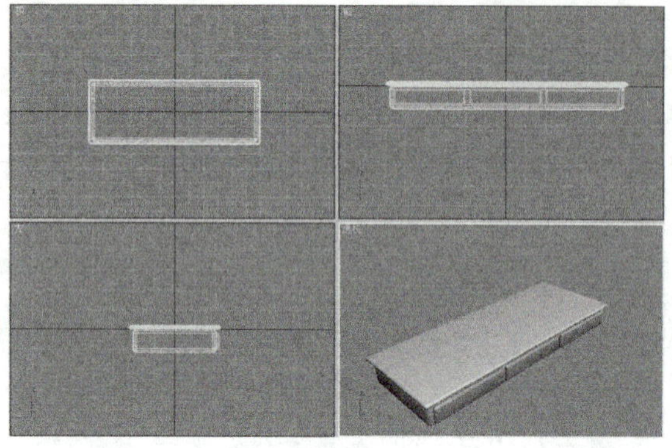

图 2-2-18

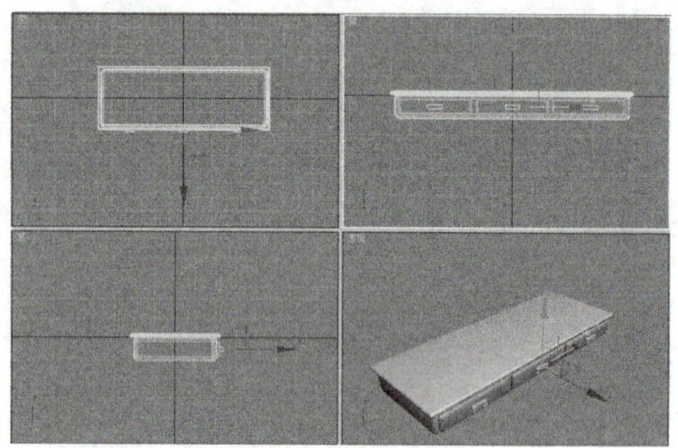

图 2-2-19

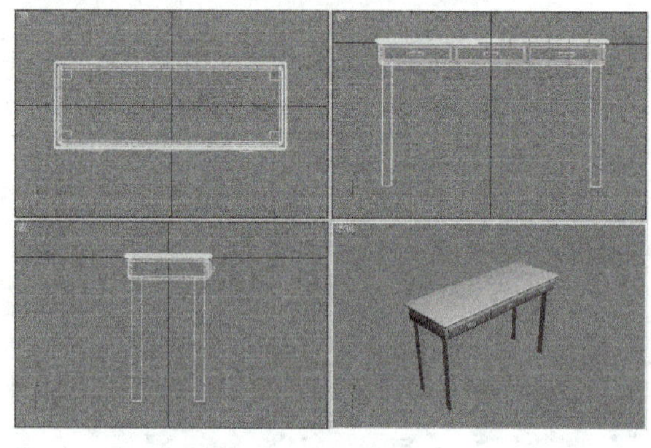

图 2-2-20

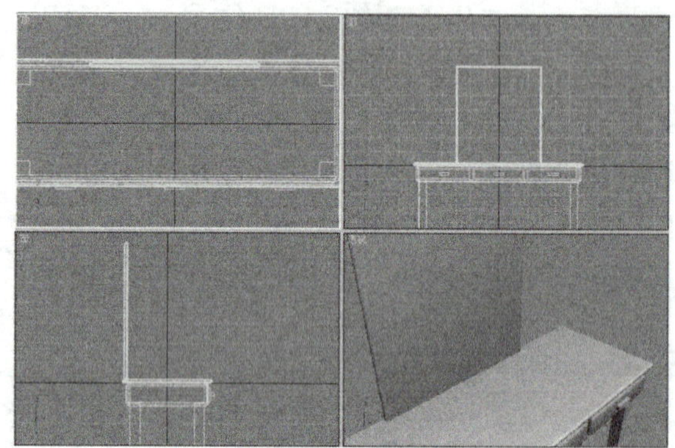

图 2-2-21

7）在“创建”命令面板中展开“几何体”命令面板中的“标准基本体”卷展栏，单击其中的“长方体”按钮，然后在“前视图”创建一个长500、宽400、高5的长方体，如图2-2-22所示。

8）单击工具栏中“快速渲染”按扭，显示最终效果如图2-2-23所示。

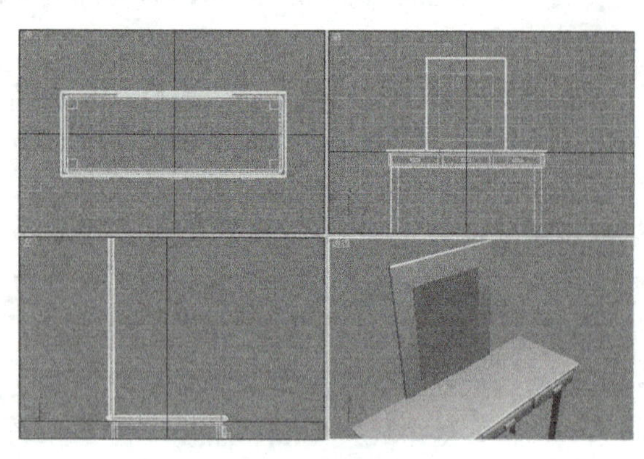

图 2-2-22

图 2-2-23

经验交流

在创建物体之前，学习者要学会分析一个物体是由哪种基本体和扩展基本体组成的，然后会熟练地使用各种基本体和扩展基本体把物体创建出来。在物体的创建过程中，会灵活地使用各种复制方法复制物体，来简化创建过程。还要养成将关联性很高的物体群组合并命名的好习惯，方便以后的选择修改。

2.3 项目训练——铁艺鞋架的制作

训练要点

二维图形的创建与修改、阵列的应用。

训练目标

通过学习使学习者能够利用系统提供的工具，熟练地创建各种二维图形，来符合设计的需要；并能够对二维图形进行简单的编辑，从而方便我们将二维图形生成三维形体。

基础练习

2.3.1 二维图形的创建

二维图形可以通过“创建”→“图形”中的相应命令来创建；也可以点击“创建”面板中的“图形”按钮来创建，其下拉列表包括：“样条线”（默认）、“NURBS曲线”、“扩展样条线”，如图2-3-1所示。

1．创建线条

（1）单击“创建”命令面板中的“图形”按钮，在打开的“图形”创建面板中单击“线”按钮，这样就会打开线属性面板，如图2-3-2所示。

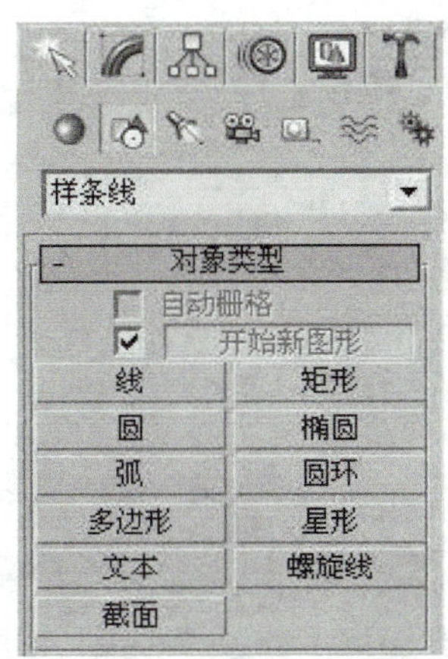

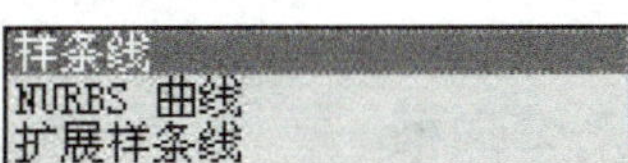

图 2-3-1

图 2-3-2

（2）在“创建方法”卷展栏的“初始类型”和“拖动类型”选项区中都选择“角点”单选按钮。

说明

“初始类型”用来设置画线模式。选择“角点”时，以直线方式创建线条，选择“平滑”时，以光滑曲线方式创建线条。

“拖动类型”用来设置端点类型。选择“角点”时，顶点两端以直线段连接，线段之间形成尖角，并且角度可任意变换；选择“平滑”时，顶点两端以光滑曲线连接；选择“Bezier”时，则以光滑的Bezier曲线连接，而且顶点也可调节。

（3）激活“顶视图”，在起点处单击左键，然后向下移动指针，在第二点处再单击左键，再移动指针，确定第三点、第四点……，如图2-3-3所示。

（4）绘制出字母T的轮廓，在结束点回到起点时会弹出如图2-3-4所示的对话框，单击“是”按钮，封闭图形。

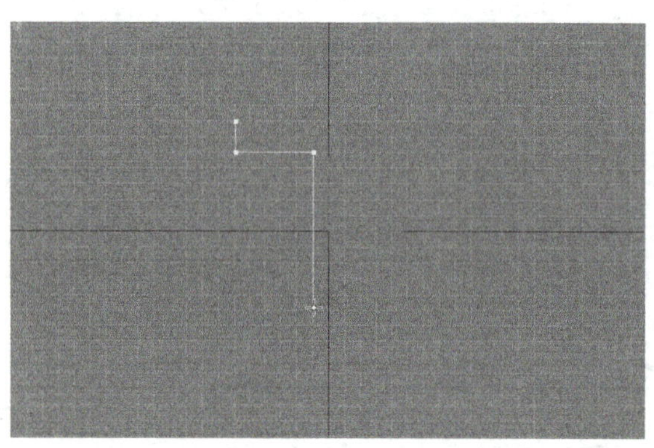

图 2-3-3

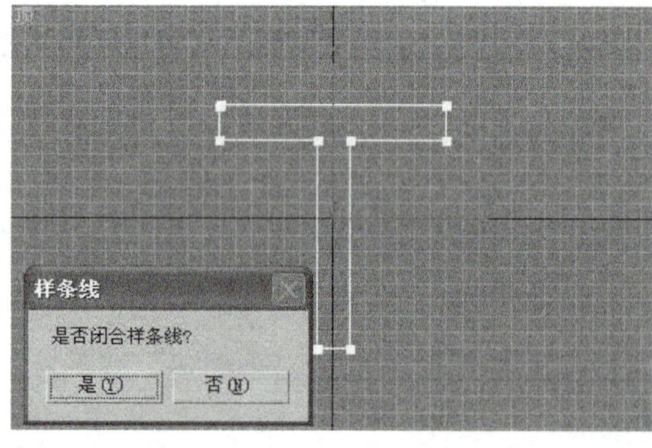

图 2-3-4

此外，再描述一下“线”属性面板中其他卷展栏的作用。

“渲染”卷展栏：用来设置曲线的可渲染性和渲染参数（系统默认不可渲染）。想要在渲染图中看到有厚度的曲线，应单击“渲染”单选按钮，并调整“厚度”的值；想要在视图中看到渲染的效果，应先勾选“在视口中启用”复选框，再勾选“使用视口设置”复选框，最后单击“视口”单选按钮（只能改变视图中的显示效果）；“边”和“角度”可以控制曲线界面的边数和扭曲角度，如图2-3-5所示。

“插值”卷展栏：用来设置曲线的精度。“步数”数值框用来设置曲线两个顶之间自动生成的点数，默认值是6；勾选“优化”复选框，可将曲线中多余的点去掉，如图2-3-6所示。

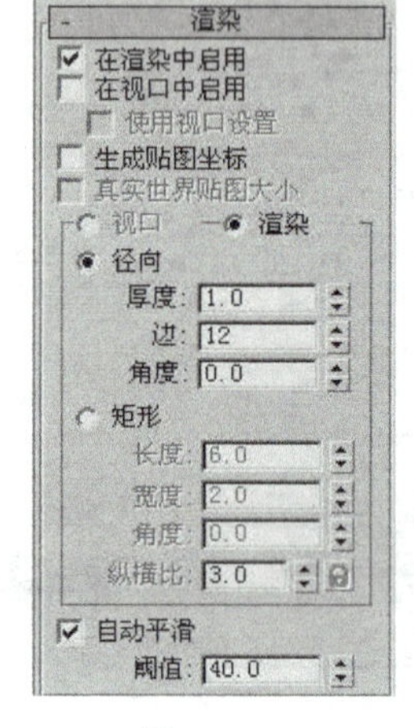

图 2-3-5

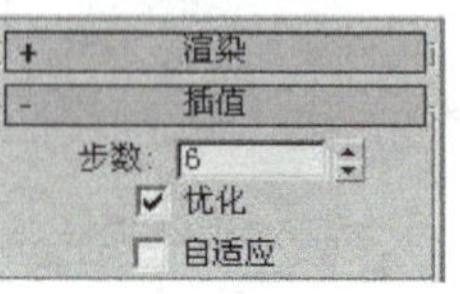

图 2-3-6

2．创建文本

文本是一种比较特殊的二维造型。选择“创建”命令面板中的“图形”按钮，在打开的“图形”创建面板中单击“文本”按钮，就会打开文本属性面板，可设置字体，斜体字体，下划线，对齐方式（左对齐、居中对齐、右对齐、两端对齐）字的大小、字间距，行间距等，如图2-3-7所示。

3．创建螺旋线

“螺旋线”可以创建出平面或空间的螺旋线，也可以创建出物体的运动路径。在“图形”创建面板中单击“螺旋线”按钮，就会打开螺旋线“参数”卷展栏。其中，“半径1”和“半径2”分别用来设置螺旋线的内径和外径；“圈数”用来设置起点和终点之间螺旋线旋转的圈数；“偏移”用来设置螺旋线向某个顶点的偏移强度，（高度为0，调节偏移值没有变化）；“顺时针”、“逆时针”用来设置螺旋线的方向，如图2-3-8所示。

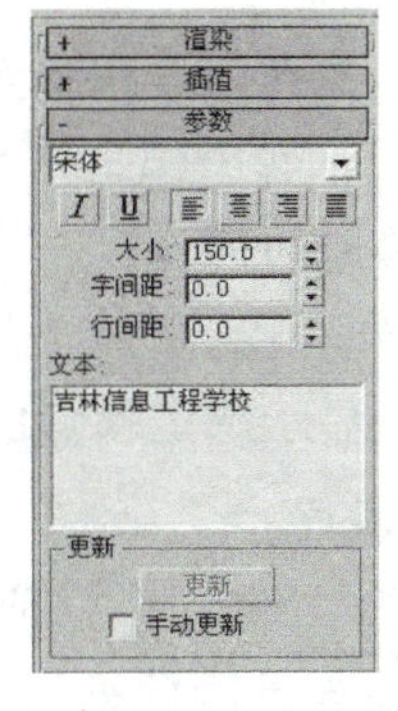

图 2-3-7

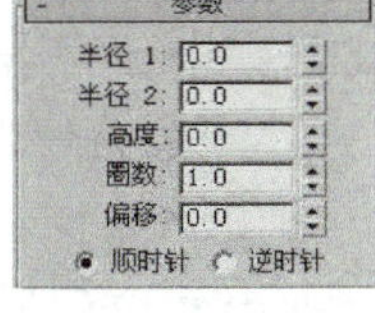

图 2-3-8

2.3.2 二维图形的修改

如果想要对绘制的二维图形进行编辑，可以单击“修改”按钮，在修改面板中对二维图形进行编辑。多数的二维图形，只能够直接进行简单的数值更改；而“线”是一种特殊的二维图形，可以对其进行一些其他编辑。

选中线后，单击“修改”命令面板，打开“Line”层级面板，可看到“顶点”、“线段”和“样条线”三个子级别，如图2-3-9所示。

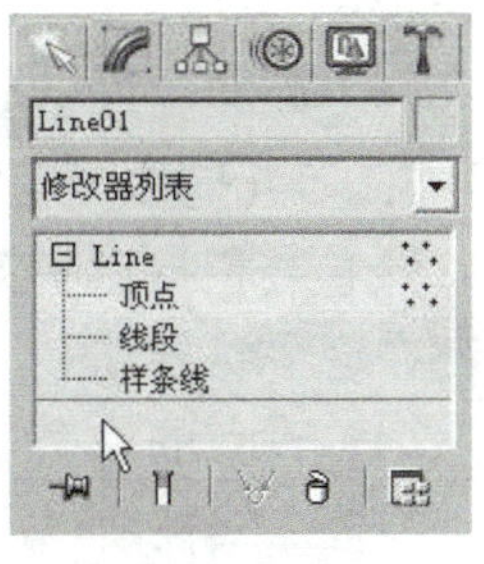

图 2-3-9

“修改”命令面板包括：“选择”、“软选择”和“几何体”三个卷展栏，其展开效果如图2-3-10所示。

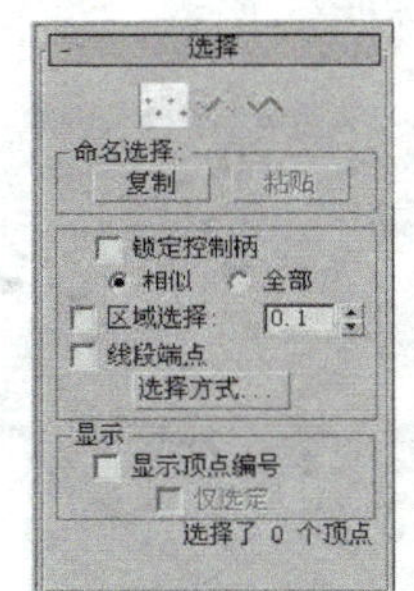

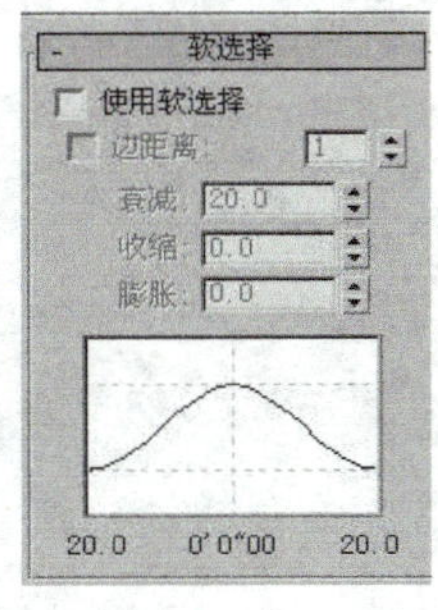

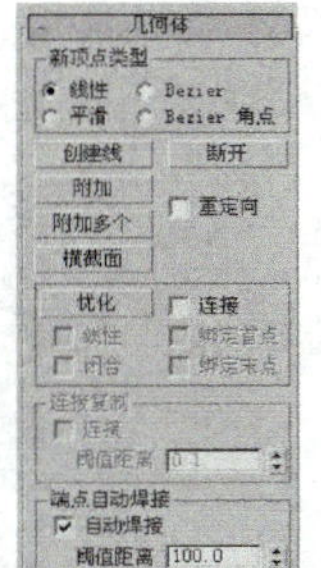

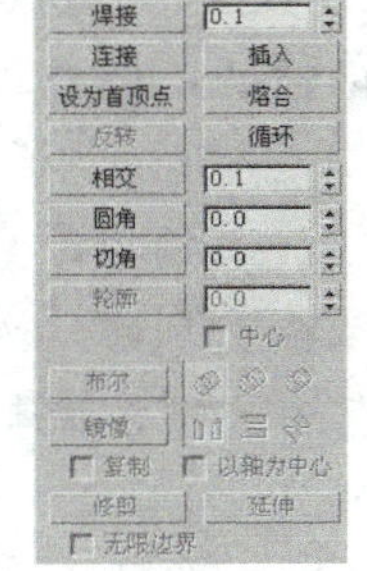

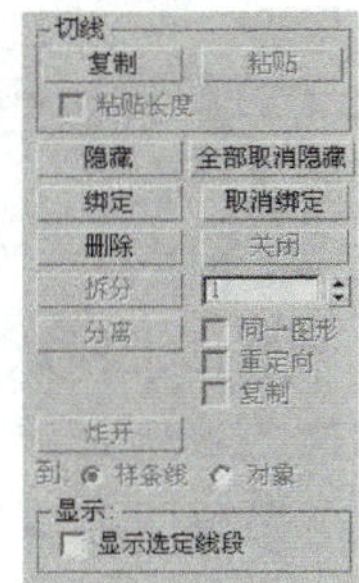

图 2-3-10

1．“选择”卷展栏

通过单击、或的按钮，可以分别进入“顶点”、“线段”和“样条线”三个子级别对物体进行修改。子物体层级不同，可进行的操作也不同，如果在当前级别下不能使用，系统就会显示为灰色。

（1）锁定控制柄　选取多个顶点时，移动一个控制杆，所有选中的顶点都跟着一起动。选择“相似”单选按钮，只能同时移动同一侧的调整杆控制柄；选择“全部”单选按钮，可同时移动两侧的调整杆控制柄。

（2）区域选择　选取一个顶点时，可以同时选中多个顶点。可在数值框中输入数值来确定选中区域的半径。

（3）分段端点　可通过单击样条线上的线段，选中靠近该线段的顶点。

（4）选择方式　在线段编辑模式下，要选中线段的顶点时，按住<Ctrl>键并单击多个线段，可以选中多个线段的顶点。

（5）显示　勾选“显示顶点编号”复选框，可显示所有顶点的编号；若再勾选“仅选定”复选框，可以只显示选定顶点的编号。

2. “软选择”卷展栏

使用“软选择”，选中一个顶点后，顶点周围的点会处于不同的选中状态。距离越近，选中的可能性越大。因此通过调整“软选择”卷展栏中的数值，可以对选中顶点的影响范围和程度进行调整。

（1）边距离　用来设定区域内受影响的边数。

（2）衰减　用来设定受影响区域的半径。

（3）收缩　用来设定选择曲线的锐化程度，也可增加或减少曲线沿垂直轴方向顶点的选择。

（4）膨胀　可以沿垂直轴扩展或收缩曲线。

3. “几何体”卷展栏

该卷展栏提供了大量对曲线进行编辑的工具（非常重要），这是因为多数对曲线的编辑都在这个卷展栏中。

（1）顶点的类型

线性：线性顶点，两侧的线条呈一定夹角。

平滑：平滑顶点，两侧线条为曲线。

Beizer：选中Beizer顶点，可以在调整杆上任意调整控制柄，改变曲线形态。调整杆只能在同一条直线上对称移动，并且顶点两侧线段形状一致。

Beizer角点：选中Beizer角点顶点，也可以在调整杆上任意调整控制柄，改变曲线形态。与Beizer顶点的区别，调整杆可以呈一定夹角任意调整。

如图2-3-11所示依次为曲线四种类型的顶点。如果想更改顶点类型，可单击鼠标右键，在弹出的快捷菜单中选择。

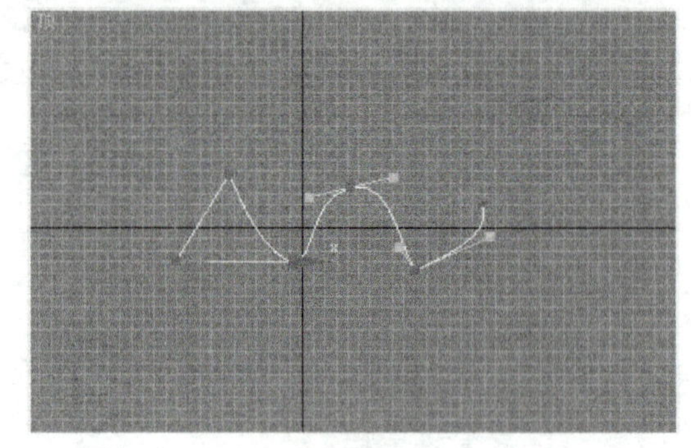

图　2-3-11

（2）顶点的类型

创建线：可以绘制新曲线，并把它加入到原曲线中，成为一组。

断开：能够将一个顶点断开为两个顶点。

附加：单击该按钮后，单击某个未处于编辑状态的曲线，可将其余当前曲线合并为一个组合物体。

附加多个：单击后，打开“附加多个”对话框，显示了场景中所有可被结合的曲线，选中所有希望结合到当前可编辑曲线中的形状，单击“附加”按钮即可，如图2-3-12所示。

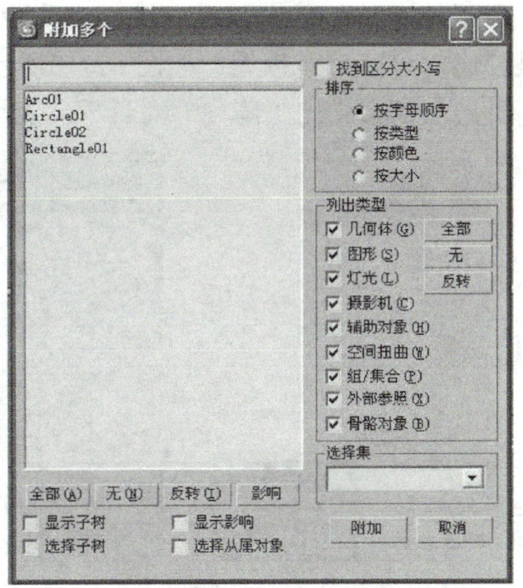

图 2-3-12

重定向：选中该复选框，新加入的曲线会移动到原样条线的位置。

优化：单击该按钮后，在曲线上单击增加顶点，但曲线的曲率不改变。再次单击该按钮或右键，可结束该操作。在单击“优化”按钮前，可选中后面的“连接”复选框，这时结束增加顶点后，将创建一个连接所有新增顶点的线；同时还可以选择下面的四个复选框。其中，“线性”复选框可以使新线的各线段为直线或曲线；“绑定首点”复选框可以使新增的最后一个顶点绑定到所选线段的中心。

焊接：可以将两个或两个以上的顶点合成一个顶点，后面的数值可以调整焊接的范围。

连接：可以封闭曲线或将两条曲线相连。

插入：可以插入顶点，创建附加线段。

设为首顶点：可将不是第一个顶点的任何点设置为第一个顶点。

熔合：可以移动所有选中的顶点到其平均中心位置重叠，主要用来辅助创建使用“曲线”编辑修改器的线框模型。

循环：可以用于循环选择顶点，用来选择使用其他方法不好选的顶点。

相交：可以在属于同一曲线对象的两条线的交叉处增加交叉点，后面的数值框可以设置交叉界限。

圆角：可以调整顶点的圆角。单击该按钮后，可以直接拖动某个顶点，也可以选择顶点输入数值。

切角：可以设置形状角部的倒角。创建方法同“圆角”。

隐藏：可以隐藏所选顶点两侧的线段。

全部取消隐藏：可以显示被隐藏的顶点。

绑定：单击该按钮后，拖动顶点到某个选中的线段，顶点会跳至该线段中心。

取消绑定：可以解除顶点绑定。

删除：可以删除顶点和相连的线段。

显示选定线段：可以将顶点子对象层级的任何所选线段高亮显示为红色。

2.3.3 对象的阵列复制

通过阵列复制同时可以复制出多个相同的对象，并且使它们在空间上有序排列。在主工具栏的空白处单击鼠标右键，在弹出的快捷菜单中单击“附加”选项，找到“附加”工具栏中的“阵列”按钮，如图2-3-13所示；也可直接选择菜单“工具”→“阵列”命令，这两种方法都会弹出“阵列”对话框，如图2-3-14所示。

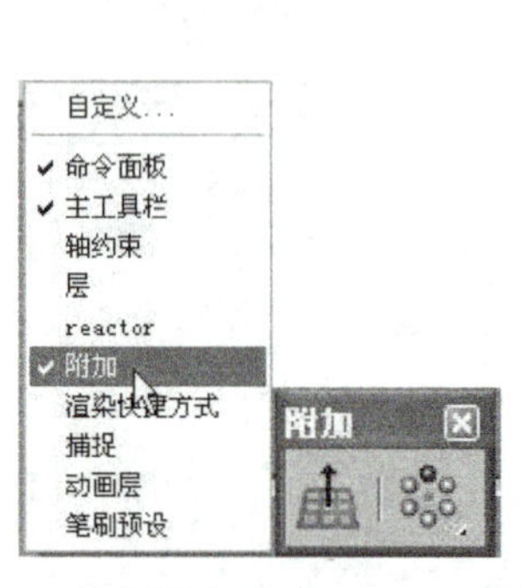

图 2-3-13

图 2-3-14

1．阵列变换

阵列变换用来设置一维方向上的各种参数，包括“增量”和“总计”两栏。其中“移动”、“旋转”和“缩放”选项，可根据需要单击箭头按钮，切换左右的数值。

2．对象类型

对象类型用来设置复制对象的类型（复制、实例、参考），同“复制”对话框。

3．阵列维度

阵列维度用来创建不同维度的阵列。“1D”单选按钮用来创建一维阵列，在其后面的数值框中，可以设置阵列的列数；“2D”或“3D”单选按钮可创建二维或三维阵列，并且可以设置阵列的“数量”和“增量行偏移”。

项目实训

铁艺鞋架制作实训步骤

1）在“创建”命令面板中展开“图形”命令面板中的“样条线”卷展栏，单击其中的“线”按钮，创建线如图2-3-15所示。

2）在“修改”命令面板的“卷展栏”中选择“渲染”，勾选“在渲染中启用”、“在视口中启用”，将厚度数值设置为5，如图2-3-16所示。效果如图2-3-17所示。

3）在“创建”命令面板中展开“几何体”命令面板中的“圆柱体”按钮，然后在前视图中创建一个半径2、高400的圆柱体，使用选择并移动工具调整它们的位置和上下关系，如图2-3-18所示。

4）将其复制多个，如图2-3-19所示。

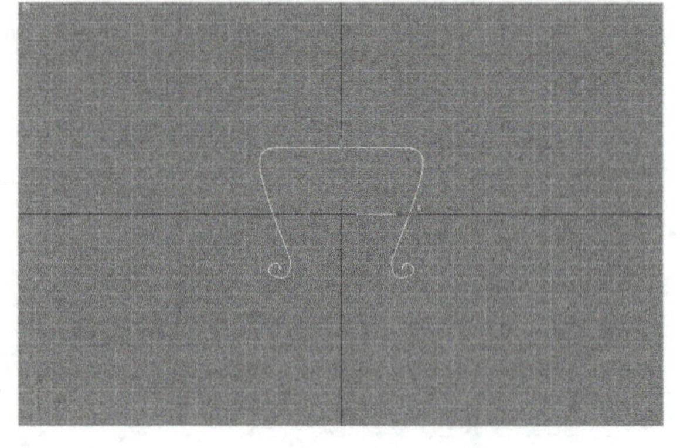

图 2-3-15

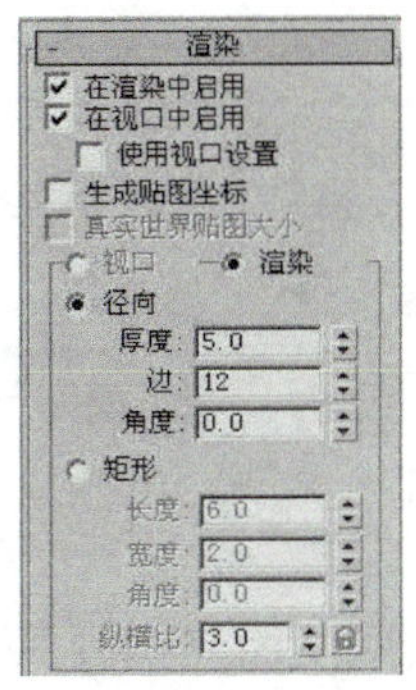

图 2-3-16

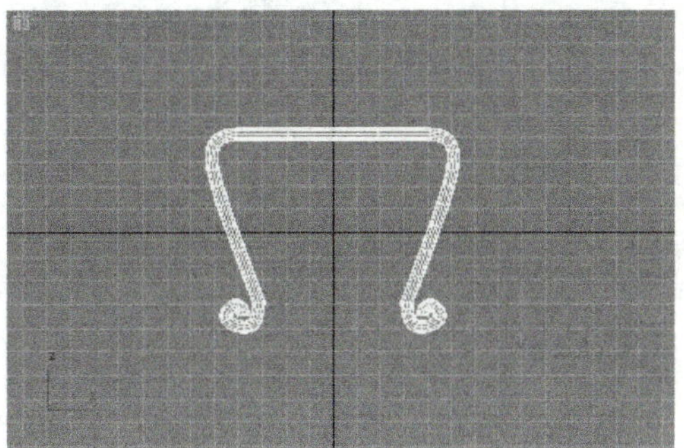

图 2-3-17

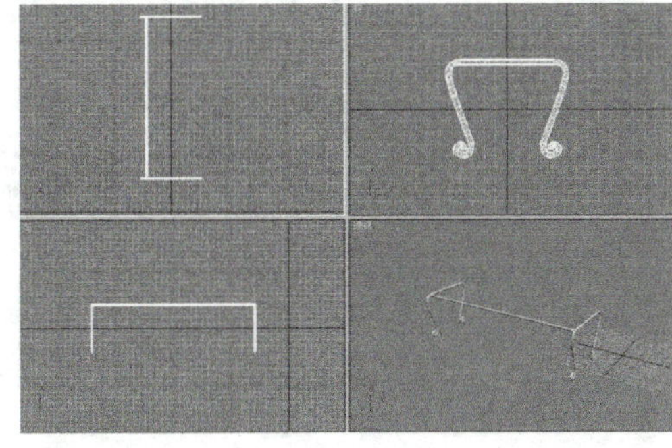

图 2-3-18

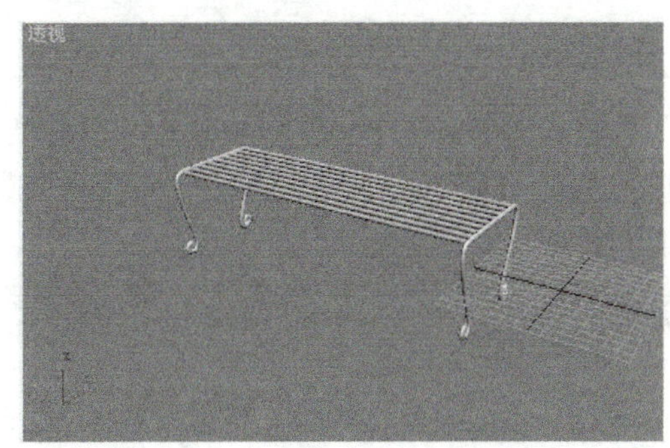

图 2-3-19

5）在“创建”命令面板中展开“几何体”命令面板中的“圆柱体”按扭，然后在左视图中创建一个半径2、高65的圆柱体，使用选择并移动工具调整它们的位置和上下关系。如图2-3-20所示。

6）将其复制一个并按照第3）步骤制作圆柱体，使用选择移动工具调整它们的位置，如图2-3-21所示。

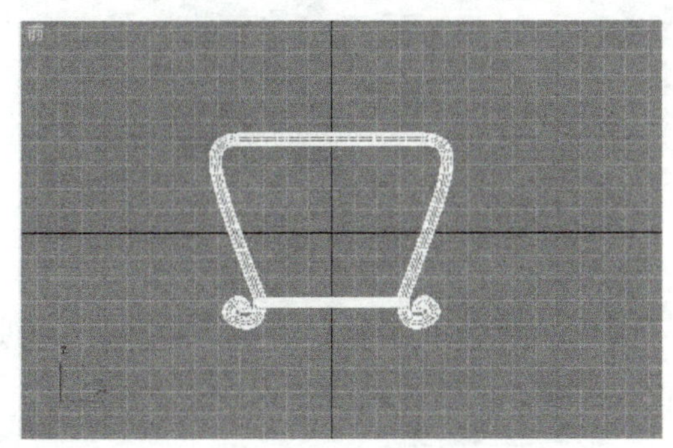

图 2-3-20

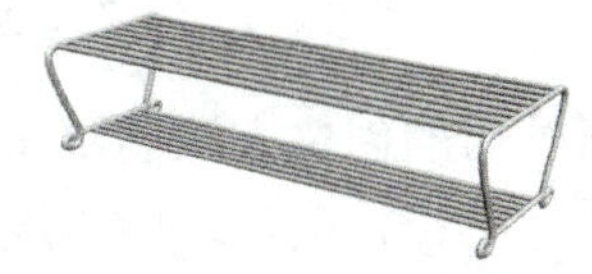

图 2-3-21

经验交流

二维建模是一种经常使用的建模方法，操作简单，建模精确，编辑方法灵活。因此要熟练地掌握本节所学的知识，能够创建出各种基本的二维图形，为后面的二维图形配合编辑修改器的使用和从二维到三维的修改打好基础，最终能创建出更精确复杂的模型。

2.4 项目训练——旋转楼梯的制作

训练要点

门、窗及楼梯的创建，对齐、捕捉工具的使用。

训练目标

能熟练掌握门、窗及楼梯的创建，并且能在室内建模的创建中，创建出需要的门、窗及楼梯的模型。熟练使用对齐和捕捉工具，精确地创建模型。

基础练习

在建筑建模中，经常需要创建门、窗及楼梯。在3ds Max 9中，软件内部专门设置了这些常用的建筑模型，使模型的建立变得十分方便，点击相应的按钮并设置参数，就可以快速地创建出模型。

2.4.1 门的建立

选择“创建”面板中的“几何体”按钮，在其下拉列表中选择“门”，就会看到三种不同类型的门模型：“枢轴门”、“推拉门”和“折叠门”，如图2-4-1所示。

1．枢轴门

枢轴门在日常生活中最为常见，这种门只在一侧用铰链接合。在3ds Max 9中可以创建单扇和双扇的枢轴门，如图2-4-2所示。

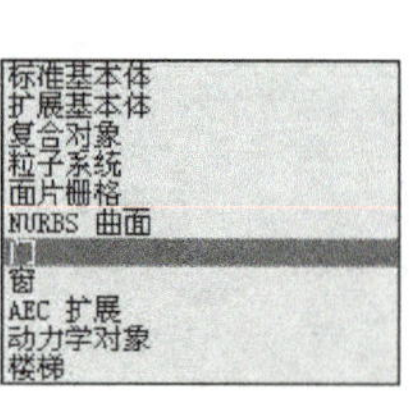

图 2-4-1

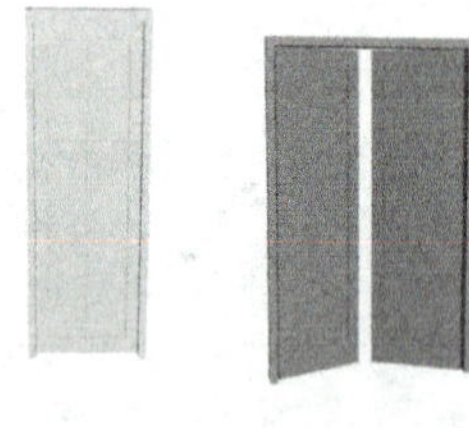

图 2-4-2

枢轴门的创建方法非常简单。在“顶视图”中拖动鼠标，确定门的宽度；向上或向下移动鼠标单击，确定门的厚度；再移动鼠标单击，确定门的高度。这样门就创建好了，还可以在右侧的卷展栏中调整数值，枢轴门的卷展栏如图2-4-3所示。

（1）创建方法 “宽度/深度/高度”和“宽度/高度/深度”单选按钮用来设置创建枢轴门的顺序。“允许侧柱倾斜”复选框，只有在启用3D捕捉功能后才生效；选中后，可以创建出倾斜的门。

（2）参数 可以设置门的高度、宽度和深度。选择“双门”复选框，可以创建双扇的枢轴门。选择“翻转转动方向”复选框，门会向另外一面打开。选择“翻转转枢”复选框，门枢轴将被放置到另一侧门框上，但不能对双扇的枢轴门使用。在“打开”数值框中，可以设置门打开的角度；默认值为0，门处于关闭状态。在“门框”选项区中，选择“创建门框”复选框后，可对门框的宽度、深度和门与门框之间的偏移距离进行设置。

（3）页扇参数 “厚度”数值框用来调整门的厚度；“门挺/顶梁”数值框，可用来设置门顶部和两侧面板框的宽度；“底梁”数值框，可用来设置门脚处的面板框的宽度。

“镶板”选项区，可用来设置门上窗格的形态。选择“无”单选按钮，不会产生窗格。选择“玻璃”单选按钮，会生成不带倒角的玻璃门板；在其下面的“厚度”数值框中，可以设置玻璃的厚度。选择“有倒角”单选按钮，会生成带有倒角的门板。“厚度1”和“宽度1”的数值，分别决定倒角外框的厚度和宽度。“厚度2”和“宽度2”的数值，分别决定倒角内框的厚度和宽度。

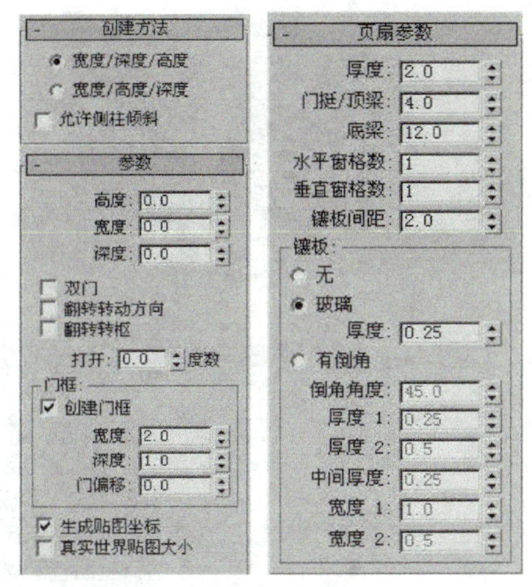

图 2-4-3

2. 推拉门

推拉门是一种左右滑动的门，其中一扇门保持固定，而另外一扇门可以移动，如图2-4-4所示。

3. 折叠门

折叠门的特点是在中间和侧面都有枢轴，并且有双扇门的，也有四扇门的，如图2-4-5所示。

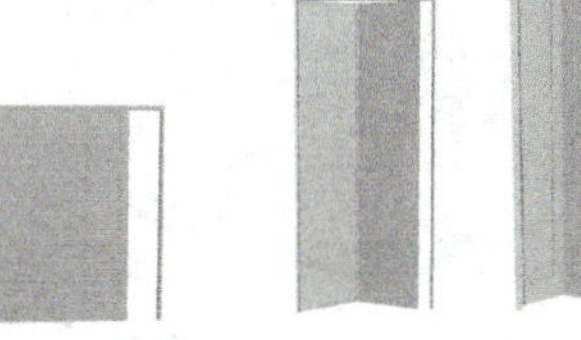

图 2-4-4　　图 2-4-5

2.4.2 窗的建立

选择“创建”面板中的“几何体”按钮，在其下拉列表中选择“窗”，就会看到六种不同类型的窗户模型：“遮篷式窗”、“平开窗”、“固定窗”、“旋开窗”、“伸出式窗”和“推拉窗”，如图2-4-6、图2-4-8所示。其中，在现实生活中最常见的是遮篷式窗和固定式窗。

各种类型的窗户创建方法基本相同。在“顶视图”中拖动鼠标，单击确定窗户的宽度；向上或向下移动鼠标，在适合的位置单击，确定窗户的厚度；移动鼠标，在适合的位置单击，确定窗户的高度。这样窗户就创建好了。

遮蓬式窗

在“参数”卷展栏中，可以设置窗户的“高度”、“宽度”和“深度”，还可以设置窗框的“水平宽度”、“垂直宽度”和“厚度”，玻璃的“厚度”，窗格的“宽度”和“窗格数”，窗户的打开程度，如图2-4-7所示。

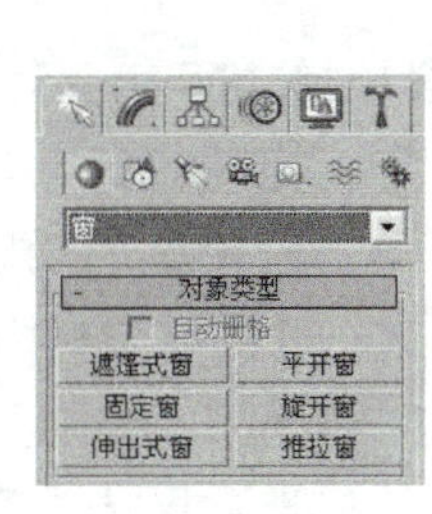

图 2-4-6

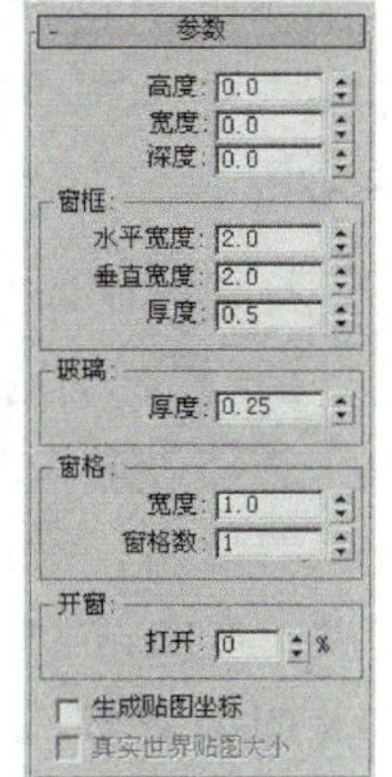

图 2-4-7

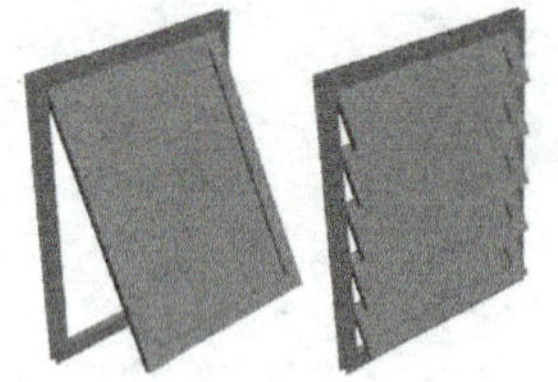
遮篷式窗

平开窗

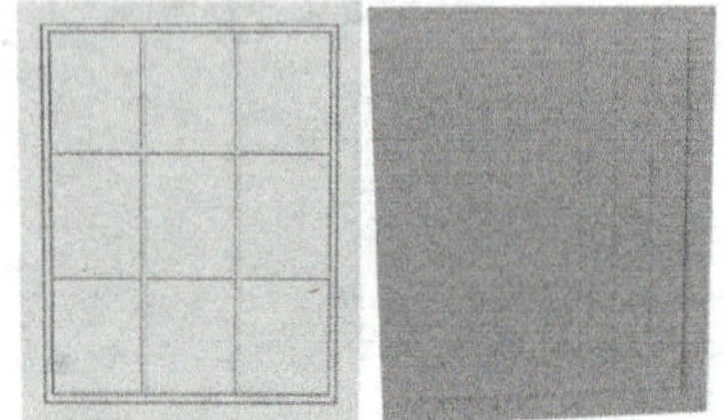
固定窗

旋开窗

伸出式窗

推拉窗

图 2-4-8

2.4.3 楼梯的建立

选择“创建”面板中的“几何体”按钮，在其下拉列表中选择“楼梯”，就会看到四种不同类型的楼梯模型：“L形楼梯”、“U形楼梯”、“直线楼梯”和“螺旋楼梯”，如图2-4-9所示。

图 2-4-9

图 2-4-10

1. L形楼梯

L形楼梯的两段楼梯之间有一个休息平台，并且两段楼梯成直角，如图2-4-10所示。

选择“透视图”，拖动鼠标，确定第一段楼梯的长度后，松开鼠标；移动鼠标，在合适位置单击，确定第二段楼梯的长宽和反方向；移动鼠标，在合适位置单击，确定楼梯的高度，单击结束创建。可在卷展栏中对楼梯进行调整，其卷展栏如图2-4-11所示。

（1）参数　在“类型”选项区中，可设置“开放式”、“封闭式”和“落地式”楼梯。在“生成几何体”选项区中，可设置是否有“侧弦”、“支撑梁”和“扶手”及“扶手路径”（选中后，在下面的卷展栏中，可进一步调整）。在“布局”选项区中，“长

度1”和“长度2”数值框中可分别设置第一、二段楼梯的长度；“宽度”数值框中可设置楼梯的宽度（包括台阶和平台）；“角度”和“偏移”数值框中可分别设置平台与第二段楼梯之间的角度和距离。在“梯级”选项区中，“总高”可设置梯级的总高度（竖板高和竖板数的乘积），“竖板高”和“竖板数”可分别设置梯级竖板的高度和数量（梯级竖板比台阶多一个）；在“台阶”选项区中，可设置楼梯的厚度和深度，其中选中“深度”左侧的复选框时，台阶深度不能调，上下台阶强制对齐。

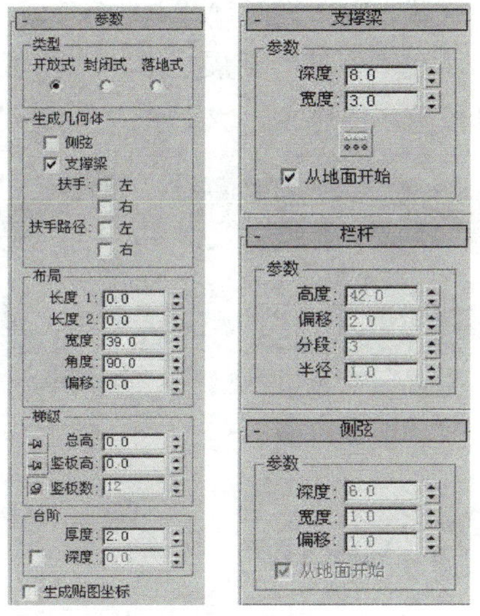

图 2-4-11

（2）侧弦 “深度”可设置侧弦距地的高度；“宽度”可设置侧弦的宽度；“偏移”可设置地面与侧弦的垂直距离。“从地面开始”复选框可设置侧弦是否延伸到地面以下。

（3）支撑梁 可设置支撑梁的宽度、距离和距地的高度、是否从地面开始。

（4）栏杆 “高度”可设置栏杆的长度。“偏移”可设置栏杆到台阶最近一侧的距离。“分段”可设置栏杆截面多边形数，值越大，越平滑。

2．直线楼梯

直线楼梯最大的特点是没有休息平台，只有单独的一段楼梯，如图2-4-12所示。

3．U形楼梯

U形楼梯可以看成是由两个反向的直线楼梯组成，并且两段楼梯平行，中间有一个休息平台，如图2-4-13所示。

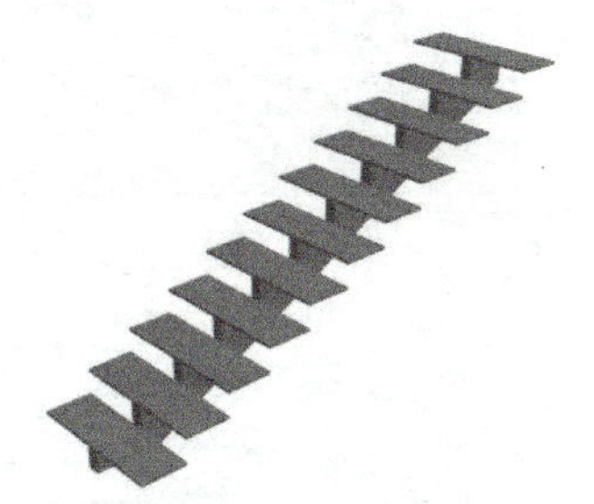
图 2-4-12

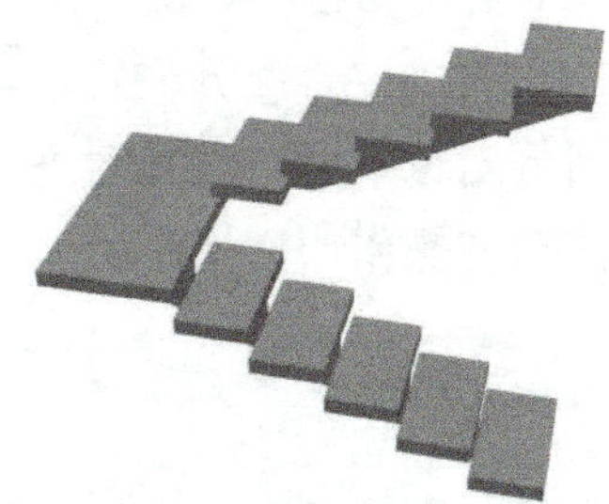
图 2-4-13

卷展栏中的参数与其他类型的楼梯基本相同，其中“布局”选项区，“左”、“右”单选按钮可设置第二段楼梯在平台的左侧还是右侧，如图2-4-14所示。

4．螺旋楼梯

想要创建螺旋楼梯，就要确定中点、半径和高度。在“顶视图”中，确定螺旋楼梯的中点；在中点处拖动鼠标，确定楼梯的半径；接着向上或向下移动鼠标，在合适位置单击，确定楼梯的高度；最后单击结束创建，效果如图2-4-15所示。

卷展栏中的参数与其他类型的楼梯基本相同，其中“布局”选项区，可设置螺旋楼梯的旋转方向（逆时针或顺时针）、半径、旋转圈数和宽度，如图2-4-16所示。

在“中柱”卷展栏中，“半径”可设置中心圆柱的半径；“分段”可设置中心圆柱的分段数，值越大，越平滑；“高度”可独立调整中心圆柱的高度，如图2-4-17所示。

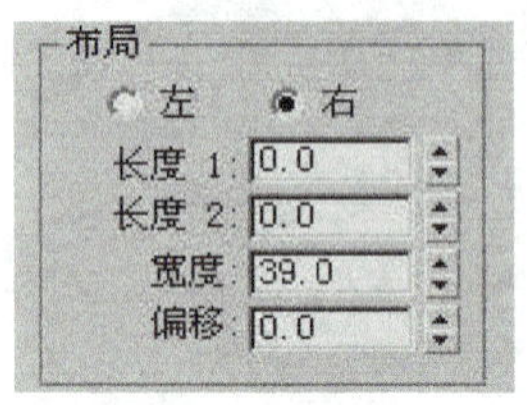

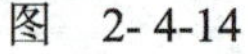

图 2-4-14

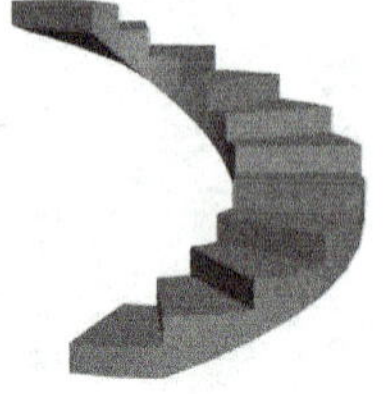

图 2-4-15

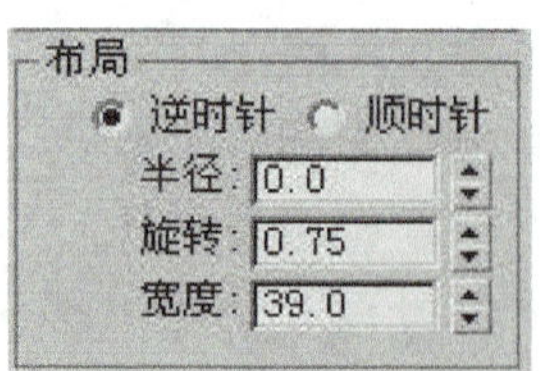

图 2-4-16

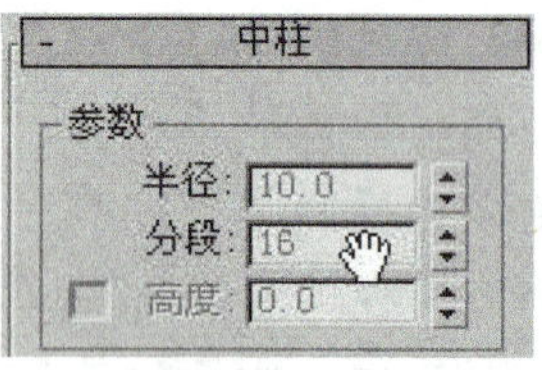

图 2-4-17

2.4.4 对齐工具

对齐工具是3ds Max 9中的常用工具，用于精确的创建物体，也用于与其他物体对齐。在主工具栏中的“对齐”按钮上单击，就会弹出“对齐”、“快速对齐”、“法线对齐”、“放置高光”、“对齐摄影机”、“对齐到视图”这组对齐工具，精确地确定物体之间的位置。

1. 对齐工具的使用

对齐工具主要用于对齐两个或两个以上的对象。

选中物体后，在主工具栏中选择“对齐”按钮，在视图中当鼠标指针变成十字形状时单击目标物体，就会弹出对齐对话框，如图2-4-18所示。

在对话框中，先确定“对齐位置”，再在“当前对象”和“目标对象”中，选择对齐方式后，单击“确定”完成对齐操作。

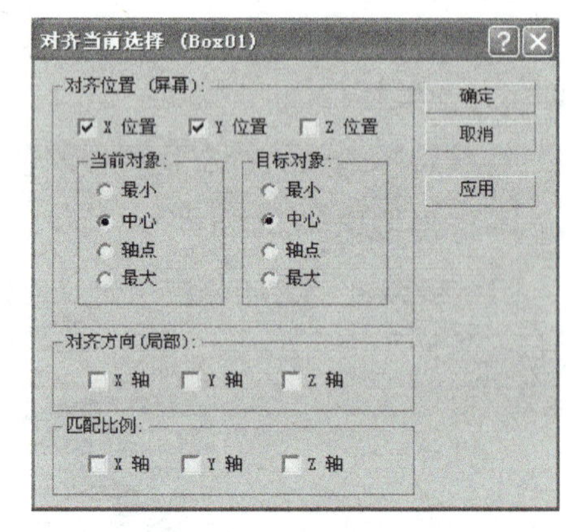

图 2-4-18

说明

“对齐位置”选项区中，可设置“X位置”、“Y位置”或“Z位置”复选框，用来设定物体与哪条坐标轴对齐。

“当前对象”和“目标对象”都包括“最小”、“中心”、“轴点”和“最大”单选按钮。其中，选择“最小”单选按钮，可以使源物体的对齐轴负方向的边框与目标物体的选择部分对齐；选择“中心”单选按钮，可以使源物体与目标物体按几何中心对齐；选择“轴点”单选按钮，可以使源物体与目标物体按轴心对齐；选择“最大”单选按钮，可以使源物体对齐轴正方向的边框与目标物体中的选择成分对齐。

“对齐方向”和“匹配比例”选项区都包括：“X轴”、“Y轴”和“Z轴”三个复选框。其中“对齐方向”选项区中可设置如何旋转源物体，并按照选定的坐标轴对齐。

2．法线对齐工具的使用

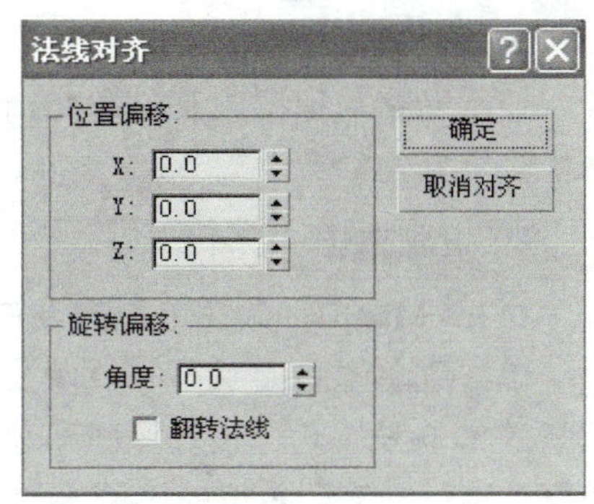

图　2-4-19

一些形状不规则的物体的对齐，适合使用“法线对齐”工具。选中物体后，在主工具栏中选择“法线对齐”按钮，在视图中当鼠标指针变成十字形状时单击目标物体，就会弹出“法线对齐”对话框，如图2-4-19所示。

在“位置偏移”选项区中，可在“X”、“Y”和“Z”后面的数值框中输入偏移的数值；在“旋转偏移”选项区中，可在“角度”后面的数值框中输入旋转的角度。

2.4.5　捕捉工具

捕捉工具在3ds Max 中用于确定物体的位置。在主工具栏中，捕捉工具包括：空间捕捉、角度捕捉、百分比捕捉和微调捕捉。

1．捕捉的设置

单击菜单“自定义”→“栅格和捕捉设置”命令，在弹出的“栅格和捕捉设置”对话框中，可根据自己的需要改变捕捉工具的设置。

（1）“捕捉”选项卡　包括十二种捕捉模式，可根据实际情况进行选择。其中，“栅格点”是系统默认的捕捉模式。单击“清除全部”按钮，就会取消所有选择，如图2-4-20所示。

（2）“选项”选项卡　在“标记”选项区中，可选择是否显示标记，可改变捕捉标记的大小和颜色。在“通用”选项区中，可设置“捕捉预览半径”、“捕捉半径”，“角度”可以调整角度捕捉时的角度递增量，“百分比”可以调整缩放大小的递增量，如图2-4-21所示。

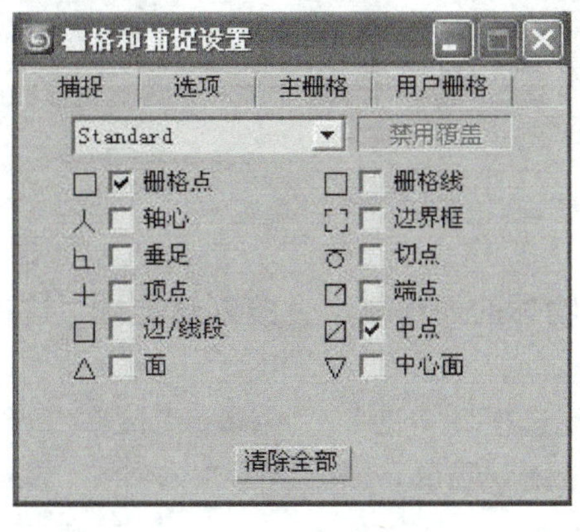

图　2-4-20

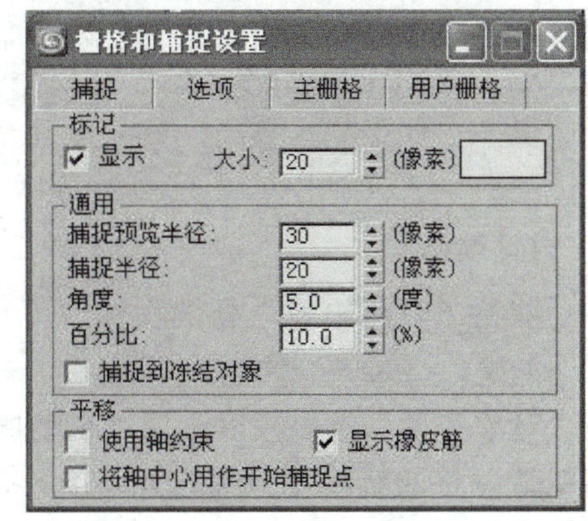

图　2-4-21

说明

“捕捉半经”的值越大，鼠标越灵敏，从一个捕捉点到另一个捕捉点的迅速也越快；但在物体较密时，“捕捉半径”太大，就有可能捕捉不到。

2.4.6 网格的设置

使用网格与捕捉工具，在3ds Max 9中，可以准确地创建、移动、旋转和缩放物体。而网格是位置的参考。

1. 设置单位

在3ds Max中，改变单位的设置可以提高制图的准确程度。

单击菜单“自定义”→“单位设置”命令，在弹出的“单位设置”对话框中，可更改默认的单位设置。单击“系统单位设置”按钮，就会弹出“系统单位设置”对话框，可更改默认单位与实际单位的比例，如图2-4-22所示。

2. 设置主网格特性

单击菜单“自定义”→“栅格与捕捉设置”命令，在弹出的“栅格和捕捉设置”对话框中，选择“主栅格”选项卡。其中，“栅格间距”可以调整网格的间距；“每N条栅格线有一条主线”可以调整主网格线间的间距，如图2-4-23所示。

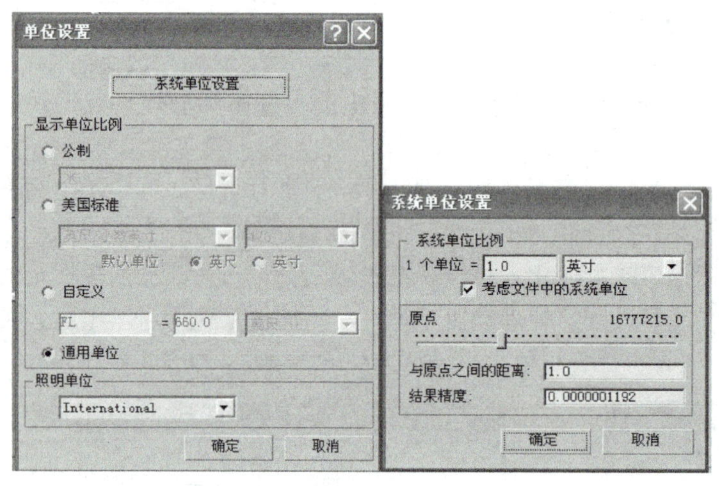

图 2-4-22

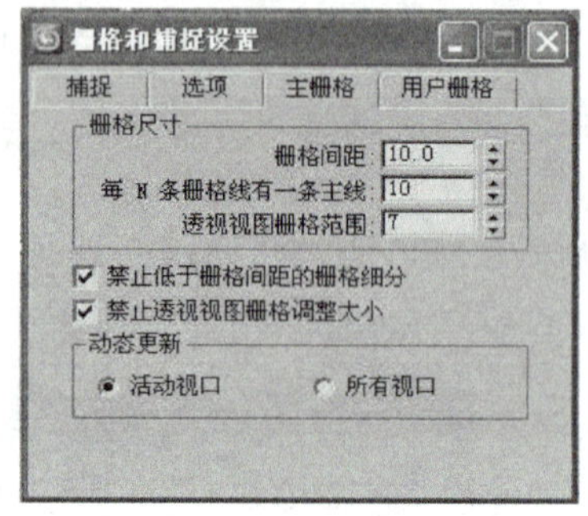

图 2-4-23

3. 自动网格

自动网格工具用来建立叠放物体，可在一个物体的面法线上直接创建物体。这样就简化了“先创建，再对齐”的创建步骤。

在“对象类型”卷展栏里选择“自动栅格”复选框，自动网格与默认网格的转换，只需按住<Alt>键的同时创建物体，就可以将自动网格变成默认网格，如图2-4-24所示。

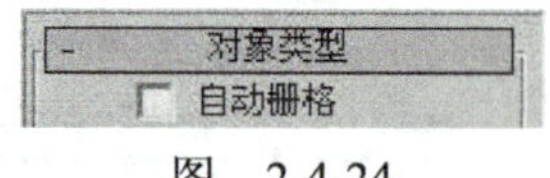

图 2-4-24

项目实训

旋转楼梯制作实训步骤

1）激活“前”视图，在“创建”命令面板中展开“几何体”命令面板中的“标准基本体”卷展栏，单击其中的“长方体”按钮，创建一个长280、宽1 200、高20的长方体，将默认名称“Box01”改为“踏板”，如图2-4-25所示。

2）在“创建”命令面板中展开“几何体”命令面板中的“标准基本体”卷展栏，单击其中的“圆柱体”按钮，创建一个半径200、高3 000的圆柱体，将默认名称“Cylinder01”改为“中心轴”。如图2-4-26所示。

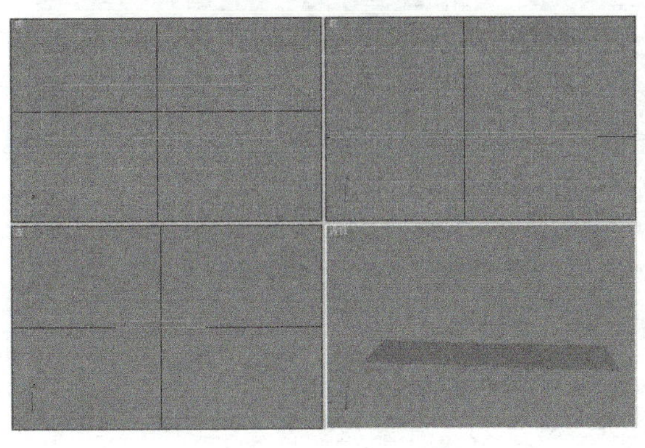

图　2-4-25

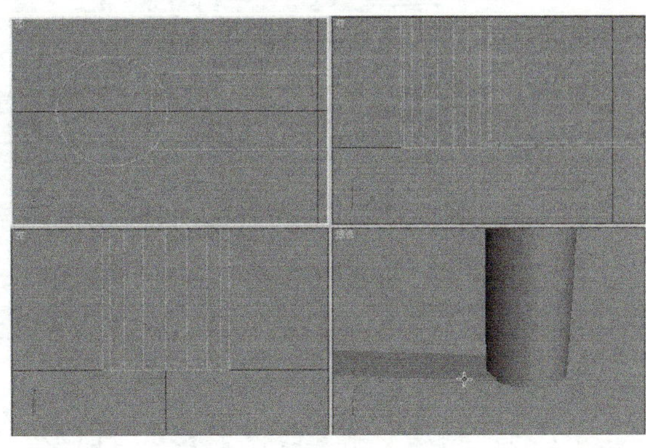

图　2-4-26

3）在“层级”命令面板中选择“仅影响轴”按钮，如图2-4-27所示。将踏板的中心点移至原柱的轴心上，如图2-4-28所示。

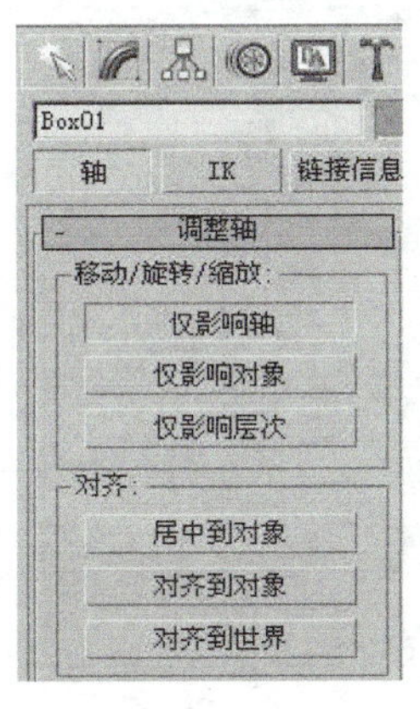

图　2-4-27

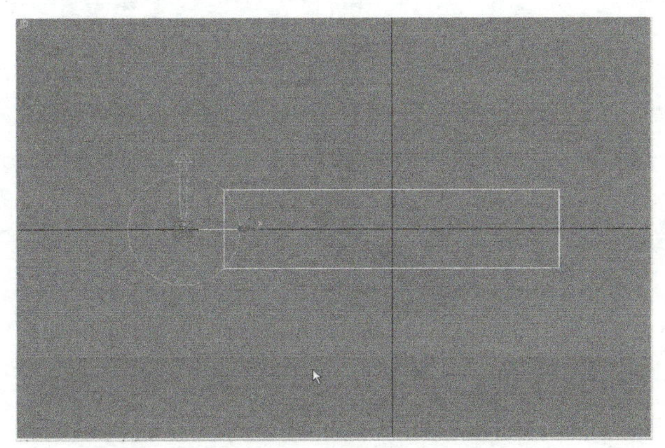

图　2-4-28

4）在“创建”命令面板中展开“几何体”命令面板中的“标准基本体”卷展栏，单击其中的“长方体”按钮，创建一个长20、宽20、高800的长方体，将默认名称“Box02”改为“栏杆”。并用上面的方法也将轴心点移至圆柱中心，如图2-4-29所示。

5）在顶视图中选择“踏板”和“栏杆”，在工具栏中单击阵列按钮，在旋转和移动的Z轴上分别输入360度和180，数量输入17，如图2-4-30所示。

图　2-4-29

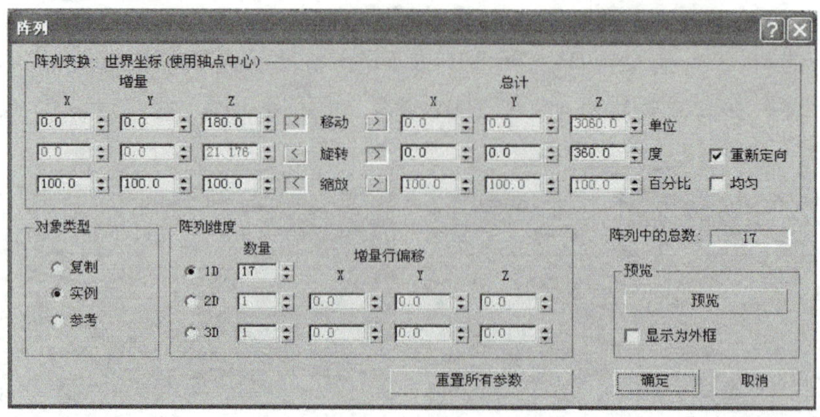

图 2-4-30

6）单击工具栏中的“快速渲染”按扭，生成效果如图2-4-31所示。

7）在“创建”命令面板中展开“图形”命令面板中的“样条线”卷展栏，单击其中的“螺旋线”按钮，创建一个半径1为1 250、半径2为1 250高度为3 000的螺旋线，其参数如图2-4-32所示。将默认名称“Helix01”改为“扶手”，如图2-4-33所示。

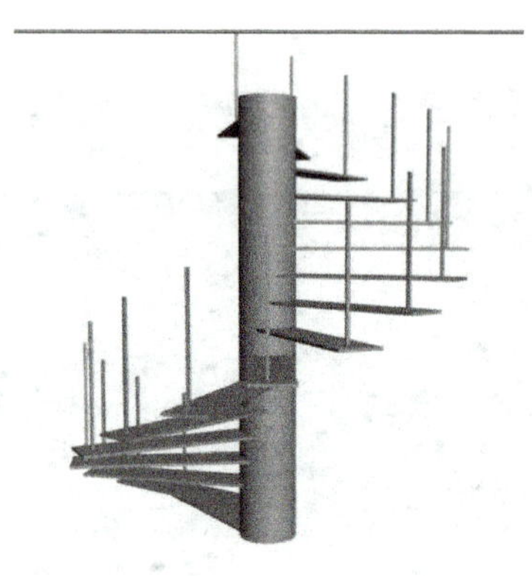

图 2-4-31

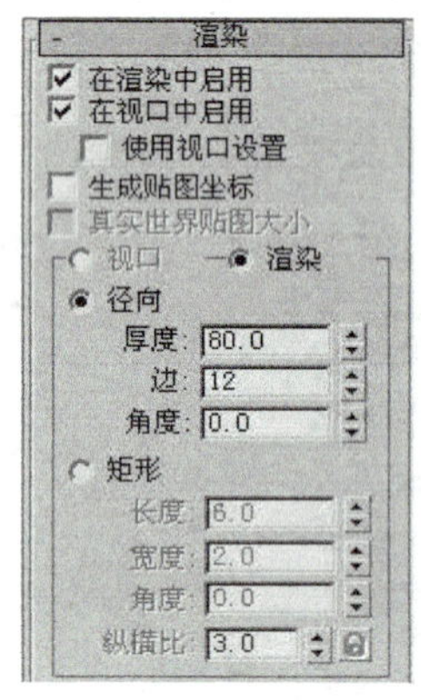

图 2-4-32

8）单击工具栏中“快速渲染”按钮显示最终效果如图2-4-34所示。

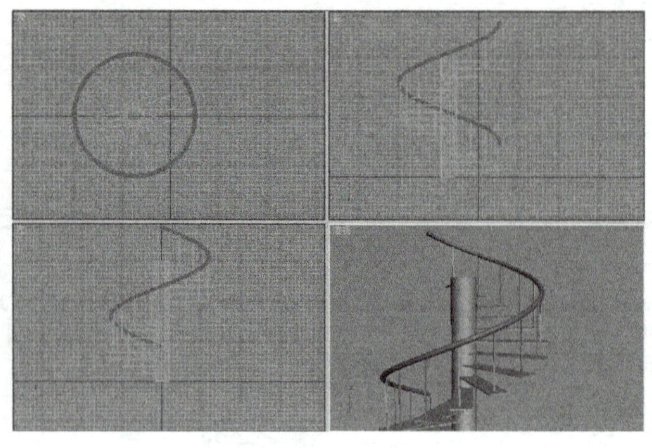

图 2-4-33

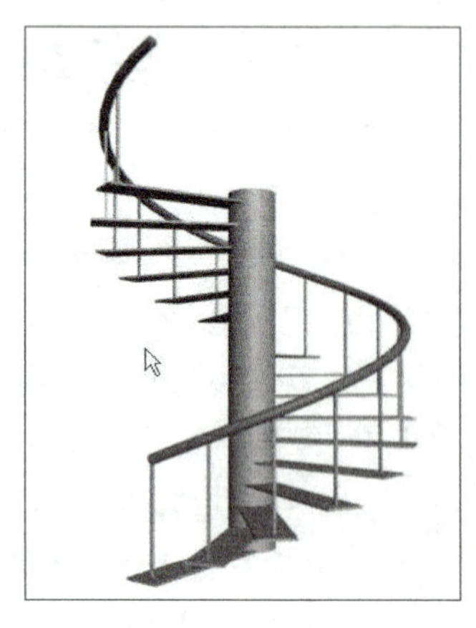

图 2-4-34

经验交流

学习者在建筑建模中，可以使用3ds Max中提供的门、窗及楼梯的模型快速将模型建好。对齐和捕捉工具可以使创建的模型更加精确。其实模型的创建方法很多，只要学习者用自己的方法，熟练快速地将模型建好即可。例如，本训练项目也可以用旋转楼梯直接创建后，再点击“标准基本体”创建面板中的“几何体”按钮，在其下拉列表中选择“AEC扩展”选项后，单击“栏杆”创建出需要的楼梯栏杆。

第3章 3ds Max 9高级建模篇

3.1 项目训练——钥匙的制作

训练要点

编辑修改器简介；修改器堆栈的使用方法；“挤出”修改器的使用方法。

训练目标

尽管在前面的章节中学会了如何创建物体造型，但这些造型还远远不能表现出自然界的千姿百态，在制作过程中，必然经常会编辑修改这些物体的形状，需要对其添加一些特殊的修改器来达到满意的效果。这些操作将在修改器面板中进行。本节通过制作钥匙模型来学习为对象添加编辑修改器，编辑物体形状，掌握“挤出”编辑修改器的功能。要求学习者掌握如何利用修改器来对物体进行加工、编辑，使造型更加符合设计要求。

基础练习

3.1.1 编辑修改器简介

打开3ds Max 9，任意创建一个对象，如圆锥体，单击切换到如图3-1-1所示的“修改”命令面板，发现“修改”命令面板被分为五个基本区域。

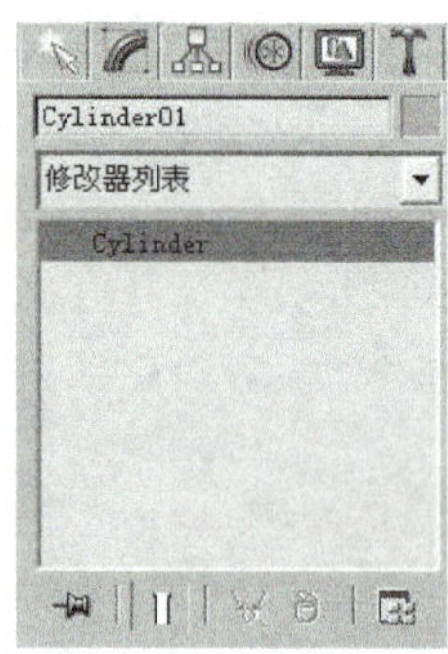

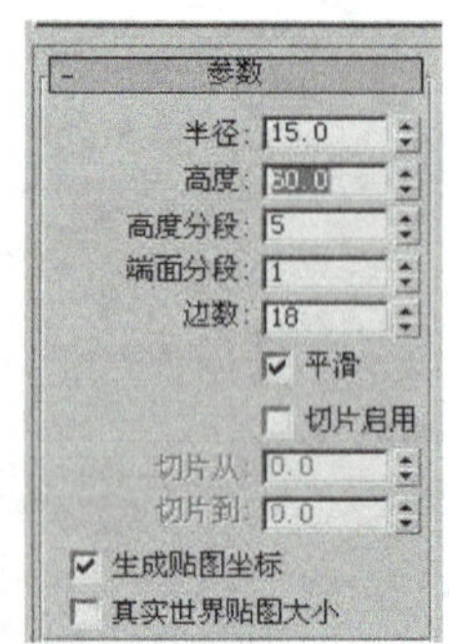

图 3-1-1

1．对象名称与颜色编辑区

在“修改”命令面板的顶部，显示了所选物体的名称和颜色，可以随时修改；而“创建”命令面板中的“名称和颜色”卷展栏只能在创建时修改，创建后就改不了了。

2．修改器列表

修改器列表在对象名称与颜色编辑区的下方，选择下拉列表框中的下拉按钮，可以找到各种修改器。修改器只有当前对象被选中时才可供使用。

3．修改器堆栈

修改器堆栈可以记录对二维和三维对象进行的各种编辑修改信息，包括所应用的创建参数和修改命令。在进行操作时，还可以随时返回其中的任一步骤重新进行参数设置。在修改器堆栈区域下面有一排按钮，这是一些很有用的修改辅助工具，他们对所有的修改器都有效。下面将分别对其进行介绍。

“锁定堆栈”：该按钮用于将修改堆栈锁定到当前选定的对象，即使选取场景中的其他对象，修改命令仍然作用于锁定对象。

“显示最终结果开/关切换”：该按钮功能打开时，显示在堆栈中所有修改完毕后出现的选定对象，忽略当前在堆栈中所选择的修改命令。

“使唯一”：该按钮使当前选中的修改命令成为对象唯一的修改命令，并且删除当前修改命令的任何实例复制连接。

“从堆栈中移除修改器”：用于从修改器堆栈中删除被选定的修改命令。

“配置修改器集”：单击该按钮弹出下拉菜单，在其下拉菜单中可以选择修改器。

说明

单击“配置修改器集”按钮，在其下拉菜单中可以开启“配置修改器集”对话框，在该对话框中可以自定义修改器集。选择“显示”按钮，可以在修改面板中显示当前的修改器集按钮。选择“显示列表中所有集”，将修改器下拉列表中所有的命令分类显示。

4．“参数”卷展栏

在修改器辅助工具按钮下面是“参数”卷展栏，在该区域中，可以对原始物体和各种修改器的参数进行修改。

3.1.2 使用修改器堆栈

在3ds Max 9中修改器堆栈也具有堆栈的特点，即先进后出。它堆栈的结构把每一步的操作保存起来，提供一个操作名称的列表，最先进行的操作被放在堆栈的底部，而最后一步操作被放在堆栈的顶端，下面就来介绍修改器堆栈的使用。

在图3-1-2中，修改器堆栈里面仅仅有所选物体的名字，而没有其他相关的修改器历史操作，这是因为没有对物体应用修改器，下面就来对该物体应用修改器。

1）在图3-1-2的场景中选中创建的圆锥体，打开“修改”命令面板，单击“修改器列表”下拉列表框中的下拉按钮，在弹出的下拉列表框中，任意选择一个修改器，这里选择“噪波”修改器。

2）在“参数”卷展栏的“噪波”选项区中，设置“种子”为15、“比例”为45，在“强度”选项区中设置X为20、Y为30、Z为50。此时视图中的球体变为如图3-1-2所示的形状，并且刚才选择的修改器也显示在修改器堆栈列表中。

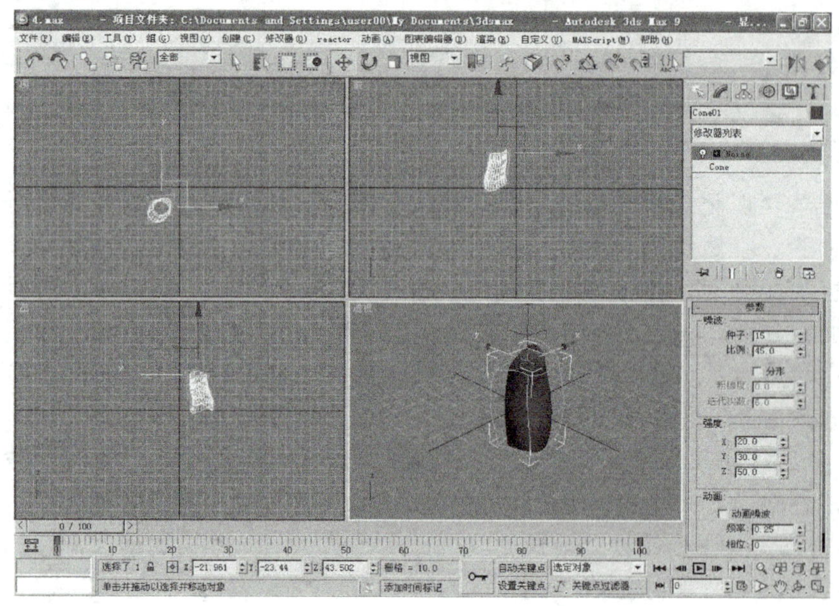

图 3-1-2

3）开关编辑修改器。

在修改器堆栈中，每一个修改器前面均有一个灯泡图标，它的作用是打开或者关闭修改器，为了叙述方便，在这里称其为开关按钮，其使用方法如下。

继续使用上面的例子。在图3-1-2的修改器堆栈中，开关按钮为💡形状，即表明其中为开启状态。

在修改器堆栈中单击开关按钮，则其变为💡形状，即关闭状态，此时视图中圆锥体的效果如图3-1-3所示。

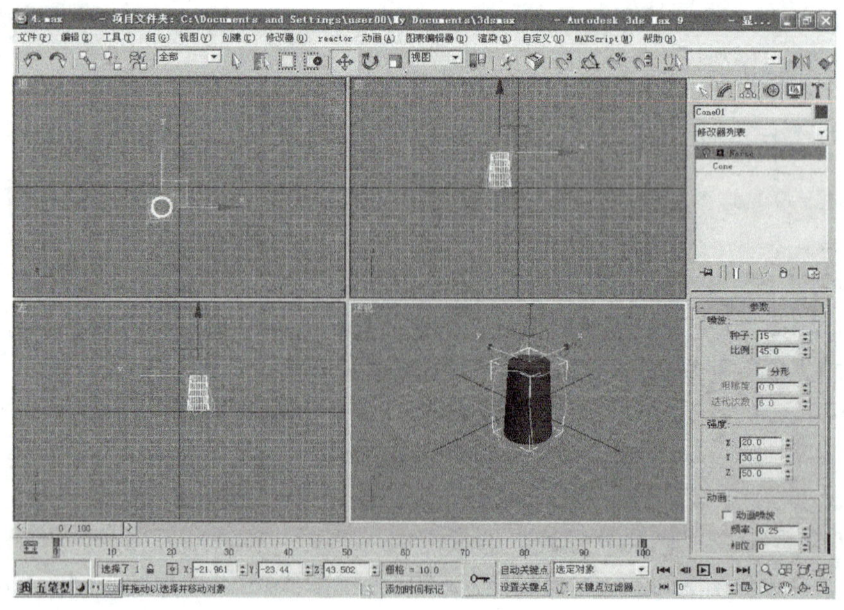

图 3-1-3

4）删除修改器。

如果一个修改器命令没有达到预期的效果，或者把该命令放在了一个错误的位置，这个时候就可以删除它，删除修改器的方法如下。

继续使用上面的例子。选中圆锥体，打开“修改”命令面板，在修改器堆栈中选中要删除的修改器，这里选择“噪声”修改器。

单击修改器堆栈下边的按钮，即可将选择的修改器删除。删除修改器后，该修改器作用于物体的效果也将随之失效。

5）塌陷堆栈操作。

由于修改器堆栈不仅纪录了物体从创建到修改的每一步操作，而且还保留了3ds Max 9场景文件中的所有编辑操作，因而修改器对内存的消耗非常大。塌陷堆栈是减少物体耗费内存的好办法。塌陷堆栈操作保留每个编辑修改器对物体作用的效果，将对象缩减成高级的几何体。但塌陷后的修改器的作用效果被冻结成为显示的，不能够再进行编辑，下面介绍其使用方法。

继续使用上面的例子。选中圆锥体，打开“修改”命令面板，在修改器堆栈中找到要塌陷的修改器，在这里选择“噪声”修改器。

在“噪声”修改器上单击鼠标右键，弹出的快捷菜单中选择“塌陷全部”选项，将弹出“警告”对话框，如图3-1-4所示。

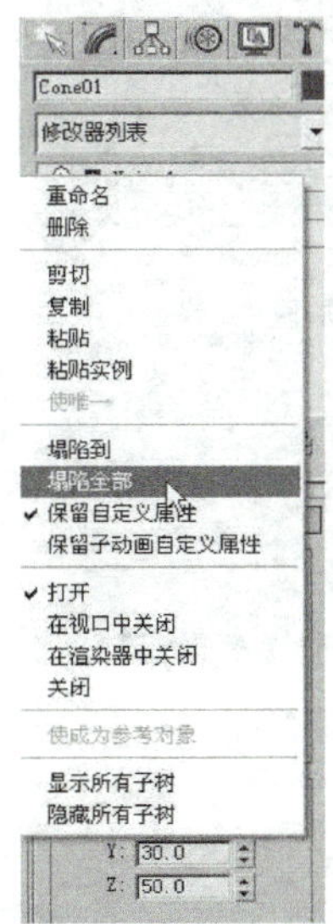

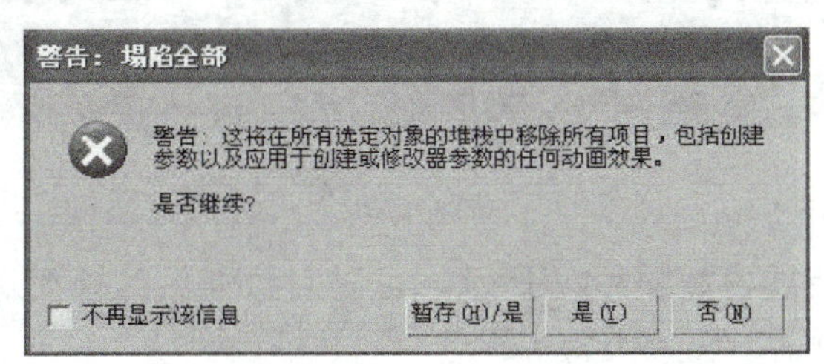

图 3-1-4

单击“是”按钮，完成塌陷操作。观察修改器堆栈和“透视”视图中物体的变化，发现修改器堆栈中的修改器名称变成了“可编辑网格”。

3.1.3 挤出修改器

“挤出”是一种很重要的建模方法，通过这种方法可以给各种二维图形增加厚度，从而得到对应的三维模型，拉伸操作可以通过“修改”命令面板中“挤出”修改器来实现，具体操作时，首先在视图中绘制代表造型截面的二维样条线，如图3-1-5所示，然后在修改命令面板中为其添加“挤出”修改器，如图3-1-6所示使之具备厚度。

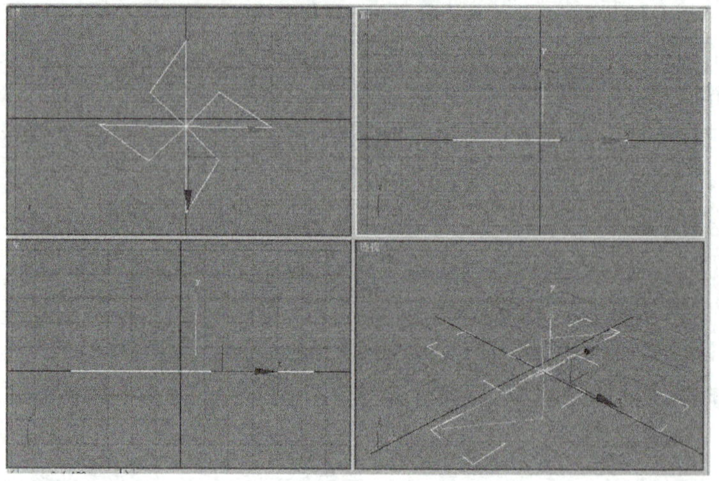

图　3-1-5

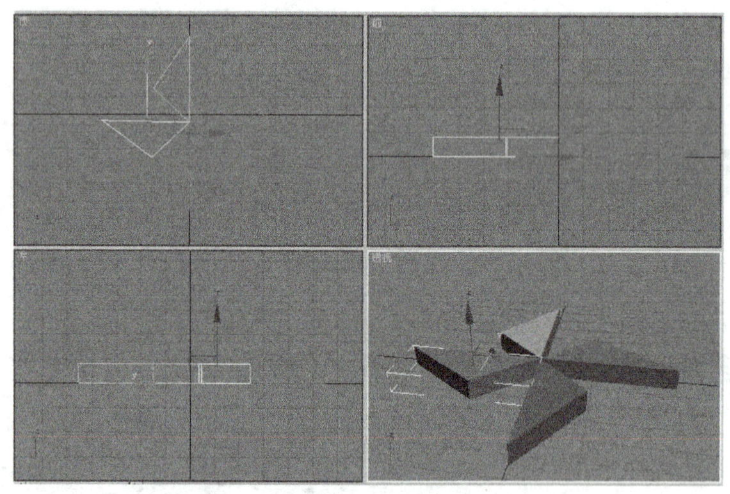

图　3-1-6

参数设置卷展栏如图3-1-7所示，可以对拉伸后的模型进行参数设置，如模型的厚度、段数，是否加顶盖、输入类型等。

“数量”：设置挤出的数量，也就是所拉伸模型的厚度。

“分段”：设置挤出厚度上的段数，数值越大模型的段数越多。

“封口使端”：为拉伸后的模型顶部加盖。

“封口底端”：为拉伸后的模型底部加盖。

“输出”：对边界进行重新排列处理，在下面有“面片”对象、“网格”对象和NURBS对象三种类型可以选择。

“指定贴图坐标”：自动为拉伸后的模型添加贴图坐标。

“生成材质ID号”：自动指定材质的ID号，顶盖的ID号为

参数
数量: 8.0
分段: 1
封口
封口始端
封口末端
变形　栅格
输出
面片
网格
NURBS
生成贴图坐标
真实世界贴图大小
生成材质 ID
使用图形 ID
平滑

图　3-1-7

1，底部的ID号为2，侧面的ID号为3。

“光滑”：对挤出后的模型进行光滑处理。

项目实训

钥匙制作实训步骤

1）启动3ds Max 9，进入“图形”命令面板，单击“圆”按钮，在“顶视图”中拖动鼠标创建一个圆为钥匙的“外圆”部分。切换到修改命令面板，设置半径参数为160。回到“创建”命令面板，取消“对象类型”卷展栏中“开始新的图形”复选框的勾选，然后单击“线”按钮，在“顶视图”中创建如图3-1-8所示的样条线为钥匙的“外轮廓”。

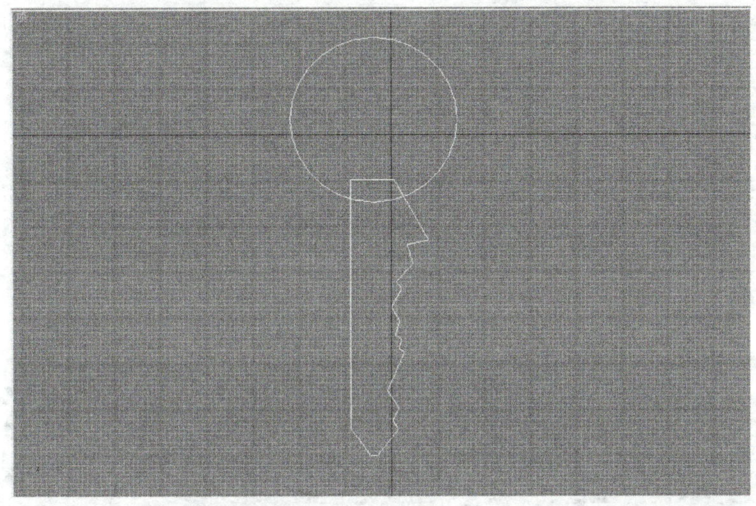

图 3-1-8

2）在视图中选择钥匙“外轮廓”后进入修改命令面板，在修改器下拉列表中选择“编辑样条线”修改器，在修改编辑堆栈中单击“编辑样条线”前面的加号，将其展开。进入“顶点”子物体级，看到所有的顶点被显示出来，如图3-1-9所示。

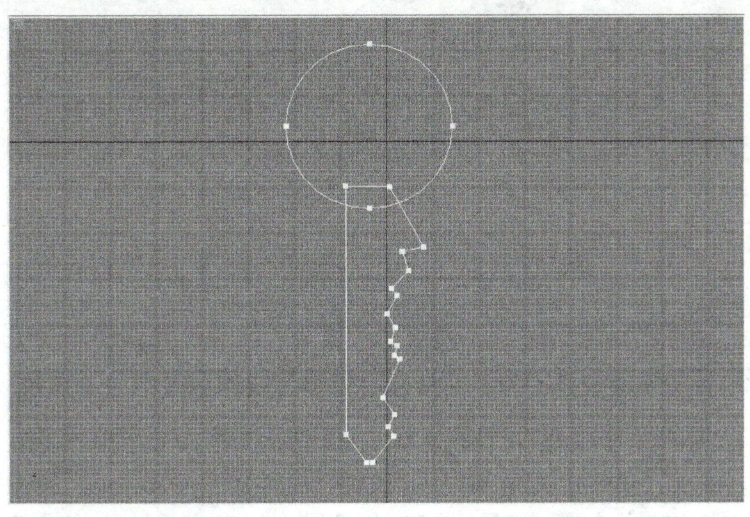

图 3-1-9

3）框选钥匙“外轮廓”上的点，如图3-1-10所示，在“编辑样条线”的参数面板中展开“几何体”参数卷展栏，按下“圆角”按钮 圆角 ，将参数设置为20，然后按下回车键对选中的顶点进行圆角处理，结果如图3-1-11所示。

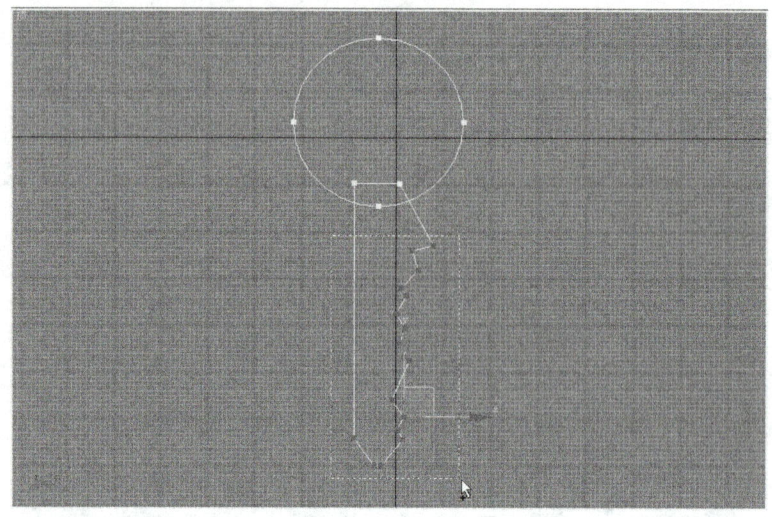

图 3-1-10

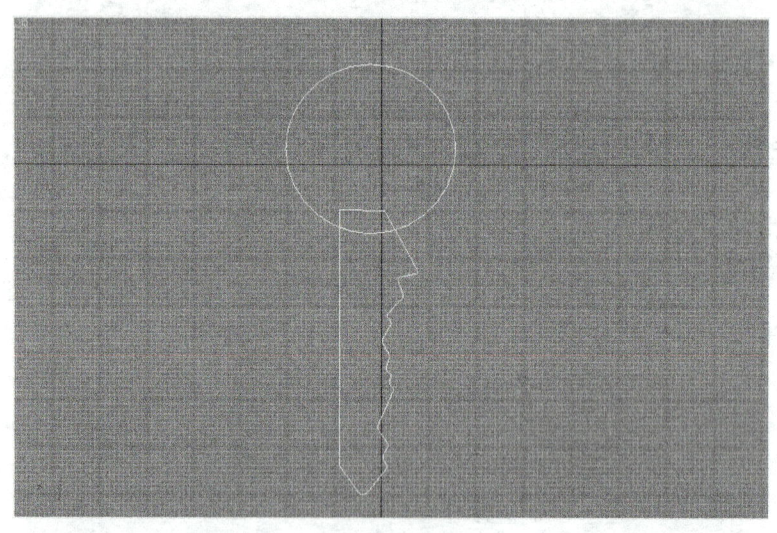

图 3-1-11

说明

对顶点进行圆角处理时也可以直接按下“圆角”按钮，在视图中通过拖动鼠标控制圆角的大小。使用直接拖动的方法比较直观，但是得到的圆角大小不够精确。

4）在堆栈中激活“样条线”子物体级，并且选中圆上的所有曲线。在“几何体”卷展栏中按下“附加”按钮，将钥匙“外轮廓”附加到“内圆”上。在“几何体”参数卷展栏中单击“布尔”按钮 布尔 ，然后在视图中选取钥匙“外轮廓”部分，这样就

可以将两个曲线以“交集”的方式联为一体，并自动的将多余部分删除，效果如图3-1-12所示。

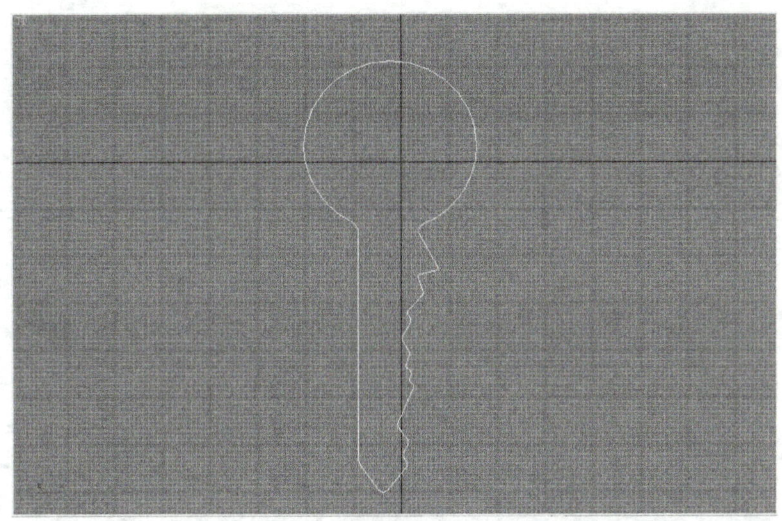

图 3-1-12

5）在“图形”命令面板中单击“圆”按钮，在“顶视图”中创建一个半径为160的“内圆”。选中新建的圆，注意与第一次创建的“外圆”要对齐。在“对象类型”卷展栏中取消对“开始新的图形”复选框的勾选，然后单击“线”按钮，再创建一个“连接轮廓”，如图3-1-13所示。

图 3-1-13

6）切换到修改命令面板，在修该堆栈中进入“样条线”子物体级，然后选中“内圆”上的所有曲线。先在“几何体”卷展栏中按下“差集”运算方式按钮，然后单击“布尔”按钮，在视图中选中“连接轮廓”，进行差集布尔运算。结果是将“内圆”和“连接轮廓”相交后多余的部分删除得到钥匙的“内轮廓”。再次在堆栈中进入“顶点”子物体级别，框选点，如图3-1-14所示，进行5个单位的圆角处理，使“内轮廓”更加符合要求。之后将“内轮廓”原地复制，名为“内轮廓1”。

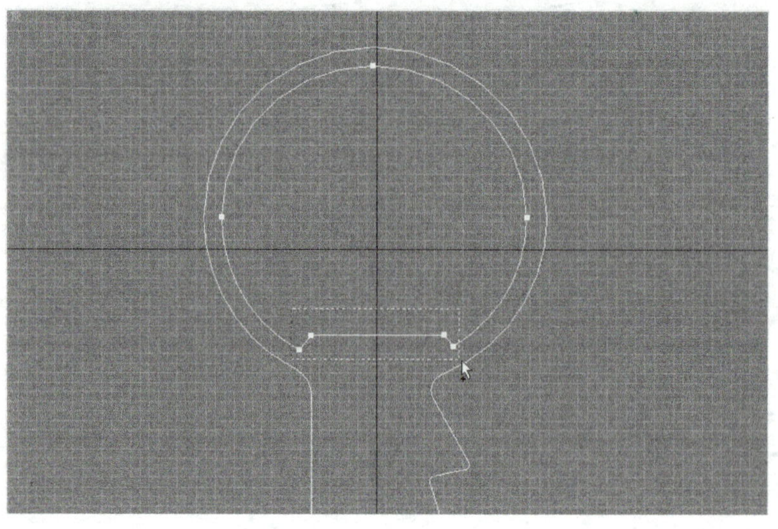

图 3-1-14

7）进入修改命令面板，选中钥匙的“外轮廓”，在“几何体”卷展栏中按下“附加”按钮，然后在视图中选取钥匙的“内轮廓”将它们合并成一个对象为“钥匙轮廓”。展开“差值”卷展栏，设置“步数”参数为10，调整样条的光滑度会直接影响钥匙模型的精细程度。在编辑修改器下拉列表中选择“挤出”修改器，在“挤出”参数卷展栏中设置“数量”为25，得到钥匙的主体模型，如图3-1-15所示。

图 3-1-15

8）在视图中选中刚才复制的“内轮廓1”，回到“图形”命令面板。在物体类型卷展栏中取消“开始新的图形”选项，然后在如图3-1-16所示的位置创建一个半径为45的圆。

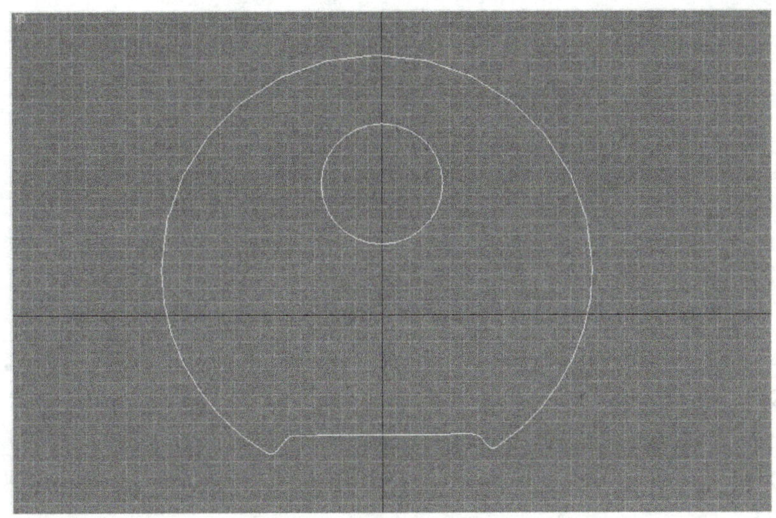

图 3-1-16

9）切换到修改命令面板，在参数区域中展开“差值”卷展栏，同样设置“步数”参数为10。并为其加入“挤出”修改器，设置“数量”参数的值为20，将“内轮廓1”生成为钥匙的局部模型，如图3-1-17所示。

图 3-1-17

10）进入“图形”命令面板，单击“文本”按钮 文本 ，然后在“顶视图”创建文字“3ds max 9”。切换到“修改”命令面板，展开“参数”卷展栏。在字体下拉列表框中选择字体为“宋体”，设置“大小”为40，“字间距”为-2，效果如图3-1-18所示。

11）在修改器下拉列表中为文字加入“挤出”修改器，将其“参数”设为3，结果如图3-1-19所示。到此，钥匙基本模型已创建完毕。通过前面学习的“顶点编辑”和“挤出”等方法还可以为模型制作其他细致的造型。

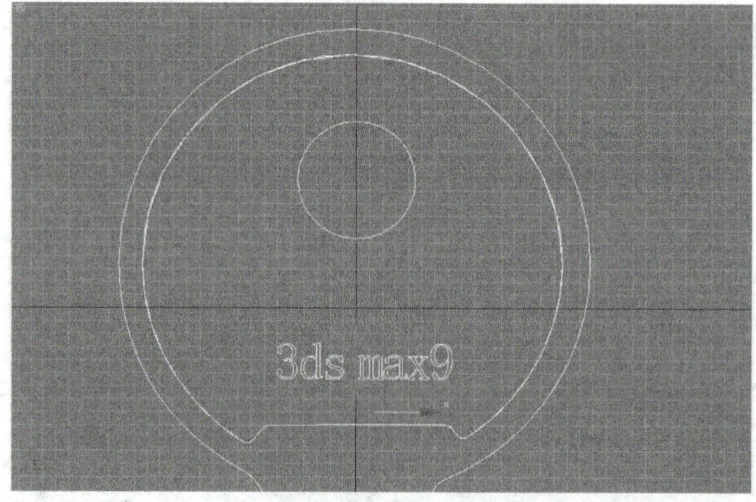

图 3-1-18

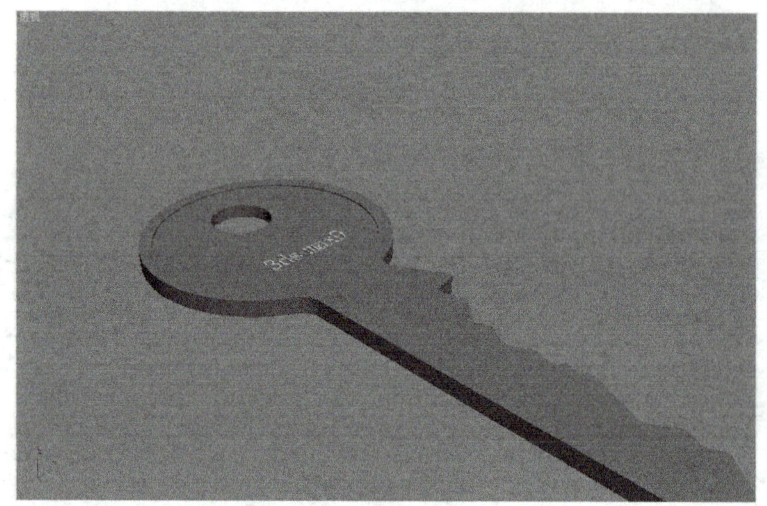

图 3-1-19

经验交流

3ds Max 9中提供了大量的“编辑修改器”。熟练掌握典型编辑修改器是建模的关键，“挤出”修改器是其中最为常用的“编辑修改器”，可利用它制作很多家具模型。为了更好地达到教学目标，在训练中应使学习者重点掌握“挤出”修改器参数的设置，如模型的厚度、段数、是否加顶盖、输入类型等。

3.2 项目训练——酒杯

训练要点

“车削”修改器的使用方法。

训练目标

在“修改”命令面板的修改器列表中列出了大量的修改器，“车削”修改器可以实现从二维图形到三维模型的改变，是一种比较重要的三维建模的方法。本节将通过“酒杯”的制作，学习如何使用车削修改器，要求学习者了解“车削”修改器的工作原理并掌握其操作方法。

基础练习

“车削”编辑修改器能够使一个样条线或NURBS曲线进行旋转产生几何体，是常用的二维建模工具之一，在多数情况下常用于制作轴对称几何体，如：酒杯、柱子、灯具等。

在视图中绘制样条线曲线，然后在修改命令面板中添加车削编辑修改器，其参数面板如图3-2-1所示。

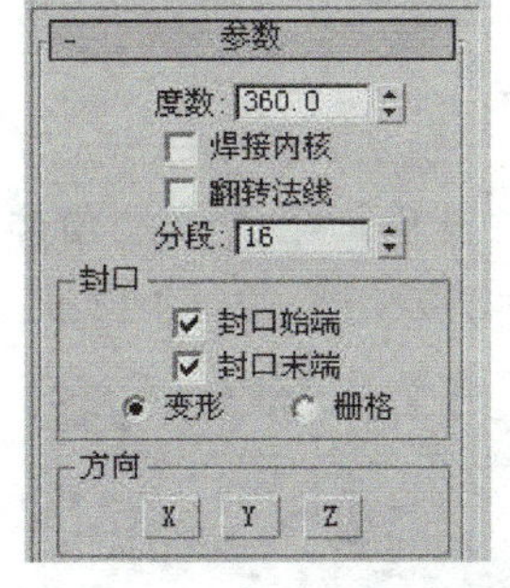

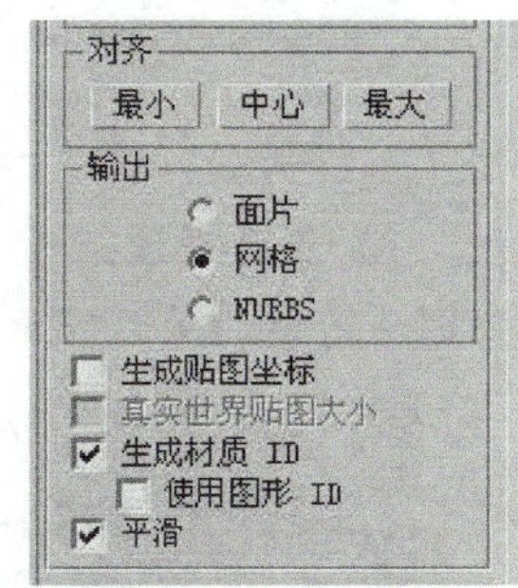

图 3-2-1

（1）度数　是控制旋转成型的角度，默认值是360度，将二维图形旋转成一个完整环形，而小于360度则旋转成为不完整的扇形。

（2）焊接内核　将旋转轴上重合的点进行焊接，以得到结构相对简单的造型。

（3）翻转法线　翻转模型表面的法线方向。

（4）分段　设置旋转圆周的段数，数值越高得到的模型越光滑。

（5）方向　设置旋转中心的轴向。

（6）对齐　设置样条与旋转轴心的对齐方式。

说明

旋转工具是依据轴进行操作的，单击不同的轴会产生不同的旋转效果，在旋转后物体可能会出现镂空情况，这时只要勾选“反转法线”就可以把物体的另一侧显示出来。

项目实训

酒杯制作实训步骤

1）单击“创建”按钮，进入“创建”命令面板。点击“图形”按钮，进入图形创建命令面板。

2）在其下拉列表中选择“样条线”，在“对象类型”卷展栏中选择“线”命令，在前视图中创建如图3-2-2所示的线作为酒杯截面。

3）单击“修改”按钮，切换到修改命令面板，展开line命令面板并选择顶点子层级，如图3-2-3所示。

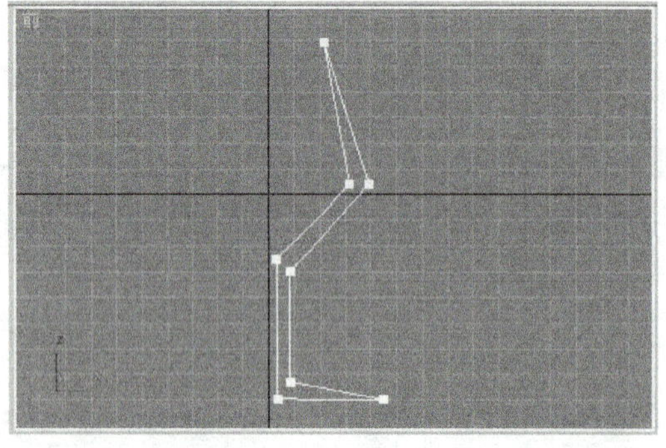

图 3-2-2

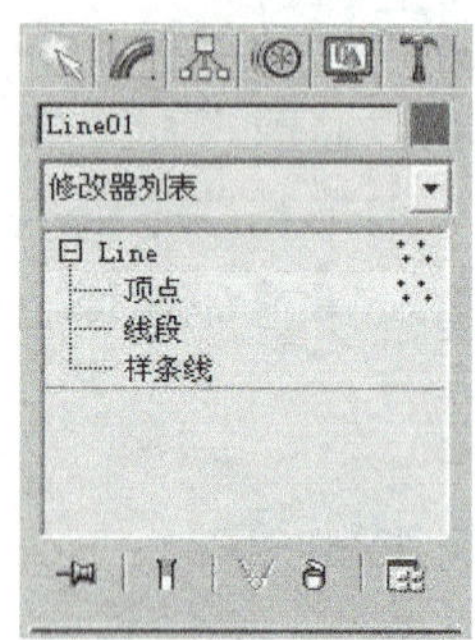

图 3-2-3

4）当选择顶点子层级后，单击“几何体”卷展栏下的“圆角”按钮，将刚绘制线型的个别点进行圆角处理，效果如图3-2-4和图3-2-5所示。

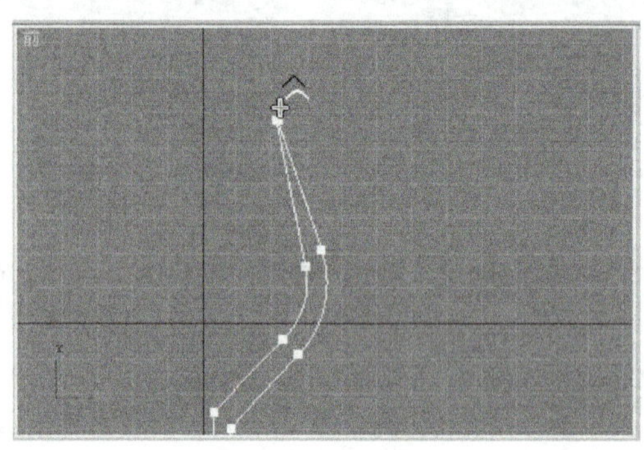

图 3-2-4

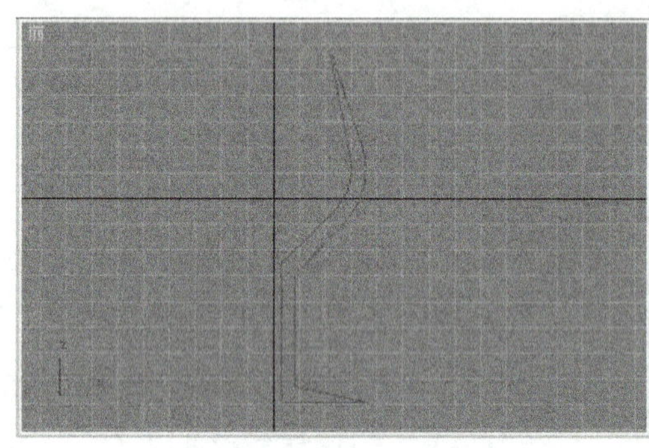

图 3-2-5

5）展开修改命令下拉列表并选择Lathe修改器，然后勾选“焊接内核”复选框，设置分段参数为40，酒杯旋转成型。其参数面板如图3-2-6，最终效果如图3-2-7所示。

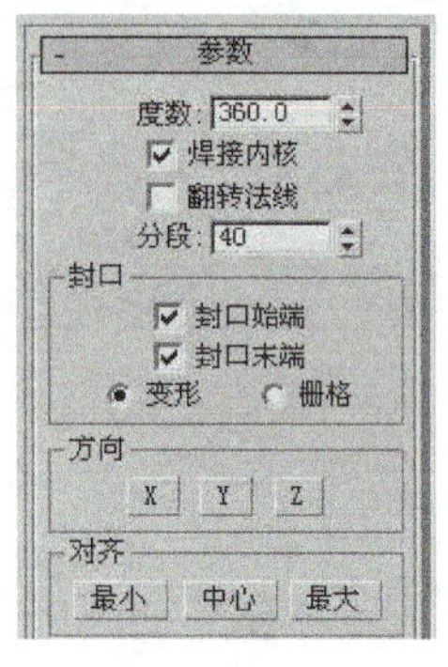

图 3-2-6

图 3-2-7

经验交流

因为“车削”编辑修改器能够使一个样条线进行旋转产生几何体，所以在有的版本中也叫“旋转”编辑修改器。在多数情况下，一些圆形或环形多使用此命令，所以在生成“旋转”之前，二维样条线的轮廓非常重要，它决定了“旋转”之后三维对象的造型。为了解

决教学重点，除了要使学习者掌握“车削”编辑修改器的使用技巧，还应加强复习二维曲线编辑的方法。

3.3 项目训练——餐厅桌椅

训练要点

“弯曲”修改器的使用方法，“锥化”修改器的使用方法。

训练目标

模型的创建过程是先建立模型的雏形，再用修改器对其进行修改编辑，使之符合最终要求。“弯曲”修改器可以将当前选定对象围绕指定的轴向产生弯曲变形的效果。该修改器常用于制作弯管等效果。“锥化”修改器通过缩放对象的两端产生锥化效果。本训练将综合利用弯曲与锥化修改器制作“餐厅桌椅”效果。通过训练与操作，要求学习者熟练掌握两个修改器的使用方法，并理解主要参数的含义。

基础练习

3.3.1 弯曲修改器

“弯曲”修改器是将对象指定的轴向上进行弯曲的操作，可以对整个对象施加弯曲修改，也可以通过设定弯曲的角度和弯曲范围，对对象的某一个部分进行弯曲修改。当学生添加了“弯曲”修改器后，“修改”面板中将会出现相应的参数，如图3-3-1所示。

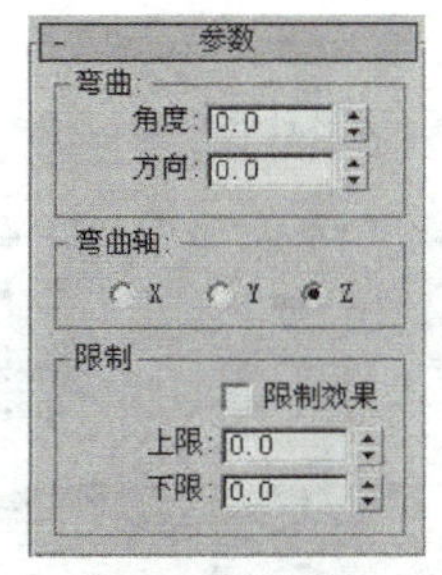

图 3-3-1

（1）弯曲　该选项组用来控制弯曲的角度和方向。“角度”参数用于控制弯曲角度。“方向”参数用于设置弯曲相对于水平面的方向。

（2）弯曲轴　弯曲轴中的X/Y/Z单选按钮用于指定弯曲的轴向，默认设置为Z轴。

（3）限制　该选项组中的“限制效果”复选框，将限制弯曲的影响范围。“上限”参数用于设置从弯曲中心到物体上部弯曲约束边界的距离值，超出此边界弯曲不再影响几何体。“下限”用于设置从弯曲中心到物体底部弯曲约束边界的距离值，超出此边界弯曲不再影响几何体。该功能可以使对象产生局部弯曲效果。

说明

堆栈栏中单击“弯曲”选项左侧的展开符号，在展开的层级选项中将会出现Gizmo和“中心”选项。其中Gizmo是对象添加修改器后周围出现的黄色线框，当对象进行变形操作时Gizmo线框也会随之产生变形；“中心”是修改器进行修改变形时参照的坐标系统，当移动“中心”时，对象的弯曲效果也产生变化。

3.3.2 锥化修改器

“锥化”修改器通过缩放物体的两端产生锥形轮廓，与弯曲修改一样，在锥化修改中同样可以限制物体局部锥化效果。当为对象添加了“锥化”修改器后，“修改”面板中将会出现该项修改器的编辑参数，如图3-3-2所示。

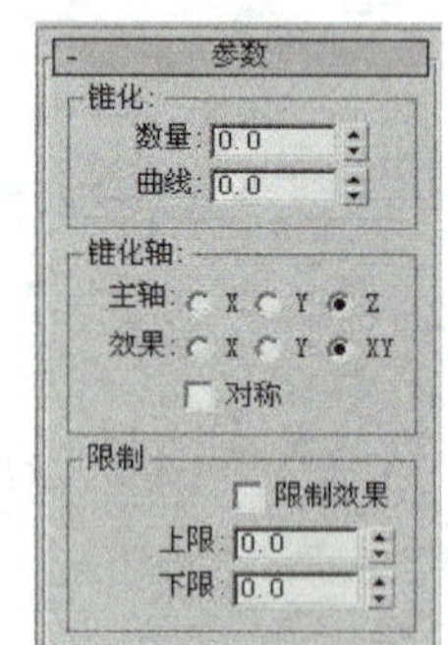

图 3-3-2

（1）锥化　该选项组中的“数量”参数用于设置产生锥化的程度，“曲线”参数控制Gizmo的侧面应用的曲率。

（2）锥化轴　该选项组中的“主轴”选项右侧的X/Y/Z单选按钮，用来指定进行锥化操作的轴向。“效果”选项用于表示主轴上锥化方向的轴或轴对称，影响轴可以是剩下两个轴的任意一个，或者是它们的合集。当选择“对称”复选框，围绕主轴产生对称锥化效果。

项目实训

1．餐椅制作实训步骤

1）激活“前视图”，创建一个半径为5、高为450、高的片断数为200的圆柱体，其“参数”设置及效果如图3-3-3所示。

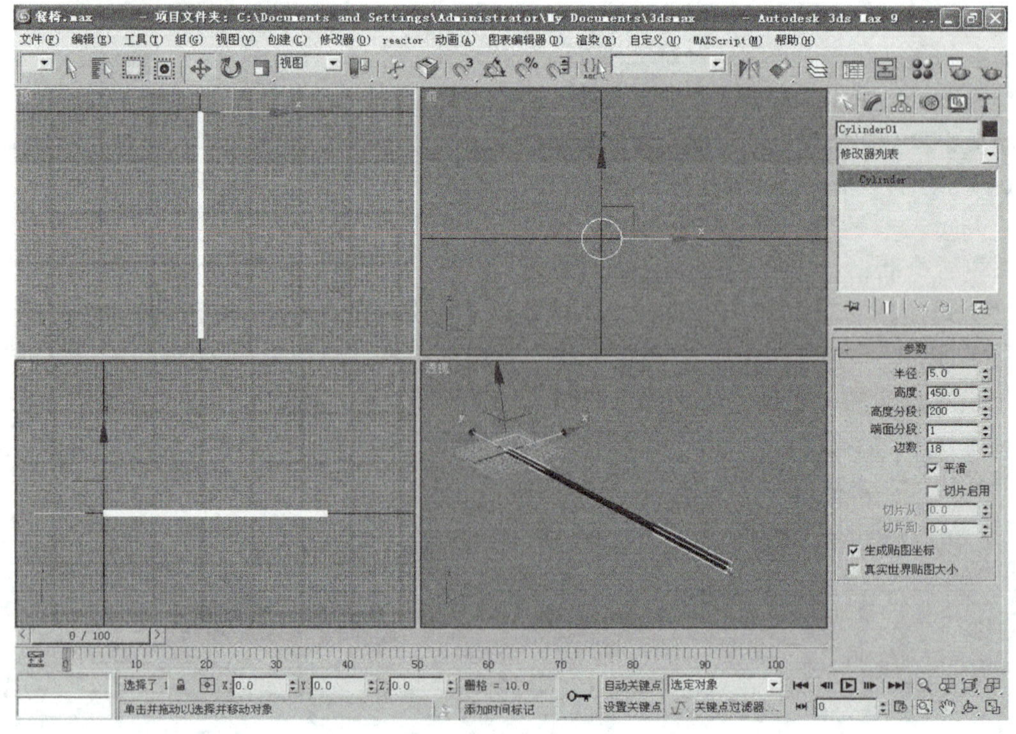

图 3-3-3

2）切换到“修改”命令面板，在“修改器列表”下拉列表框中选择“弯曲”选项，在修改器堆栈中展开“弯曲”选项，进入“中心”子物体层级，使用“移动”工具按钮，在“顶视图”中拖拽黄色的十字标识，退出“中心”子物体层级。

3）在“参数”卷展栏中设置弯曲角度为90度，“弯曲轴向”为Z轴，限制范围“上限”与“下限”分别为20和0。此时圆柱体已经被弯曲，结果如图3-3-4所示。

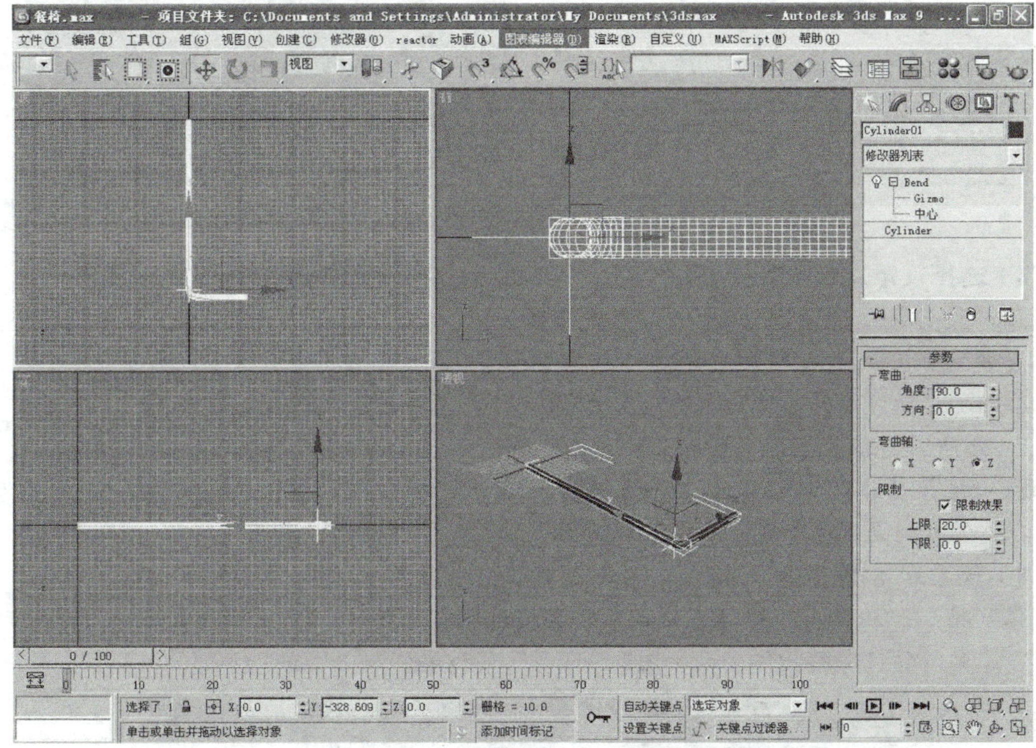

图 3-3-4

4）激活“顶视图”，在“修改器列表”下拉列表中再次选择“弯曲”选项，展开堆栈栏后，进入Gizmo子物体层级。利用主工具栏中的“选择并移动”工具拖动黄色的十字标识至如图3-3-5所示的位置。

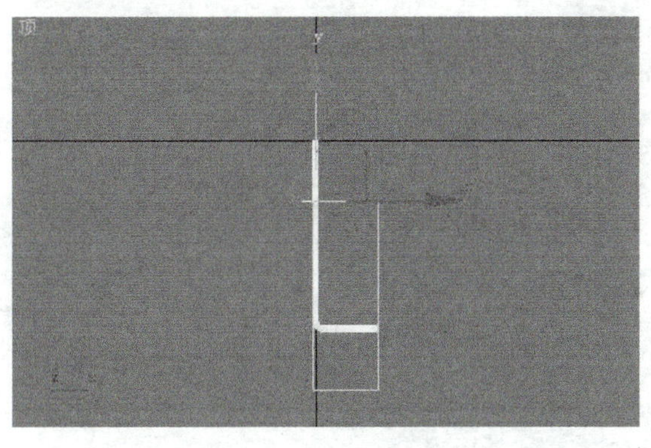
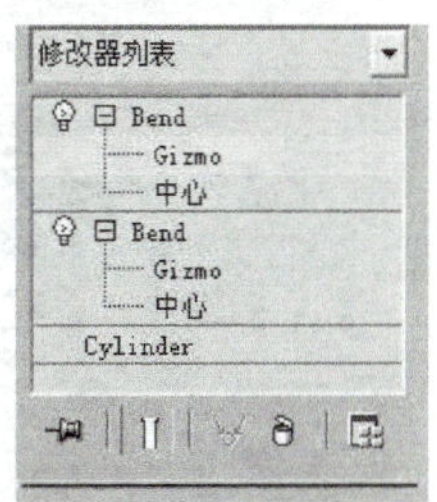

图 3-3-5

5）退出Gizmo子物体层级，在“参数”卷展栏中进行如图3-3-6所示的设置，结果如

图3-3-7所示。

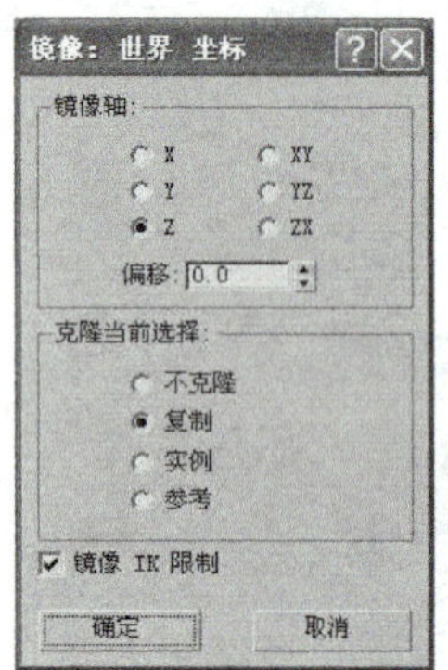

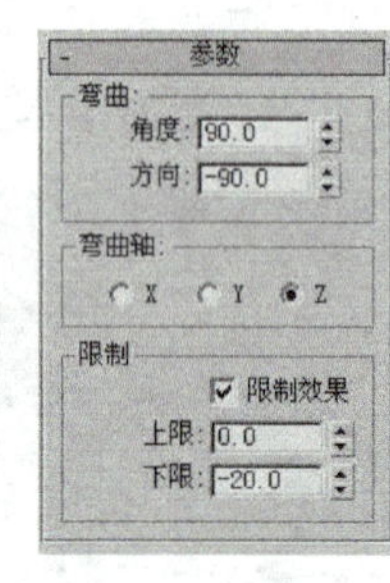

图 3-3-6

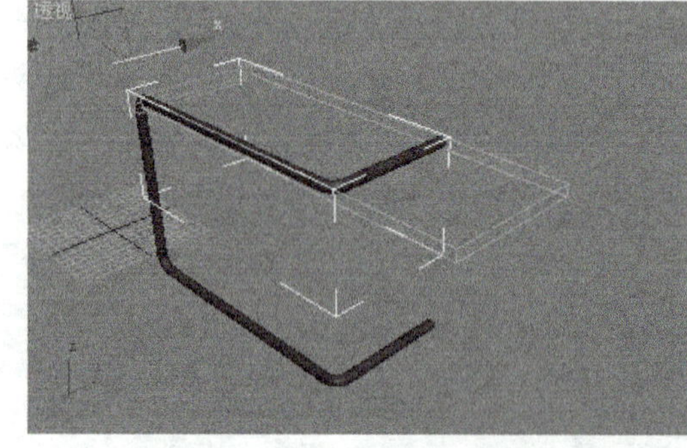

图 3-3-7

6）选择被弯曲的圆管，在主工具栏中单击“镜像”按钮，在弹出的对话框中设置Z轴镜像复制物体。在主工具栏中单击“选择并移动”按钮，调整弯管的位置，如图3-3-8所示。

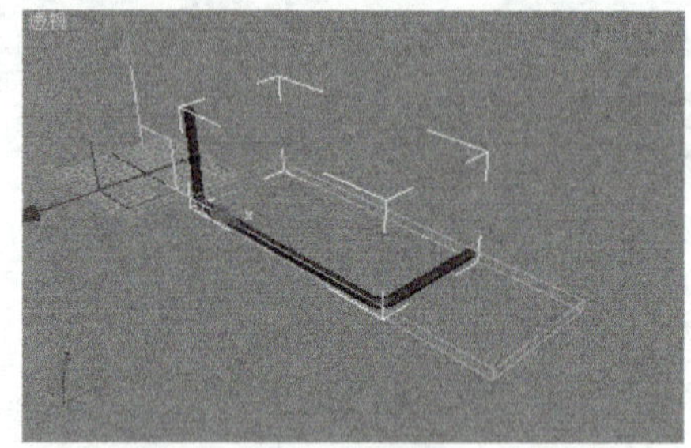

图 3-3-8

7）选中被镜像复制的弯管，在“修改”命令面板中修改物体的弯曲参数，将第一次“弯曲”操作的方向设置为90度，如图3-3-9所示。

8）选中所有的弯管，在主工具栏中单击“镜像”按钮，在弹出的对话框中设置沿X轴镜像复制物体。在主工具栏中利用“移动并选择”工具，将镜像的物体移动如图3-3-10所示的位置。

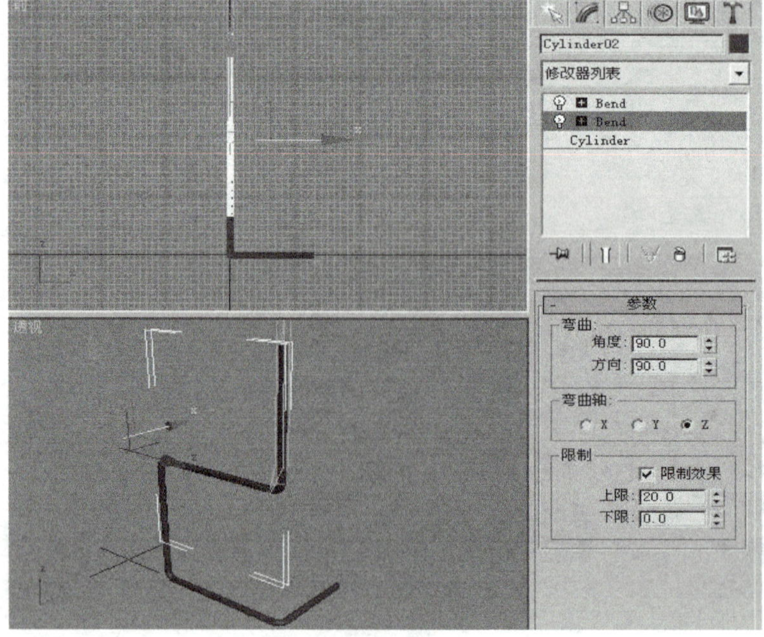

图 3-3-9

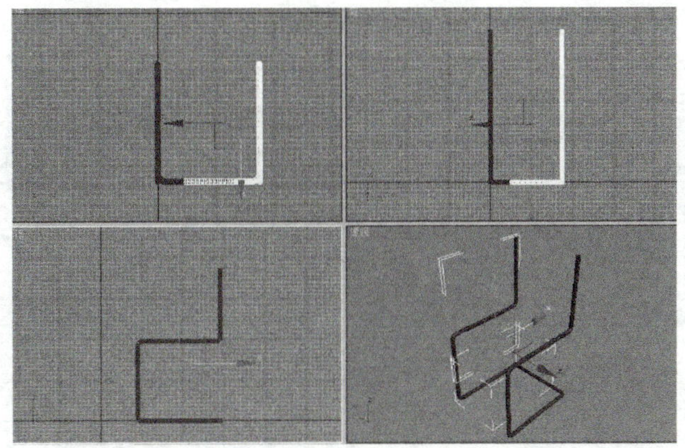

图 3-3-10

9）在“几何体”创建面板中的下拉列表中选择“扩展基本体”，利用“切角长方体”命令，在“顶视图”中创建一个切角长方体，如图3-3-11和3-3-12示。

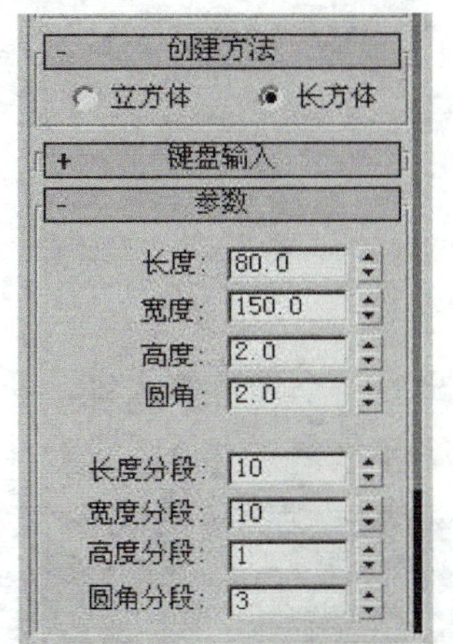

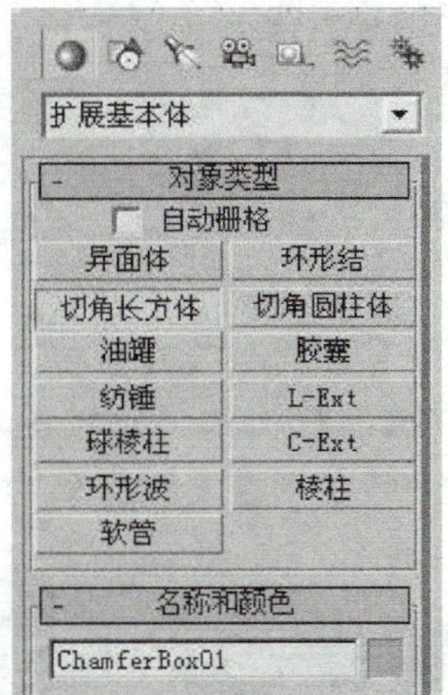

图 3-3-11

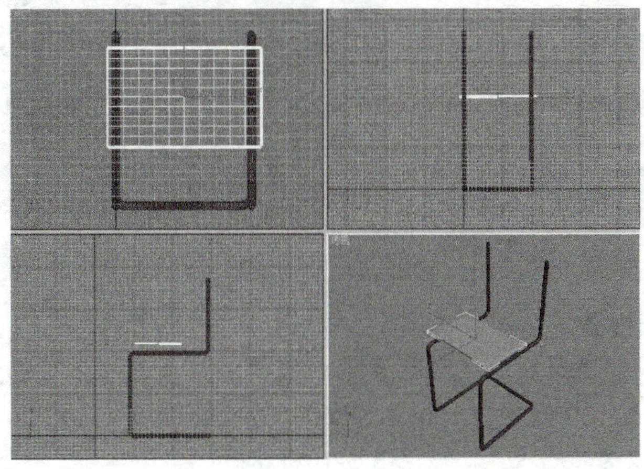

图 3-3-12

10）打开“修改”命令面板，在“修改器列表”下拉列表框中选择“弯曲”选项，设置弯曲角度为-20度，弯曲轴为X轴，如图3-3-13所示。

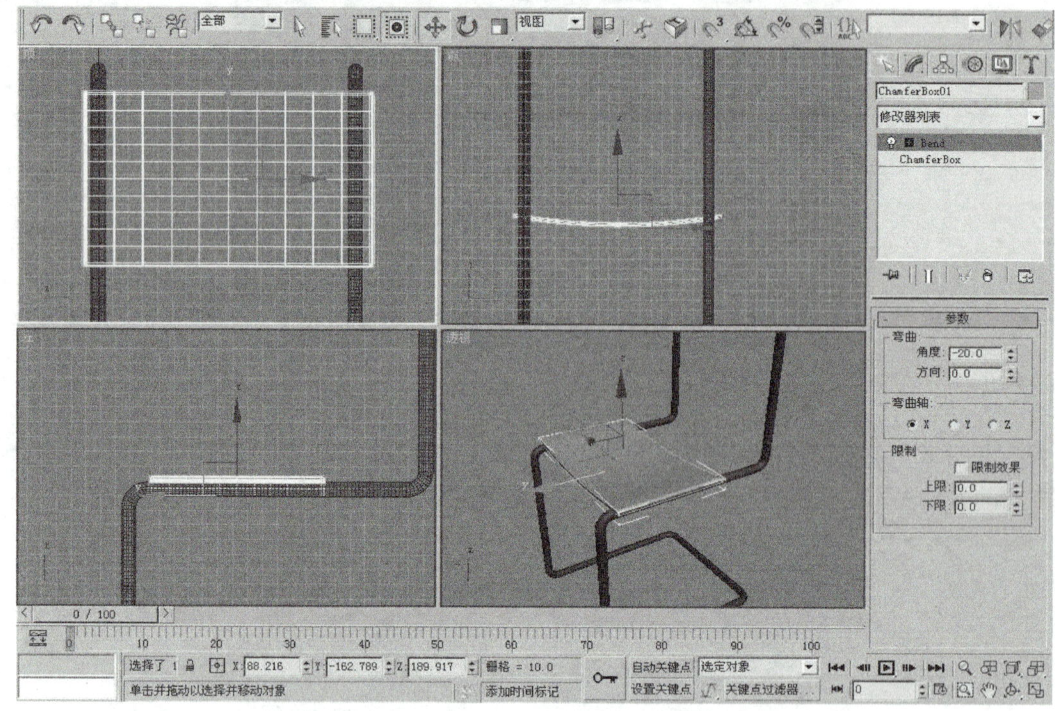

图 3-3-13

11）按住<Shift>键，拖拽鼠标旋转复制出另一个切角长方体，释放鼠标后弹出一个对话框，如图3-3-14所示，移动调整复制得到的切角长方体的位置，最终结果如图3-3-15所示。

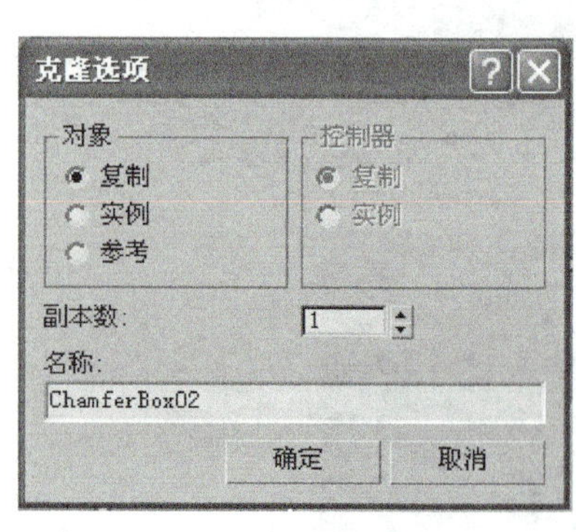

图 3-3-14

图 3-3-15

2. 餐桌制作实训步骤

1）在“几何体”创建面板的下拉列表框中选择“扩展基本体”选项，单击“切角长方体”按钮，在“顶视图”中创建一个长度为850、宽度为850、高度为38、圆角为6的倒角长方体，并将物体名称改为“台面”，如图3-3-16所示。

2）用相同的方法在“顶视图”中创建一个半径35，高度720的圆柱体，将该物体命名为“支架”，并在视图中调整其位置，效果如图3-3-17所示。

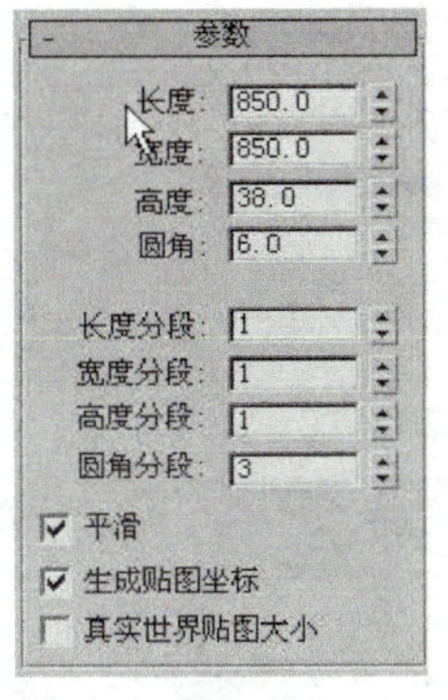

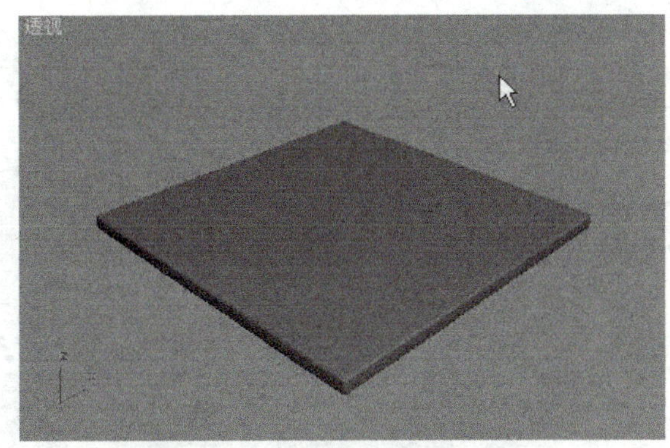

图 3-3-16

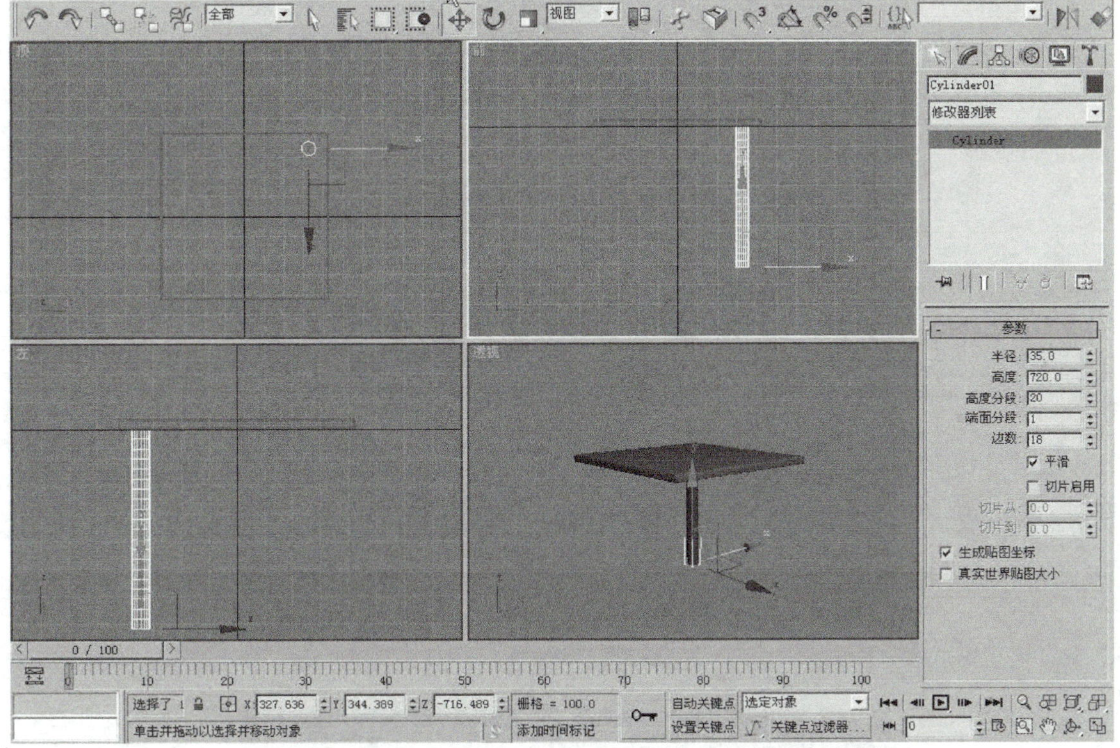

图 3-3-17

3）选中支架，在“修改”命令面板的“修改器列表”下拉列表框中选择“锥化”选项，在“参数”卷展栏中设置“数量”为0.6，如图3-3-18所示。

4）在工具栏中单击“选择并移动”工具，在“顶视图”中按住<Shift>键的同时拖拽“支架”，复制出“支架1”，用同样的方法再复制另两条支架，并调整四个支架的位置，效果如图3-3-19所示。

5）选择所有对象将其设置为群组，命名为“餐桌”。在“文件”菜单中选择“合并”命令，将“餐椅”合并到本场景中，使用主工具栏中的“选择并缩放”工具，将其缩放到合适大小后移动到餐桌的旁边位置，如图3-3-20所示。

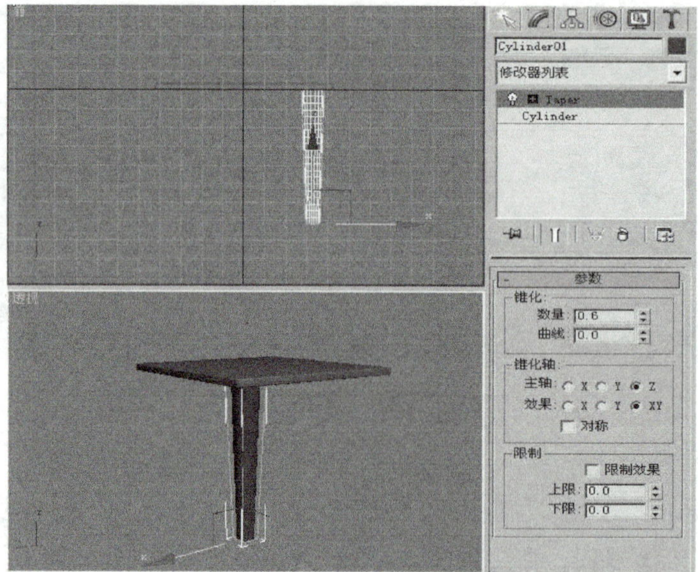

图 3-3-18

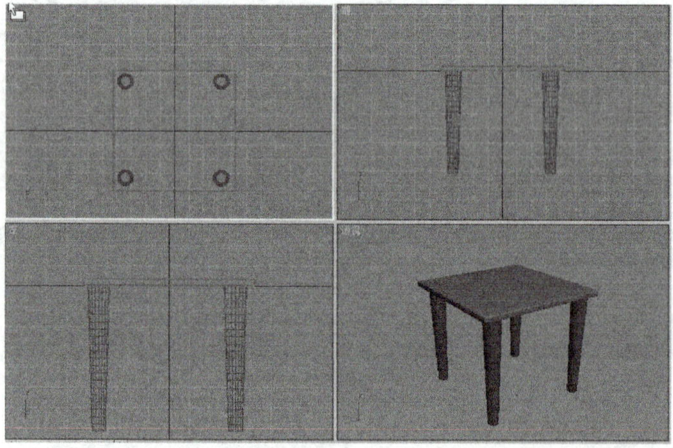

图 3-3-19

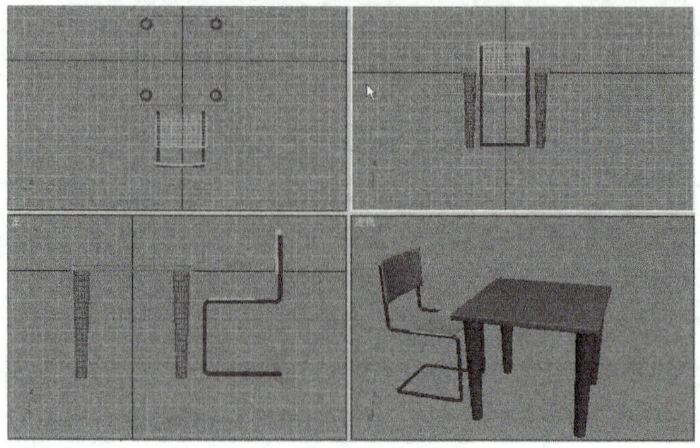

图 3-3-20

6）选择“餐椅”，在主工具栏中单击“镜像”按钮，在弹出的对话框中设置沿y轴镜像复制物体，如图3-3-21所示。

7）在主工具栏中利用“选择并移动”工具，将镜像的物体调整到“餐桌”的另一侧，最终效果如图3-3-22所示。

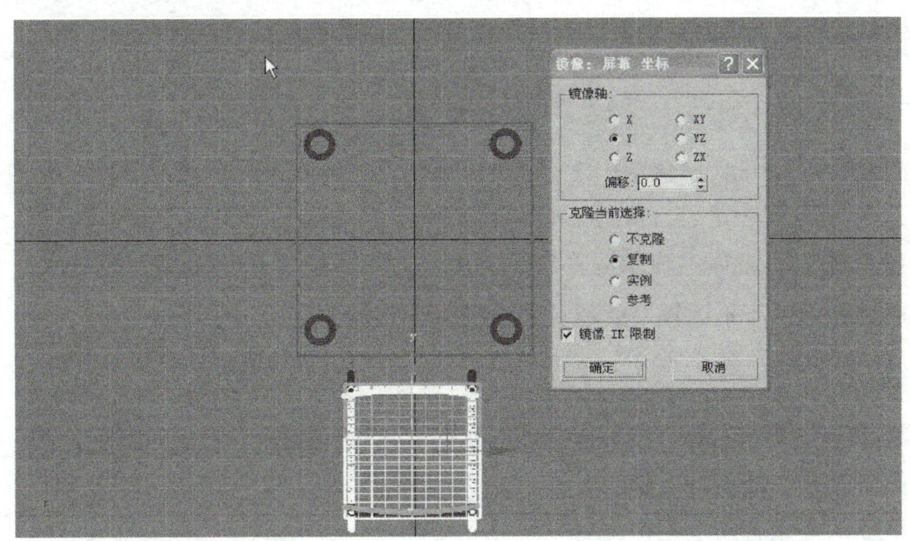

图 3-3-21

图 3-3-22

经验交流

由于“弯曲”修改器与“锥化”修改器的参数设置比较简单，所以通过练习与操作，学习者会很容易掌握其使用方法，使教学重点得以落实。同时要让学习者善于思考问题，例如：改变“弯曲”修改器“限制”选项组中参数设置后，为什么会产生这样或那样的效果，使学生理解其变化原理从而逐个突破教学难点。

3.4 项目训练——台盆

训练要点

“布尔运算”建模方法。

训练目标

“布尔运算”属于3ds Max 9中的复杂建模操作。它可以在两个或两个以上的物体之间进行交集、差集等运算，使之合并为一个物体。本节将通过基础讲解和实训项目，学习如何在两个三维对象之间进行“布尔运算”。要求学习者了解“布尔运算”的类型，熟悉其运算方式，能够使用“布尔运算”创建复杂模型。

基础练习

布尔运算是计算机图形中体现物体结构的一个重要方法，是一种逻辑数学运算方式，用于处理两个物体相结合后产生的所有结果。

布尔运算的类型有以下几种。

（1）并集　可以使两个物体合并为一个物体，将两个物体相交的部分删除。

（2）交集　只保留两个物体相交的部分，其余部分删除。

（3）差集　运算结果是一个对象减去另一个对象后剩下的部分，A-B和B-A的结果是不相同的。

（4）切割　使用B物体切割操作A物体，但不在A物体上添加B物体上的任何部分。切割又分为以下4种方式。

1）优化。在截面处A物体上添加新的顶点和边，新增的顶点和边组成新的面，将A物体表面进一步细化。

2）分割。同优化类似，可以根据其他物体的外型将一个物体分成两个部分。

3）移除内部。在A物体上将所有与B物体相交的面删除。

4）移除外部。在A物体上将与B物体相交以外的面删除，但经过计算后只能得到一个相交的表面。

在场景中创建一个球体和一个长方体，位置如图3-4-1所示，现在来对这两个物体进行布尔运算。

选择长方体，可以看到“复合对象”面板下的“布尔”按钮已经变为可用，单击“布尔”按钮 布尔 ，布尔卷展栏被打开。如图3-4-2所示，“参数”卷展栏中的“操作对象”框中列出的就是布尔运算的各种运算方法，当前的选择是差集A-B。在“拾取布尔”卷展栏中，“拾取运算B物体”按钮用来选取B物体，单击该按钮，选中场景中的球体，布尔运算立即进行，如图3-4-2、图3-4-3所示。

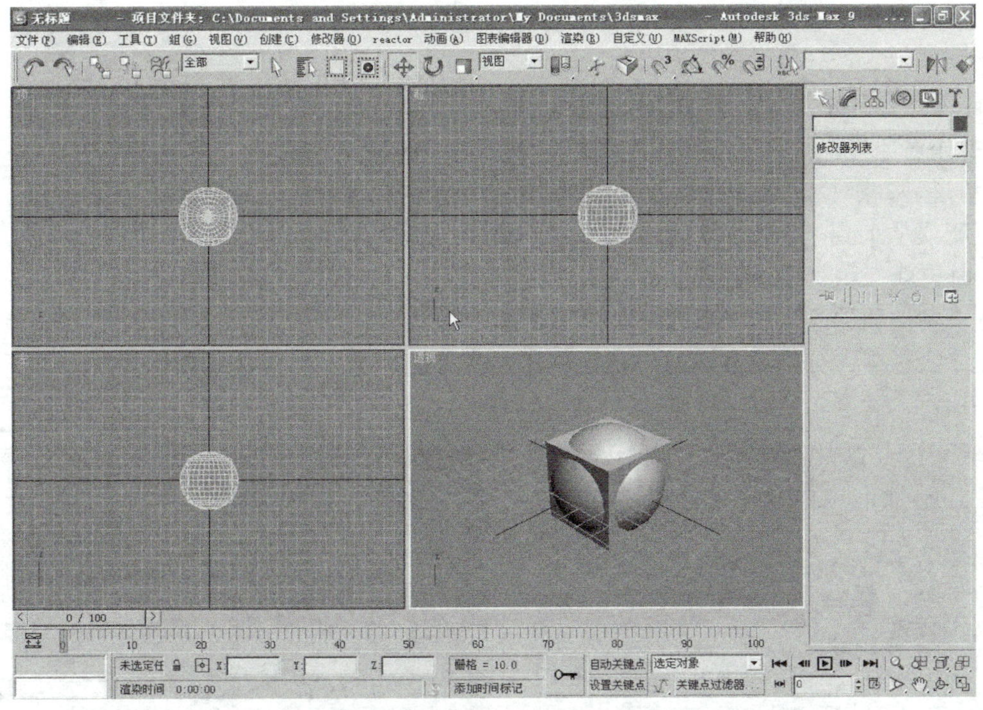

图 3-4-1

参数
操作对象
A: Box01
B: Sphere01
名称:
提取操作对象
实例 复制
操作
并集
交集
差集(A-B)
差集(B-A)
切割 优化
分割
移除内部
移除外部

图 3-4-2

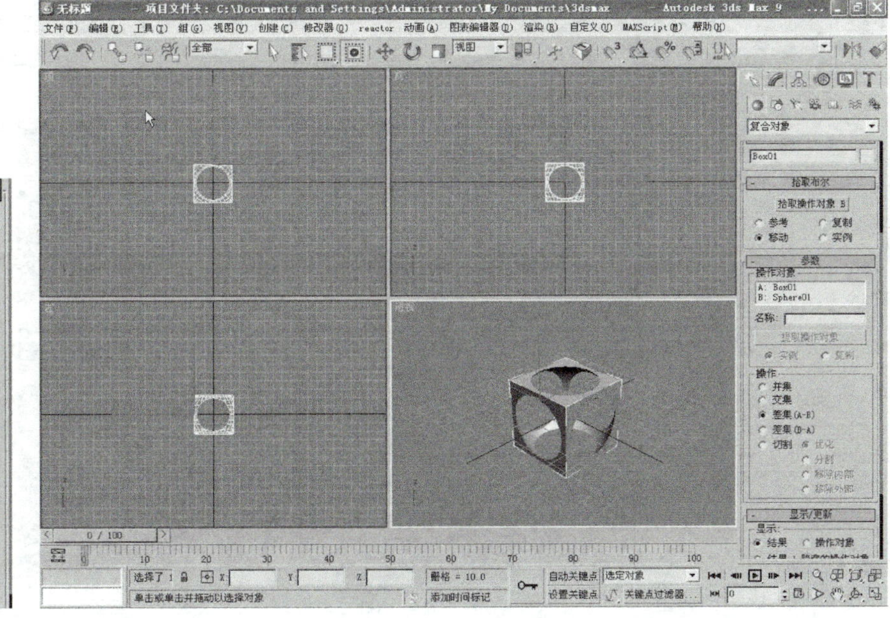

图 3-4-3

 **说明**

“拾取运算B物体”按钮下方有4个单选按钮，分别是“参考”“移动”“复制”和“实例”。默认项为“移动”。

“显示/更新”卷展栏显示的是显示和更新选项，如图3-4-4所示。

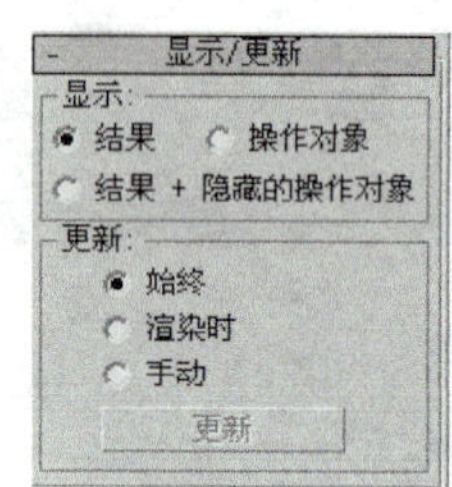

图　3-4-4

“结果”：显示布尔运算的结果，默认选项。

“操作对象”：只显示参与运算的对象，不显示结果。

“结果+隐藏对象”：将隐藏的对象显示为线框方式。

更新项从上到下依次为“始终更新”（默认选项），“渲染时更新”和“手动更新”。

在“名称和颜色”栏中可调整对象的名称和颜色。

在参数栏中，分别更改运算方法为并集、交集、差集，结果分别如图3-4-5、图3-4-6、图3-4-7所示。

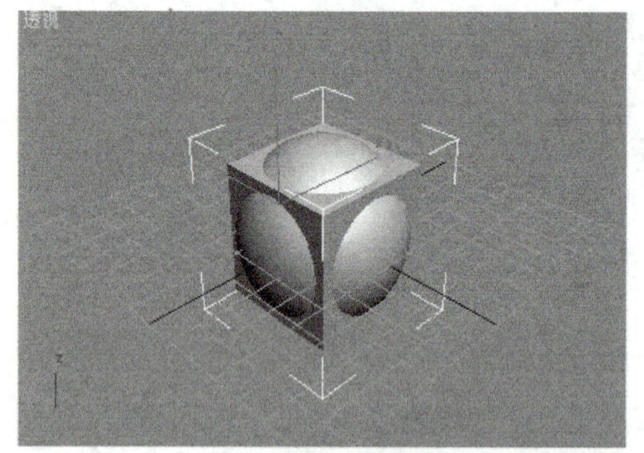

图　3-4-5

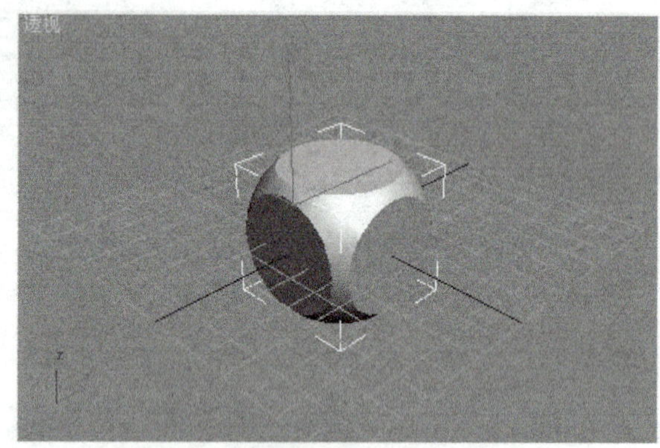

图　3-4-6

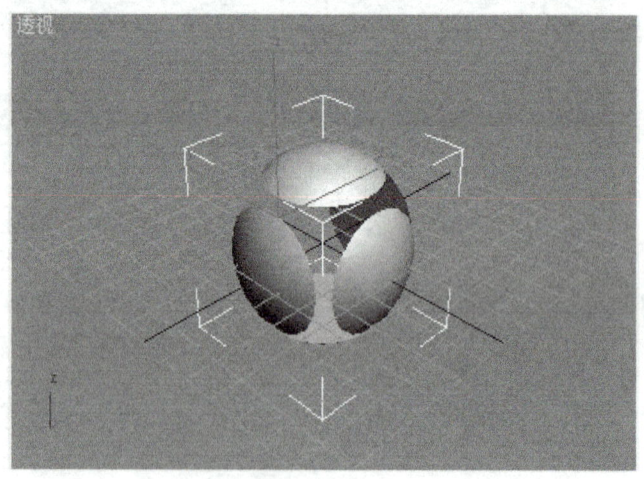

图　3-4-7

可以继续尝试分别选择切割的4种运算方式，看一看运算结果如何？

项目实训

洗手池制作实训步骤

1）单击“几何体”工具按钮创建面板，在下拉列表框中选择“扩展基本体”选项，

单击“切角长方体”按钮 切角长方体 ，在“顶视图”中创建一个长度为200、宽度为200、高度为15、圆角为8的倒角长方体，并命名为“台面”。

2）单击“几何体”按钮进入创建面板，在其下拉列表框中选择“标准基本体”选项，单击“球体”按钮 球体 ，创建一个半径为105的球体。单击鼠标右键工具栏中的“选择并均匀缩放”按钮，在弹出的对话框的Y数值框中输入70，对球体进行缩放。按住<Shift>键的同时单击球体，对球体进行原地复制。然后用鼠标右键单击该球体，在弹出的快捷菜单中选择“隐藏当前选择”选项，将其隐藏。选择球体，将其移动到如图3-4-8所示的位置。

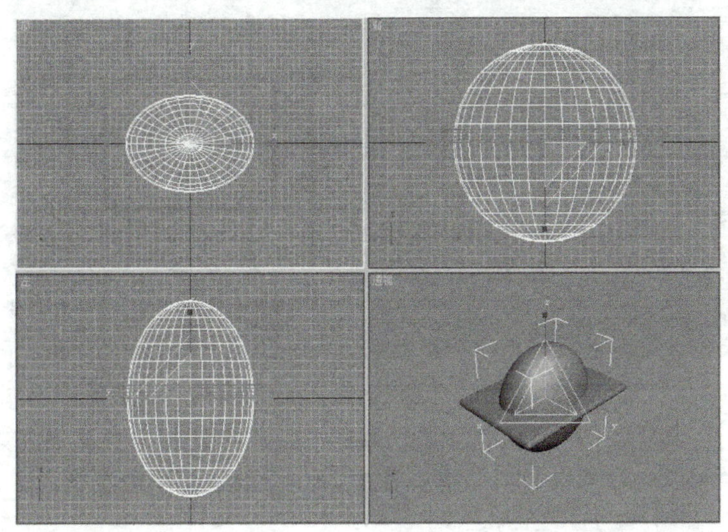

图 3-4-8

3）选择台面，单击“几何体”工具按钮创建面板，在其下拉列表框中选择“复合对象”选项，单击“布尔”按钮，在“参数”卷展栏的“操作”选项区中勾选“差集（A-B）”选项，在“拾取布尔”卷展栏中单击“拾取操作对象”按钮 拾取操作对象 B ，在任意视图中选择球体完成布尔运算操作，效果如图3-4-9所示。

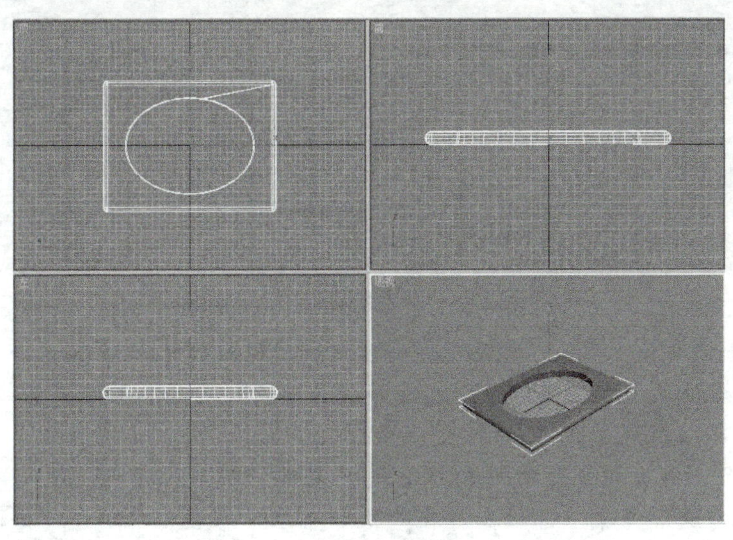

图 3-4-9

4）在“前视图”中取消全部隐藏，显示所有物体。选中球体，单击“修改按钮”，打开命令面板，在“参数”卷展栏中将“半球”参数设置为0.5，利用主工具栏中的移动工具将其调整位置至如图3-4-10所示。

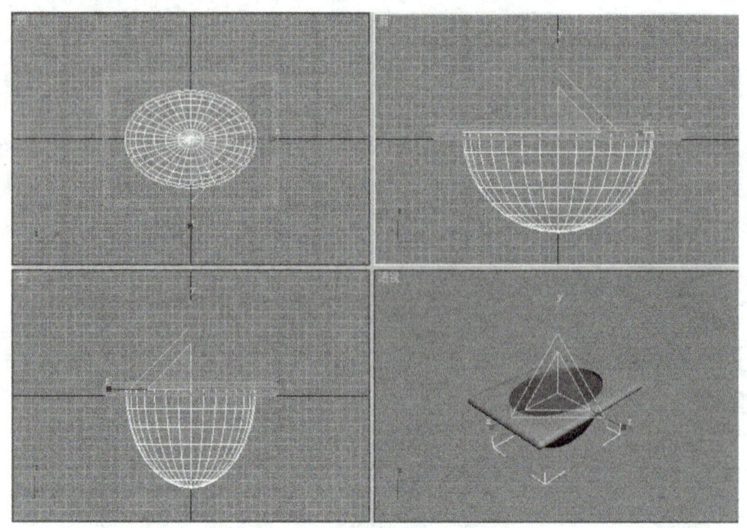

图 3-4-10

5）将半球向上复制一份，选中复制出来的半球，用鼠标右键单击工具栏中的“选择并均匀缩放” 按钮，在弹出的窗口中设置X、Y、Z数值框中的数值，分别输入98、68、98，并将其移动到如图3-4-11所示的位置。

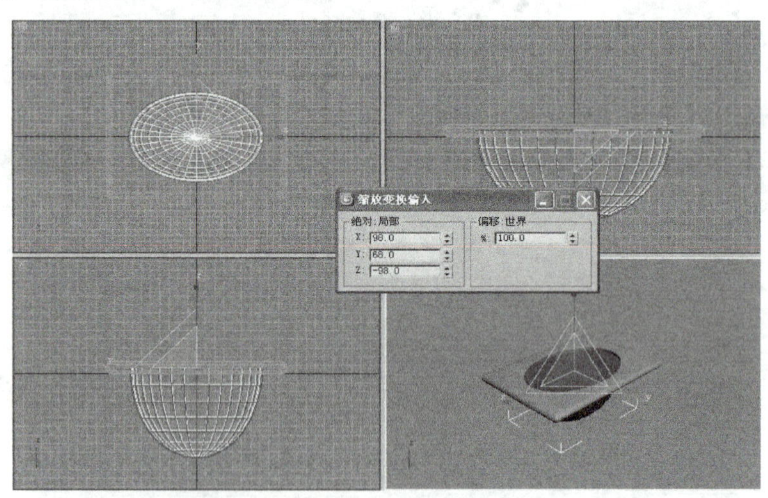

图 3-4-11

6）使用同上的方法（第3）步骤），对较大的球体与较小的球体进行布尔运算。运算完成后，用鼠标右键单击主工具栏中“选择并均匀缩放”按钮，在弹出窗口的Z数值框中输入70，结果如图3-4-12所示，将其命名为“水池”。

7）选中台面，再次在复合对象创建面板中单击“布尔”按钮。在“参数”卷展栏的“操作”区域中勾选“并集”选项，再在“拾取布尔”卷展栏中单击“拾取操作对象”按扭，在视图中选择水池，完成“并集”布尔运算操作，结果如图3-4-13所示。

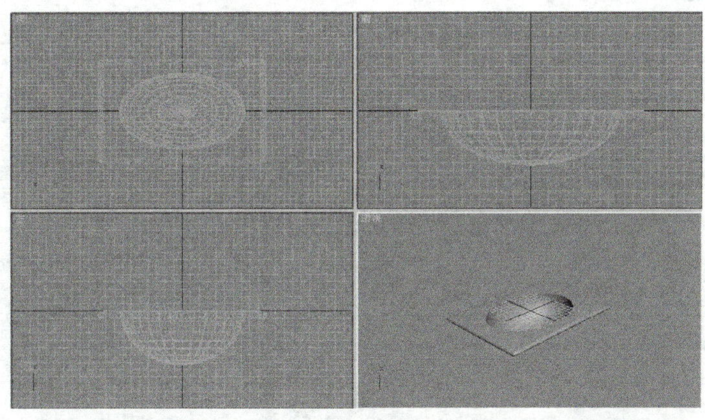

图 3-4-12

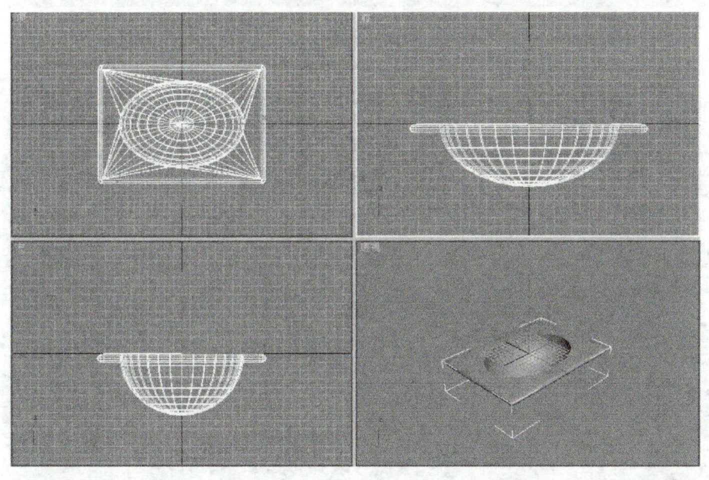

图 3-4-13

8）在“几何体”创建面板的下拉列表框中选择“扩展基本体”，单击“切角圆柱体”按钮 切角圆柱体 ，在“顶视图”中创建一个半径为35、高度为220、圆角为2的倒角圆柱体，将其命名为“下水”，并移动到如图3-4-14所示的位置。再在“顶视图”中创建一个长度为100、宽度为280、高度为10、圆角为4的切角长方体，将其命名为“池上板”，并移动到如图3-4-15所示的位置。

9）再次单击“切角圆柱体”按钮，创建一个半径为12、高度为10、圆角为2、边数为8的切角圆柱体，将其复制两个。在“顶视图”选择其中一个，打开“修改”命令面板，在“参数”卷展栏中输入半径值为6，调整三个切角圆柱体的位置，如图3-4-16所示，将其成组，并命名为“旋转阀”。

10）使用如上方法，在顶视图中创建一个半径为7、高度为70、圆角为0.5、高度分段为10的切角圆柱体。切换到“修改”命令面板，使用“锥化”修改编辑器对切角圆柱体进行修改，展开其锥化“参数”卷展栏，在“锥化”选项区的“数”数值框中输入-0.3。继续在“修改器列表”下拉列表框中选择“弯曲”选项，在其“参数”卷展栏的“角度”数值框中输入90，使用移动工具调整其位置。结果如图3-4-17所示。使用移动和缩放工具进行适当的调整后，最终效果如图3-4-18所示。

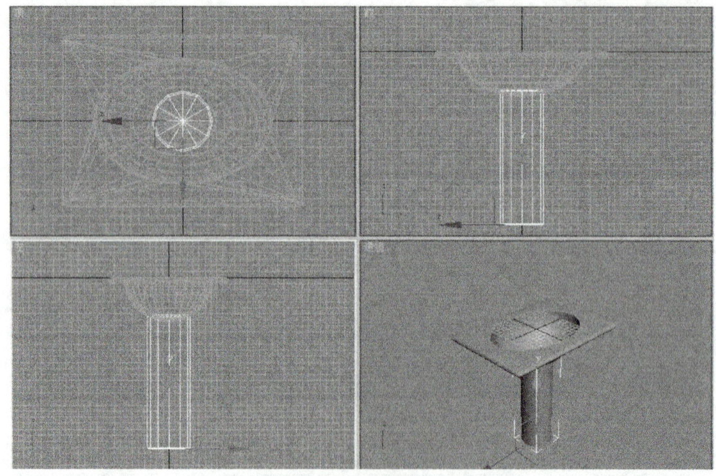

图 3-4-14

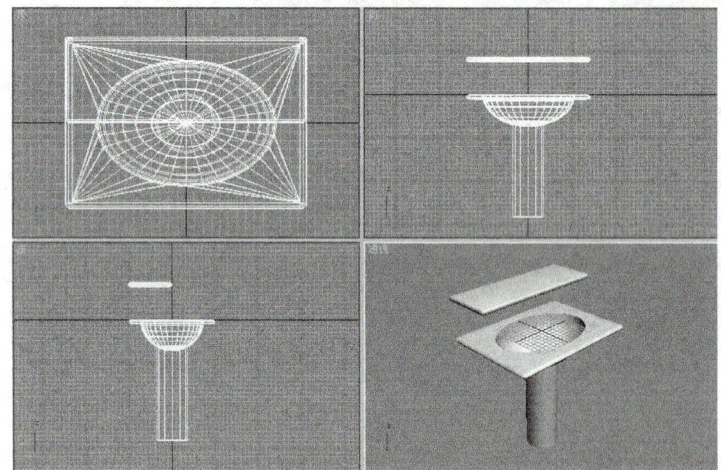

图 3-4-15

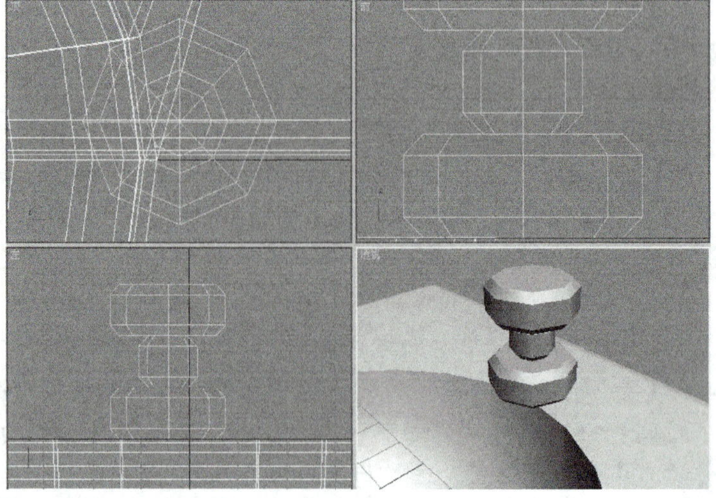

图 3-4-16

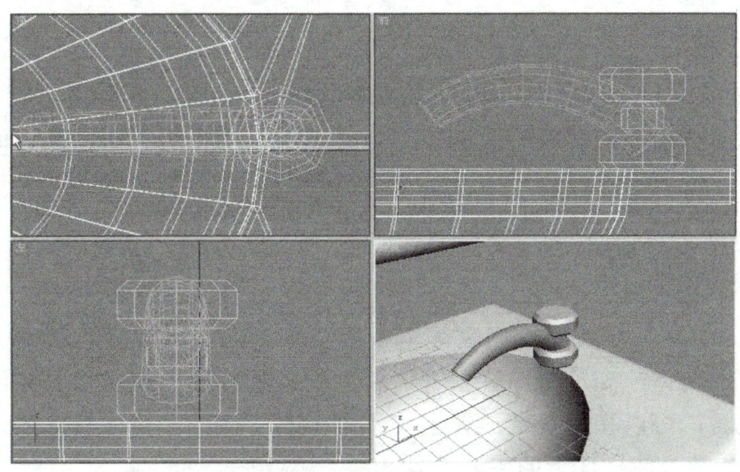

图 3-4-17

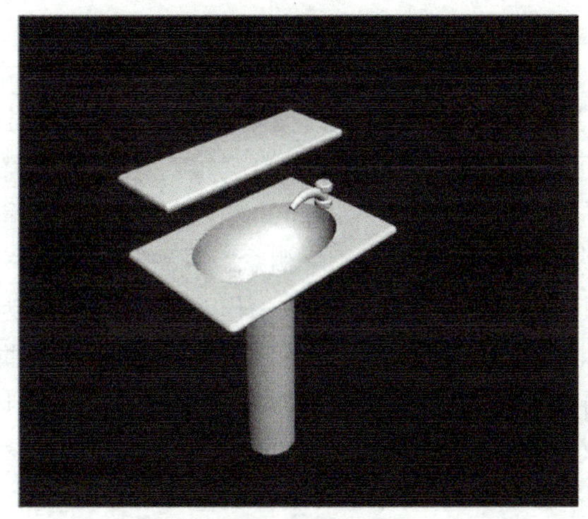

图 3-4-18

经验交流

“布尔运算”属于3ds Max 9中的高级建模的操作，它可以通过并集、差集、交集、和切割等运算，将两个或两个以上的对象组合成一个新的对象。本小节的教学内容主要是熟悉“布尔运算”的运算类型，掌握“差集”运算的方法。为更好地达到教学目标，必须先让学习者明白“布尔运算”逻辑数学运算方式的原理，再通过深入浅出的训练使理论联系实际，从而提高学习者的软件操作水平。

3.5 项目训练——窗帘的制作

训练要点

“放样”建模方法。

训练目标

“放样”建模是3ds Max 9中的一种强大的建模方法，在放样建模中可以对放样对象进行变形编辑，从而创造出不同形式的造型。本节将通过基础讲解和实训项目的操作，学习对不规则物体进行放样建模。要求学习者了解“放样”建模的基本概念，掌握“放样”建模的过程和方法。

基础练习

在3ds Max 9中，一个放样造型物体至少由两个平面造型组成，其中一个造型用作路径，主要用于定义物体的高度，路径本身可以是开放的线段，也可以是封闭的图形；另一个造型则用作截面，可以在路径上放置多个不同形态的截面。下面着重讲述放样建模的方法，和一些重要参数及放样变形的主要工具。

3.5.1 放样构建

1．基本理论

“放样”是一种非常具有代表性的3D建模技术，所谓放样就是指将一个二维图形对象作为截面，沿某个路径进行运动，运动轨迹形成的三维对象叫做放样物体，整个操作过程叫做放样。同一路径上可在不同的位置插入不同的截面，因此可以利用放样来实现很多复杂模型的创建。在放样造型中常涉及到下面几个概念。

（1）型　型是样条曲线的集，定义型物体。作为路径的曲线为路径型，只能包含一个样条曲线；作为截面的曲线为截面型，可以包含任何数目的样条曲线，只是路径上所有截面型包含的样条曲线数目应该相等。在放样物体中，型变成了子物体。

（2）路径　描述定义放样中心点的型。

（3）变形曲线　在路径上放置型来定义放样的基本形式，通过变形曲线可以调整型的比例、角度、大小，从而修改放样物体。

（4）控制点　变形曲线上的节点，类似于型的节点。

（5）第一个节点　所有型都有其第一个节点。在多截面放样中只有匹配路径上每个截面型的第一个节点，才能创建出没有产生扭曲的物体。

2．创建方式

在“几何体”按钮的下拉列表中，选择“复合对象”选项，在打开的复合对象创建面板中单击“放样”按扭，即可打开放样设置的参数卷展栏，如图3-5-1所示。放样法建模的参数很多，大部分参数在无特殊要求时使用默认设置即可，下面只对影响模型结构的部分参数进行介绍。

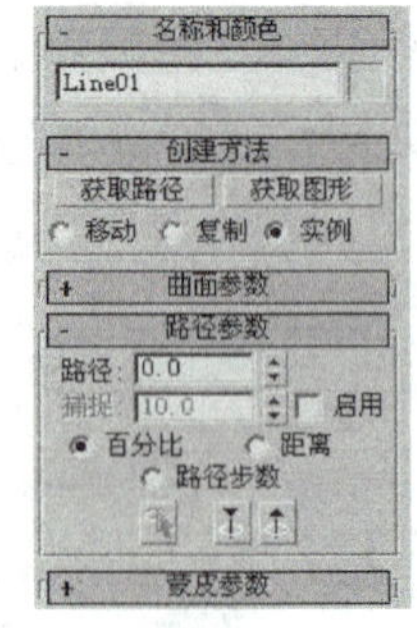

图　3-5-1

“创建方法”卷展栏中有两个按钮，分别为“获取路径”按钮 获取路径 与“获取图形”按钮 获取图形 ，单击不同的按钮可以使用不同的方式放样。

（1）获取路径　在视图中选中截面图形后按下该按钮，然后

在视图中选择路径样条线。

（2）获取图形 在视图中选择路径线条后按下该按钮，再在视图中选择作为截面的图形。

（3）移动 按下“获取图形”按钮后将截面图形移动到路径样条线的位置，从而产生放样模型。如果按下“获取路径”按钮，会将路径样条线移动到截面图形的位置。

（4）复制 复制一个新的路径样条线或是截面图形，原始图形的位置保持不变。

（5）关联 复制一个新的路径样条线或是截面图形，当原始的样条线和截面图形发生变化时，放样模型也会随之改变。

3.5.2 变形修改器

1. 变形修改器简介

完成放样操作后，还可以对放样后的模型进行变形修改，从而得到更加复杂的模型。选中放样造型物体，切换到“修改”命令面板，在其中的“变形”卷展栏中提供了5种变形方式，包括“缩放”、“扭曲”、“倾斜”、“倒角”、“拟合”五种变形控制按钮，如图3-5-2所示。其中各按钮的功能如下。

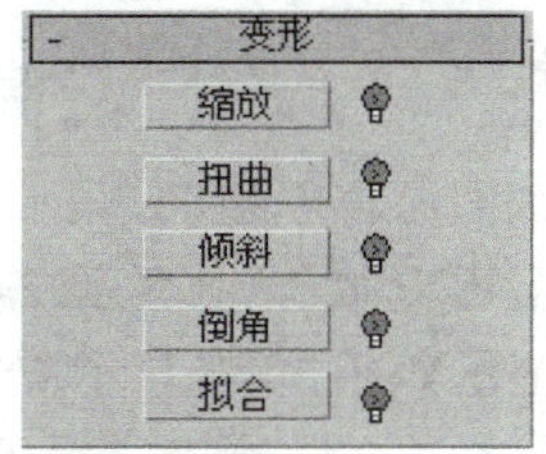

图 3-5-2

（1）缩放 该功能可以在放样路径上的不同位置，对截面图形的X轴和Y轴进行大小缩放，得到截面尺寸变化的效果，以获得特殊变形的效果。

（2）扭曲 该功能可对截面图形的X轴和Y轴进行旋转，以获得截面扭曲的效果。

（3）倾斜 该功能主要可以在路径样条线的不同位置，对截面图形的Z轴进行旋转变形。

（4）倒角 该功能与缩放变形类似，但是在缩放截面图形的同时还会进行倒角处理。

（5）拟合 该功能可以在视图中拾取三个轴向上的路径样条线，可根据样条形状决定放样物体的外观。

2. 变形修改器功能

单击五个按钮中的任意一个，都会打开一个变形窗口。在变形窗口中，可以使用编辑曲线的方法来控制变形，可得到不同的变形效果，这种编辑方式非常直观，可以很方便地进行调整，除了拟合变形比较特殊外，五个窗口的参数和操作方法基本相同。下面通过“缩放变形”窗口来介绍这种编辑窗口的基本使用方法。

单击“缩放”按钮，弹出如图3-5-3所示的缩放变形窗口。

图 3-5-3

3．窗口中的工具与按钮

（1）变形曲线表　位于窗口的中部，是调节的主要工作区。变形曲线表中包含横向和纵向两个标尺，横向标尺代表放样物体的长度方向，标尺大小为0～100，代表了放样物体从起始端到终端的长度，如同用百分比表示了放样物体的路径位置；纵向标尺表示变形量的大小，通过窗口的滑块可以观察更大的曲线表区域。

（2）变形曲线　是红色的线条，反映物体在不同位置的变形量，通过编辑控制点改变曲线形状，从而得到不同的变形效果。

说明

默认情况下，变形曲线处于100%的位置。当值大于100%时获得放大效果，值在0%～100%之间时，获得缩小的效果，如果值小于0，将会镜像缩放。

均衡：将X轴和Y轴锁定，一同进行编辑。

显示X轴：单独显示X轴的控制线，单独进行编辑。

显示Y轴：单独显示X轴或Y轴的控制线进行编辑。

显示X，Y：同时显示X轴和Y轴的控制线。

切换变形曲线：将X轴和Y轴的控制线进行交换。

移动控制点：可以在X轴和Y轴方向任意移动控制点，还包括两个下拉按钮：水平移动控制点和垂直移动控制点。“水平移动控制点”按钮可以改变变形位置，但并不改变变形量大小；“垂直移动控制点”按钮可以改变变形量大小，但并不改变变形位置。

缩放控制点：可以改变变形量而不改变变形位置，和垂直移动控制点的功能类似。

插入角点：可以在变形曲线上的任意位置加入一个角点类型的控制点，在该按钮上按下鼠标左键，在弹出的下拉菜单中还包含“插入Bezier控制点”按钮。

插入Bezier点：可在变形曲线上的任意位置加入一个Bezier类型的控制点。

说明

角点和Bezier类型控制点的区别在于：Bezier类型的控制点有控制手柄，而“角点”类型的控制点没有控制手柄，可以在任意控制点上单击鼠标右键，在弹出的快捷菜单中指定控制点的类型，包括“角点”、“Bezier-平滑”、“Bezier-角点”三种，它们的使用方法一试便知。

删除控制点：将视图区中选中的控制点删除。

重置曲线：将控制线恢复为原始状态。

说明

编辑工具栏有大量编辑曲线的工具，熟练掌握这些编辑工具，才能调整出理想的变形形状。对任意一种变形工具，并不是所有的编辑按钮都能使用。

平移：移动视图区。

最大化显示：使曲线在水平方向全部显示。

垂直方向最大化显示：沿垂直方向最大化显示控制线。

水平方向最大化显示：沿水平方向最大化显示控制线。

水平缩放：沿水平缩放视图区。

垂直缩放：沿垂直缩放视图区。

缩放：缩放整个视图区。

缩放区域：缩放选择范围内的视图区。

4. 变形修改器应用

下面将以缩放变形为例，介绍放样变形操作，具体操作步骤如下。

1）激活“顶视图”，单击“创建”命令面板，在“图形”创建面板中选择“圆环”创建命令，绘制一个圆环形作为放样截面。点击“前视图”，再利用创建“线”命令，绘制一条直线作为放样路径。

2）在视图中选中直线，在“创建”面板“几何体”创建面板的下拉列表中选择“复合对象”选项，单击“放样”按钮。在“创建方法”卷展栏中单击“获取图形”按钮，回到视图中单击圆环形，得到一个圆管模型，如图3-5-4所示。

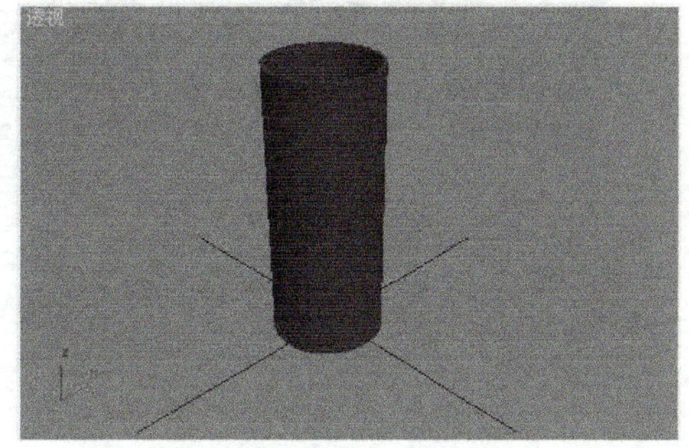

图 3-5-4

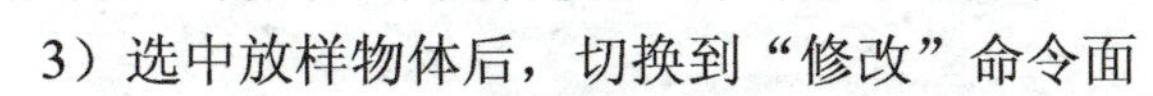

3）选中放样物体后，切换到“修改”命令面板，展开“变形”修改器卷展栏，选择“缩放”变形方式。在弹出的“缩放”变形窗口中，利用编辑工具将红色变形曲线调整成如图3-5-5所示的形状。得到酒杯造型如图3-5-6所示。

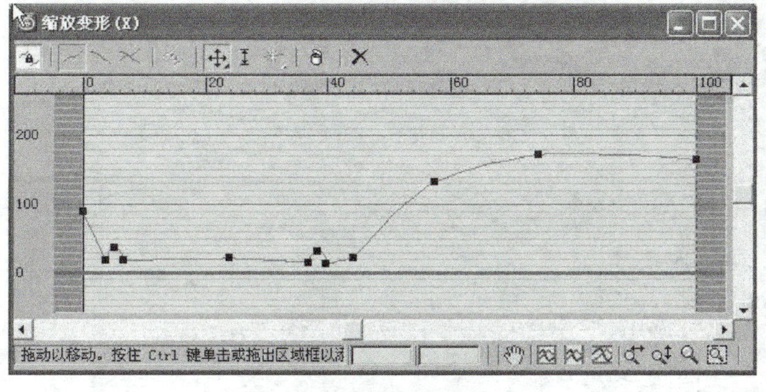

图 3-5-5

图 3-5-6

项目实训

布艺窗帘制作实训步骤

1）在“图形”创建命令面板中单击“线”按钮选项，按住<Shift>键的同时在“顶视图”绘制一条直线，如图3-5-7所示。

2）切换到“修改”命令面板，在堆栈中进入Line层级。选择“顶点”级别，在其“几何体”参数区域中点击“优化”按钮 优化 ，使用优化命令为直线增加节点，效果如图3-5-8所示。

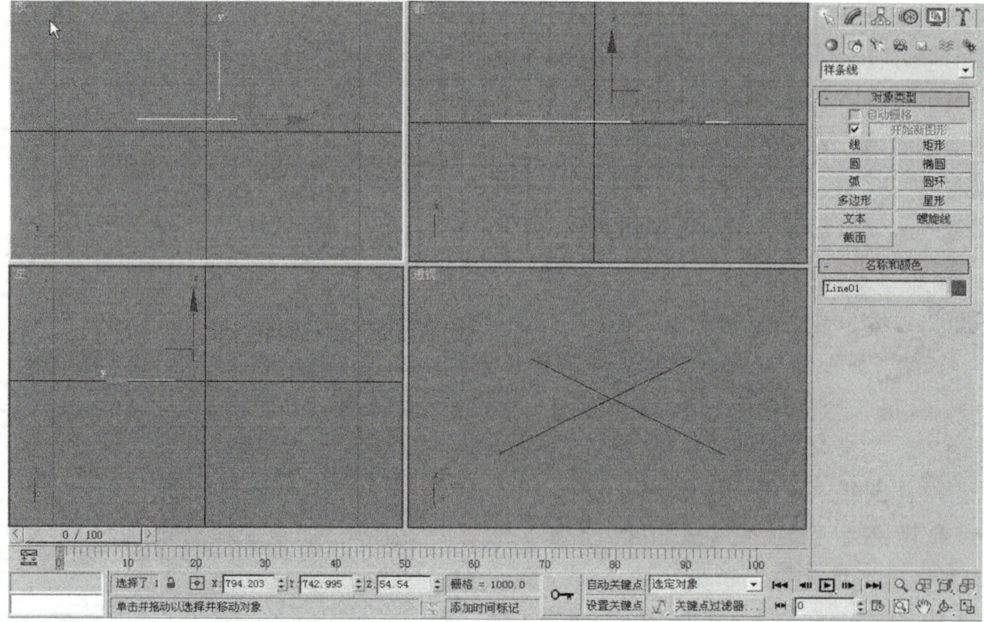

图　3-5-7

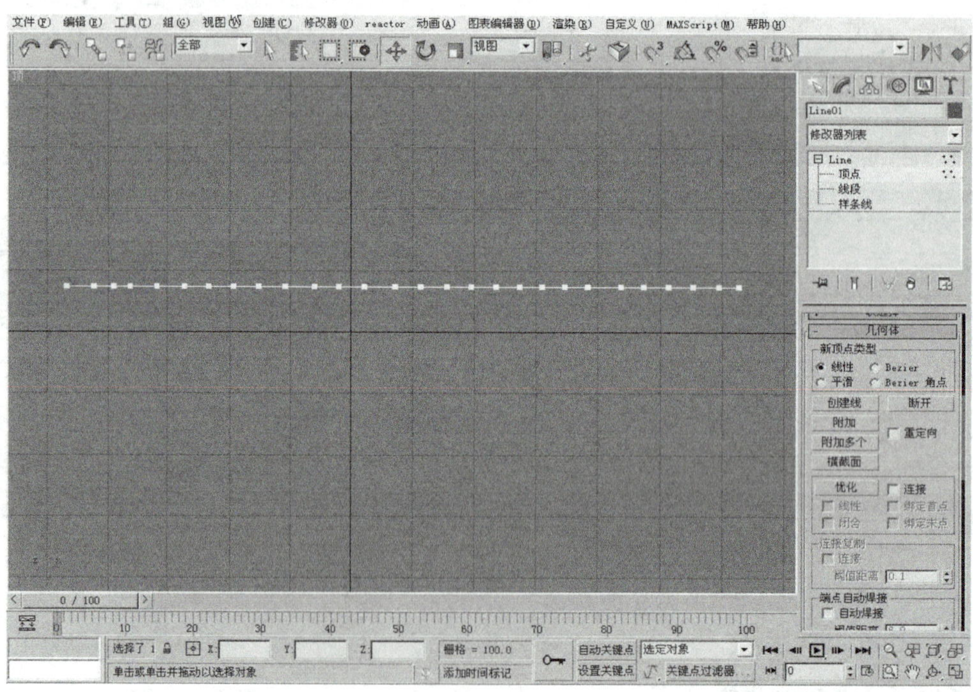

图　3-5-8

3）退出“顶点”子层级，使用主工具栏中的“选择”工具，选择所有点后单击鼠标右键，在弹出的菜单中选择Bezier，如图3-5-9所示。

4）把所有点转贝赛尔角点后，结合“移动选择”工具调整节点，直至把直线改变为波浪线，形状如图3-5-10所示。

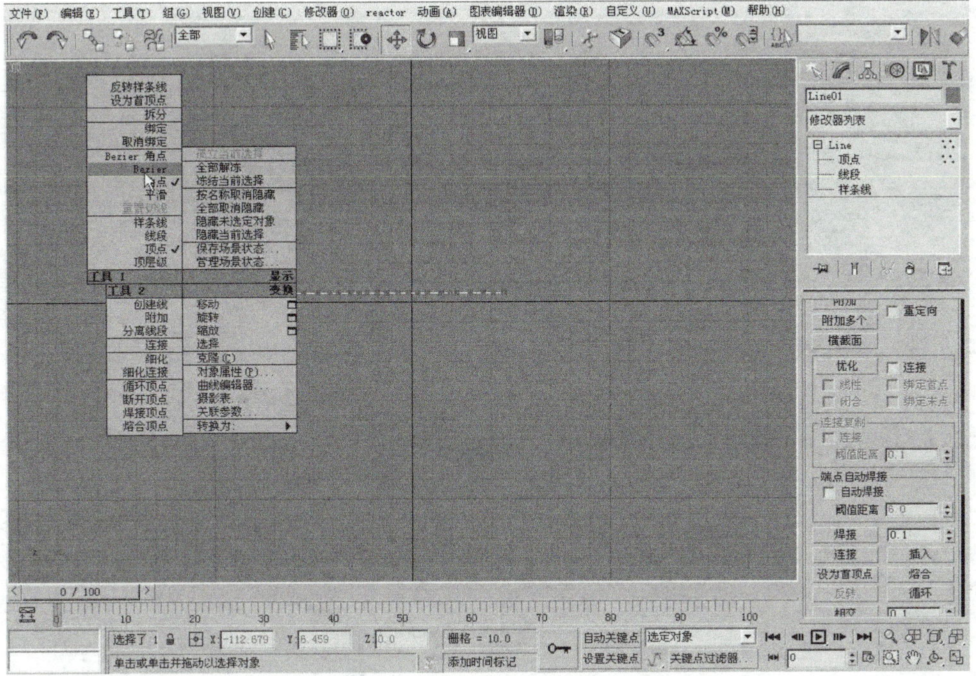

图 3-5-9

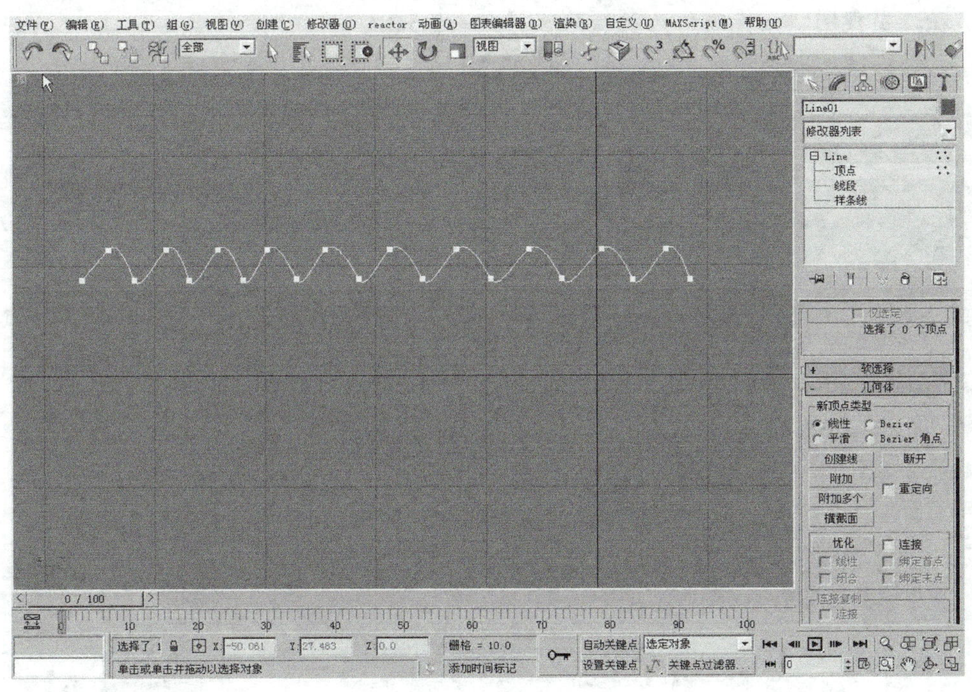

图 3-5-10

5）在修改命令面板的堆栈中进入Line层级，选择“样条线”级别。在“几何体”参数卷展栏中单击“轮廓”按钮 轮廓 ，勾画曲线为双线轮廓，成为封闭图形，效果如图3-5-11所示。

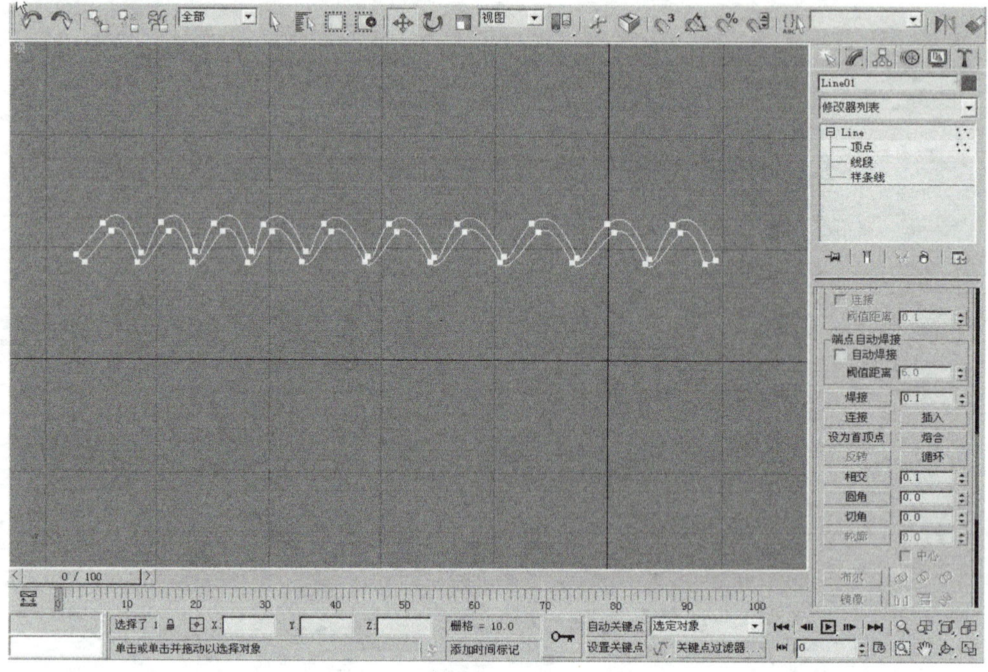

图 3-5-11

6）在“前视图”画直线作为放样路径，如图3-5-12。

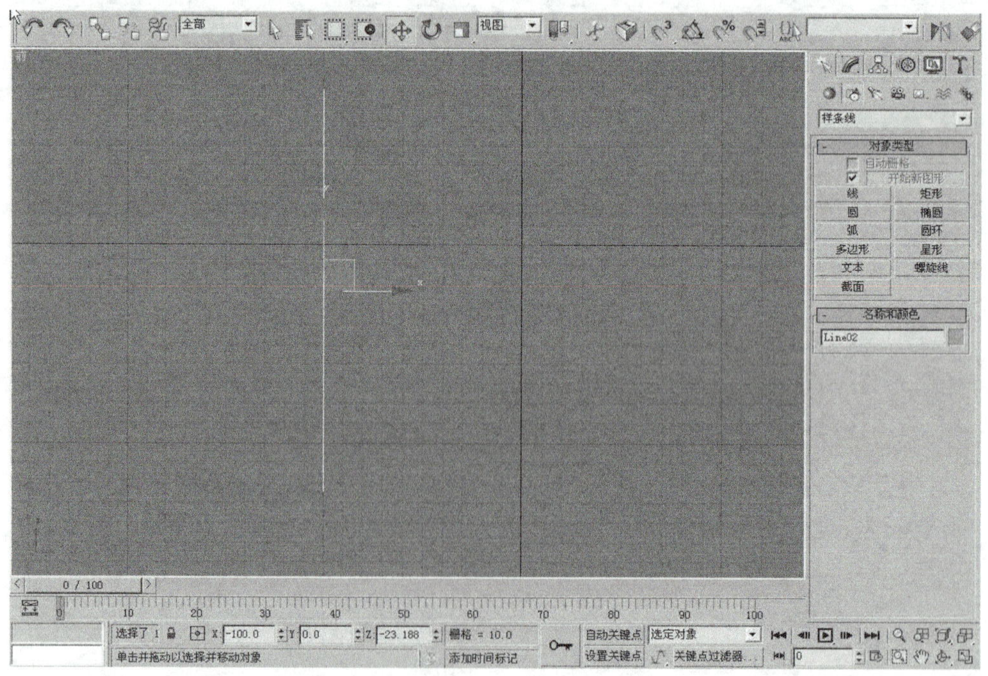

图 3-5-12

7）选中刚刚绘制好的直线路径，在“几何体”面板中选择“复合对象”创建方式，单击命令面板中的按钮 放样 ，在“创建方法”卷展栏点击按钮 获取图形 ，然后回到视图中选择波浪形截面，完成放样操作，效果如图3-5-13所示。

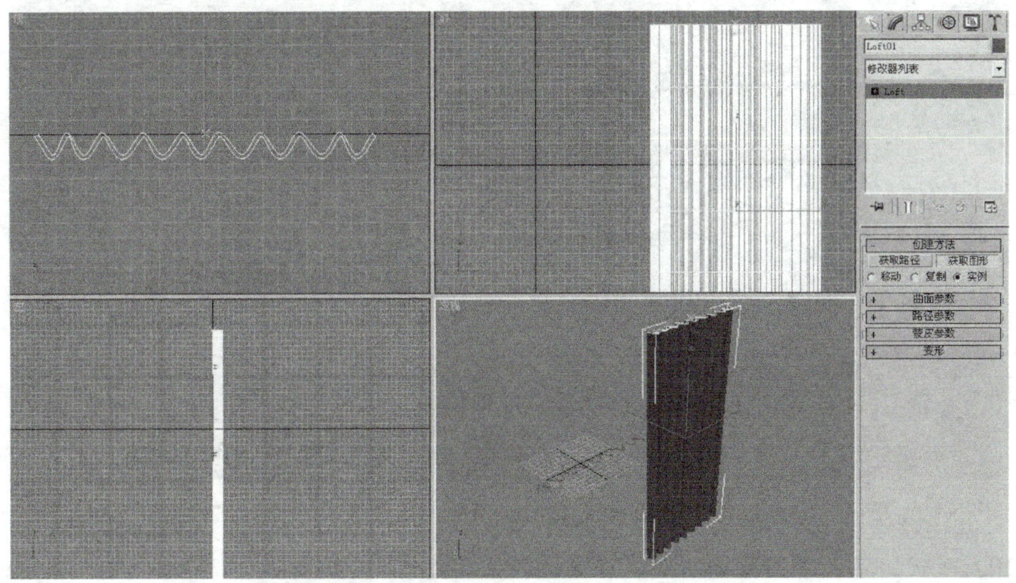

图 3-5-13

8）切换到“修改”命令面板，在“变形”卷展栏中单击“缩放”变形修改器，弹出如图3-5-14所示的“缩放变形”修改器对话框。

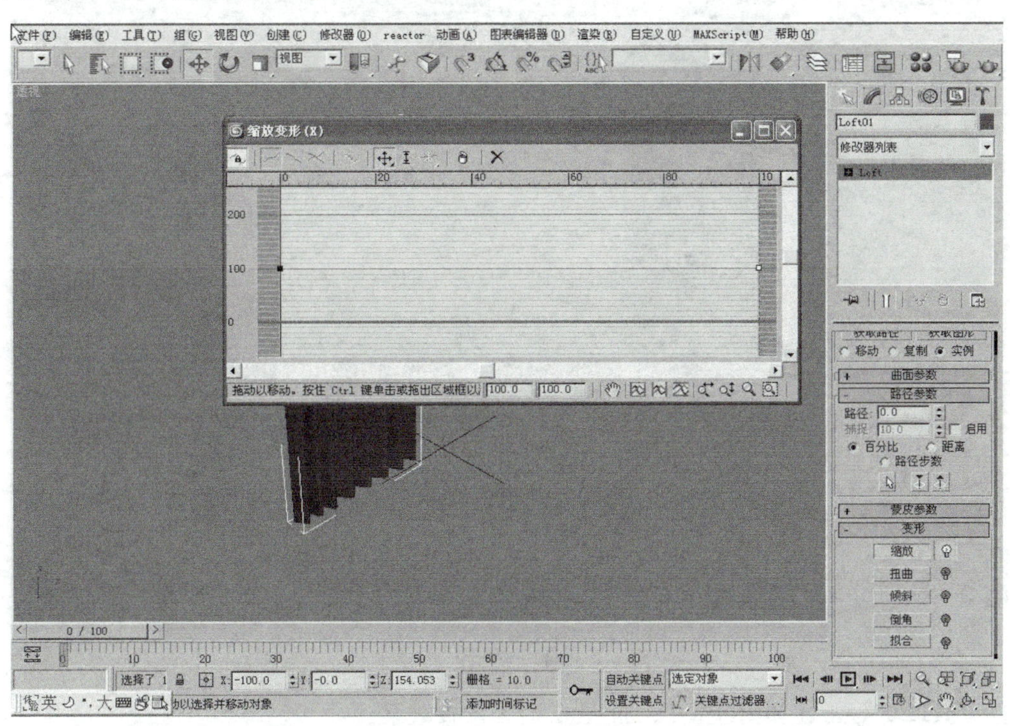

图 3-5-14

9）在“缩放变形”修改器对话框中单击插入两个控制点。结合按钮调整控制点的位置，放样物体发生变化如图3-5-15所示。

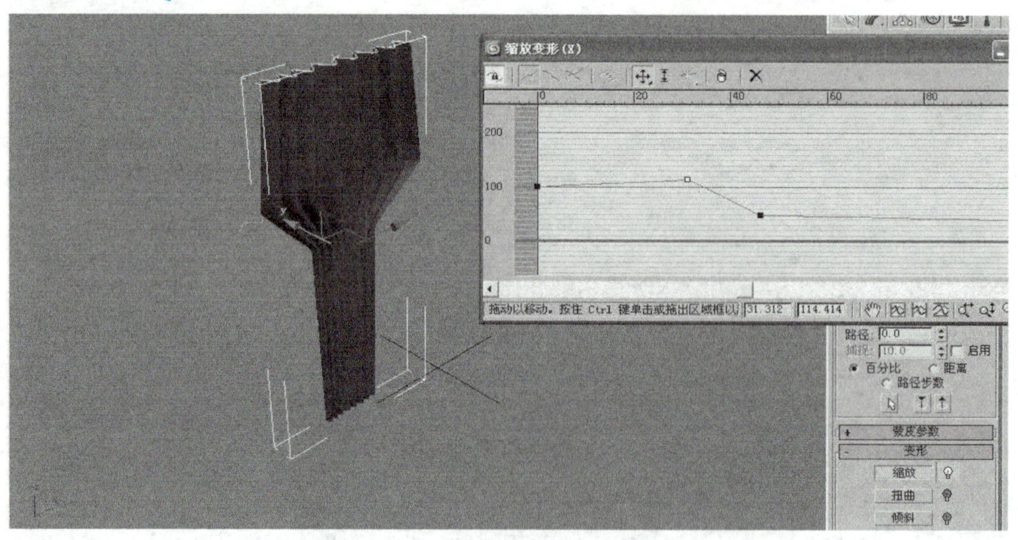

图 3-5-15

10）在控制点上单击鼠标右键，在弹出的菜单中选择“Bezier-平滑”，调整为Bezier角点，如图3-5-16所示。

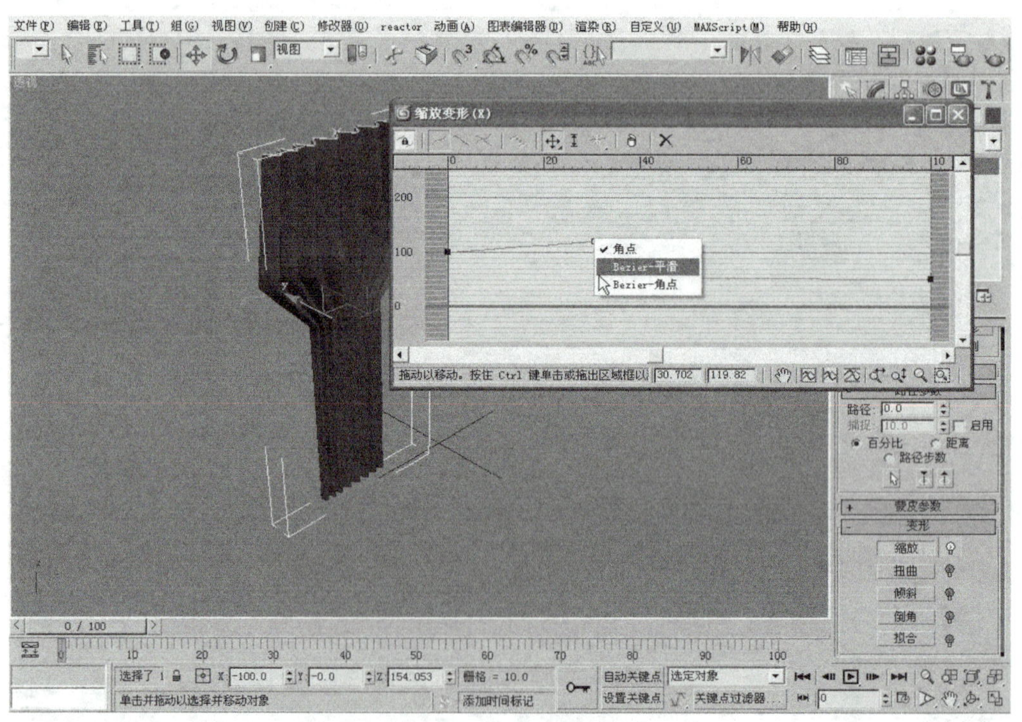

图 3-5-16

11）微调变形曲线如图3-5-17，近一步完善窗帘效果。

12）在“修改”命令面板的堆栈中打开Loft层级，选择“图形”子级别，在视图中选住截面，并在“图形命令”卷展栏中选择“左”对齐方式，结果如图3-5-18。命名此对象为“主帘1”。

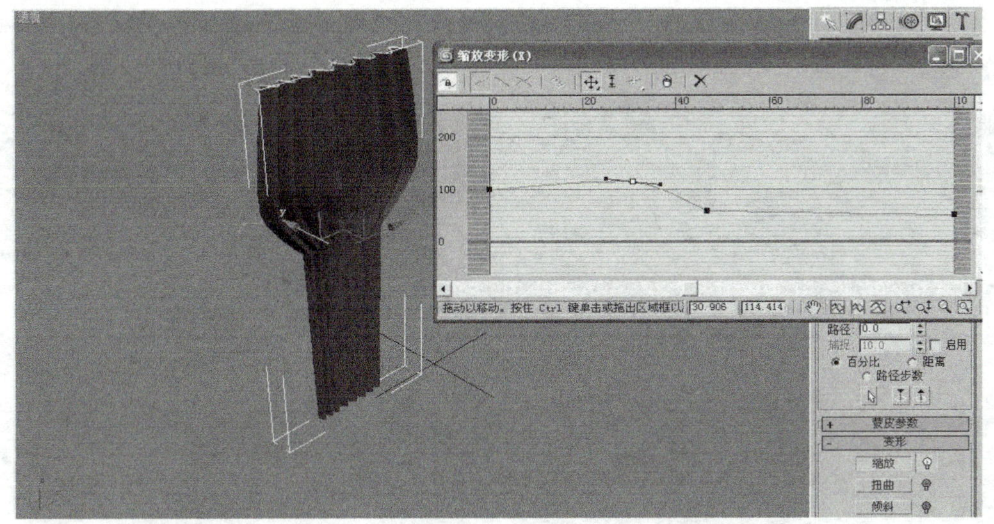

图 3-5-17

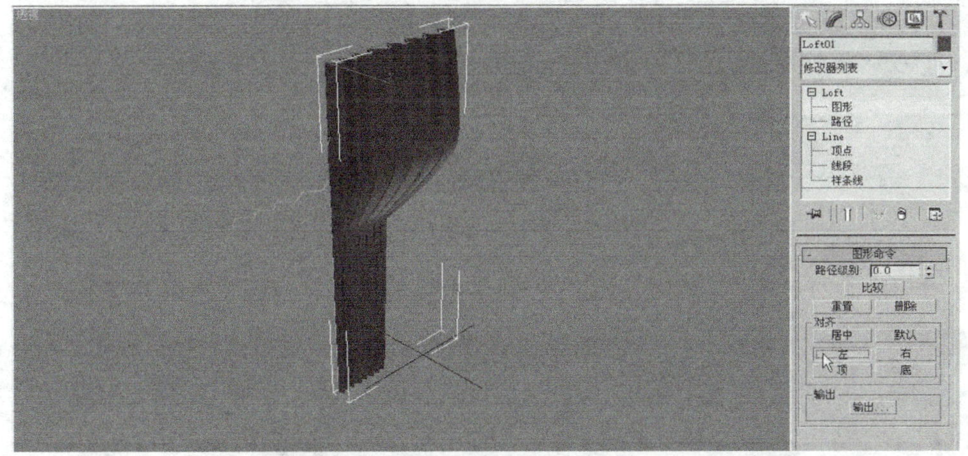

图 3-5-18

13）镜像复制“主帘1”为“主帘2”，合并后效果如图3-5-19所示，命名为“主帘”。

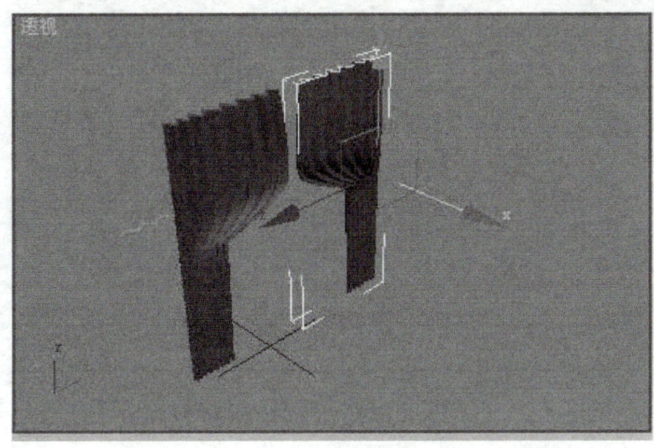

图 3-5-19

14）“窗幔”的制作方法与“主帘”基本相同，使用如上方法在“左视图”绘制封闭曲线作为放样的截面，如图3-5-20所示。

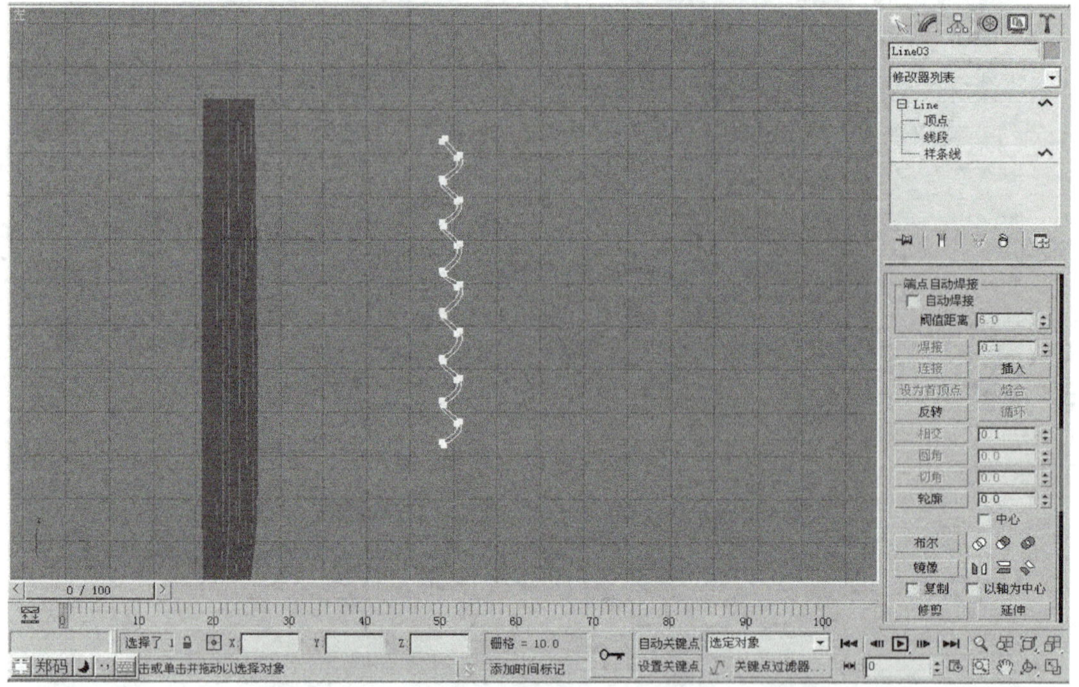

图 3-5-20

15）如图3-5-21所示，在“前视图”绘制水平直线作为“窗幔”的放样路径。

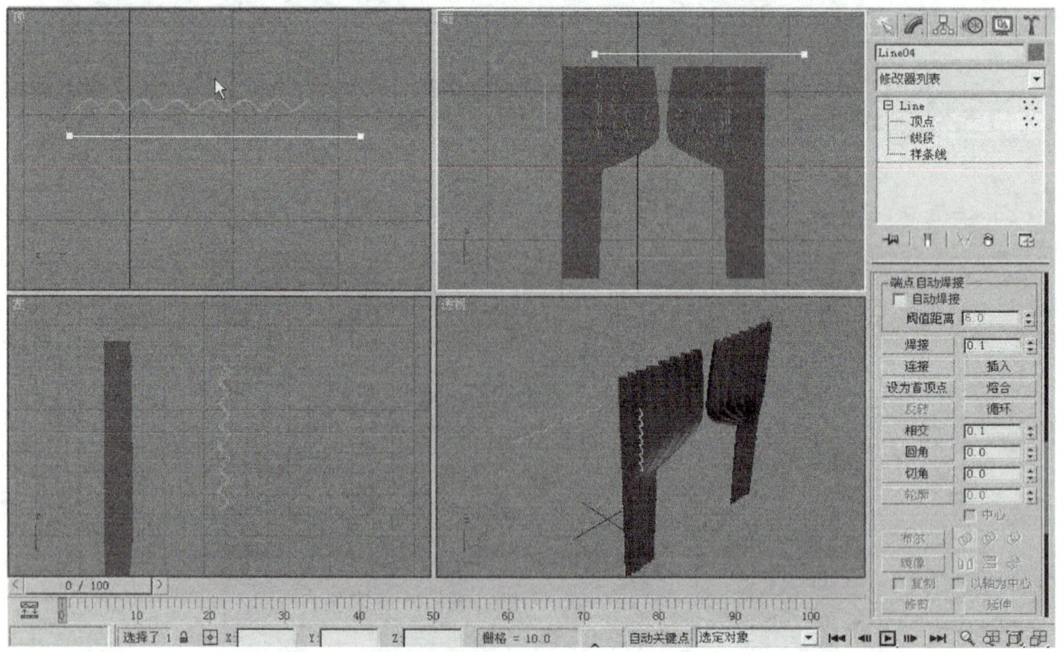

图 3-5-21

16）放样结果如图3-5-22所示，发现方向错误。切换到“修改命令”面板打开“扭曲”变形修改器，调整为90度。效果如图3-5-23所示。

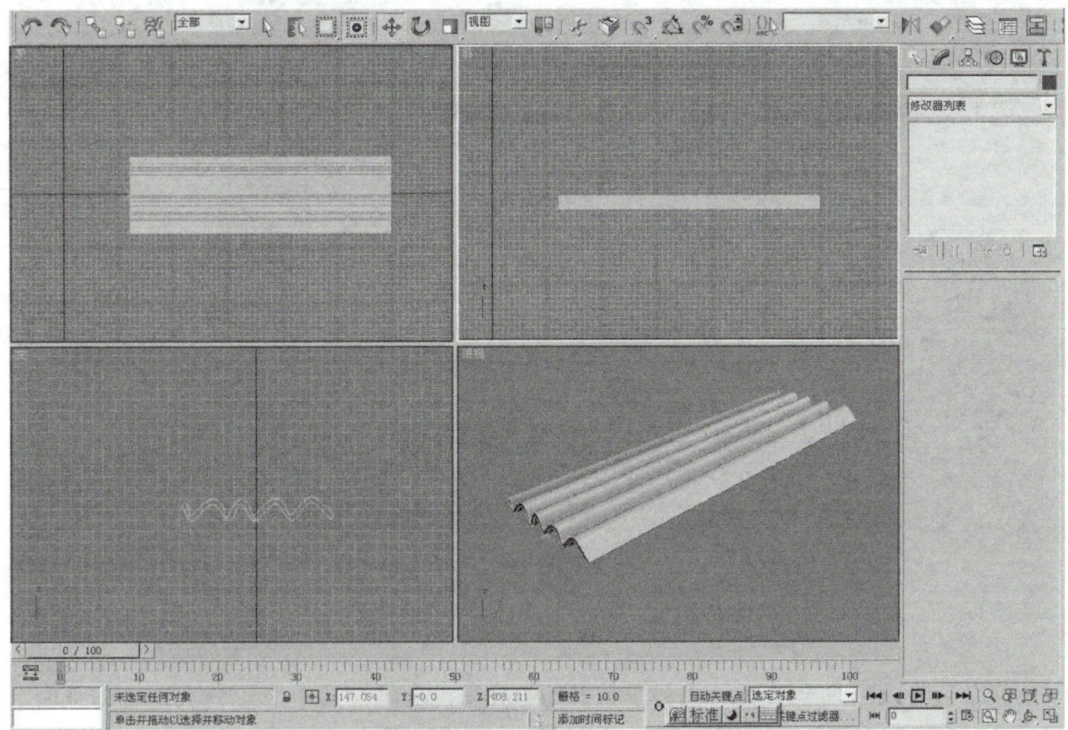

图 3-5-22

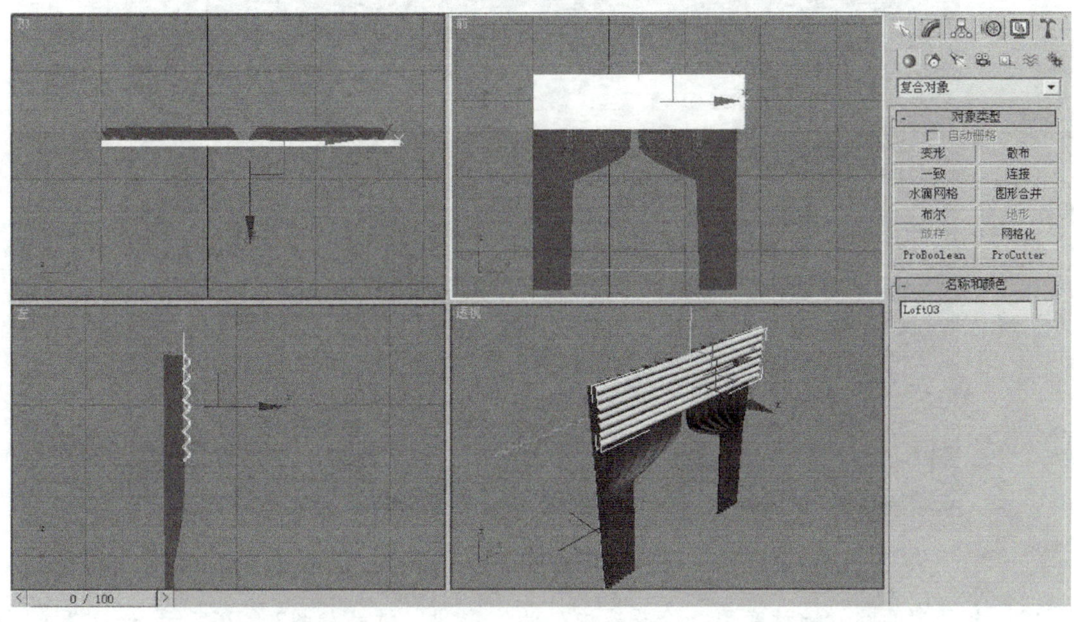

图 3-5-23

17）再次进入“缩放变形”修改器窗口，调整“窗幔”的变形曲线如图3-5-24所示。

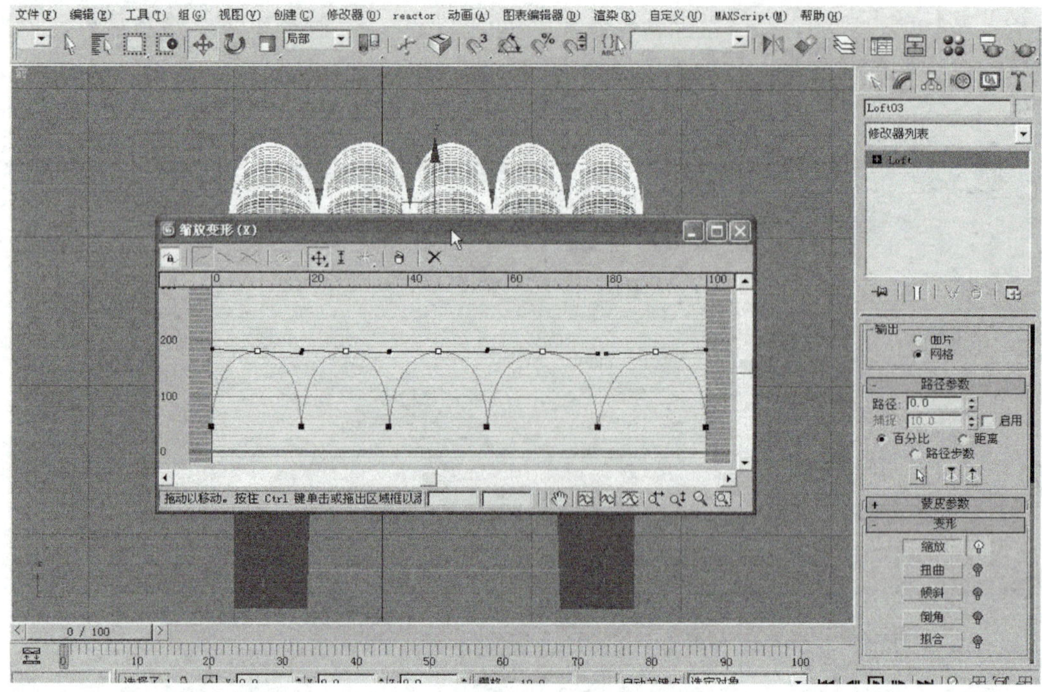

图 3-5-24

18）在“修改”命令面板的堆栈中打开Loft层级，选择“图形”子级别。选住截面后，再在“图形命令”卷展栏中选择“顶”对齐方式。结果如图3-5-25。

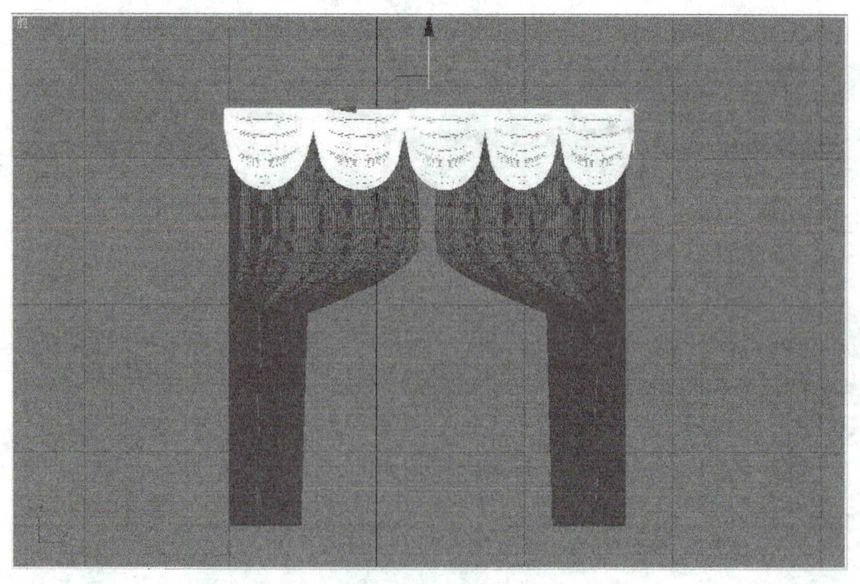

图 3-5-25

19）进一步调整“缩放变形”修改器中的曲线形状，效果如图3-5-26所示。

20）分别对“主窗”和“窗幔”做微调，使其位置合适，如图3-5-27所示。加上“窗帘盒”后，模型最终效果如图3-5-28所示。

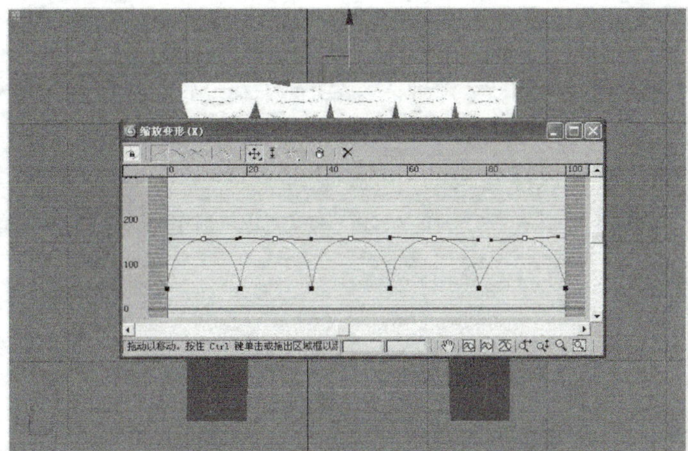

图 3-5-26

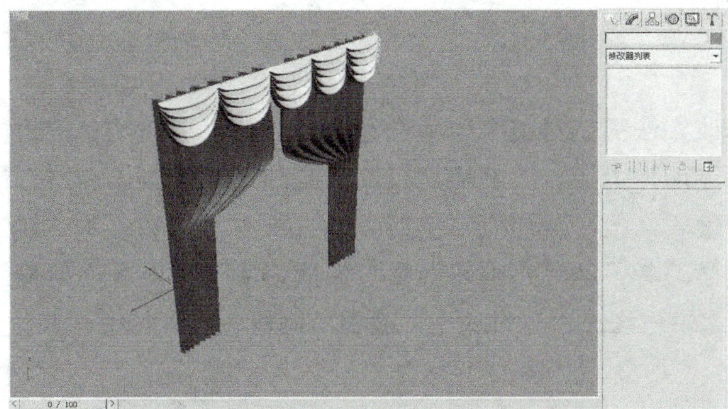

图 3-5-27

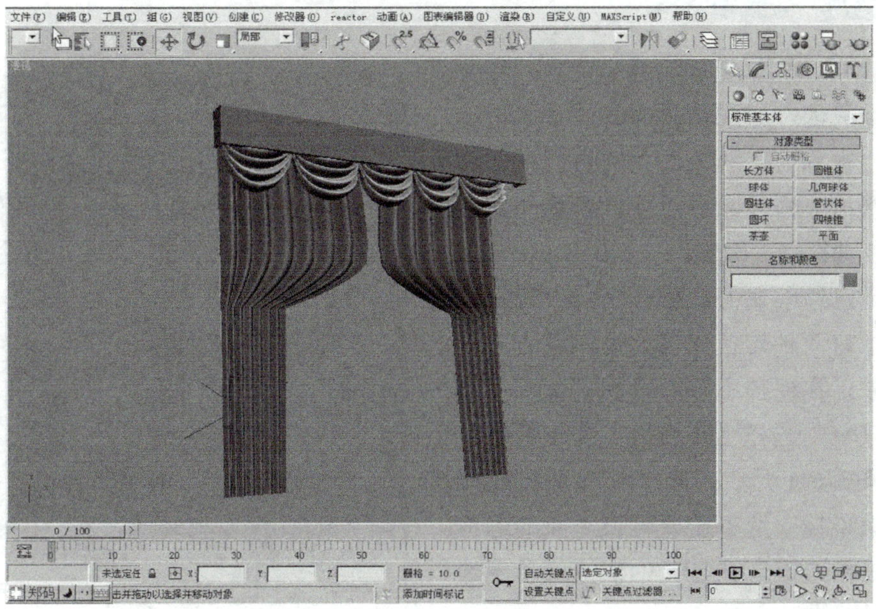

图 3-5-28

经验交流

“放样”建模是3ds Max 9中的一种强大的建模方法，本节课在整个高级建模的学习过程中占有比较重要的位置，是在学习者学习了标准几何体、扩展几何体及二维物体的创建之后，学习对不规则物体进行放样建模的方法。为了达到教学目标，在完成窗帘训练的过程中，遵循启发式教学原则，引导学习者主动获取知识，并逐步渗透知识重难点，使学习者轻松掌握知识，并达到活学活用，举一反三。

3.6 项目训练——显示器的制作

训练要点

“网格建模”方法。

训练目标

前面学过的修改方法都是对整个模型进行修改，如果要对物体的组成元素进行编辑修改，这些修改器就无能为力了。“网格建模”就是使用“可编辑网格”修改器对三维物体的点、线、面进行编辑修改，从而制作出精美的三维立体模型。本节通过基础练习与“显示器”的制作，使学习者了解“可编辑网格”修改器中“子对象”的概念。会使用参数卷展栏中的常用命令编辑与修改“子对象”，掌握“网格建模”的方法和技巧。

基础练习

3.6.1 转换为“可编辑网格”

在3ds Max 9中，基本物体是由点、线、面等元素组成的，组成物体的每个基本造型称为元素，也称为子对象，“网格建模”通过“编辑网格”修改命令，就能对物体的某个组成元素进行修改编辑。

将一个已经创建的对象转换成“编辑网格”对象，有两种转换方法。第一种方法：选中此对象，在视图中单击鼠标右键，在打开的快捷菜单中选择“转换为可编辑网格”命令，如图3-6-1所示；第二种方法：在修改命令面板堆栈中选择需要转换对象的名称后，单击鼠标右键，在打开的快捷菜单中选择“可编辑网格”命令。

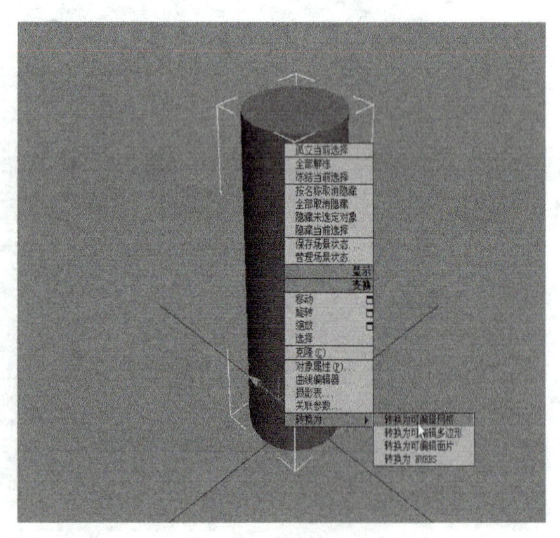

图 3-6-1

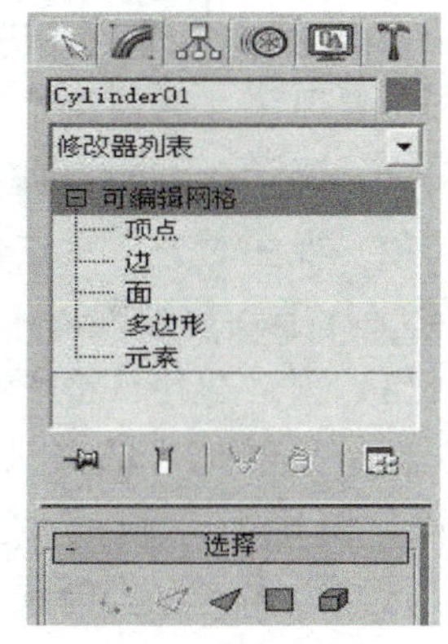

图 3-6-2

"可编辑网格"修改器主要用来将标准几何体，Bezier面片或者NURBS曲面转换成可以编辑的网格对象。转换"可编辑网格"对象后，对象不会保持它的原始属性，只能通过在修改命令堆栈中选择"可编辑网格"的子对象对此物体进行修改。该修改器可编辑的子对象有"顶点"、"边"、"面"、"多边形"及"元素"，如图3-6-2所示。

（1）顶点 以顶点为最小单位进行选择和编辑操作。

（2）边 以边为最小单位进行选择和编辑操作。

（3）面 以三角面为最小单位进行选择和编辑操作。

（4）多边形 以多边形为最小单位进行选择和编辑操作。

（5）元素 以元素为最小单位进行选择和编辑操作。

3.6.2 编辑顶点

1. 选择卷展栏

图 3-6-3

其卷展栏如图3-6-3所示。

（1）按顶点 勾选该复选框，通过选择对象表面顶点来选择其周围的子对象。

（2）忽略背面 勾选该复选框后，在选择时只能选择朝向视图方向的子对象。

（3）忽略可见边 勾选该复选框后，可忽略物体的背面，只对当前显示的前面进行选择。

（4）平面阈值 对于多边形子对象选择指定共面的参数。

（5）显示法线 勾选后可以在视图中显示出法线的方向。

（6）隐藏 隐藏选择的子物体。

（7）全部取消隐藏 重新显示隐藏的子对象。

（8）复制 将当前子对象级中命名的选择集合复制到剪切板中。

（9）粘贴 将剪贴板中复制的选择集合指定到当前次物体级别中。

2. 编辑几何体卷展栏（如图3-6-4所示）

（1）创建 单击此按钮可在视图中创建新的任意子对象。

（2）删除 删除当前选择的子对象。

（3）附加 可将其他对象与当前多边形网格对象合并而生成一个新的整体对象。

（4）分离 将当前选择的子对象从此物体中分离出去，成为一个独立的新对象。

（5）断开 把相邻连接的面分离开，并创建一个分离的顶点。

（6）切角 对顶点或边进行切角处理，通过右侧的参数框可设置其切角的大小。

（7）剪切平面 单击此按钮，可以在网格对象的中间放置一个剪切平面，同时激活其右侧的"Slice（剪切）"按钮。

（8）剪切 单击此按钮，可以将对象沿剪切平面断开。

（9）分割　勾选后在进行切片或剪切操作时，会在细分的边上创建双重的点。

（10）焊接　选项组的参数与“编辑面片”命令的参数功能相同，这里不再介绍。

（11）删除孤立点　此按钮自动地删除网格对象内部的所有孤立点，用于清理网格。

（12）视图对齐　单击此按钮后，当前选择的子物体会被放置在同一平面，而且这一平面将会平行于当前视图。

（13）删格对齐　将所选择的此物体放置在同一平面，这一平面会平行于删格平面。

（14）平面化　单击此按钮，将当前选定的任意子对象沿其选择集的X、Y轴塌陷成一个平面，但并不是进行合成，而只是同处于一个平面上。

（15）塌陷　将当前选择的点、线、面、多边形或元素删除，只留下一格顶点与四周的面连接。

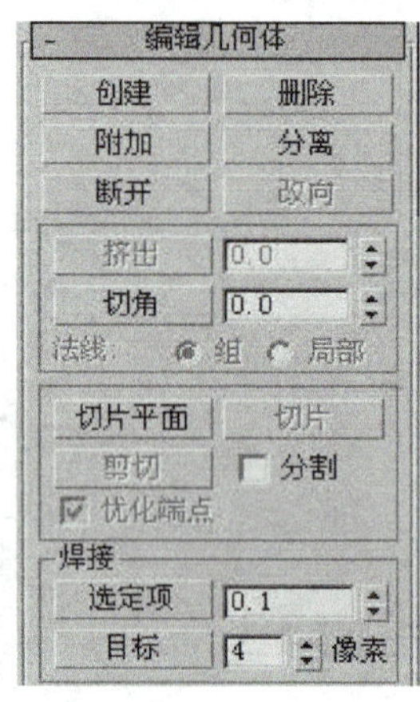

图　3-6-4

3.6.3　编辑边

1．编辑几何体卷展栏

（1）拆分　此按钮可以在边的中间增加一个新的顶点，并且把边分成相等的两个段。在“边”、“多边形”及“元素”子对象下，用“拆分”按钮代替“断开”按钮。

（2）改向　将对角面中间边换向，从而拆散多边形面为三角面，使三角面的划分改变。

（3）挤出　创建一个新的面，并且将新面挤压出厚度，使它突出或凹入表面。通过后面的数值可以精确地控制挤出的厚度。

（4）选择开放边　仅选择物体的边缘线。

（5）以边创建图形　单击此按钮，可在当前选定的“边”子对象上创建独立的新样条。

2．曲面属性卷展栏

这里详细介绍“边”子对象的“曲面属性”卷展栏参数（见图3-6-5）。

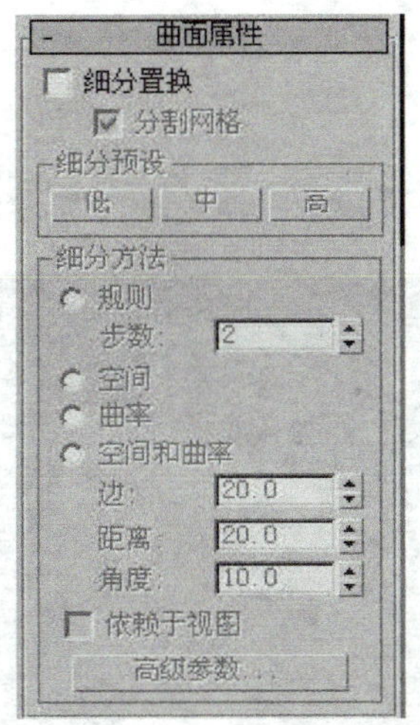

图 3-6-5

（1）可见　将当前选定的边指定为可见的边。

（2）不可见　将当前选定的边指定为隐藏边。

（3）自动边　用于设置当前选定边的显示参数限值。

（4）设置和清除边可见性　选中该选项，则根据设置的角度参数决定边可见或隐藏。

（5）设置　选中该选项，则将显示原先隐藏的边。

（6）清除　选中该选项，则将隐藏原先可见的边。

3.6.4　面/多边形/元素

（1）编辑网格　子对象中的大部分参数与“编辑面片”命令的参数功能相同，因此不再重复，仅针对一部分常用的参数进行讲解。

（2）创建　单击此按钮，可以在视图中创建新的单个的任意子对象。

（3）删除　单击此按钮，可以删除当前选择物体的任意子对象。

（4）附加　可为此物体加入新的物体使其成为一个整体。

（5）分离　将当前选择的子物体分离出去，成为一个独立的新物体。

（6）倒角　可以对物体选择的面和多边形的子对象进行倾斜处理。

（7）焊接　选项组只对顶点子对象作用。

（8）定项　设置选择顶点之间的参数并焊接。

（9）目标　按下此按钮，在视图中将当前选择的点拖动到焊接的顶点上，就会自动进行焊接处理。

（10）细化　按下此按钮，将会根据选择的细分方式对选择表面进行分裂复制处理，以产生更多的表面用于光滑需要。

（11）边　以当前所选择的面的边为依据进行细分复制。

（12）面中心　以选择面的中心为依据进行分裂复制。

（13）炸开　按下此按钮，可以将当前选择的面分离，形成独立的物体。

项目实训

显示器制作实训步骤

利用前面讲到的编辑网格的知识制作一个电脑显示器，效果如图3-6-6所示。

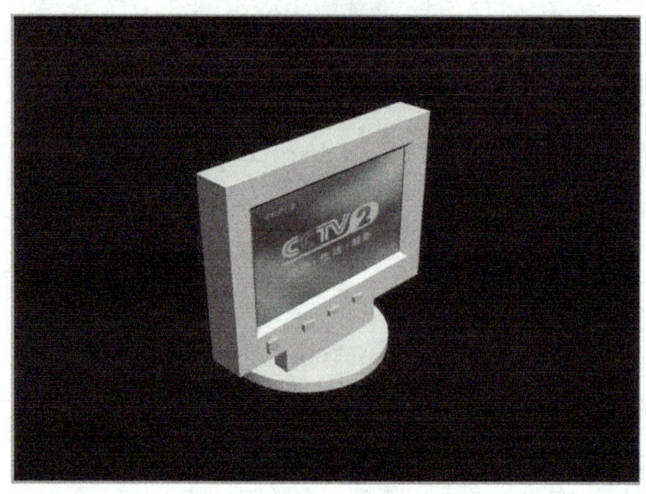

图 3-6-6

1）激活“前视图”，单击“创建”命令面板下的“几何体”按钮，选择“长方体”按钮 长方体 。

创建一个长为30，宽为40，高为6的长方体。在参数栏中设置长度、宽度、高度分段数值为3、3、3，效果如图3-6-7所示。

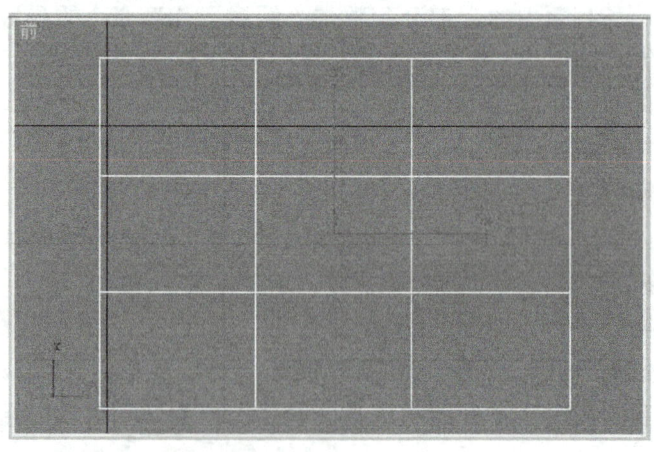

图 3-6-7

2）选择创建的长方体模型，切换到“修改”面板，在编辑修改器下拉列表中选择“编辑网络”修改器命令。在其堆栈中打开“编辑网络”层级，然后选择“顶点”级别进入网格对象的顶点编辑模式，利用移动工具对模型的顶点进行调节，效果如图3-6-8所示。

图3-6-8 调整点

3）在堆栈中选择“多边形”级别进入网格对象的多边形编辑模式，效果如图3-6-9所示。

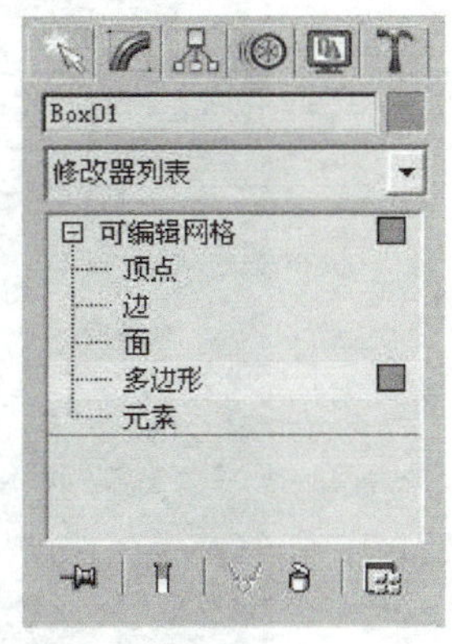

图 3-6-9

4）选择中间的矩形面，在“编辑几何体”卷展栏中对模型进行“挤出”和“切角”的修改，修改值都为-1，效果如图3-6-10所示。

5）再次单击“创建”命令面板下的“几何体”按钮，选择“长方体”按钮，在前视图中创建一个正方体作为屏幕的主开关，效果如图3-6-11所示。

6）在右边复制一个正方体，使用主工具栏中的“选择并缩放”命令，对Y轴进行缩放，将其压扁成为按钮形状，效果如图3-6-12所示。然后把缩放过的按钮再向右复制2个，作为调节按钮，效果如图3-6-13所示。

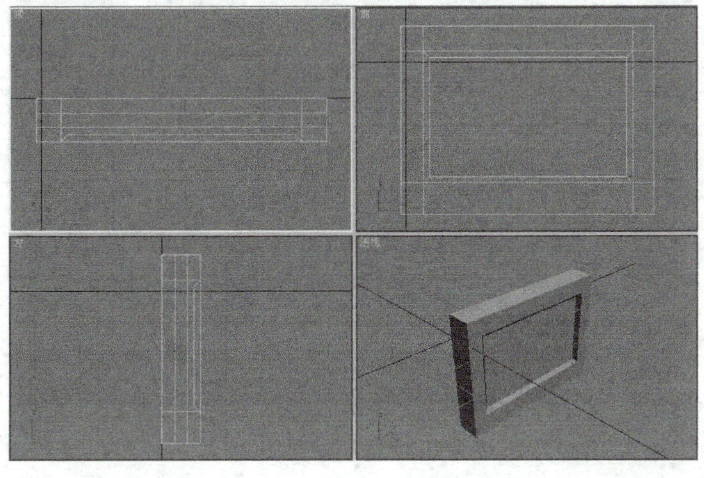

图 3-6-10

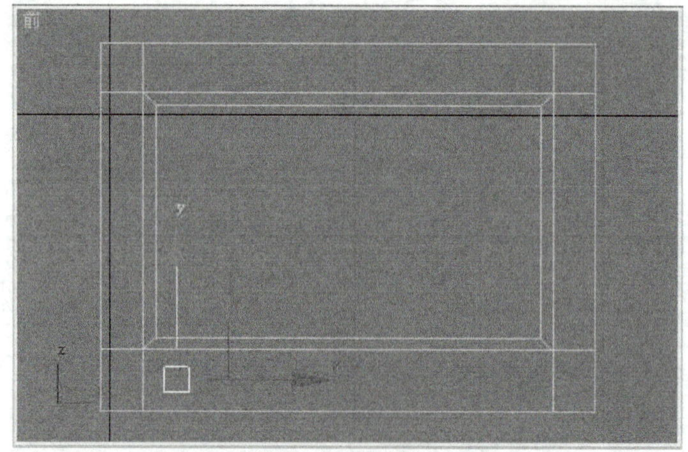

图 3-6-11

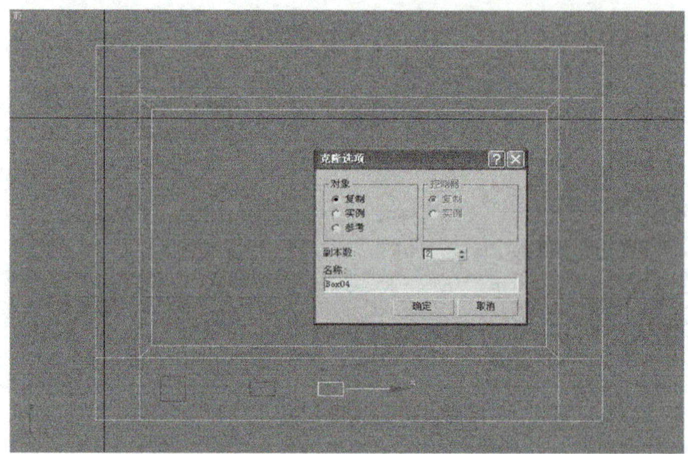

图 3-6-12

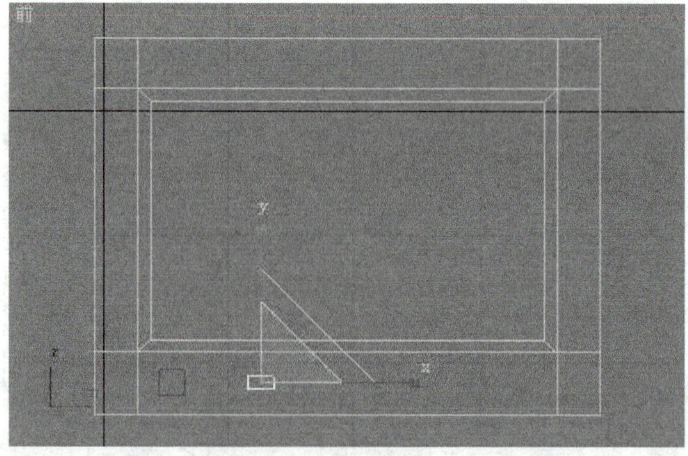

图 3-6-13

7）激活前视图，单击“创建”命令面板下的“几何体”按钮，创建一个长为6，宽为

20，高为3的长方体，位置移动如图3-6-14所示。

图 3-6-14

8）激活顶视图，再次单击“创建”命令面板下的“几何体”按钮，创建一个半径为14、高度为2、高度分段为5、端面分段为1、边数为18的圆柱体。然后在修改面板中勾选“切片启用”，切片从：360，切片到：180，如图3-6-15所示。

9）先在视图中选中圆柱体，再在主工具栏中单击“对齐”按钮，然后回到视图中选中长方体，在打开的对话框中设置如图3-6-16所示，将两个对象对齐。到此，显示器就制作完成了。模型效果如图3-6-17所示。将模型赋予材质后，渲染效果如图3-6-18所示（材质部分将在后面章节中详细介绍）。

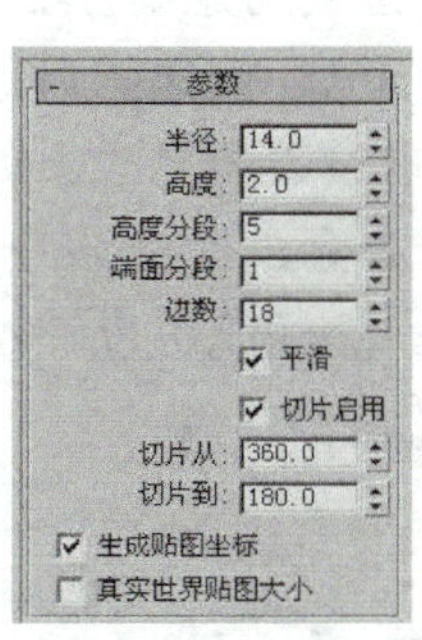

图 3-6-15

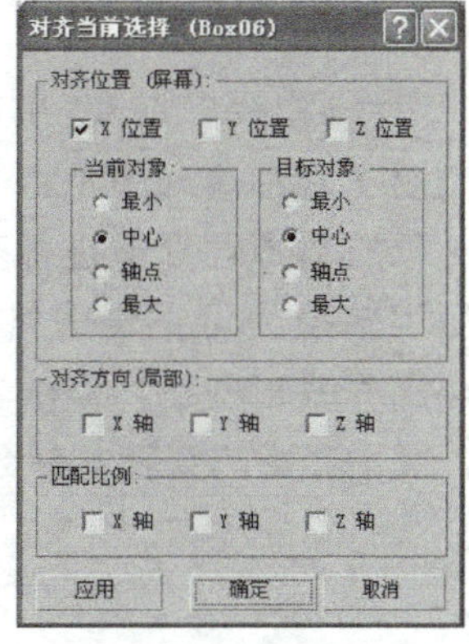

图 3-6-16

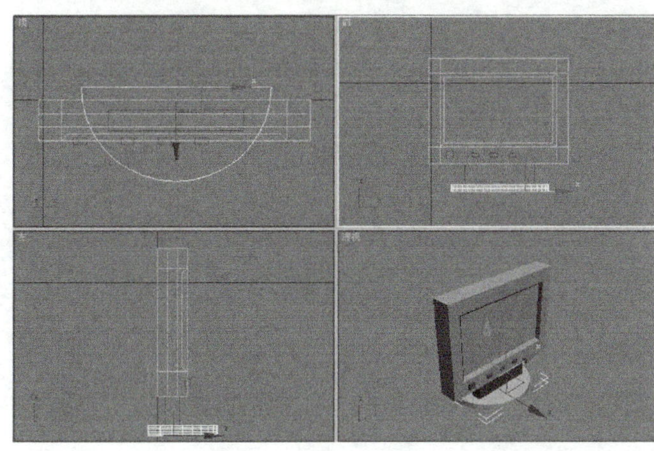

图 3-6-17

图3-6-18 最终效果

经验交流

“网格建模”是人们广为接受的建模方法，可以用此方法创建出千变万化的三维造型，但需要学习者注意的是将一个已经创建的对象转换成“编辑网格”对象后，就不能返回到此对象的基本设置中进行基本参数的更改。如果想要保存对象的基本参数的层级，就不能使用“转换为可编辑网格”命令，而应该在修改器下拉列表中选择“编辑网格”，为对象添加“编辑网格”修改器。这样既可以通过点、线、面等元素的形式对物体进行编辑修改，又不会影响其基本参数的层级。

第4章 3ds Max 9材质贴图篇

4.1 项目训练——多变材质

训练要点

“材质编辑器”简介，基本参数设置方法，扩展参数设置方法，“材质/贴图”浏览器简介。

训练目标

在3ds Max 9中材质与贴图的创建和编辑都是通过材质编辑器来完成的，只有熟练掌握材质编辑器的使用方法，才能随心所欲地去创建和编辑材质并且通过最后的渲染，使物体表面显示出不同质地、色彩的纹理。因此说，材质与贴图是模型的灵魂。在本节通过“多变材质”训练，将详细介绍“材质编辑器”的用途，以及如何设置与操作。

基础练习

现实世界中，每一种物体都具有它独特的表面特性，如颜色、纹理、不透明度等，而不是像前几章的例子那样仅仅赋予其某种颜色。要在3ds Max中逼真表现实物的各种物理特性，就要用到材质和贴图。材质就是一些指定给物体表面的显示参数，使物体在渲染时显示出不同的外部特征。指定到材质上的图像被称为贴图。贴图的主要作用是模拟物体表面的纹理和凹凸效果。在3ds Max 9中可以对材质的多种通道指定贴图，这样就可以利用贴图来影响物体的不透明度、反射、折射以及自发光等特性。

贴图和材质并不相同，材质主要反映的是物体表面的颜色、反光强度和透明度等基本属性，而贴图则反映了物体表面丰富多彩的纹理效果，但是材质和贴图又是密不可分的，每一种贴图都是基于特定的材质的，所以从更大意义上来说，贴图是附属于材质的，因此往往把包含贴图的材质称为贴图材质。

材质与贴图的编辑工作需要在“材质编辑器”和“材质\贴图浏览器”中完成。“材质编辑器”是3ds Max 9中功能强大的模块，可以创建、调整和指定材质。“材质\贴图”浏览器提供了材质和贴图的浏览功能，在“材质\贴图浏览器”中除了可以显示和选择材质贴图外，还可以保存和提取材质库文件。

4.1.1 材质编辑器简介

如图4-1-1所示为打开的“材质编辑器”，它由菜单栏、材质样本窗、工具栏和参数卷展栏四部分组成。其中，菜单栏、材质样本窗和工具栏是固定不变的。下面的材质参数卷展栏部分是可变的，选择不同的材质，卷展栏也随之发生变化。

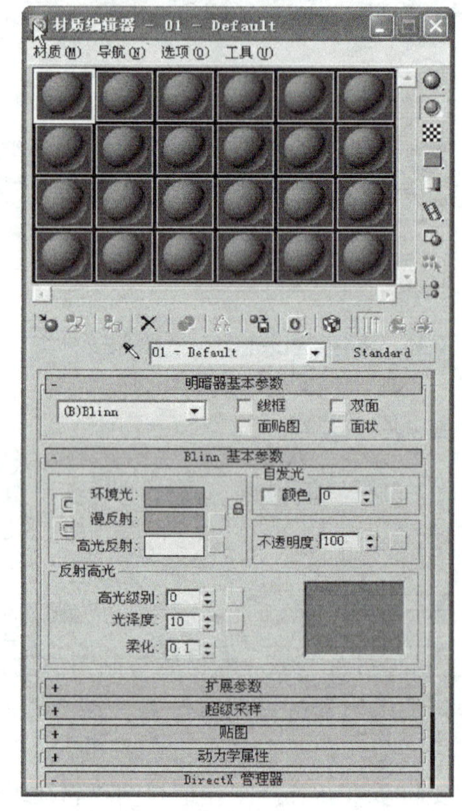

图 4-1-1

说明

在3ds Max 9中打开材质编辑器，可以使用以下三中方法：

1）在主工具栏中单击“材质编辑器”按钮。

2）单击“渲染”菜单→“材质编辑器”命令。

3）直接在键盘上按〈M〉键。

1. 材质样本窗

材质样本窗中的球体叫材质样本球，材质样本窗中可以放大材质样本球，调整材质样本窗布局，查看材质样本球使用状态以及进行材质的选择与命名等操作。

（1）材质本样球的功能　在默认状态下材质样本窗中显示了6个材质样本球，每一个材质样本球表示一种材质。其作用是显示材质调整后的结果，每当参数发生改变，修改后的效果就会立刻反映到材质样本球上。根据材质样本球的显示就可以了解当前材质的效果。学习者可以通过设置下面参数卷展栏中的参数来调节材质的属性，调整出满意的效果后，直接使用鼠标把材质拽到一个物体上，即给该物体指定了材质。当然也可以先把材质指定给物体，再对它进行编辑，可以把材质样本窗比作一个调色板，而材质样本球就是调出的一种材质色彩。

（2）材质样本球的使用状态　没有被激活的示例球周围以黑色边框显示，单击一个示例球，就可以将其激活。

激活的示例球周围会以白色边框显示，如图4-1-2中的材质1就处于激活状态。

已经赋予模型示例球的四角有三角形标志，如图4-1-3所示。

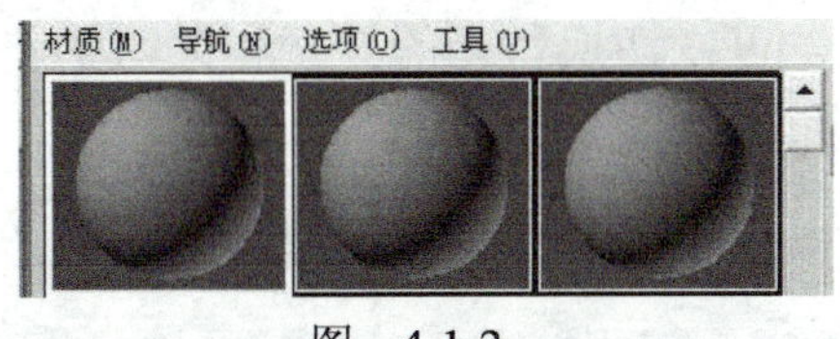

图 4-1-2

图 4-1-3

实际上材质样本窗中显示了24个材质样本球，学习者可以拖动样本窗中右侧和下方的滚动条来显示其他样本球。此外，还可以在材质样本窗中显示更多的样本球，方法为在任意一个示例球的上方右击鼠标，会弹出一个快捷菜单，如图4-1-4所示。通过菜单中提供的命令可以控制示例球的显示情况。例如在图4-1-4所示的快捷菜单中选择“5×3示例窗”选项，即可按5×3的方式显示15个样本球，如图4-1-5所示。当然，还可以选择“6×4示例窗”选项，即显示24个材质样本球，如上图4-1-1所示。

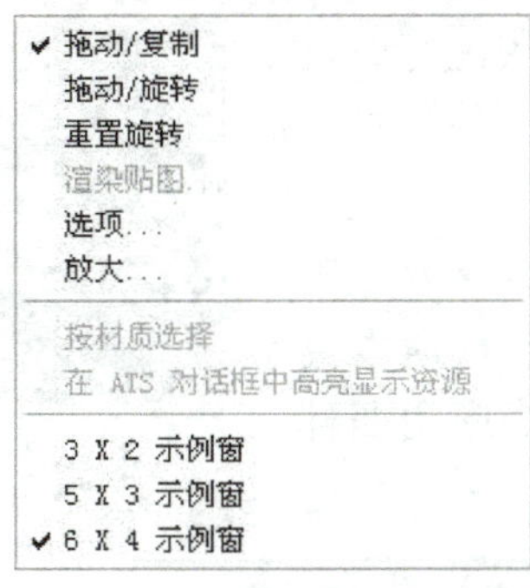

图 4-1-4

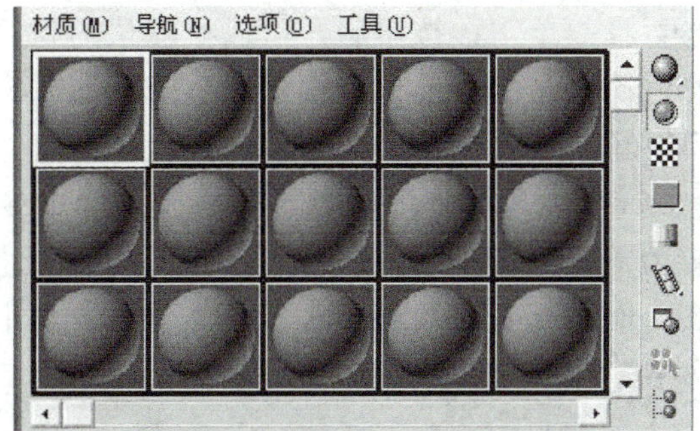

图 4-1-5

为了更好地观察材质的细节，学习者也可以直接在材质样本球上双击鼠标左键，此时将弹出一个如图4-1-6所示的浮动对话框，在其中显示了一个放大的材质样本球，打开放大的材质样本球对话框，使用鼠标拖拽对话框的边角即可调整该对话框的大小。默认情况下，对话框左上角的“自动”复选框处于选中状态，表示对材质进行编辑的时候，对话框的材质样本球将自动更新显示。如果取消选择“自动”复选框，则需要单击“更新”按钮，来手动更新材质样本球的显示。

图 4-1-6

（3）材质名称　选中一个材质样本球后，在材质样本窗下的下拉列表框中会显示该材质的默认名称。学习者也可以在该下拉列表框中输入新的名称来命名该材质，当场景中物体和材质较多时，最好给每一种材质都起一个容易辨别的名称，否则很容易发生混淆。

2．工具栏按钮

工具栏按钮（见图4-1-1）由示例窗右侧的垂直工具栏和下方的水平工具栏两部分组成。垂直工具栏中的按钮主要用于控制材质显示的属性，水平工具栏中的按钮用于对材质进行编辑操作。

（1）垂直工具栏　采样类型：在默认状态下，材质样本显示为球形，通过该按钮可以将当前激活的材质样本改为圆柱体或正方体的形状，不同的显示方式可以帮助用户预测材质的效果。如图4-1-7所示，即为不用材质样本使用同样的“棋盘格”贴图后显示的效果。

背光：用于控制是否打开背光，单击该按钮，可以切换背光的打开和关闭状态，如图4-1-8所示，为打开和关闭背光时材质样本球的效果。

图 4-1-7

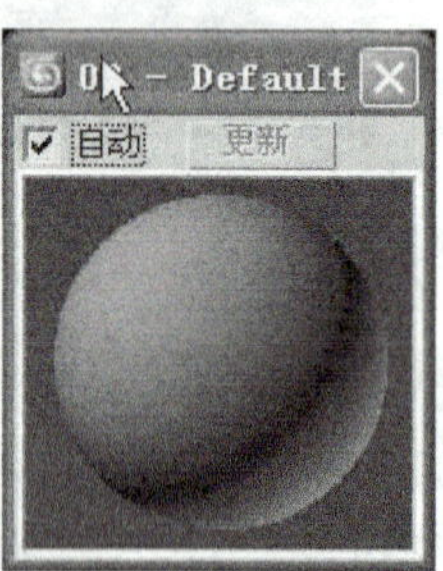

图 4-1-8

背景：单击该按钮后，可以把默认的材质样本球后的灰色背景显示为彩色的棋盘格背景。在编辑透明或半透明材质时，使用这种背景可以获得很好的观察效果，如图4-1-9所示。

图 4-1-9

采样UV平铺：用于设置材质样本球上显示的贴图的重复数，可以设置为四种重复效果。单击此按钮，可以不改变材质本身的贴图，而直接在材质样本上预览效果。如图4-1-10所示，是应用四种“棋盘格”贴图方式得到的材质样本显示效果。

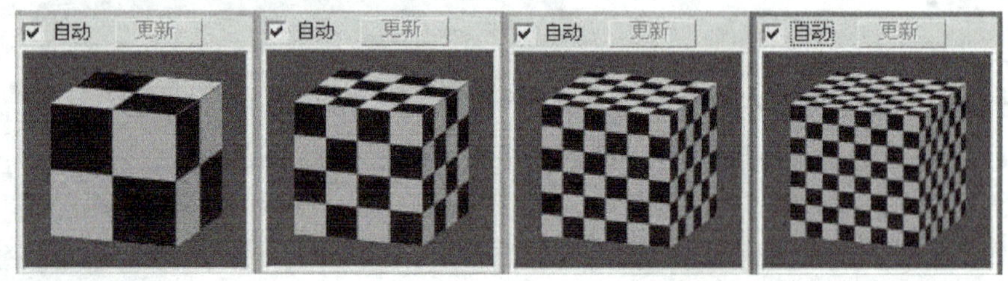

图 4-1-10

视频颜色检查：检查NTSC和PAL制式下的材质色彩是否超过视频界限。

生成预览：单击该按钮后打开一个对话框，用于设置动画材质的实时预览属性。

选项：单击该按钮，可以打开“材质编辑器选项”对话框，如图4-1-11所示。在该对话框中，可以选择材质编辑器的各种属性。

按材质选择：单击该按钮会弹出“选择对象”对话框，在对话框中可以根据当前激活的材质，将场景中具有相同材质的物体选择出来，如图4-1-12所示。

材质/贴图导航器：单击该按钮会弹出“材质导航器”对话框，在对话框中会以层级树的形式来显示材质的总体情况。

（2）水平工具栏　获取材质：单击该按钮可以打开“材质/贴图浏览器”窗口，学习者可以在其中选择各种不同的材质和贴图。

将材质放入场景：将同名的材质重新应用到场景中。

将材质指定给选定对象：将材质赋予当前场景中所有选择的对象。

重置贴图/材质为默认设置：单击该按钮后可以将当前材质的参数全部恢复为默认值。

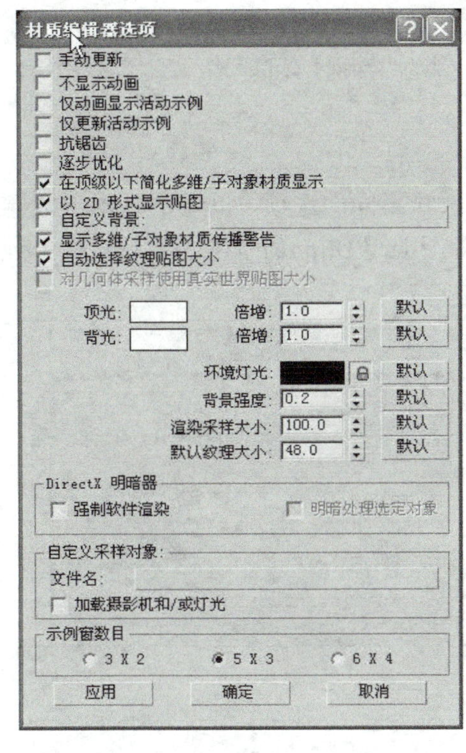

图 4-1-11

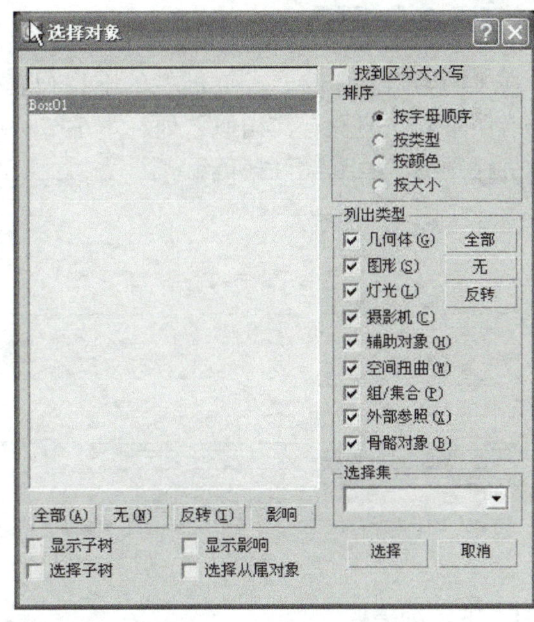

图 4-1-12

复制材质按钮：单击该按钮会把同步材质赋值为参数相同的非同步材质。

使唯一：可以将使用实例方式复制的子材质转换成独立的材质。

放入库：把当前激活材质保存到材质库中。使用这种方法可以把创建得比较满意的材质存储起来，以后直接调出使用即可，不用重复创建。

材质ID通道：可以为材质指定特效通道（特效通道用于后期效果处理）。

在视口中显示贴图：单击该按钮，可以在场景中显示物体的贴图效果，便于实时调节效果。

显示最终结果：按下该按钮后，将显示材质的最终效果。否则将只显示当前层级的效果。

转到父级：转到当前层级的上一级。

转到下一个同级项：单击该按钮可以在当前层级内快速跳到下一个同级贴图或材质上。

从对象拾取材质：可以把对象的材质拾取到当前激活的材质样本球上。

08 - Default 材质或贴图名称下拉列表框：该下拉列表框显示了激活材质或贴图的名称，也可以通过该下拉列表框对材质或贴图命名。

Standard Standard：单击该按钮将会弹出材质/贴图浏览器，从中选择不同的材质类型。

3．参数卷展栏

参数卷展栏是编辑材质时经常访问的区域，各种材质的效果，都是通过在参数卷展栏中进行参数设置而获得的。每种材质都包含了大量的参数，而各种材质的参数也不尽相同，所以参数卷展栏的使用方法往往会使一些初学者望而生畏。不过，如果弄清楚了各个参数卷展栏的层次关系以及切换方法和基本参数的意义，那么编辑材质的工作就会事半功倍。

4.1.2 基本参数设置

在“明暗器基本参数”卷展栏的下拉列表框中选择不同的选项，其下的基本参数卷展栏会有所不同，但也有其相似之处。本小节这里以默认选项Blinn的基本参数卷展栏为例，对其进行介绍，如图4-1-13所示。

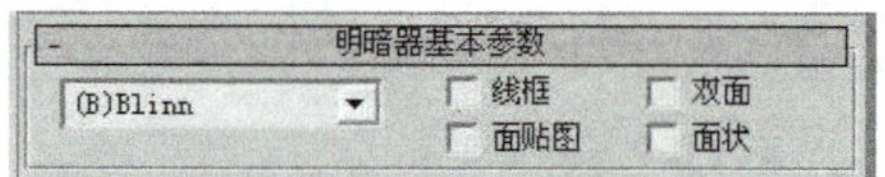

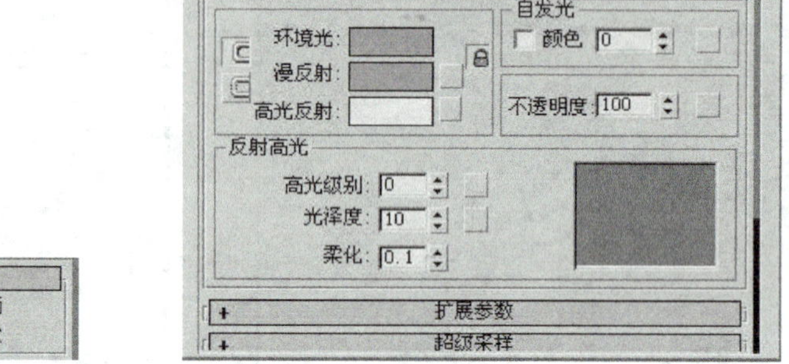

图 4-1-13

1．下拉列表框

下拉列表框中可以设置材质的反光方式，如图4-1-14所示，其中各选项的作用及产生的效果如下。

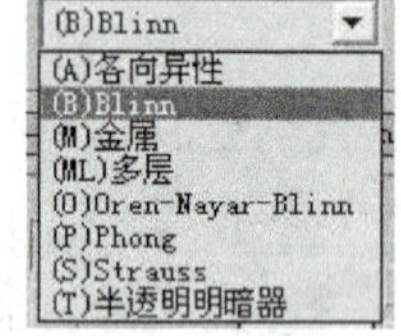

图 4-1-14

（1）各向异性　是一种非均匀方式，以高光形状模拟真实物体的高光变化。

（2）Blinn　一种最基本的反光计算方式，它适用于80%以上的光滑物体。

（3）金属　用来模拟金属材质的类型。

（4）多层　用来模拟的物体有几个反光层（如有塑料膜的纸张）。

（5）Oren-Nayar-Blinn　这是一种融合效果的计算方式，是Blinn的一个变种。

（6）Phong　非常基础的光滑方式，依照光线入射角来调整物体表面的光影变化。

（7）Strauss　一种金属效果的计算方式。

（8）半透明明暗器　可以模拟半透明透光效果。

2．材质处理方式

（1）线框　材质将以线框的形式出现。

（2）双面　给物体的正反两面都赋予材质。

（3）面贴图　忽略物体自身的贴图坐标，以物体的每一个面作为区域进行贴图。

（4）面状　排除物体表面的自动光滑因素，表现出面片构成的结构。

3．材质的颜色

标准材质基本上使用三种颜色来构成对象的表面颜色，分别如下。

（1）环境光　指材质在阴影部分反射出来的颜色，它是环境光比直射光强时对象反射的颜色。

（2）漫反射　对象的固有色，它对物体外表的颜色影响最大，可作为物体的基本颜色。

（3）高光反射　指高光点反射的颜色。高光颜色看起来比较亮，而且高光区的形状和尺寸可以控制，可根据不同质地的对象来确定高光区范围的大小以及形状。利用“反射高光”选项区，可调整高光的强度、光照范围和柔和度。

4．自发光、透明度和高光特性

（1）自发光　在该选项区中，学习者可设置物体的发光程度，也可以设置自发光的颜色。

（2）不透明度　通过调整该数值框中的数值，可调整材质的不透明度。值越小，材质的透明度越高。如图4-1-15所示是在其他参数相同的情况下，将“不透明度”数值分别设为100及40时的效果。

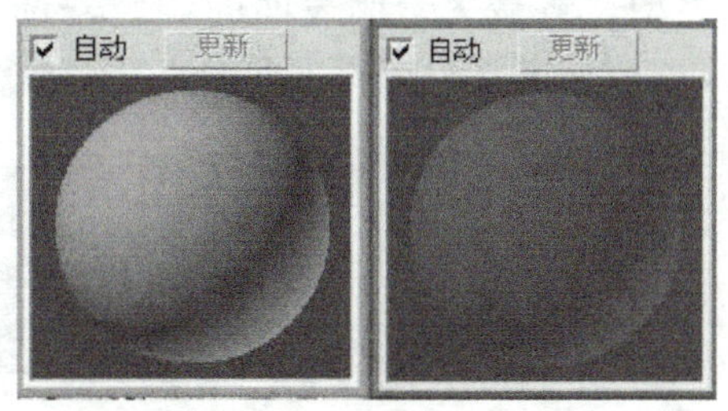

图　4-1-15

5．反射高光

（1）高光级别　在该数值框中可以设置高光强度。数值越大，高光点越亮。如图4-1-16所示是在其他参数相同的情况下将“高光级别”的数值分别设为10和50的效果。

（2）光泽度　在该数值框中可设置光照范围，该数值越小，光照范围越大。如图4-1-17所示是在其他参数相同的情况下将“光泽度”的数值分别设为15和55的效果。

（3）柔化　在该数值框中可设置光照的柔和度，该数值越大，阴影部分的光照越弱。如图4-1-18所示是在其他参数相同的情况下将“柔化”的数值分别设为1.0和0.1的效果。

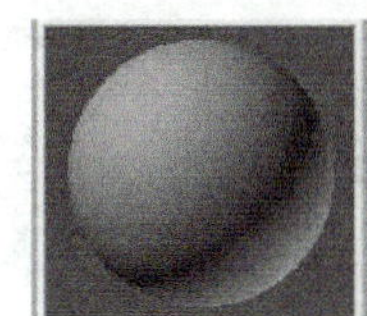
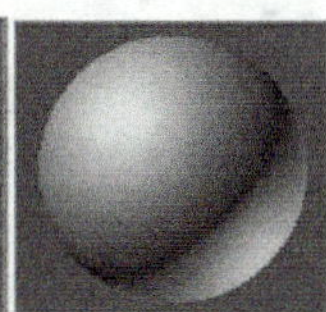

图　4-1-16

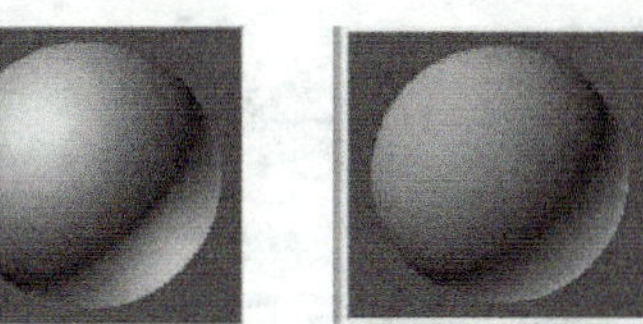

图　4-1-17

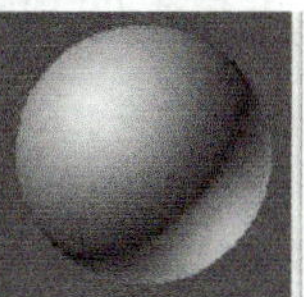

图　4-1-18

4.1.3　扩展参数设置

通过基本参数卷展栏可以设置各种明暗模式材质的基本属性，此外还可以在“扩展参数”卷展栏中进一步定义和调整材质属性如图4-1-19所示，不同明暗模式的标准材质的扩展参数是相同的。

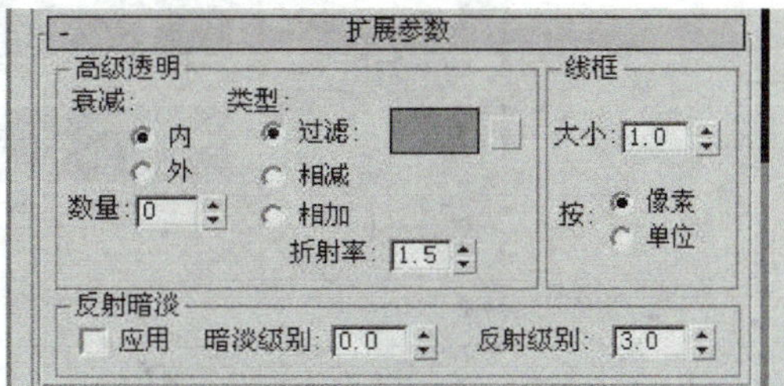

图　4-1-19

1．高级透明选项区

“高级透明”选项区用于设置透明材质的衰减效果，其中各选项的含义如下。

（1）衰减　该选项用于设置衰减方式。选中“内”单选按钮，表示向内衰减，即由边缘向中心增加材质的透明程度，这可以用来产生玻璃瓶等透明效果。选中“外”单选按钮，表示向外衰减，即由中心向边缘增加材质的透明程度，可用来模拟云雾等透明效果。

（2）数量　该数值框用于设置衰减程度的大小。如图4-1-20所示为设置不同的衰减方式和衰减程度时得到的材质效果，左数第一个材质样本球的衰减程度为0，后面两个材质样本球设置衰减程度为70（分别为向内衰减和向外衰减）。

（3）类型　该选项用于设置透明的类型，包括“过滤”、“相减”和“相加”三种类型。系统默认的是“过滤”类型，选择这种类型可以设置透明的过滤颜色。选择“相减”类型，将减去透明表面的颜色。选择“相加”类型，将增加透明表面后面的颜色。如图4-1-21所示是材质样本球的衰减程度为65时，选择不同的透明类型得到的效果。

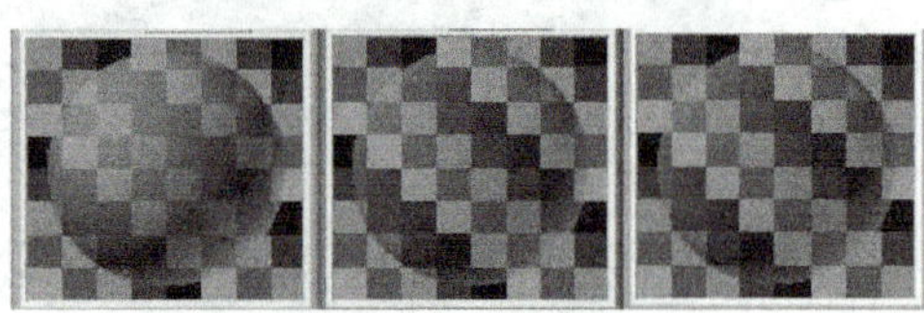

图　4-1-20

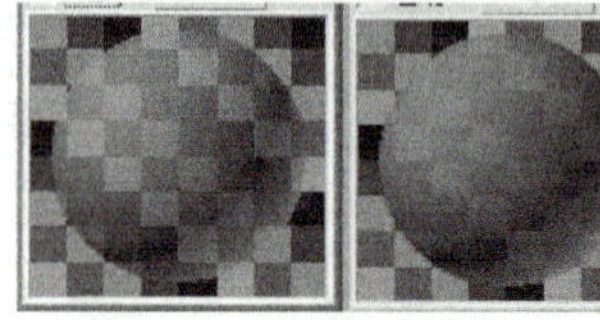
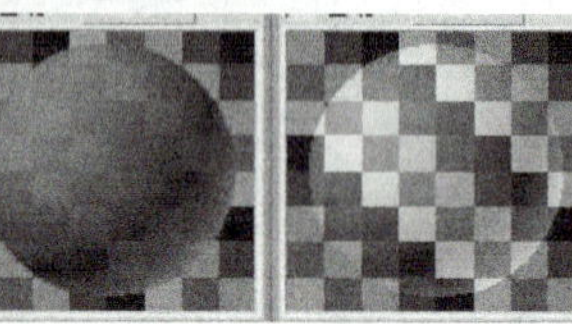

图　4-1-21

（4）折射率　该数值框用于设置折射贴图材质或反射材质的折射率，可以控制材质对光线折射的程度。

4.1.4　材质/贴图浏览器

在“材质/贴图浏览器”中，不但可以浏览和选择各种类型的材质贴图，还可以保存和提取材质库文件，如图4-1-22所示。在材质/贴图浏览器中双击一个类型的材质或贴图，就可以将它添加到材质编辑器中被激活的示例球上。

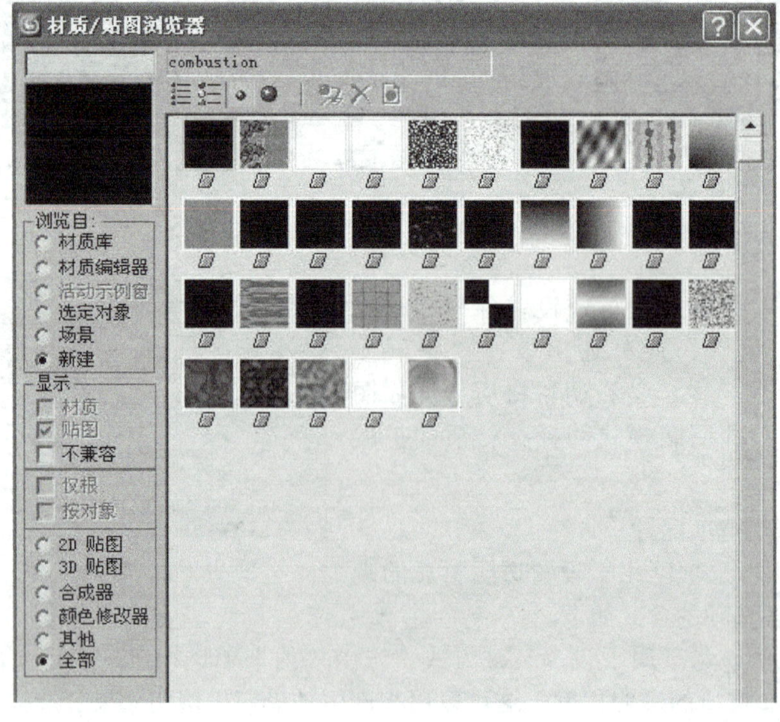

图　4-1-22

1）查看列表：以文字方式显示材质的贴图名称。

2）查看列表和图标：以小图标加上文字名称的方式进行显示。

3）查看小图标：以小图标的方式显示材质的贴图。

4）查看大图标：以大图标的方式显示材质的贴图。

5）材质库：显示当前材质库中的所有材质和贴图，选择该项后可以单击下方的“打开”按扭，打开其他的材质库文件。

6）材质编辑器：显示当前材质编辑器中的全部24个示例球。

7）活动示例窗：以层级树的形式来显示被激活示例球的层级情况。

8）选定对象：显示场景中被选中物体材质的材质情况。

9）场景：显示场景中全部材质的情况。

10）新建：显示全部可以应用的材质和贴图类型，用于创建新的材质或赋予新的贴图。

11）材质：在“材质\贴图浏览器”的列表中显示材质。

12）贴图：在“材质\贴图浏览器”的列表中显示贴图。

13）仅限：勾选此复选框，在列表中仅显示材质的根级材质，而不显示次级材质。

14）按对象：勾选此复选框，会在列表中显示被赋予材质物体的名称。

3ds Max 9提供了17种材质类型，分别为DirectX Shader材质、Ink'n Paint材质、Lightscape材质、变形器材质、标准材质、虫漆材质、顶\底材质、多维子/对象材质、高级光照覆盖材质、光线跟踪材质、合成材质、混合材质、建筑材质、壳材质、双面材质、外部参照材质、无光/投影材质。几种常用的材质类型将在后面的章节开始讲解并配以实例制作。

经验交流

通过上面的实训，相信学习者已经对“材质编辑器”有了比较详细的了解，并且已经会使用基本参数设置方法制作较为简单的材质。由于本节的知识系统比较丰富，理论容量较大，所以需要学习者重点掌握的知识点还会在今后的操作中逐步渗透和加强训练，例如：材质样本窗、工具栏按钮和扩展参数卷展栏的使用方法等。

4.2 项目训练——虚拟风景

训练要点

贴图通道简介，“漫反射颜色”贴图通道，“凹凸”贴图通道，“反射”贴图通道，“折射”贴图通道。

训练目标

3ds Max 9在标准材质的贴图区提供了12种贴图通道，每一种通道都有它独特之处，能否塑造真实材质，在很大程度上取决于是否能够综合运用贴图通道与各式各样的贴图类型。本节主要介绍了“漫反射颜色、凹凸、反射、折射”等几种常用的贴图通道，通过“虚拟风景”项目训练，使学习者了解贴图通道的作用，掌握其操作方法，会使用贴图通道制作带有各种贴图效果的贴图材质。

基础练习

4.2.1 贴图通道简介

在基本参数卷展栏中的“漫反射”参数类型旁边有一个正方形按钮，通过单击该按钮，可以进入到“漫反射颜色”贴图通道设置面板中，对要使用的贴图进行格式设置。使用过贴图设置的按钮，显示为M。这是最方便的贴图设置方式，但只能对“漫反射颜色”贴图通道进行设置。若对所有的贴图类型进行设置，必须进入“贴图”卷展栏中进行。

如图4-2-1所示是“材质编辑器”的“贴图”卷展栏。单击贴图通道旁边的“None”长按钮 None ，可以打开“材质/贴图浏览器”，如图4-2-2所示。在该对话框中选择合适的贴图类型并通过相应的设置，即可将贴图应用于各个贴图通道。此外，在每个贴图通道前面还有一个启用或者禁用贴图的复选框及数量数值框，以方便用户决定是否使用贴图及设置作用的程度。

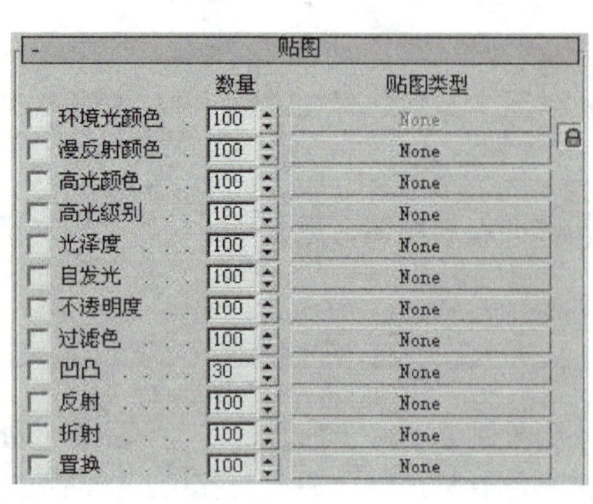

图 4-2-1

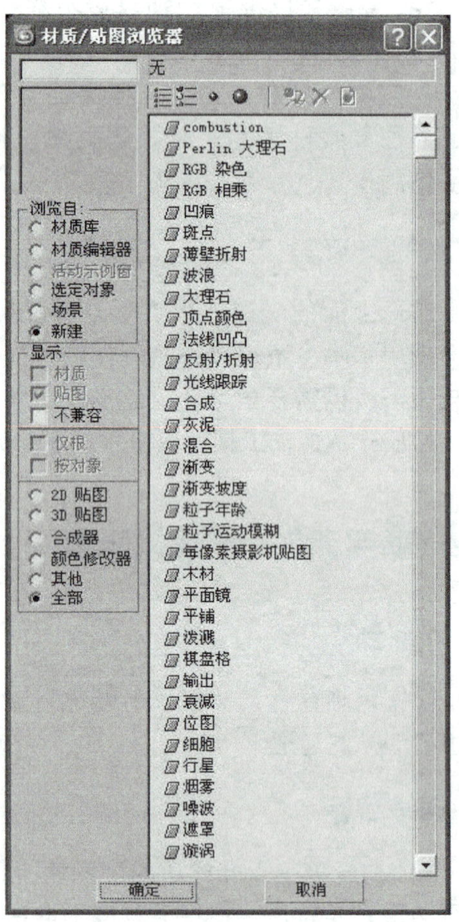

图 4-2-2

4.2.2 “漫反射颜色”贴图通道

“漫反射颜色”是贴图通道中最常用的贴图通道之一。它决定了对象表面的颜色及其纹理，也就相当于给对象穿上了衣服。设定“漫反射颜色”贴图通道可在“贴图”卷展栏中单击“None”按钮设定，也可以单击“基本参数”卷展栏中“漫反射”参数后面的按钮来进行设定。举例介绍如下。

1）启动3ds Max 9，打开项目素材库中的模型文件4-2-1m.max椅子模型文件，如图4-2-3所示。

图 4-2-3

2）单击主工具栏中的按钮 或单击快捷键<M>，打开材质编辑器。选择任意一个样本球，展开“贴图”卷展栏，单击“漫反射颜色”贴图通道中的“None”按钮，在弹出的“材质/贴图浏览器”中双击“位图”选项，弹出“选择位图图像文件”对话框，如图4-2-4所示。

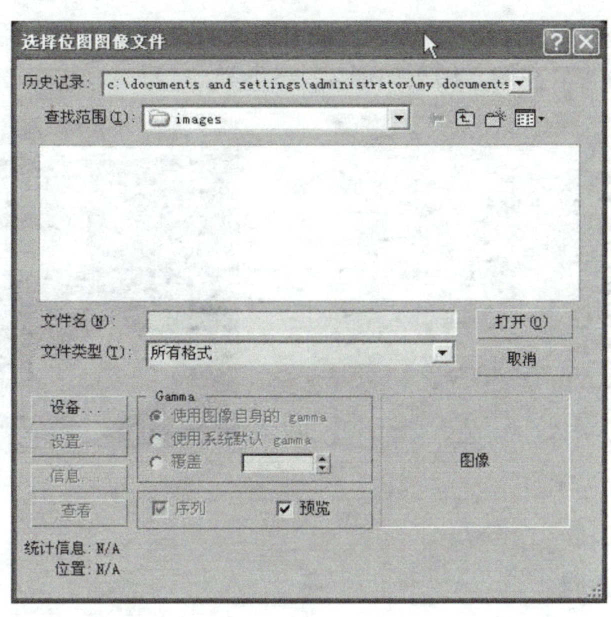

图 4-2-4

3）在该对话框中选择打开项目素材库（本书项目素材库请到www. cmpedu. com免费注册后登录下载，或联系责任编辑索取010-88379194）中的素材4-2-1s.jpg文件。为创建的模型设置“漫反射颜色”贴图。在视图中选择椅子的坐垫和靠背部分，单击水平工具栏中的“将材质指定给选定对象”按钮，渲染“透视”图得到一个有材质的椅子模型，如图4-2-5所示。单击“文件”→“保存”命令，将场景保存命名为“漫反射颜色贴图”效果文件。

图 4-2-5

4.2.3 “凹凸”贴图通道

“凹凸”贴图通道可以使对象产生凸起效果。常用于模拟非平滑表面，如岩石、硬币等对象。举例介绍如下。

1）在上面的场景文件中单击“文件”→“另存为”命令，将场景另存并命名为“凹凸贴图”效果文件。

2）单击主工具栏中的“材质编辑器”按钮，打开材质编辑器，展开“贴图”卷展栏，单击“凹凸”贴图通道中的“None”按钮，在弹出的“材质/贴图浏览器”中双击“位图”选项，在弹出的对话框中选择项目素材库中的素材4-2-2s.jpg文件。设置“凹凸”贴图。渲染透视图结果如图4-2-6所示。

图 4-2-6

3）在“贴图”卷展栏中调整“凹凸”贴图通道的“数量”值，将其设置为120，如图4-2-7a所示，渲染“透视”视图，结果如图4-2-7b所示。

贴图

	数量	贴图类型
□ 环境光颜色	100	None
☑ 漫反射颜色	100	Map #1 (001.jpg)
□ 高光颜色	100	None
□ 高光级别	100	None
□ 光泽度	100	None
□ 自发光	100	None
□ 不透明度	100	None
□ 过滤色	100	None
☑ 凹凸	120	Map #2 (4.jpg)
□ 反射	100	None
□ 折射	100	None
□ 置换	100	None

a）

b）

图 4-2-7

4.2.4 “反射”贴图通道

“反射”贴图通道主要用来表现具有镜像效果的对象。如：水面、玻璃、镜子或光滑的地板、塑料等具有高反射效果的对象。举例介绍如下。

1）启动3ds Max 9，在“几何体”创建面板的“对象类型”卷展栏中，单击“四棱锥”按钮，在场景中创建一个四棱锥。再单击“长方体”按钮，在四棱锥下面创建一个长方体，调整其位置如图4-2-8所示。

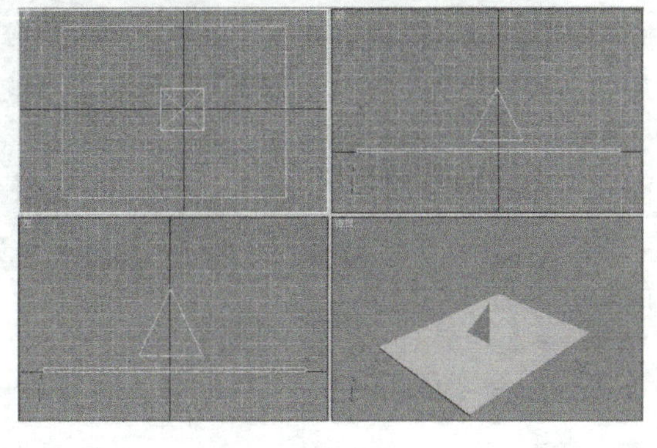

a）

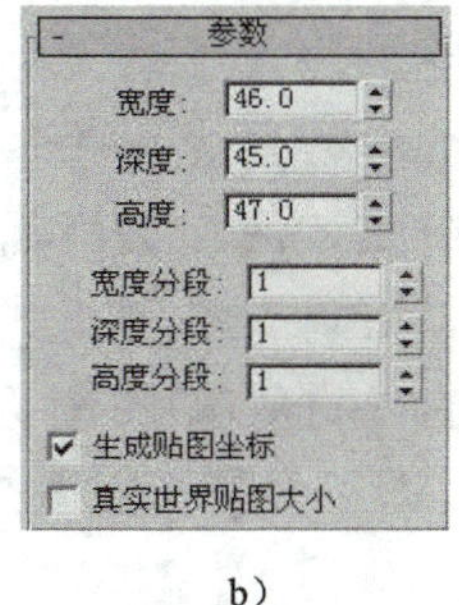

b）

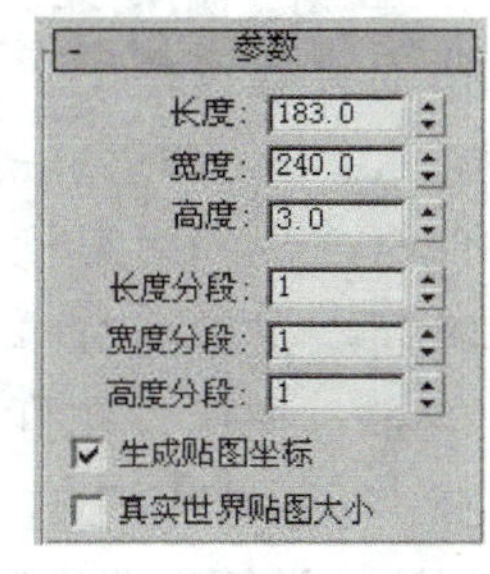

c）

图 4-2-8

2）打开材质编辑器，选中第一个材质球，展开“贴图”卷展栏，单击“反射”贴图通道中的“None”长按钮，在弹出的对话框中双击“反射/折射”选项。此时，材质编辑器转到“反射/折射参数”卷展栏，如图4-2-9所示。从卷展栏可以看出，默认情况下是自动反射周围环境的图像。在视图中选中创建的四棱锥，将设置的材质赋予四棱锥。

3）选中第二个材质球，在“贴图”卷展栏中单击“漫反射颜色”贴图通道中的“None”长按钮，在打开的对话框中双击“位图”选项，选择项目素材库中的素材4-2-3s.jpg文件，在视图中选中创建的长方体，将设置的第二个材质赋予长方体。

4）关闭材质编辑器，单击“渲染”→“环境”命令，打开“环境和效果”窗口，在“公用参数”卷展栏中选中“使用贴图”复选框，单击“环境贴图”下面的“无”按钮，在打开的“材质/贴图浏览器”中双击“位图”选项，在打开的对话框中选择项目素材库中的素材4-2-4s.jpg文件，作为背景图，如图4-2-10所示。

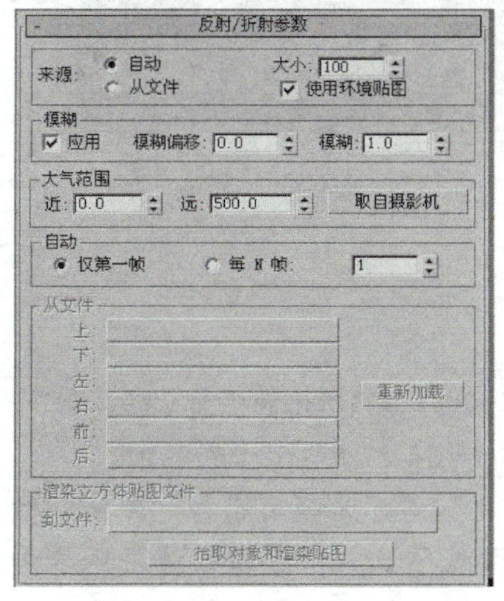

图 4-2-9

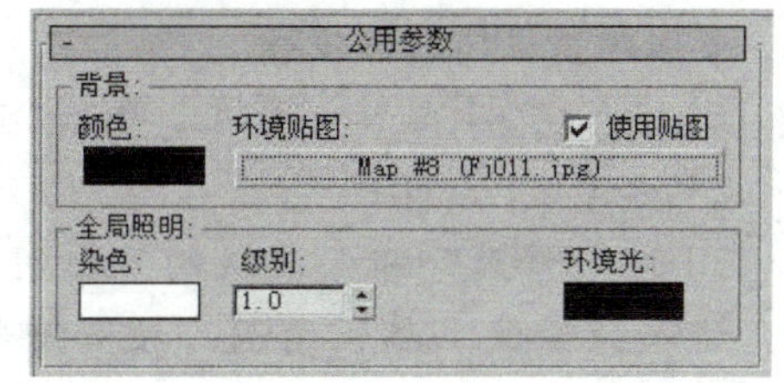

图 4-2-10

5）渲染“透视”视图，观察赋予了反射贴图的四棱锥，效果如图4-2-11所示。保存该场景为“反射贴图效果”文件。

图 4-2-11

4.2.5 “折射”贴图通道

“折射”贴图通道用来表现对象表面折射周边其他的对象或环境。常用于表现宝石、钻石、玻璃、水、冰等对光线的折射效果。由于该贴图在处理时产生的效果比较细腻，故渲染时需要大量的时间。在使用时单击“折射”贴图模式后面的“None”按钮，在打开的“材质/贴图浏览器”中选择“反射/折射”选项，即可设置折射效果。不同的对象折射率不同，可根据需要调整其折射率。举例介绍如下。

1）在上面的场景文件中单击“文件”→“另存为”命令，在弹出的对话框中将该文件另存为“折射贴图效果”文件。

2）打开“材质编辑器”，在“贴图”卷展栏中拖拽“反射”贴图通道长按钮到“折射”贴图通道中的按钮上，在弹出的对话框中选中“交换”单选按钮后单击“确定”按钮，如图4-2-12所示，将折射贴图与反射贴图交换。渲染视图后，可见四棱锥下表面折射出长方体的“漫反射”贴图，上表面折射出背景“环境贴图”，如图4-2-13所示。

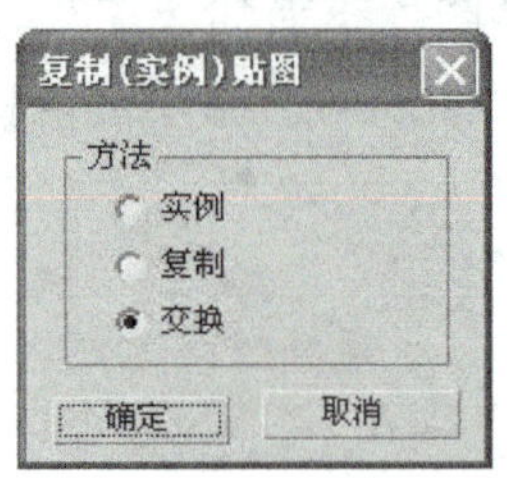

图 4-2-12

图 4-2-13

项目实训

虚拟风景制作实训步骤

1）进入“创建”命令面板，单击“平面”按钮，新建如图4-2-14所示的平面“Plane01”。

2）选择“Plane01”，进入到“修改”命令面板，按如图4-2-15所示修改参数。

3）在“修改”命令面板的下拉列表框中选择“噪波”项，为模型添加“噪波”修改器。进入“噪波”属性面板，按如图4-2-16所示修改面板参数。修改后的渲染效果如图4-2-17所示。

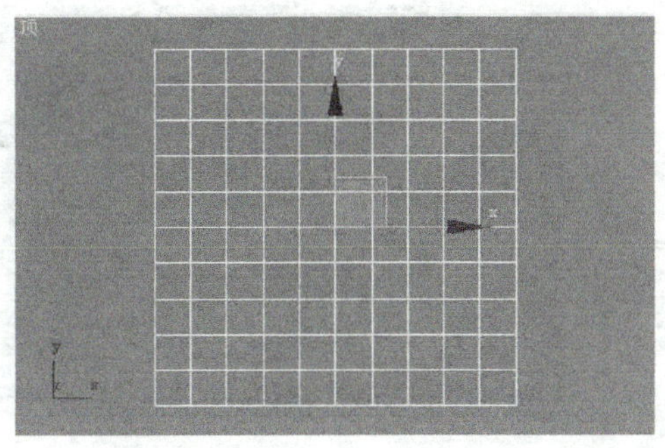

图4-2-14 “Plane01”

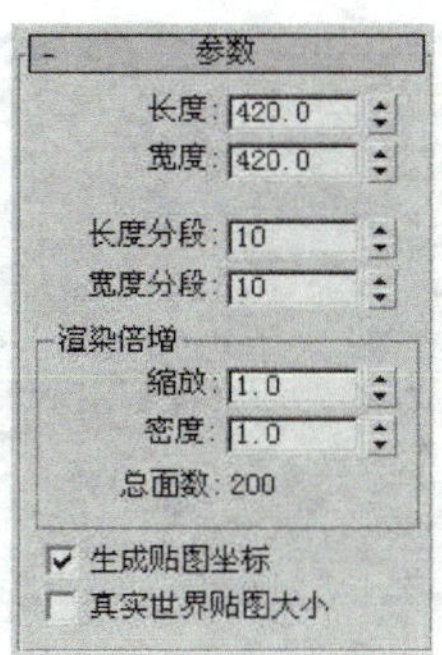

图 4-2-15

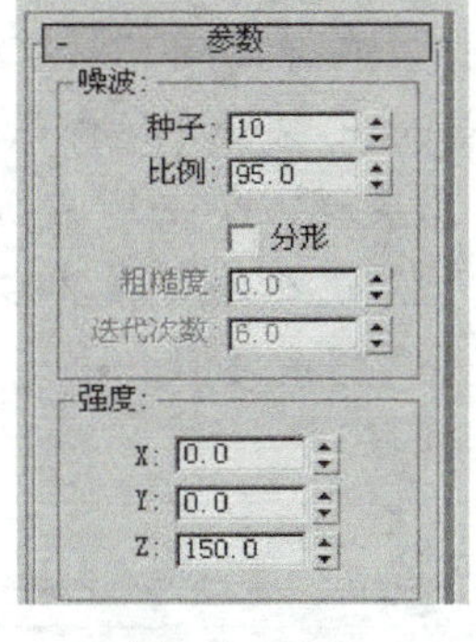

图 4-2-16

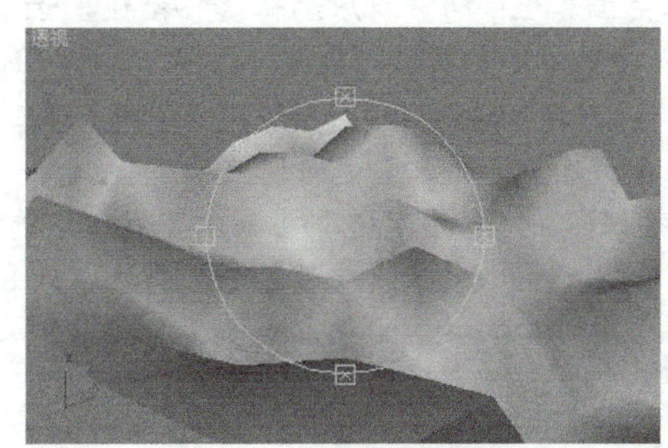

图4-2-17 修改后的效果

4）选择“Plane01”，在“修改”命令面板的下拉列表框中选择“网格光滑”项，在“噪波”修改的基础上，为模型添加“网格光滑”修改器。在其卷展栏中进入“细分量”参数设置区域，按如图4-2-18所示修改参数，修改后的效果如图4-2-19所示。

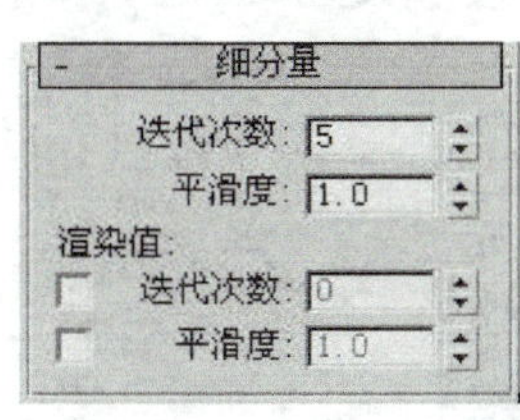

图 4-2-18

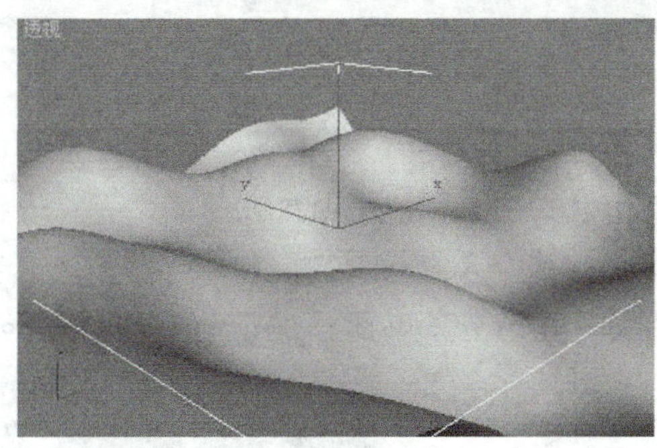

图 4-2-19

5）单击主工具栏中的“材质编辑器”按钮，打开“材质编辑器”面板，选择第一个样本球，展开“贴图”卷展栏，单击“漫反射颜色”贴图通道中的“None”按钮，在弹出的“材质/贴图浏览器”中双击“位图”选项，在弹出的对话框中选择项目素材库中的素材4-2-5s.jpg文件。为创建的模型设置“漫反射颜色”贴图，将其指定为草原材质。

6）选择“Plane01”，单击“材质编辑器”中的“映射材质”按钮，将材质指定给选定对象上（Plane01），如图4-2-20所示。

7）新建如图4-2-21所示的平面“Plane02”作为水面。

图 4-2-20

图 4-2-21

8）单击工具栏中的“材质编辑器”按钮打开“材质编辑器”面板，选择第二个样本球，展开“贴图”卷展栏，单击“反射”后的“None”按钮，在弹出的“材质/贴图浏览器”中选择“新建”单选框，如图4-2-22所示，并在右边的列表框中双击“光影跟踪”项。

9）单击“返回”按钮返回到上级目录，展开“贴图”卷展栏，单击“凹凸”后面的“None”按钮，在弹出的“材质/贴图浏览器”中选择“新建”单选框，并在其右边的列表框中双击“噪波”项，进入“噪波参数”面板，如图4-2-23所示，修改参数。

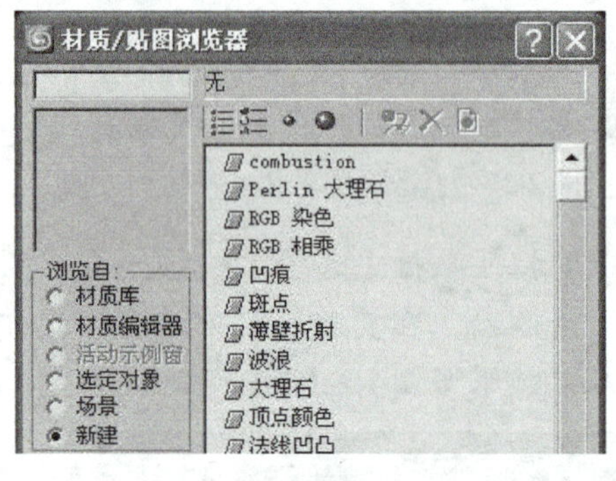

图 4-2-22

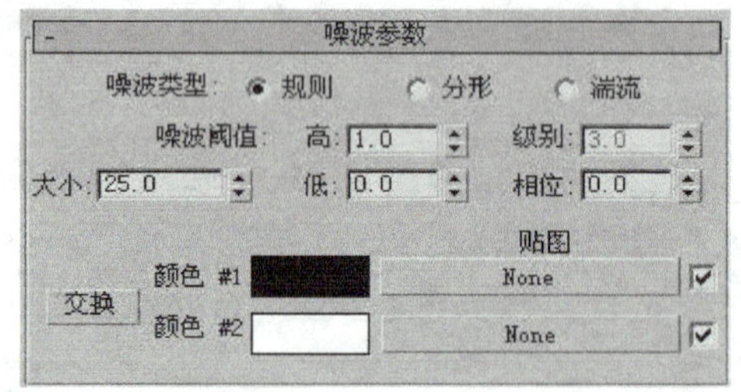

图 4-2-23

10）选择“Plane02”，单击“材质编辑器”中的“将材质指定给选定对象”按钮，将水纹材质指定到平面“Plane02”上。

11）单击菜单命令“渲染-环境”，打开“环境”属性面板，单击“位图”贴图，选择一张天空的图片作为背景贴图，渲染的最终效果如图4-2-24所示。

图 4-2-24

经验交流

上面介绍了标准材质中最基本最常用的几种贴图通道，此外还有“环境光颜色”贴图通道、“高光颜色”贴图通道等，它们的含义和上面的贴图通道类似，为使学习者有针对性地学习，在这里就不逐一介绍了。因为在创建贴图材质时，至少要使用一个或多个贴图通道，所以这些贴图可以单独使用，也可以组合在一起使用。

4.3 项目训练——足球的制作

训练要点

“多维/子对象”材质的制作方法。

训练目标

“多维/子对象”材质用于对同一个对象的不同部位进行不同材质的添加，将使用的材质进行编号，对场景中对象对应的部位进行一对一的材质添加。本节将详细介绍“多维/子对象”材质的用途，并通过“足球”项目实训，学习“多维/子对象”材质的原理，最终使学习者掌握“多维/子对象”材质的制作方法。

基础练习

“多维材质”能够将多个材质组合为一种复合材质，然后将次材质分别指定给同一个物体的不同次物体级别。为了给每个次物体设置材质，必须先给每个次物体指定单独的ID号，一般使用“编辑网格”修改器来制定，“多维/子对象”材质参数设置卷展栏如图4-3-1所示。

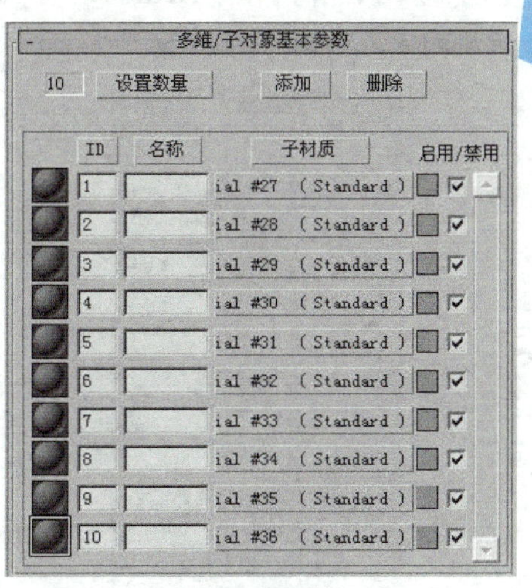

图 4-3-1

1）设置数量 设置数量：单击该按钮后会弹出一个对话框，在对话框中可以设置次级材质的数目。

2）添加 添加：单击一次该按钮，就可以为多维子材质添加一个新的次材质。

3）删除 删除：在下方的次材质列表中选中一个次材质，然后按下该按钮后可以将当前选择的次材质删除。

4）ID ID号：单击该按钮后所有次材质会按照ID号的顺序进行排列。在按钮的下方可以显示指定给次材质的ID号，同时还可以为次材质重新指定新的ID号。

5）名称 名称：按照名称栏中指定的名称进行排序。

6）子材质 子级材质：按照子级材质的名称进行排序。

7）Default （Standard）子级材质：单击该按钮后，可以对选中的次材质进行编辑。按钮右侧的颜色框，用来修改或显示子级材质的环境色和过渡色。后面启用/禁用复选框，用于决定当前编辑的子级材质是否生效。

项目实训

足球制作实训步骤

1）激活顶视图，单击“创建”按钮，进入“创建”命令面板。单击几何体按钮，在下拉列表框中选择扩展基本体选项。单击“导面体”按钮 异面体，鼠标拖拽创建如图4-3-2所示的异面体“Hedra01”。

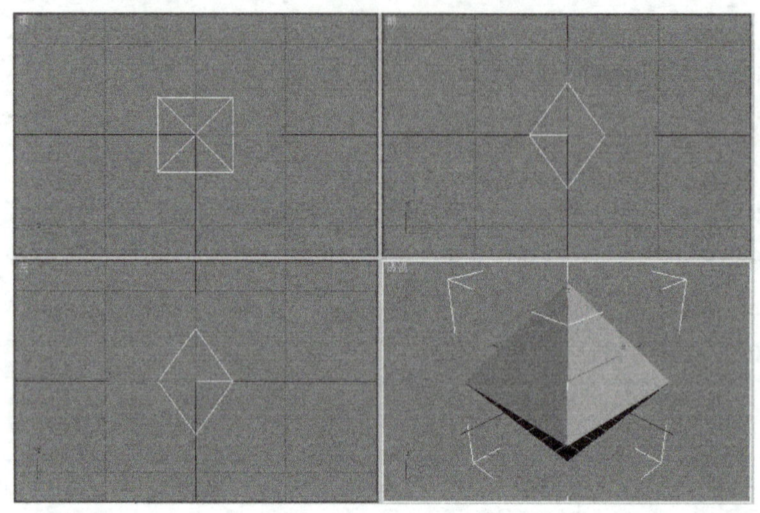

图 4-3-2

2）选择异面体“Hedra01”，切换到“修改”命令面板，按图4-3-3所示修改参数，修改后的效果如图4-3-4所示。

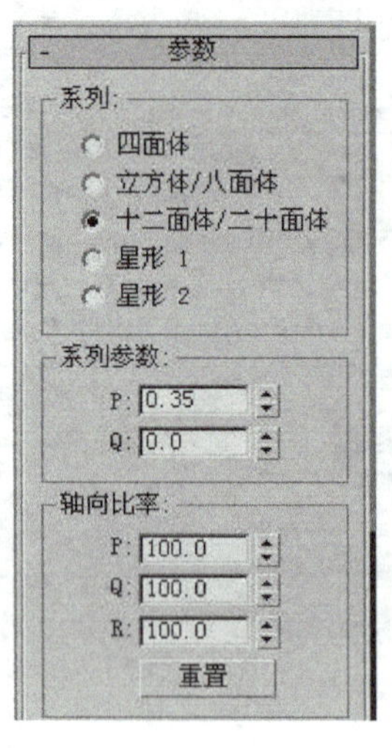

图 4-3-3

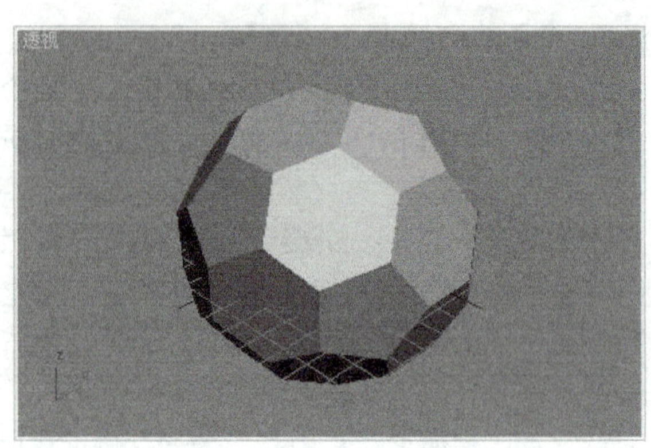

图 4-3-4

说明

图4-3-3所示的属性面板中的系列栏中，提供了5种基本形式供选择：四面体、立方体/八面体、十二面体/二十面体、星形1和星形2；系列参数栏中的“P”、“Q”分别为对异面体的顶点和面进行双向转换的两个关联参数；异面体是由3种不同的面拼接而成的，轴向比率栏中的“P”、“Q”、“R”分别代表着三角形、五边形和矩形的比率。

3）单击主工具栏中的材质编辑器按钮，打开“材质编辑器”控制面板。选择一个示例球，单击控制面板中的“标准”按钮 Standard ，在弹出的“材质/贴图浏览器”中选择列表中的“多维/子对象”选项后，单击确定按钮 确定 （见图4-3-5）进入其属性面板。单击设置数目按钮 设置数量 ，在弹出的设置材质数目面板中将其数值修改为2（见图4-3-6）。

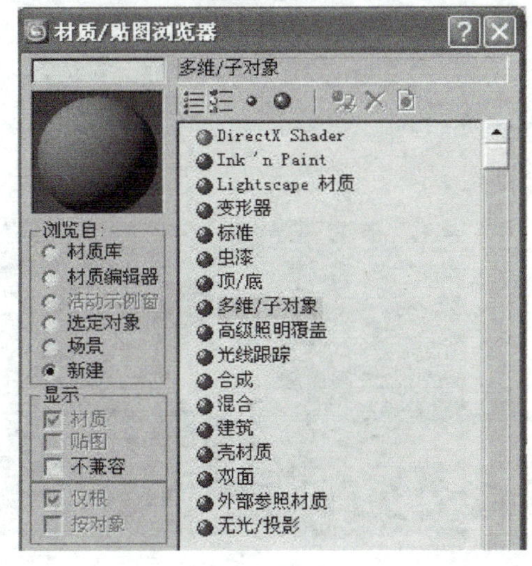

图 4-3-5

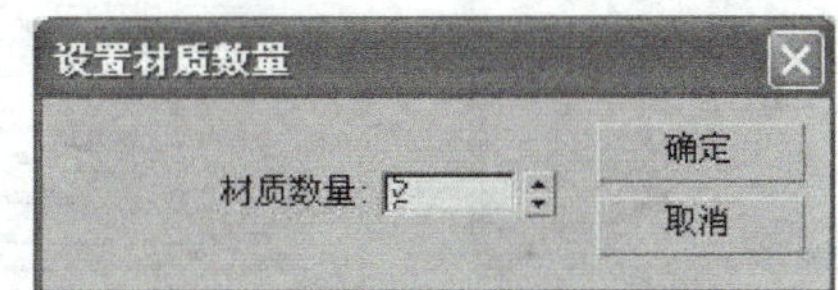

图 4-3-6

4）在图4-3-7所示的属性面板中，分别将两种材质的颜色设置为黑色（RGB：0、0、0）和白色（RGB：255、255、255）。

5）单击材质编辑器中的“将材质指定给选定对象”按钮，将当前所编辑的材质指定给异面体“Hedra01”，得到如图4-3-8所示的效果。

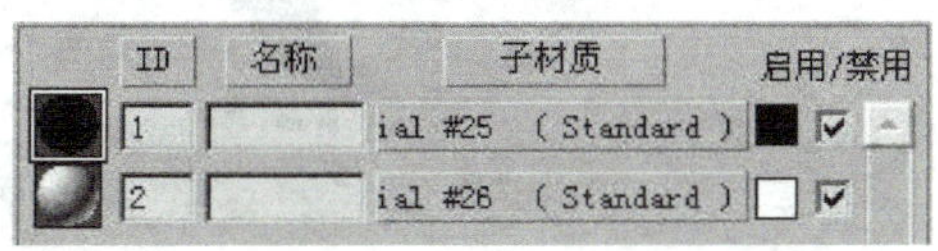

图 4-3-7

图 4-3-8

6）选择异面体“Hedra01”，切换到“修改”命令面板，在下拉列表框中选择“编辑网格”修改器，在堆栈中进入其“多边形”子级别级。展开“编辑几何体”卷展栏如图4-3-9，选择“炸开”下的“元素”单选框，然后单击“爆炸”按钮 炸开 。

说明

单击“爆炸”按钮后，异面体的各个面被分成了独立的元素，可以进行独立操作。

7）在视图区中依次点选各个面，然后在“修改”命令面板的下拉列表中选择“面挤压”修改器，进入其属性面板，展开参数卷展栏，按图4-3-10所示修改参数，修改后的效果如图4-3-11所示。

说明

在选择面的时候不能够拖动鼠标进行框选，必须一个一个地单独选取，为了便于选择，可以先选择编辑网格中的忽略背面复选框。

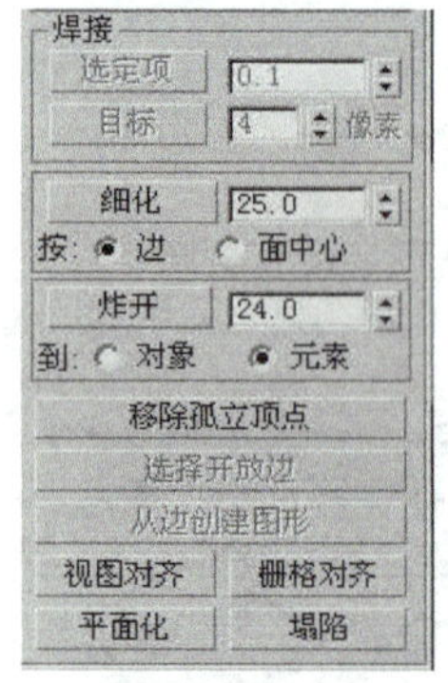

图 4-3-9

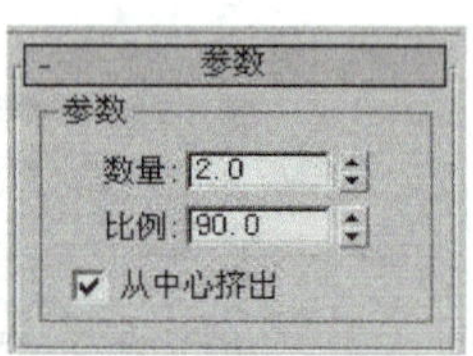

图 4-3-10

图 4-3-11

8）选择异面体“Hedra01”，进入“修改”命令面板，在下拉列表中选择“网格光滑”修改器。在其属性面板的“细分量”卷展栏中设置“迭代次数”为3、“平滑度”为1。修改后的效果如图4-3-12所示。

9）最终效果如图4-3-13所示。最终文件见项目素材库中的“足球.max”文件。

图 4-3-12

图 4-3-13

经验交流

“多维/子对象”材质用途广泛，是3ds Max 9中非常具有代表性的附和材质。理解“多维/子对象”材质的原理不难，其制作过程也易于掌握，但在使用的过程中需注意的是，必须先给将要使用“多维/子对象”材质对象的每个次物体指定单独的ID号，才能正确地把制作好的“多维/子对象”材质赋予物体。

4.4 项目训练——空间隧道

训练要点

“混合”材质的制作方法，“UVW贴图”修改器的使用方法。

训练目标

本节通过在“空间隧道”场景中制作污垢墙壁和脏垢地毯两个练习，学习高级复合材质的运用。在制作过程中，分别运用到了“混合、凹凸、噪波、位图、RGB相乘”等贴图程序来完成材质的制作。通过训练使学习者掌握在效果制作过程中常用的“混合”材质、“凹凸”材质的创建和运用。

基础练习

4.4.1 “混合”材质

“混合”材质是将两种不同的材质按照一定的百分比进行混合，得到一种新的材质，从而赋给场景中的对象。混合材质通过设定两个次级材质的混合方式，可以制作出两种标准材质套用的材质效果。例如制作铁钉表面的锈斑，石头表面的苔藓都需要使用混合材质。打开“材质编辑器”选中一个材质球，单击材质球名称右侧的“标准”按钮 Standard ，打开“材质/贴图浏览器”，选择“混合”材质类型，“混合基本参数”卷展栏如图4-4-1所示。

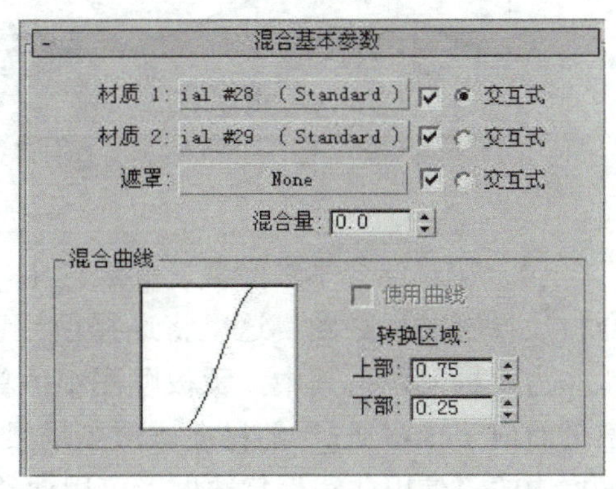

图 4-4-1

1. “混合基本参数”卷展栏

（1）材质1　用于参与混合的第一种材质。

（2）遮罩　用于选择一张贴图作为遮罩，按照对应的明暗关系对上面两种材质进行混合调整。

（3）交互式　对被选中的对象进行阴影处理，该材质在场景中表现为阴影。

（4）混合量　调整材质1和材质2的混合比例。混合量为0时，只显示材质1的材质；

混合量为100时，只显示材质2的材质；混合量为50时，两种材质按照1:1的比例显示。当“遮罩”参数中使用贴图时，该选项为不可用状态。

（5）混合曲线 此选项以手动调整方式设置材质混合程度，曲线可以随时反映调整的状况，从而调整两个材质混合的程度。

（6）转换区域 通过更改“上部”和“下部”数值框中的数值，来控制混合曲线。两个数值差距越小，材质2所占的比例越小。两个数值差距越大，材质2所占的比例越大。

2．“混合”材质的作用举例

（1）在视图中创建一个长方体作为地板 按M键打开“材质编辑器”，选中第一个材质示例球，将材质赋给长方体对象。单击“标准”按钮 Standard 。打开“材质/贴图浏览器”，双击“混合”选项，在弹出的“替换材质”对话框中选择“将旧材质保存为子材质”选项后，单击“确定”按钮，进入“混合基本参数”卷展栏中。

（2）单击“材质1”长按钮 Default (Standard)，展开“贴图”卷展栏，单击“漫反射颜色”贴图通道中的“None”按钮 None，在弹出的对话框中双击“位图”选项，打开“选择位图图像文件”对话框，选择项目素材库中的素材4-4-1s.jpg文件，作为第一个材质的贴图。单击“转到父级”按钮两次，返回到“混合基本参数”卷展栏。

（3）在“混合基本参数”卷展栏中，单击“材质2”长按钮 Default (Standard)，使用同上方法指定项目素材库中的素材4-4-2s.jpg文件，作为第二个材质的贴图。单击“转到父级”按钮，返回到“混合基本参数”卷展栏，将“混合量”的值分别设置为0、50、100，表示在混合材质中“材质1”贴图所占的百分比，不同混合值的渲染结果如图4-4-2所示。

图 4-4-2

（4）在“混合基本参数”卷展栏中，单击“遮罩”长按钮 None，可以为混合材质设置蒙板贴图，这里将选择项目素材库中的素材4-4-3s.jpg文件，如图4-4-3所示的图片作为蒙板贴图。其中，蒙板贴图中的黑色部分对应“材质1”的材质，蒙板贴图中的白色部分对应于“材质2”的材质。渲染场景结果如图4-4-4所示。如果选中“混合基本参数”卷展栏中的“使用曲线”复选框，可用曲线来调节混合度。

图 4-4-3

图 4-4-4

4.4.2 “UVW贴图”修改器

在设置材质的过程中，往往需要将一张二维图片贴到场景对象的表面，从而使对象看起来更真实。“UVW贴图”修改器用于对物体表面指定贴图坐标，它不但可以为没有贴图坐标的物体建立贴图坐标，还可以将贴图应用到次物体级别。

为模型制定设置“UVW贴图”坐标的方法，是选中要添加坐标的模型，然后进入“修改”命令面板，在“修改器列表”下拉列表框中选择“UVW贴图”修改器选项。其“参数”卷展栏如图4-4-5所示。

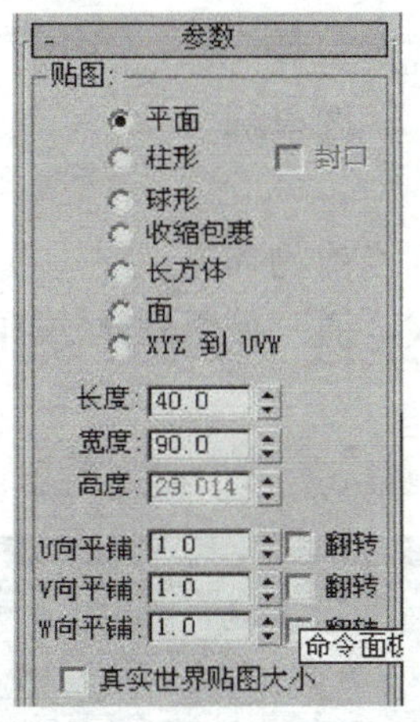

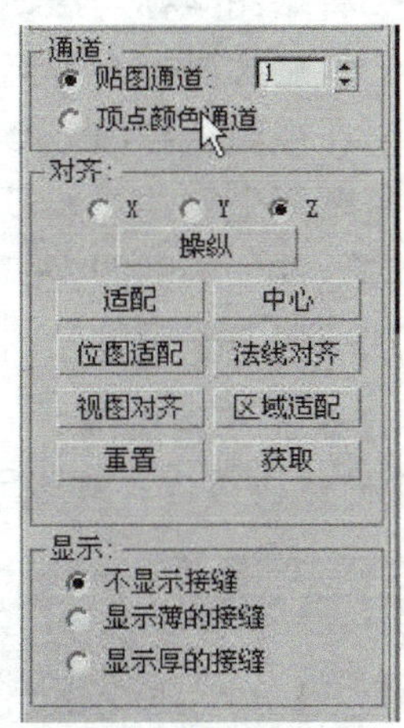

图 4-4-5

1. “UVW贴图”修改器的参数设置

（1）平面　可直接将贴图沿平面影射到物体表面，这是最为简单的一种贴图方式，用于物体只需要一个面有贴图的情况。

（2）柱形　用于圆柱状物体，将贴图以圆柱体形式影射到物体表面，并会在圆柱体的侧面形成接缝。如果选中“封口”复选框，则会在端面以平面方式单独指定贴图，取消选择该复选框，可能会在端面处形成扭曲或漩涡现象。这种坐标在物体造型近似柱体时非常有用。

（3）球形　将贴图沿球体内表面映射到物体表面。

（4）收缩包裹　将贴图包裹在物体表面，并且将所有的角拉到一个点。这种方式的贴图不会产生接缝。

（5）长方体　按6个垂直空间平面将贴图分别映射到物体表面。

（6）面贴图　为模型的所有表面应用平面贴图。

（7）XYZ到UVW　贴图方式主要用于3D程序贴图，可以使贴图随着物体的拉伸而变化。

（8）长度、宽度、高度　用于定义Gizmo尺寸，使用工具栏中的等比缩放工具压缩可以达到同等效果。

（9）U向/V向/W向平铺　分别设置贴图在三个方向上重复的次数。

（10）翻转　将贴图方向进行翻转。

（11）通道　该选项区为每个场景对象指定两个通道，通道1是在UVW贴图中所选择的贴图方式，通道2是系统为场景对象默认赋予的贴图坐标。

（12）X、Y、Z　该选项区中可以设置对齐的轴向坐标及对齐方式。这三个单选按钮用于设置对齐的轴向。

（13）适配　将贴图尺寸自动锁定到物体外围边界盒上。

（14）中心　自动将Gizmo物体的中心对齐到物体中心上。

（15）位图适配　选择一张图像文件，将坐标按照图像的长宽比进行对齐。

（16）法线对齐　将贴图坐标与法线方向对齐。

（17）视图对齐　将贴图坐标对齐当前激活的视图。

（18）区域适配　在视图上拉出一个范围来确定贴图坐标。

（19）重置　恢复贴图坐标的初始设置。

（20）获取　将其他物体的贴图坐标设置引入到当前物体中。

（21）显示　该选项区用于设置贴图的显示方式，通常使用默认选项即可。

2. “UVW贴图”修改器使用实例

（1）利用创建几何体命令，在视图中创建如图4-4-6所示的模型对象。

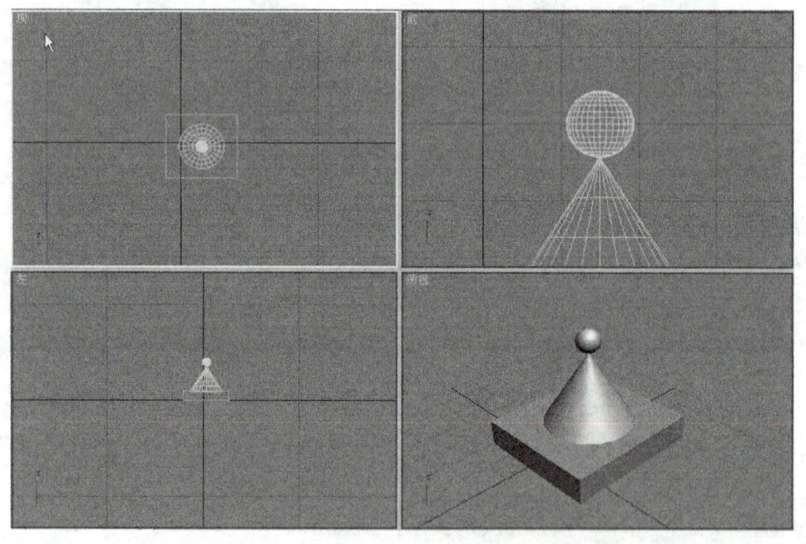

图　4-4-6

（2）在视图中选中所有模型对象，在键盘上单击M键，打开“材质编辑器”。选中一个材质示例球，在“贴图”卷展栏中单击“漫反射颜色”贴图通道中的None长按钮，在弹出的对话框中双击“位图”选项，在弹出的“选择位图图像文件”对话框中，选择项目素材库中的素材4-4-4s.jpg文件，如图4-4-7所示，并将该材质指定给选定的模型对象。

（3）切换到“修改”命令面板，选中球体模型对象，在修改器下拉列表中选择“UVW贴图”修改器，在“参数”卷展栏中设置贴图方式为“球形”。使用此方法分别为圆锥模型和长方体模型添加“UVW贴图”修改器，并设置圆锥模型贴图方式为“柱形”、长方体模型贴图方式为“长方体”。渲染后的结果如图4-4-8所示。

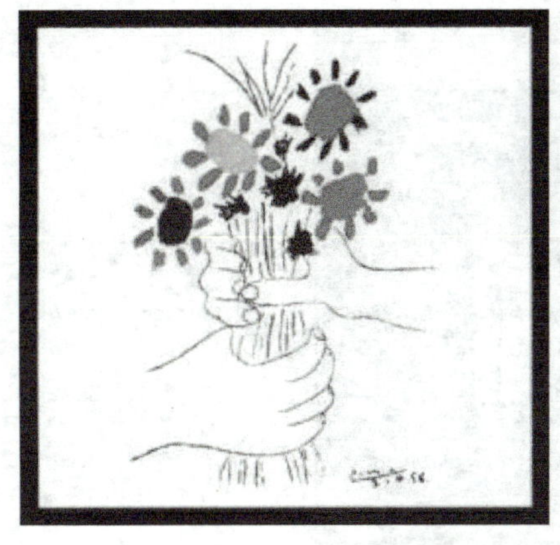

图 4-4-7

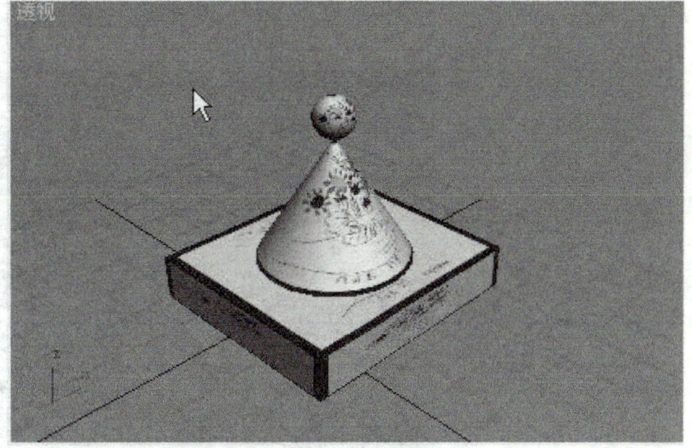

图 4-4-8

项目实训

空间隧道制作实训步骤

1．污垢墙壁

1）启动3ds Max 9系统。

2）执行主菜单“文件”→“打开”命令，在弹出的对话框中，选择项目素材库中的场景4-4-1m.max文件，如图4-4-9所示。

文件(F) 编辑(E) 工具(T) 组(G)
新建(N)... Ctrl+N
重置(R)
打开(O)... Ctrl+O
打开最近(T)
保存(S) Ctrl+S
另存为(A)...
保存副本为(C)...
保存选定对象(D)...
设置项目文件夹...
外部参照对象(B)...
外部参照场景(C)...
文件链接管理器...
合并(M)...
替换(L)...

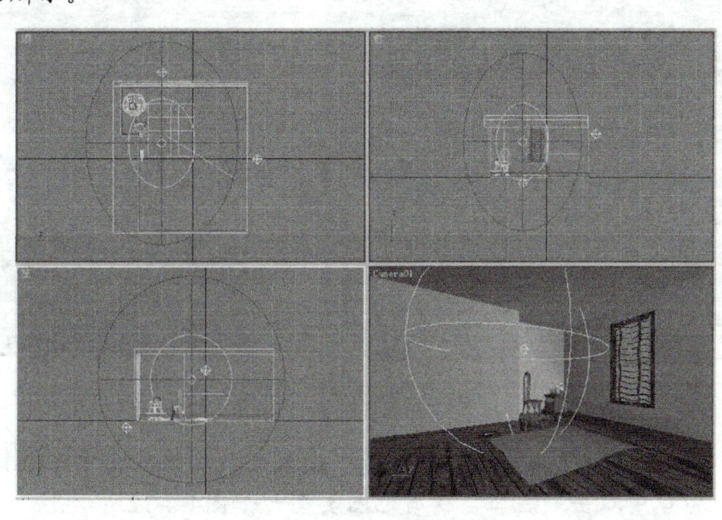

图 4-4-9

场景中的模型，除了椅子、瓶子、茶几、窗帘、地板已经调好材质并赋予相应模型外，剩下的墙壁及地毯还没有进行调节和指定。激活摄像机视图，测试渲染视图，如图4-4-10所示。

3）按〈M〉键，打开“材质编辑器”，在示例窗口中任选一个空白实例球，命名为“框架”，单击示例窗口下的“将材质指定给选定对象”按钮，将框架材质赋予视图中选择的物体，进行测试渲染，如图4-4-11所示。

图 4-4-10

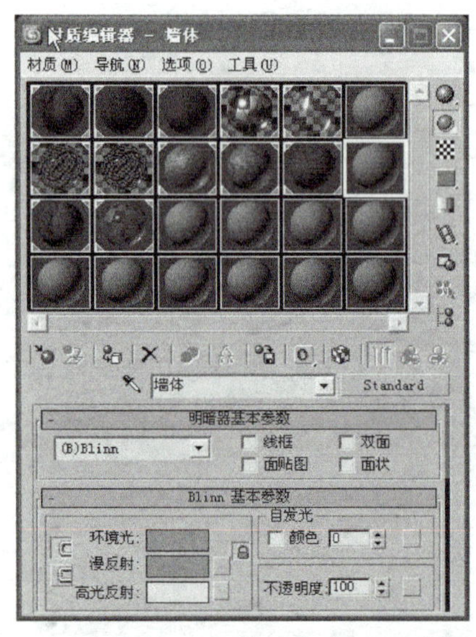

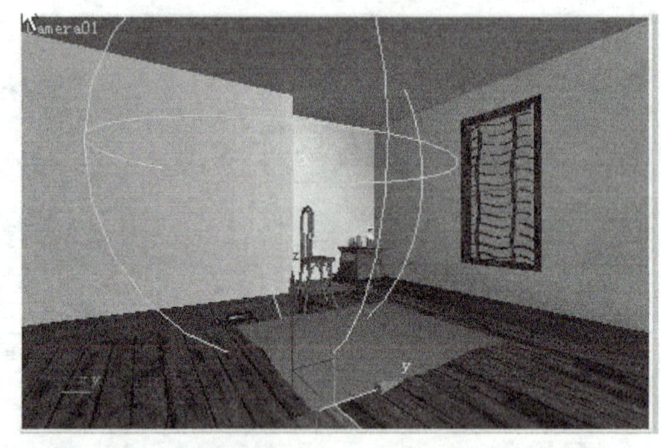

图 4-4-11

4）在“材质编辑器”中单击“漫反射”右侧的正方形按钮，在弹出的“材质/贴图浏览器”窗口中双击“混合”材质贴图类型，如图4-4-12所示。

5）在“混合参数”面板中单击“颜色1”右侧的 None 按钮，在打开的“材质/贴图浏览器”窗口中双击“位图”贴图类型，在弹出的对话框中选择项目素材库中的素材“4-4-5s.jpg”文件。并修改“坐标”卷展栏的U、V项下的“平铺”数值为2，如图4-4-13所示。

6）单击“转到父对象”按钮，回到“混合参数”窗口中，单击“交换”的“颜色2”右侧的 None 按钮，在弹出的“材质/贴图浏览器”窗口中双击“噪波”贴图类型，并修改“噪波参数”的选项如图4-4-14所示。进行测试渲染后的效果如图4-4-15所示。

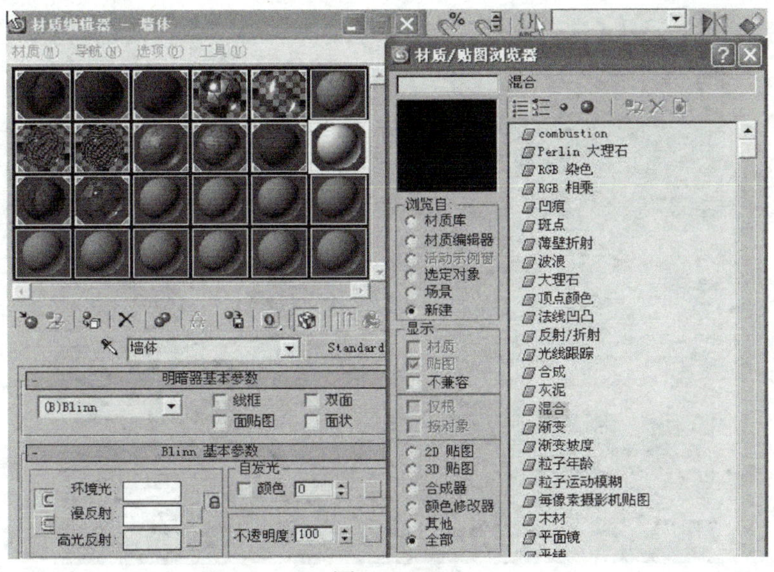

图 4-4-12

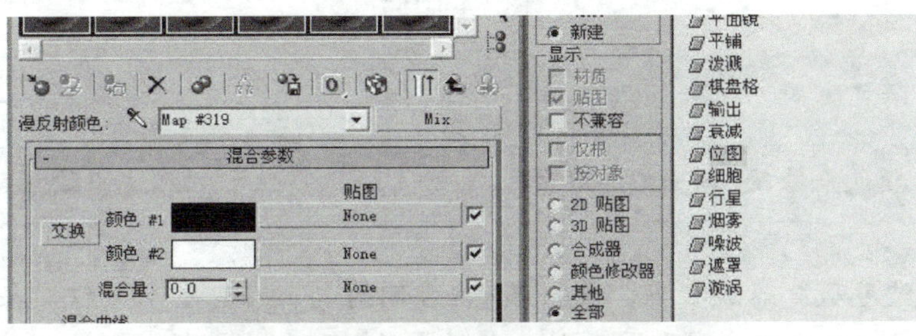

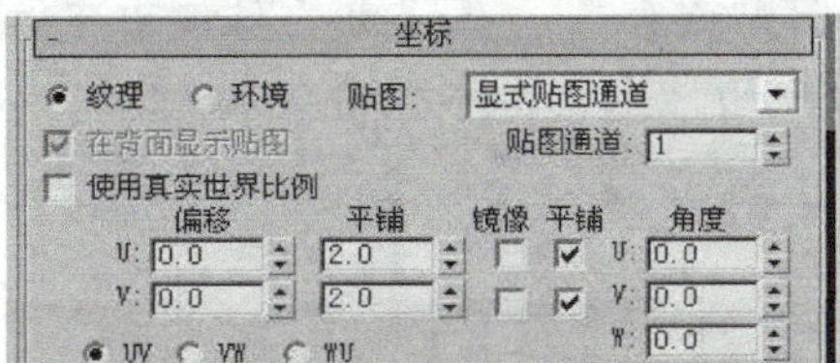

图 4-4-13

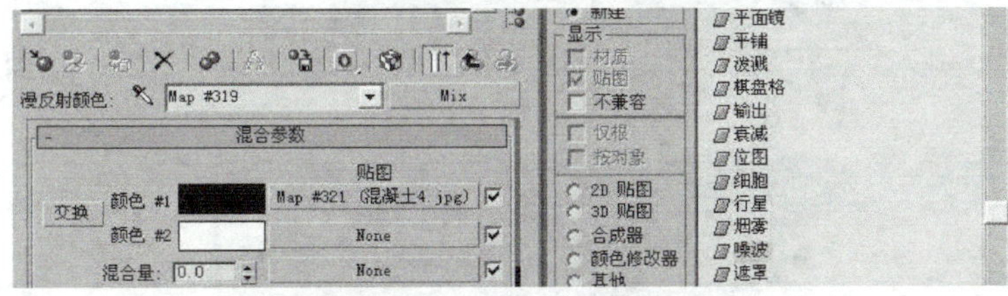

a)

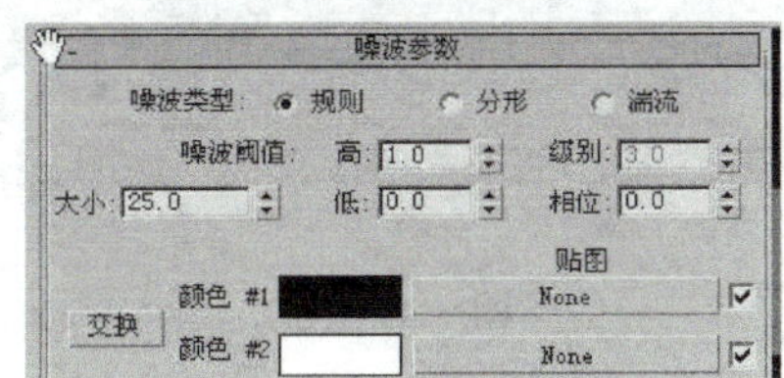

b)

图 4-4-14

图 4-4-15

说明

用需要的颜色来修改Color#2的颜色，或者使用其他贴图，在这里设置的颜色会成为污垢。

7）在“噪波参数”卷展栏下，单击颜色2右侧的 None 按钮，在弹出的“材质/贴图浏览器”窗口中双击位图贴图类型，在弹出的对话框中选择项目素材库中的素材“4-4-6s.jpg”文件，并修改U、V项的“平铺”参数为4，如图4-4-16所示。

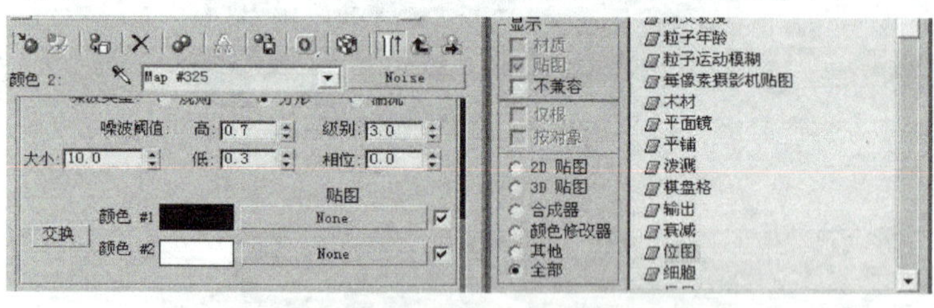

a）

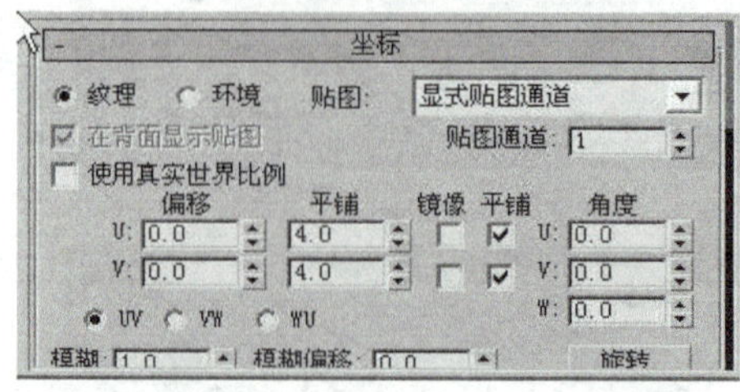

b）

图 4-4-16

进行测试渲染后，与前一张效果图相比，可以看到无任何地方运用到刚才的图片，如图4-4-17所示。

8）单击两次“转到父对象”按钮，回到“混合参数”设置窗口中。单击“混合量”右侧的 None 按钮，在“材质/贴图浏览器”窗口中双击“噪波”贴图类型。进行测试渲染，效果如图4-4-18所示。

图 4-4-17

图 4-4-18

说明

可以看到在添加了“噪波”贴图类型后，使材质效果发生了很大变化，这是因为“混合数量”通过“凹凸”贴图的明暗显示“颜色1”和“颜色2”的贴图，所以才能得到混合图片的效果。

9）进入“噪波”层级面板，在“噪波参数”卷展栏下，选择“规则”类型，修改高、低、大小的参数为0.7、0.3、750，进行渲染，参数如图4-4-19所示。通过修改“噪波”的参数数值后，污垢效果更加明显了，效果如图4-4-20所示。

10）单击两次“转到父对象”按钮，返回“标准”窗口中，将“高光级别”和“光泽度”的参数值改为15，并单击“在视口中显示贴图”按钮，显示贴图纹理，效果如图4-4-21所示。

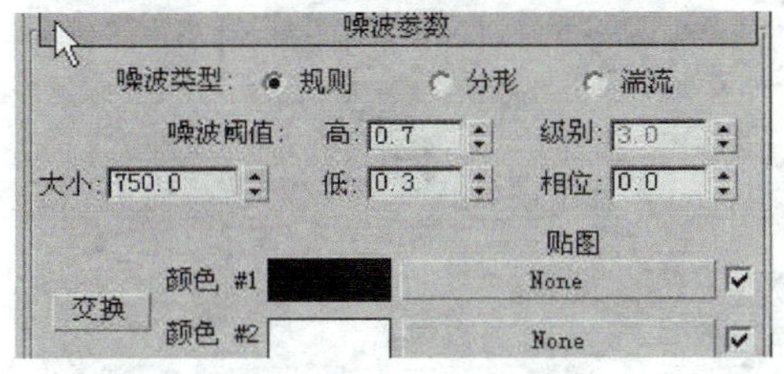

图 4-4-19

图 4-4-20

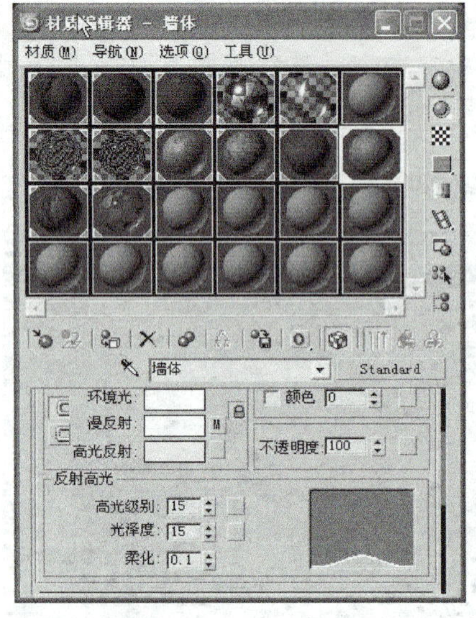

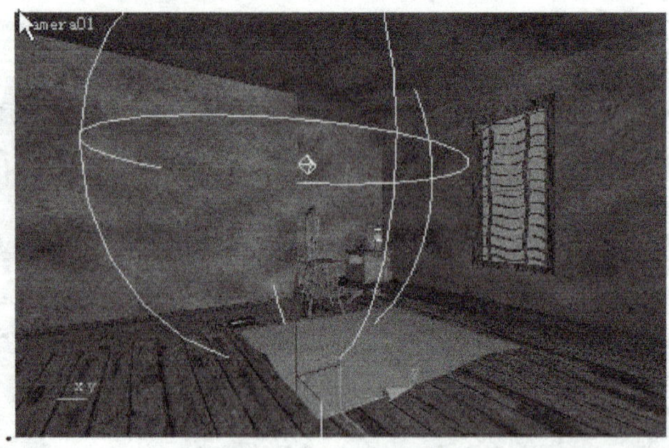

图 4-4-21

11）为了得到更加陈旧的污垢效果质感，下面给其设置“凹凸”贴图通道效果。为了在添加了“凹凸”贴图后不改变其材质的纹理，使它同“漫反射”的贴图保持一致，因此，需要将“漫反射”通道上的贴图拖动到“凹凸”通道上，用关联的方式复制一份，并把“凹凸”贴图的强度值改为120，如图4-4-22所示。

12）到此，污垢墙壁材质就制作完成了，进行渲染效果如图4-4-23所示。

2. 脏污的地毯

1）按键盘上的〈P〉键，将摄像机视图切换为透视图，将场景移动至如图4-4-24所示的位置。移动场景并不是要改变场景，而是为了更好地观察材质调节的效果。

2）按键盘上的〈M〉键，打开“材质编辑器”，另选一个空白示例球并命名为“地毯”，勾选“明暗基本参数”区域中的“双面”项，将“高光级别”和“光泽度”的值设置为21、16。单击“将材质指定给选定对象”按钮，将当前材质球赋予视图中被选中的模型，如图4-4-25所示。

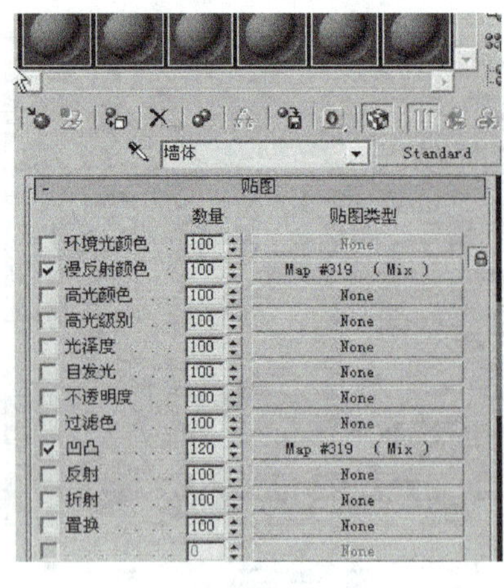

图 4-4-22

图 4-4-23

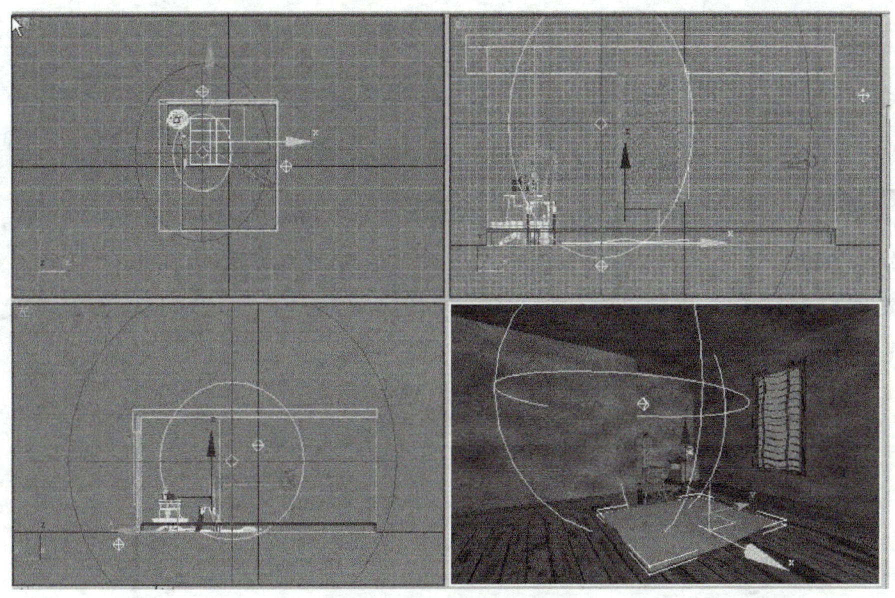

图 4-4-24

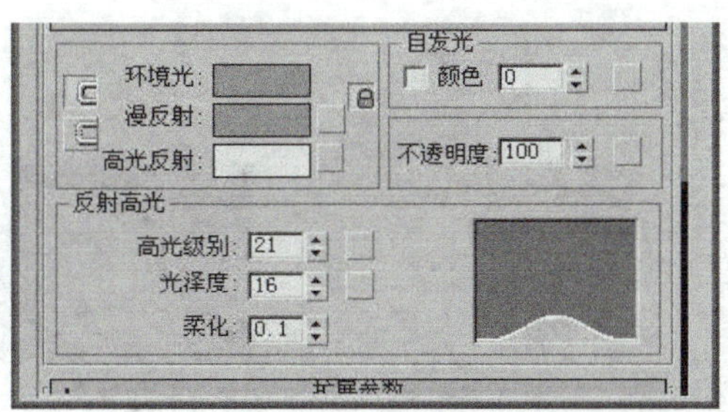

图 4-4-25

在“贴图”卷展栏下单击“漫反射“右侧的 None 按钮，在弹出的窗口中双击“RGB相乘”贴图类型，单击OK按钮确认，如图4-4-26所示。

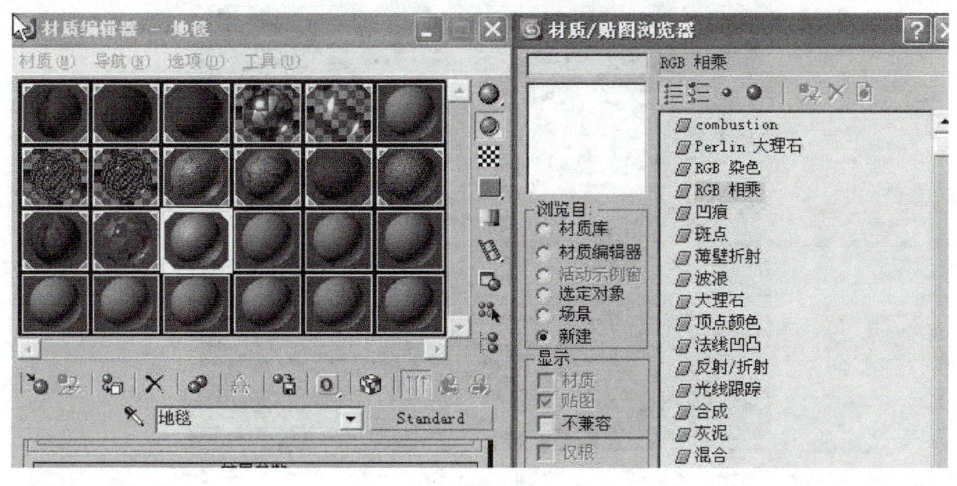

图 4-4-26

说明

“RGB相乘”贴图起到倍增RGB颜色值的功能，如果使用不同的图片，就起到混合彼此RGB颜色值的作用。

3）单击“贴图”→“颜色1”右侧的 None 按钮，在弹出的面板中选择“位图”贴图类型，单击“确定”按钮确认，如图4-4-27所示。“布纹”图片可使用项目素材库中的4-4-7s.jpg文件。进行渲染效果如图4-4-28所示。

图 4-4-27

图 4-4-28

4）单击“转到父对象”按钮返回到“RGB相乘”贴图窗口中。单击“贴图”下的“颜色2”右侧的 None 按钮，在弹出的面板中双击“噪波”贴图方式后，进入“噪波参数”区域，修改各项参数如图4-4-29所示。

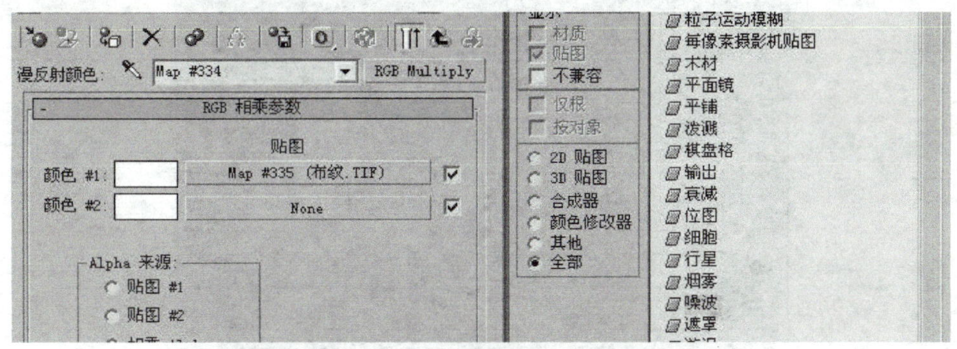

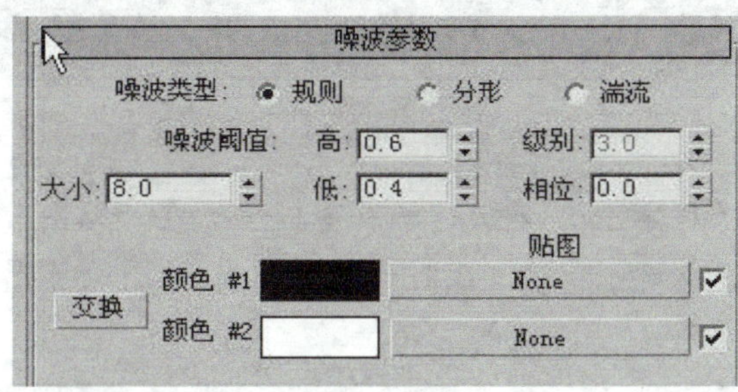

图 4-4-29

说明

示例球上出现黑斑的原因，是因为在“贴图”的两种颜色中的“颜色1”中运用了图片，而“颜色2”使用了“噪波”贴图。因此图像出现了“噪波”颜色中的黑色。如果使用黑颜色，则效果会出现黑斑，使效果很不自然，可以找一张与黑颜色相近的图片在“噪波”颜色1上贴图。

5）在“噪波参数”区域，单击“贴图”下的“颜色1”右侧的 None 按钮，在弹出的面板中选择“位图”贴图类型，单击“确定”按钮确认，在弹出的对话框中选择项目素材库中的素材“4-4-8s.jpg”文件，并修改U、V“平铺”的值为4，如图4-4-30所示。

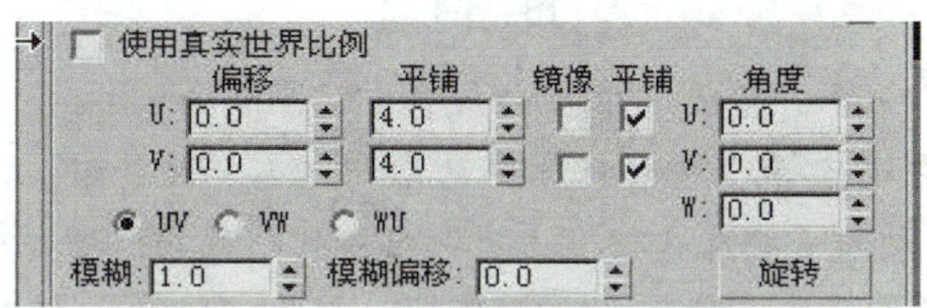

图 4-4-30

6）进行渲染后，得到了一张比较自然的效果图，如图4-4-31所示。

图 4-4-31

7）单击“转到父对象”按钮，返回到标准窗口中。在“贴图”卷展栏下单击“凹凸”贴图通道右侧按钮 None ，在打开的“材质/贴图浏览器”中双击“混合”贴图类型，如图4-4-32所示。

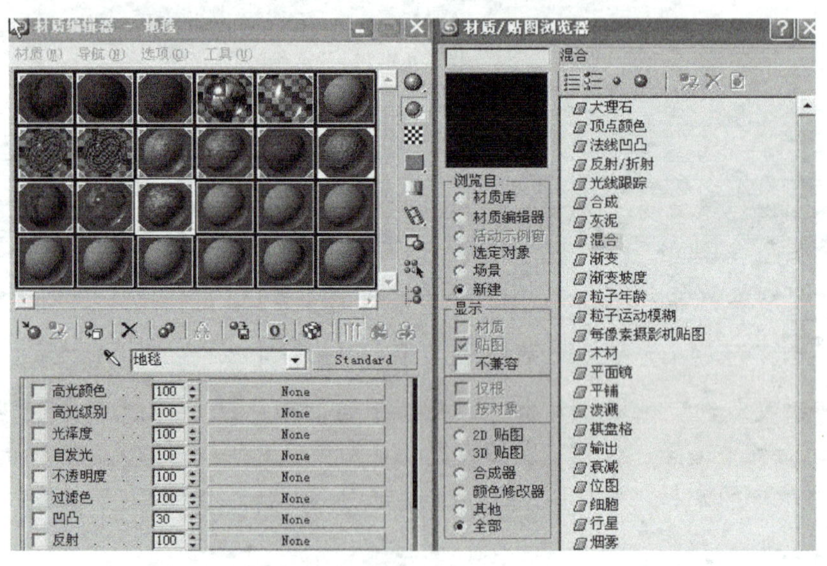

图 4-4-32

8）在“混合参数”控制区域下单击“颜色1”右侧的 None 按钮，选择“位图”贴图类型，再次选择项目素材库中的素材“4-4-7s.jpg”文件。选择与“漫反射“中运用相同的图片，是为了避免在材质上出现过多的杂乱的纹理，影响其质感效果。

9）单击颜色2右侧的 None 按钮，双击“位图”贴图类型，在弹出的对话框中选择项目素材库中的素材“4-4-9s.jpg”文件，如图4-4-33所示。

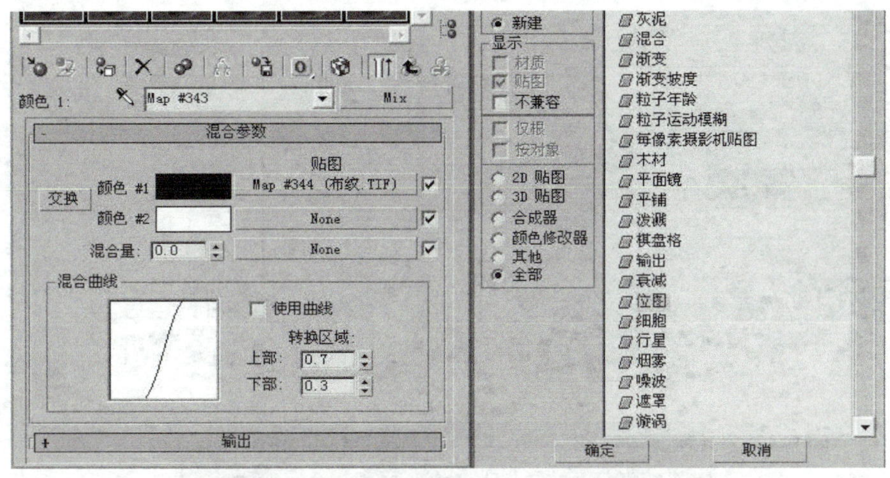
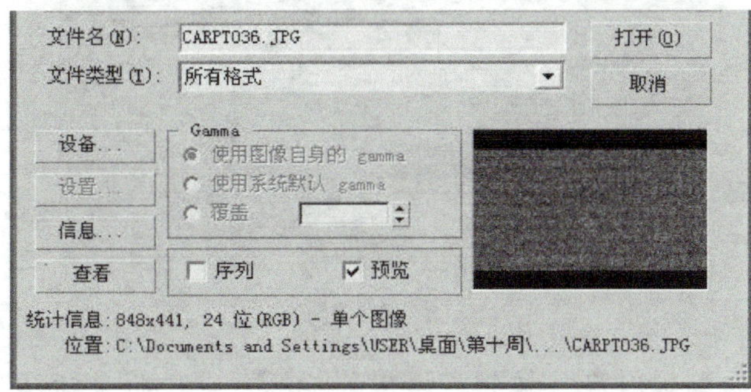

图 4-4-33

10）进行渲染后的效果比前一张更自然了，如图4-4-34所示。

图 4-4-34

11）单击“混合数量”右侧的 None 按钮，在“材质/贴图浏览器”中选择“噪波”贴图类型，并修改其各项参数，可以看到材质球发生了变化，如图4-4-35所示。

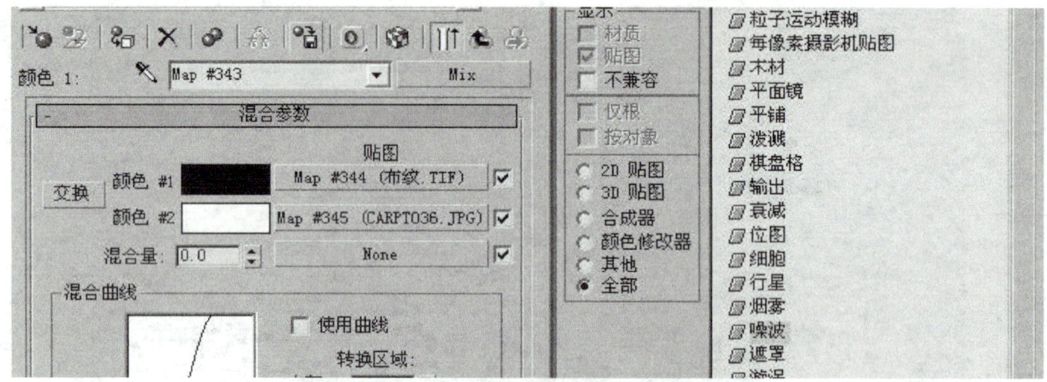

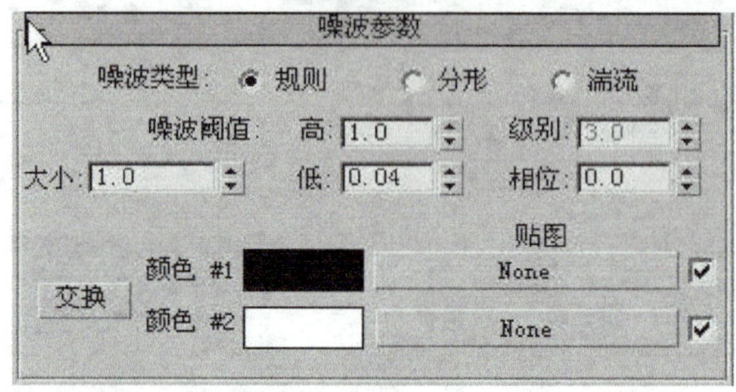

图 4-4-35

12）单击两次“转到父对象”按钮，返回到标准窗口，将“凹凸”贴图通道强度设置为40，进行渲染，其参数如图4-4-36所示。

13）按下键盘上的〈C〉键，将透视图切换为摄像机视图，再进行渲染，可以看到材质的质感出来了。至此，脏污地毯的制作就完成了，效果如图4-4-37所示。最终效果文件见项目素材库中的“空间隧道效果.max”文件。

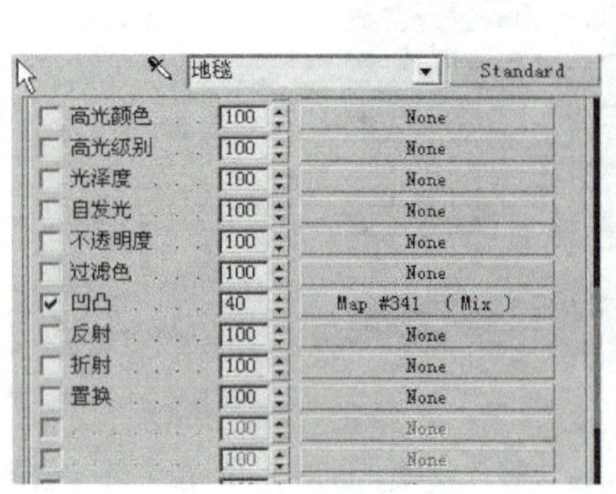

图 4-4-36

图 4-4-37

经验交流

以上通过实训介绍了高级材质中，常用的“混合”材质、“凹凸”材质的创建和运用。需要强调的是，本例中的参数是作者边测试边渲染才得出来的数值，根据机器设置的不同，并不是所有的场景都适合，但学习者可以根据这种方法，在掌握其操作原理的基础之上，触类旁通，会得到更好的效果。

4.5 项目训练——家居常用材质效果

训练要点

透明效果、折射效果、布纹效果、金属效果、木纹效果。

训练目标

本节的内容主要是复习“漫反射颜色”贴图通道、“凹凸”贴图通道、“反射”贴图通道、“折射”贴图通道、“光影跟踪的折射”贴图、“位图”贴图以及“材质/贴图浏览器”和“UVW贴图修改器”的使用方法。围绕着“家居常用材质效果”方法展开探究，不断提出问题，主动获取知识，逐步创建出最终效果，并能够活学活用，举一反三。

项目实训

4.5.1 装饰花瓶——透明效果与折射效果

制作实训步骤

1）进入“创建”面板中的“图形”命令面板，单击“线”按钮 线 ，在前视图中绘制如图4-5-1所示的图形“线1”。

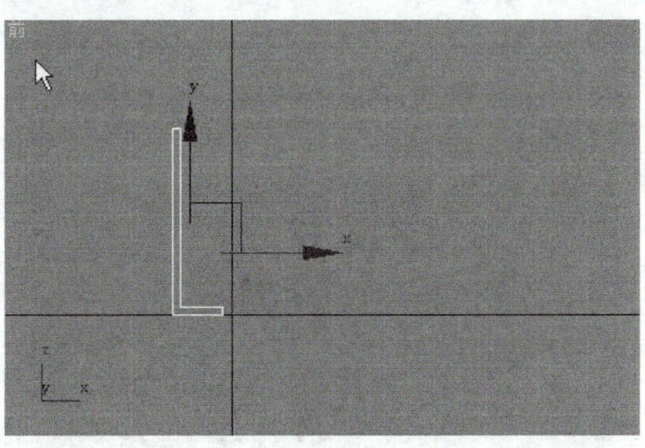

图 4-5-1

2）选择绘制好的图形“线1”，进入到“修改”命令面板，在下拉列表框中选择“车削”编辑修改器，并按如图4-5-2所示修改参数，修改后的效果如图4-5-3所示。

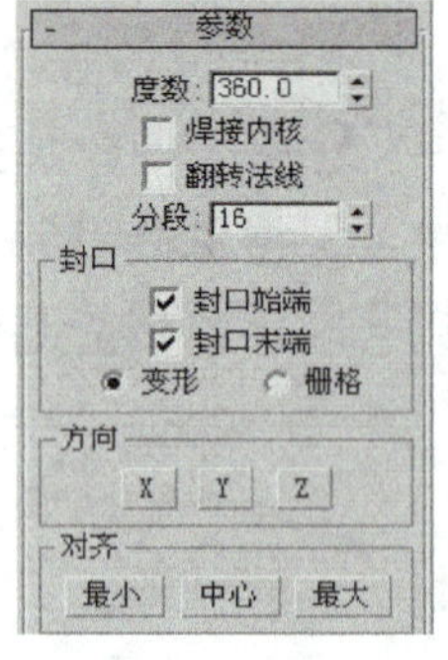

图 4-5-2

图 4-5-3

3）激活前视图，再次进入“创建”面板中的“图形”命令面板，单击“线”按钮，使用该命令在前视图中绘制如图4-5-4所示的图形“线2”，并按步骤2）中的方法使用“车削”编辑修改器，将其制作成如图4-5-5所示的模型。

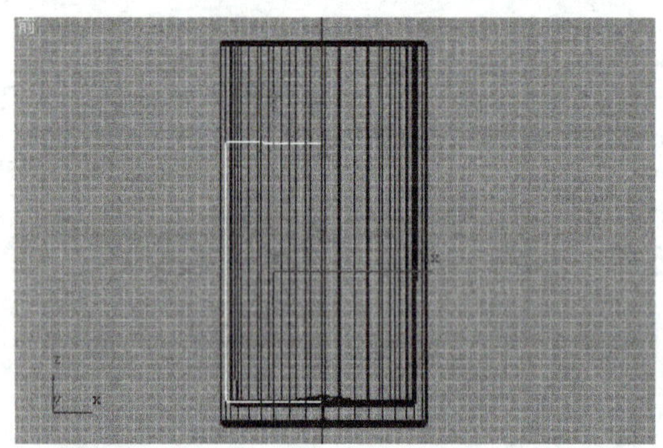

图 4-5-4

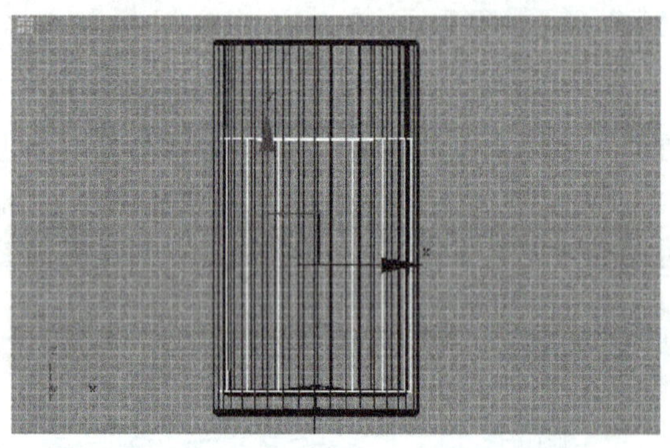

图 4-5-5

说明

因为创建的“线2”模型代表的是瓶中的液体，所以旋转生成的“线2”模型的外界应该位于杯子的内壁以内。

4）导入本书项目素材库中的4-5-1m.max（干支）模型文件，并将其放置到如图4-5-6所示的位置。

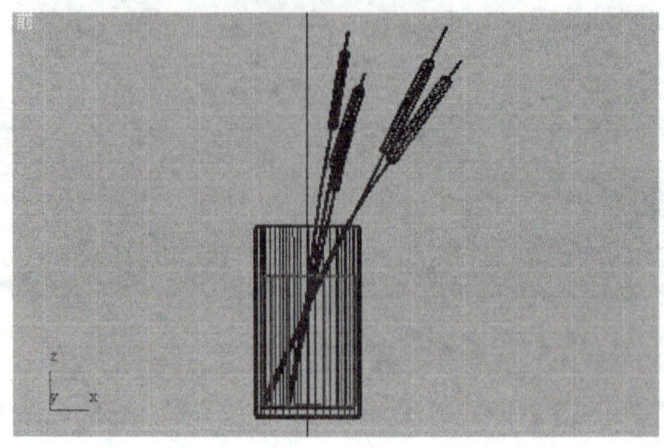

图 4-5-6

5）单击工具栏中的“材质编辑器”按扭，打开“材质编辑器”面板，选择第一个示例球，展开“Blinn基本参数”卷展栏，按如图4-5-7所示修改参数。

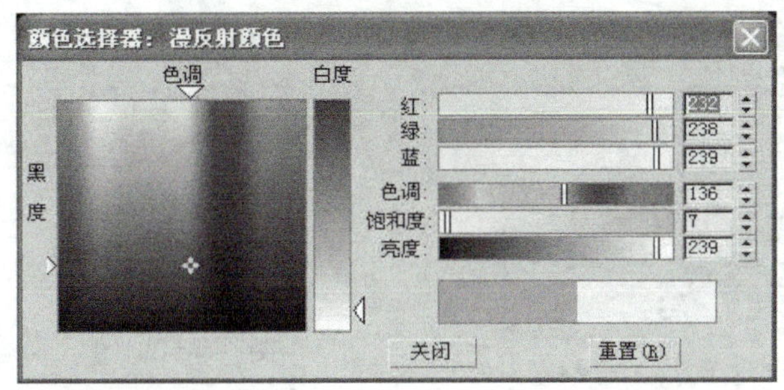

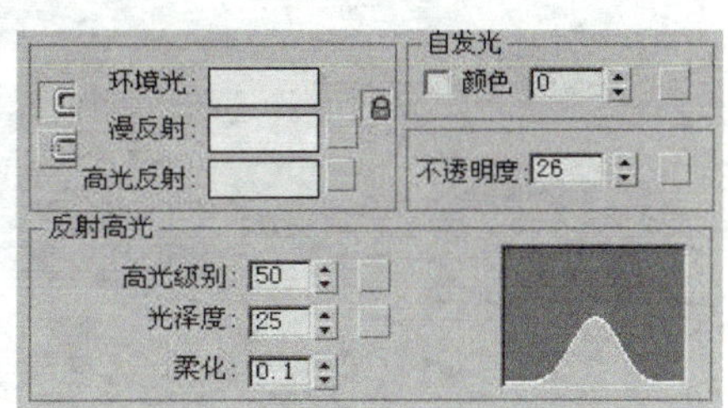

图 4-5-7

说明

如图4-5-7所示，修改RGB值，为花瓶指定一种颜色，但是颜色饱和度不要过于明显，否则会影响玻璃本身的折射效果。

6）打开“材质编辑器”中的“贴图”卷展栏，单击“折射”旁的材质按钮 None ，在弹出的“材质/贴图浏览器”中选择“新建”单选框，然后在右边的下拉列表中双击“光线跟踪”选项，如图4-5-8所示。向内进入其属性面板。展开“光影跟踪”参数卷展栏，选择“跟踪模式”框中的折射项，如图4-5-9所示。

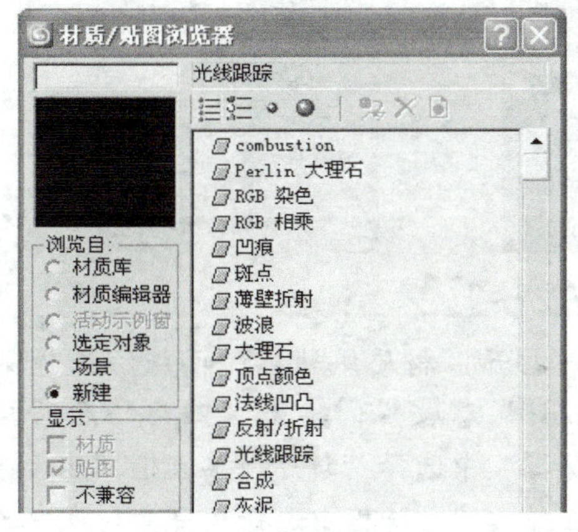

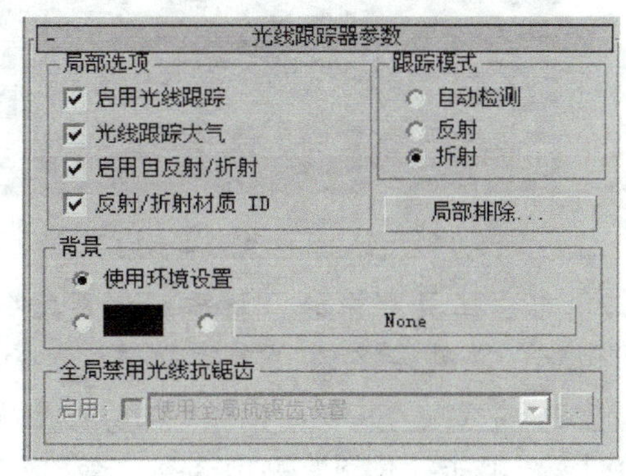

图 4-5-8

图 4-5-9

7）单击水平工具栏中的“转到父对象”按钮，将材质设置返回到上级目录。展开“贴图”卷展栏，将折射的数量值设置为90，如图4-5-10所示。

8）单击“材质编辑器”水平工具栏中的“将材质指定给选定对象”按钮，将当前所编辑的材质指定到花瓶和水上。

9）单击主工具栏中的“快速渲染”按钮，将模型进行快速渲染后，效果如图4-5-11所示。最终效果文件见项目素材库中的“装饰花瓶.max”文件。

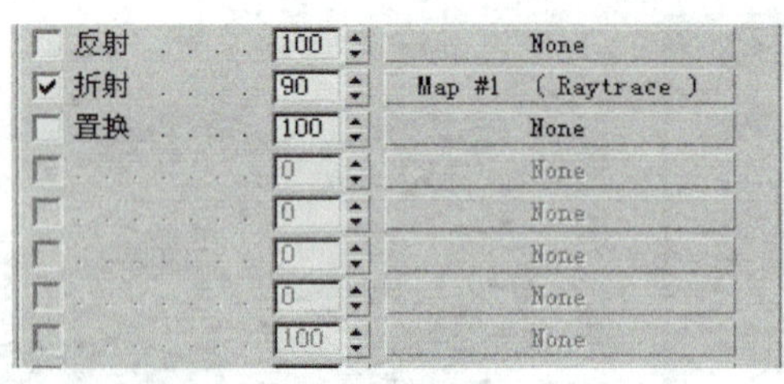

图 4-5-10

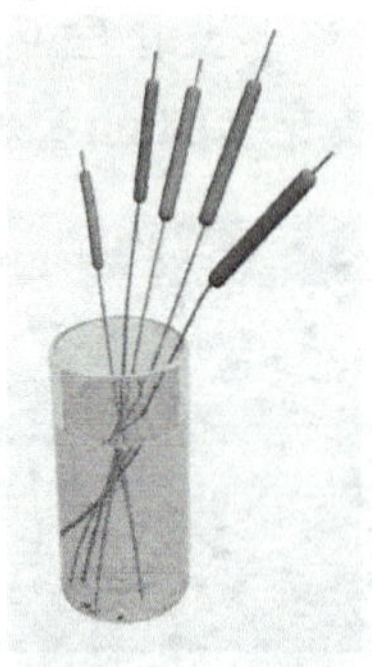

图 4-5-11

4.5.2 公共坐椅——布纹效果、金属效果、木纹效果

制作实训步骤

1）进入“创建”面板中的“几何体”命令面板，在下拉列表框中选择“扩展基本体”选项。点击“切角长方体”按钮 切角长方体 ，在顶视图中新建如图4-5-12所示的切角长方体，将其命名为“椅垫1”，其参数如图4-5-13所示。

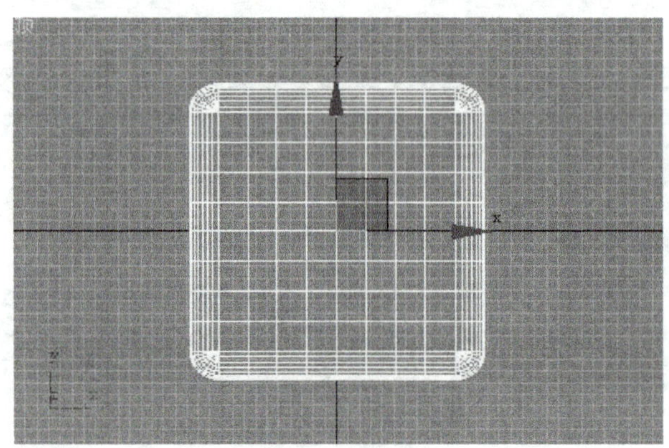

图 4-5-12

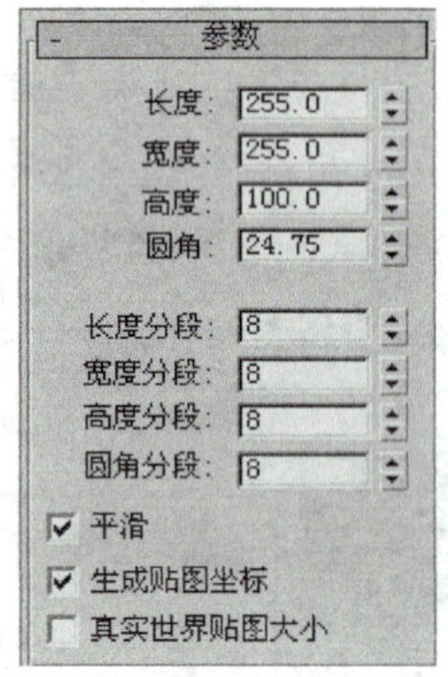

图 4-5-13

2）单击工具栏中的“材质编辑器按钮” ，打开“材质编辑器”面板，选择第一个示例球，将其命名为“布纹材质”。展开“贴图”卷展栏，单击“凹凸”后的材质 None 按钮，在弹出的“材质/贴图浏览器”中选择“新建”单选框，然后在右边的列表中双击“位图”贴图选项，如图4-5-14，在弹出的对话框中选择项目素材库中的素材4-5-1s.jpg文件，如图4-5-15所示。

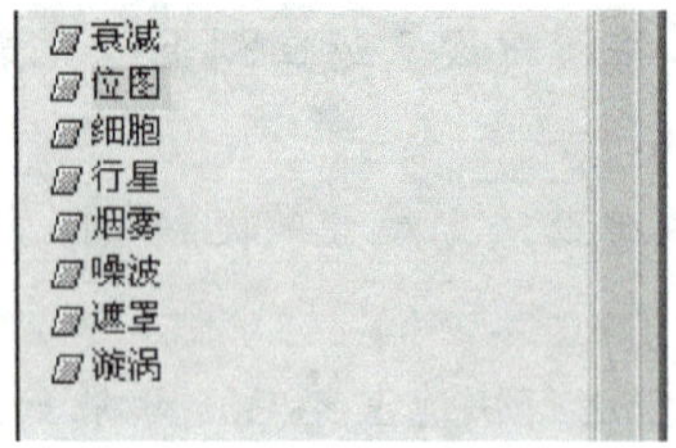

图4-5-14　选择参数

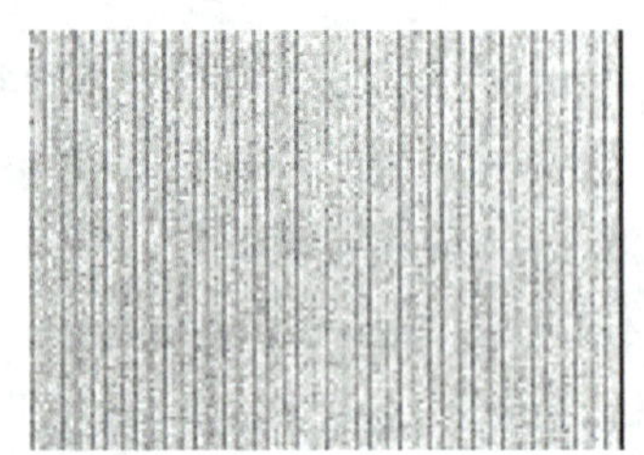

图4-5-15　选择图片

3）单击“转到父对象”按钮，返回到上级目录，展开“贴图”卷展栏，将“凹凸”后的数量值修改为88，如图4-5-16所示。

4）单击“漫反射颜色”材质按钮 None ，在弹出的“材质/贴图浏览器”中选择“新建”单选框，然后在右边的列表中双击“位图”贴图。依然选择项目素材库中的素材4-5-1s.jpg文件，如图4-5-17所示。

☐	光泽度	100	None
☐	自发光	100	None
☐	不透明度	100	None
☐	过滤色	100	None
☑	凹凸	88	Map #2 (纯白.JPG)
☐	反射	100	None
☐	折射	100	None
☐	置换	100	None

图　4-5-16

图4-5-17　选择图片

5）此时的材质球如图4-5-18所示，将制作好的布纹材质赋予“椅垫1”。在视图中选中“椅垫2”，切换到“修改”命令面板修改器下拉列表框中，选择“UVW贴图”编辑修改器，将其“贴图”参数改为“长方体”，结果如图4-5-19所示。

图4-5-18　样本球效果

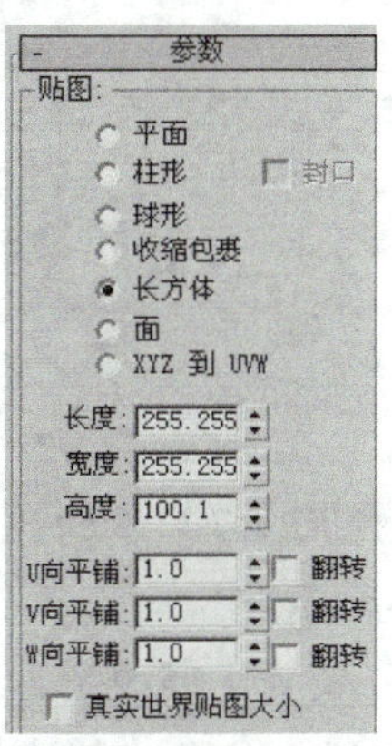

图4-5-19　修改参数

6）在主工具栏中单击“快速渲染”按钮，渲染后的效果如图4-5-20所示。

7）激活顶视图，使用“选择并移动”工具拖动“椅垫1”的同时，按住<Shift>键不放，此时对“椅垫1”进行复制，得到复制品并命名为“椅垫2”，如图4-5-21所示。

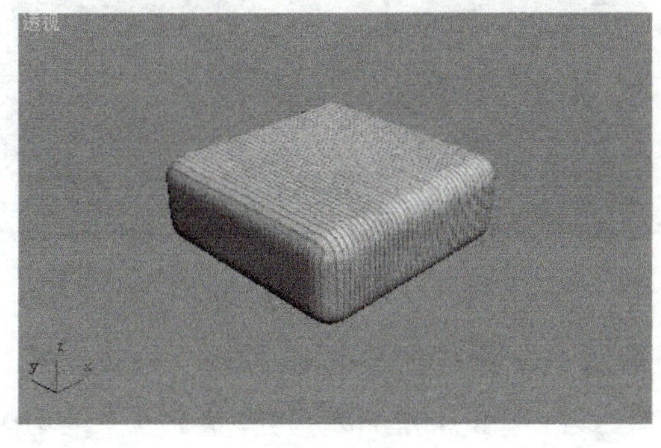

图　4-5-20

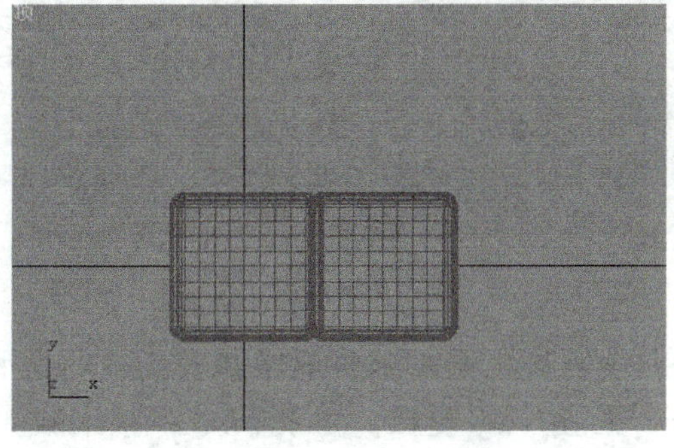

图　4-5-21

8）在“图形”创建命令面板中单击“矩形”按钮[矩形]，在前面视图中新建如图4-5-22所示的矩形Rectangle01，将其命名为“金属支架1”。其参数如图4-5-23所示。

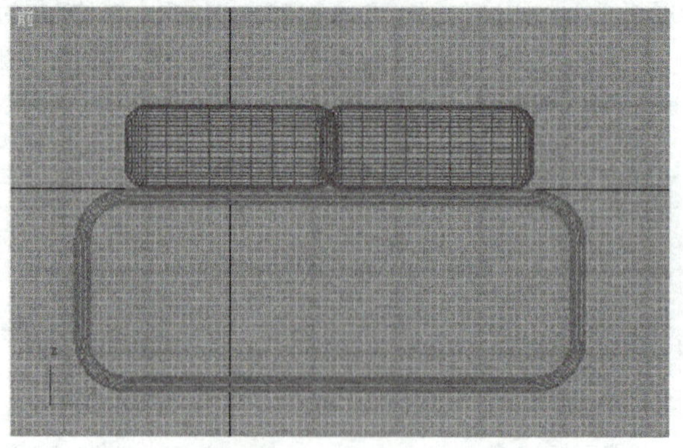

图 4-5-22

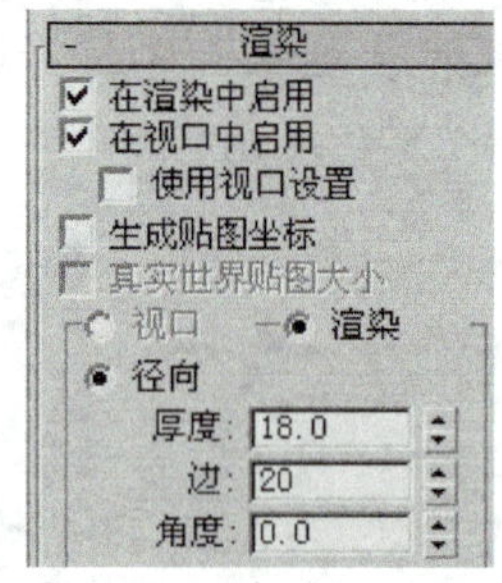

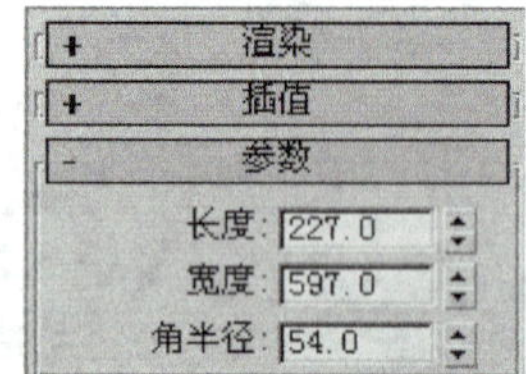

图 4-5-23

9）使用第7）步的操作方法将“金属支架1”复制后，命名为“金属支架2”，结果如图4-5-24所示。

10）激活顶部视图，使用“长方体”命令创建一个长度为1000，宽度为1500，高度为10的长方体，命名为“地板”，并在视图中调整其到合适的位置，如图4-5-25所示。

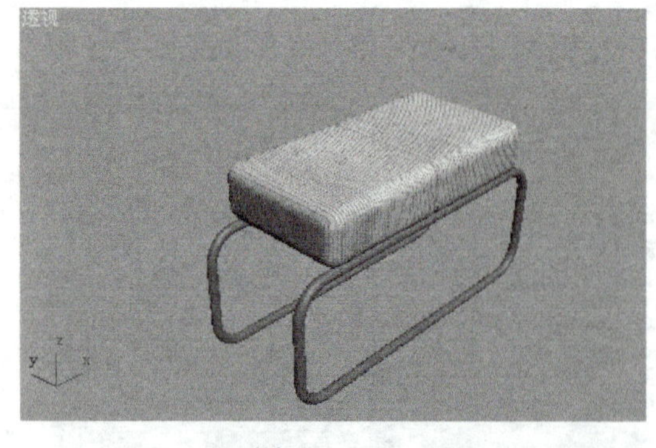

图 4-5-24

图 4-5-25

11）打开“材质编辑器”操作面板，选择第二个示例球，将其命名为“地板材质”。展开“贴图”卷展栏，为其制定一张木纹贴图（本书项目素材库中的素材4-5-2s.jpg文件），如图4-5-26所示。并将此材质赋予场景中的“地板”模型。

图 4-5-26

12）打开“材质编辑器”操作面板，选择第三个示例球，命名为“金属材质”。展开“明暗器基本参数”卷展栏，在下拉列表框中选择“金属”明暗方式，展开“金属基本参数”卷展栏，如图4-5-27所示。

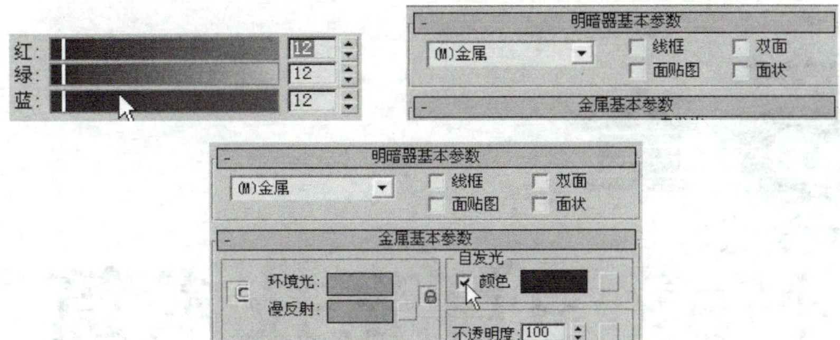

图 4-5-27

13）继续展开其下方的“贴图”卷展栏，单击“反射”后的“None”按扭。在弹出的“材质/贴图浏览器”右边的下拉列表中双击“光线跟踪”贴图选项，保持其参数卷展栏的默认设置。单击“转到父对象”按钮，返回到上级目录，并将其数量设置为60，如图4-5-28所示。

14）快速渲染场景，最终效果如图4-5-29所示。最终效果文件见项目素材库中的“公共坐椅.max”。

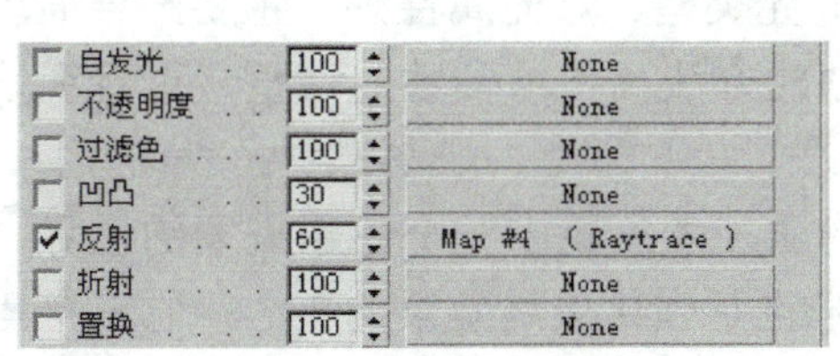

图 4-5-28

图 4-5-29

经验交流

本节选用的实例与现实生活联系紧密，从而能够激发学习者的学习兴趣，促进学习者的求知欲。为了更好地达到教学目标，此环节的安排主要是在学习者已有知识的基础上构建新的知识内容，并在完成任务的过程中，教师随时根据学习者的操作情况，引导学习者自主解决问题，从而更好地提高学习者的软件操作、项目制作水平。

第5章 3ds Max 9灯光技术篇

5.1 项目训练——秋日的沉思（灯光基础）

训练要点

掌握灯光的基本类型和属性；目标聚光灯的创建方法和灯光参数的调整。

训练目标

让学习者通过该项目训练掌握基本常用灯光的创建和调整，并达到举一反三，能够进行其他灯光创建、参数调整的操作。

基础练习

基础训练部分除介绍3ds Max 9中所包含的灯光类型、灯光属性外，主要结合简单的茶壶模型，以目标聚光灯为例，训练灯光的基本创建方法及各项参数的调整，更直观地体验灯光参数调整的效果。灯光基础知识如下。

在我们的生活中，因为有了光这种特殊的物质，才展现出一个色彩斑斓的世界，才呈现出真切实在的场景。在3ds Max 9中，灯光技术也是强化最终效果的核心，它直接影响场景中物体的光泽度、色彩度和饱和度，并且对物体材质的表现效果也起着很显著的衬托作用。在三维场景中灯光的作用不仅仅是将物体照亮，而是要进一步通过灯光效果传达这一场景的基调感觉和逼真度，烘托场景气氛。因为在现实世界中光源是多方面的，如阳光、天光、烛光、荧光灯等，在这些不同光源的影响下所观察到的场景、物体效果也会不同。如日光下的物体颜色、投影和月光或灯光下的物体颜色、投影有着明显的差异，我们也正是需要利用这样的光感效果差异来表现不同的环境氛围。但要达到场景最终的真实效果，我们就需要建立许多不同类型的灯光来实现这些效果。下面先为大家介绍3ds Max 9中的灯光类型及属性。

说明

如果用户没有在场景中设置灯光，则系统会使用默认的照明方式：由两盏灯来照明，默认灯光没有照射到的物体没有阴影，更便于用户看到创建模型或材质的效果，但和现实当中的灯光有明显的差异，如图5-1-1。当用户在场景中根据需要创建灯光时，系统默认的泛光灯会自动关闭，而当用户删除所有创建灯光物体时，系统又会恢复默认的照明方式。

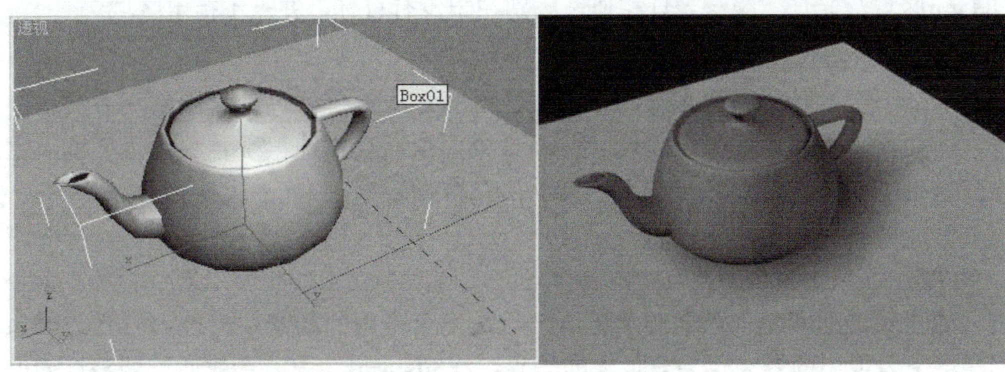

图 5-1-1

1．灯光的类型

灯光有两种类型。一种是“标准”灯光类型，可以细分为目标聚光灯、自由聚光灯、目标平行光、自由平行光、泛光灯、天光、mr区域泛光灯和mr区域聚光灯8种；另一种是虚拟真实的“光度学”灯光类型，其中包括有目标点光源、自由点光源、目标线光源、自由线光源、目标面积光、自由面积光、IES太阳光和IES天光8种。通常光度学类型的灯光只有在光跟踪器或是光能传递两种渲染方式下才能产生很好的照明效果。首先介绍“标准”灯光类型中各种灯光的作用。

在3ds Max 9的“创建”面板中，单击“灯光”按钮，即可打开“灯光”创建面板。选择“灯光”创建面板的“标准”灯光类型标准，在“对象类型”卷展栏中，可以创建的灯光类型有八种：目标聚光灯、自由聚光灯、目标平行光、自由平行光、泛光灯、天光、mr区域泛光灯和mr区域聚光灯，如图5-1-2所示。使用这八种灯光，可以对虚拟三维场景进行光线处理，使场景表现真实的效果，其功能如下。

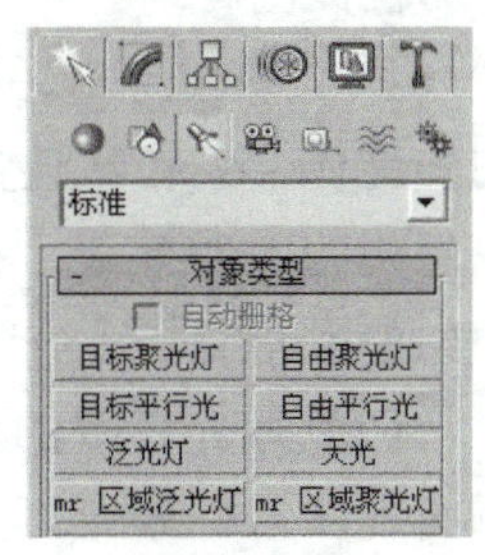

图 5-1-2

（1）目标聚光灯　用来投射扇形光束，影响光束内被照射的物体。它的照射范围可以指定，类似汽车前照灯和剧院的跟踪光。利用目标点和变换照射范围可以指定灯光的照射目标，也可以制作动画。

（2）自由聚光灯　具有所有目标聚光灯的属性，但没有投射目标，它主要用于制作灯光动画。

（3）目标平行光　发出的光源是直射灯束，类似激光和太阳光束，所形成的投影不会出现扇形效果，通常用来模拟太阳光。

（4）自由平行光　和目标平行光类似，区别在于没有投射目标。

（5）泛光灯　是一种点光源，类似于蜡烛，光线从一个固定的点向四面八方发射，能照亮它包含的所有范围。

（6）天光　可以作为场景中的唯一光源用于产生柔和的阴影，也可以和其他灯光配合使用，以产生特殊高光和尖锐阴影效果。

（7）mr区域聚光灯　跟聚光灯相似，区别在于不需要指定区域。

（8）mr区域泛光灯　跟泛光灯相似，区别在于没有目标，并且不指定区域。

2. 灯光的属性及设置

现实生活中有各种各样的光源，如阳光、灯光、火光等。每种光源都具有其自身的属性特点，而如何表现出这些光源属性特点及效果，从而真实地再现各种场景环境，这就需要对光源的属性有清楚的认识。下面就介绍一下3ds Max 9中灯光的主要属性。

（1）灯光的属性

1）亮度：灯光能够照亮场景中的物体，亮度的大小在很大程度上影响着场景的环境氛围。白天的烈日之下和晚上微弱的烛光下，这是完全不同的场景；另外，同样的材质，在不同的亮度下表现出的效果也会有很大的差异。在3ds Max 9中，一般通过调整灯光的“倍增”数值来改变其亮度。

2）灯光的衰减：在夜晚我们观察手电筒发出的光，距离手电筒越近的地方，光的亮度越强；远离手电筒的地方，光会变得很微弱，这就是光的衰减效果。对于一般的灯光，亮度都是有衰减的，如果场景中没有适当的衰减变化，会使场景显得不真实。特别是阴天或雾天的环境中，灯光的衰减更为严重，但如果要模拟阳光照射，则可以忽略它的衰减。

3）灯光颜色和色温：3ds Max 9默认的灯光颜色是纯白色，但很多场景中需要使用其他颜色的灯光效果。例如，太阳光为暖色调光线，颜色为黄白色，普通白炽电灯泡产生的灯光为橘黄色。

4）灯光反射：在现实生活中灯光是可以反射的，所以人们可以看到灯光没有直接照射到的物体。但在默认情况下，3ds max 9中的灯光并不会在物体表面产生反射，因此为了产生理想的照明效果，往往需要比现实情况更多的光源。用户还可以设置灯光的反射特性，例如使用光能传递渲染系统，就可以很好地模拟现实世界中的灯光效果。

（2）灯光参数的设置　在3ds Max 9中灯光的属性主要通过各种光源的卷展栏来实现。下面就以目标聚光灯为例，讲解一下灯光的属性是如何通过各种卷展栏的设置调整来完成的。打开本书项目素材库中模型5-1-1m.max，为其创建一盏目标聚光灯。在“创建”面板中单击“灯光”按钮，打开“灯光”创建面板。在下拉列表框中选择“标准”灯光类型，在“对象类型”卷展栏中单击“目标聚光灯”按钮 目标聚光灯 ，在“前视图”中需要定义目标聚光灯的光源地点，即光源照射的发出点，按下鼠标左键并拖动鼠标，确定光源照射的角度范围，当拖动到目标物体上时，释放鼠标完成目标聚光灯的创建，这时光的照射示意图就出现在视图窗口中，效果如图5-1-3所示。

要进一步调整灯光的属性，就要在保持当前灯光的选择状态下打开“修改”面板，通过“目标聚光灯”的各卷展栏来设置。“目标聚光灯”包括“常规参数”卷展栏、“强度/颜色/衰减”卷展栏、“聚光灯参数”卷展栏、“高级效果”卷展栏、“阴影参数”卷展栏、“阴影贴图参数”卷展栏，单击各卷展栏前面的加号可将其展开。

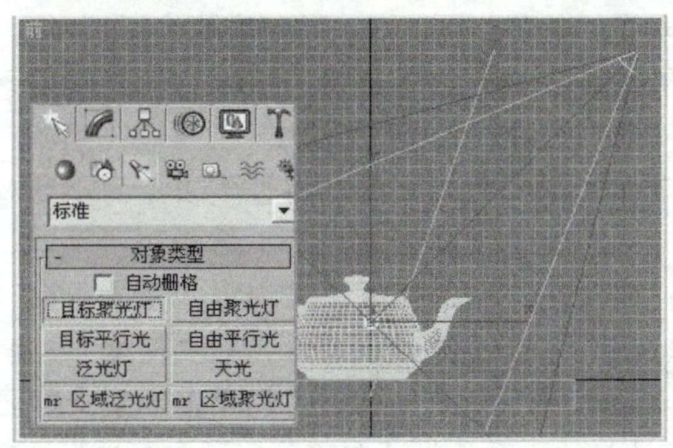

图 5-1-3

说明

刚刚创建目标聚光灯后，并不像我们预料的一样整个场景变得更加明亮了，而是突然变暗了，这是因为在默认的情况下，3ds Max 9提供了默认的光源，以便观察到设计者所创建的对象。当设计者创建了灯光对象时，3ds Max 9就会认为设计者将自己设计灯光，因此系统提供的默认光源关闭，场景因而变暗。

1）“常规参数”卷展栏：其中包括“灯光类型”与“阴影”两个选项区，如图5-1-4所示，其功能如下：

① 灯光类型。

启用：这是灯光的开关，当选中该复选框时，场景中的光线对场景中的对象产生作用。当取消选择该复选框时，灯光仍然保留在场景之中，但是灯光将不再对场景中的对象产生任何影响，系统默认的灯光也不会开启。

目标：这实际是指光源到目标对象的距离，其后面显示的数值即是从聚光灯到对象的距离。这是一个只读的属性，要调节该距离，可通过在视图中移动聚光灯来改变该值，也可取消选择“目标”复选框，在其后显示的数值框中输入数值。

② 阴影。

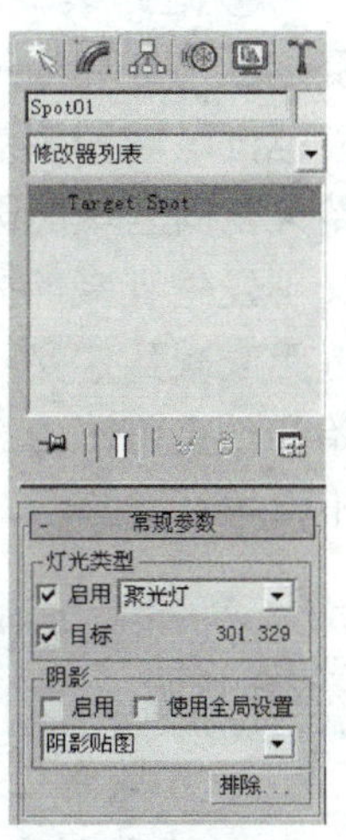

图 5-1-4

启用：该复选框用于显示或者消除阴影。

使用全局设置：该复选框常被用来操作要使用相同设置的灯光，如设置一排街灯。

阴影贴图：使用贴图的方法计算阴影，而不是采用光线追踪方法。贴图方法是从灯光投影一幅贴图到场景中，并计算投射的阴影。使用阴影贴图方法时，可在“阴影贴图”下拉列表框中选择“阴影贴图”选项即可。

排除：在每创建一个灯光时，3ds Max 9都默认为灯光对所有的对象有效。单击该按钮，在其对话框中可以将一个对象从光的影响中排除或者包含进来。

2）“强度/颜色/衰减”卷展栏：内容如图5-1-5所示，其功能如下。

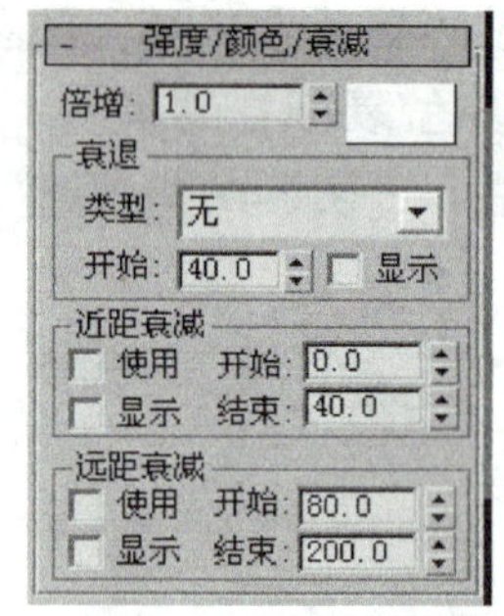

图 5-1-5

① 倍增。用来调节光源的强度，当倍增值为1时是正常的光强，当倍增值为0～1之间时会减小光的强度，当倍增值大于1时能够增大光的强度。倍增值也可以设置为负数值，这时将使光源的效果相反，光源不是“喷射”光线，而是“吸收”光线，在光源作用的范围之内，场景中和光源颜色相同的光将被删去，而不是照亮场景。白天的烈日之下和晚上微弱的烛光下，这是完全不同的场景。另外，同样的材质，在不同的亮度下表现出的效果也会有很大的差异。在3ds Max 9中，一般通过调整灯光的“倍增”数值来改变其亮度、灯光颜色和色温：3ds Max 9默认的灯光颜色是纯白色，但很多场景中需要使用其他颜色的灯光效果。例如，太阳光为暖色调光线，颜色为黄白色，普通白炽电灯泡产生的灯光为橘黄色。

② 颜色块。该颜色块决定了光的颜色和强度，单击它可以设置光的RGB值HSV的值。

③ 衰退。为模拟真实灯光而进行的衰减设置。在“类型”下拉列表框中包括以下三个选项：“无”选项，表示不使用自然衰减，灯光的衰减设置完全由近距离衰减和远距离衰减中的属性来控制。“倒数”选项可使灯光的强度与距离成反比例关系变化。“平方反比”选项表示灯光强度与灯光的距离成反比例平方关系，这是真实世界的灯光衰减方式。比较看来，反比例衰减比反比例平方的衰减要自然得多，而采用反比例平方的衰减使灯光过于局限化，所以通常都采用反比例衰减方式。

④ 近距衰减。其中“使用”表明被选择的灯光是否使用它被指定的范围，如果选中该复选框，灯光周围的圆圈表明了灯光开始和结束的范围区域；“显示”表明灯光开始和结束范围区域的圆圈在灯光没有被选择时是不可见的，选中显示复选框，则表示灯光开始和结束范围区域的圆圈在没有被选择时也可以看到；“开始”下拉列表框对于近距衰减，定义不发生衰减的内圈范围，对于远距衰减，定义开始发生衰减的内圈范围；“结束”对于近距衰减，定义不发生衰减的外圈范围，对于远距衰减，定义发生衰减的外圈范围。在开始和结束范围内灯光强度按线性变化。由于远距衰减中的各项作用与近距衰减相同，这里不再重复讲解。

 **说明**

在点着蜡烛的房间内，距离蜡烛越近的地方，烛光的亮度越强：远离蜡烛的地方，烛光会变得很微弱，这就是烛光的衰减效果。对于一般的灯光，亮度都是有衰减的，如果场景中没有适当的衰减变化，会使场景显得不真实。特别是阴天或雾天的环境中，灯光的衰减更为严重，但如果要模拟阳光照射，则可以忽略它的衰减。

3）聚光灯参数卷展栏：单击该选项卡前面的加号，将其展开，内容如图5-1-6所示。在该卷展栏中各参数的功能如下。

① 显示光锥：在视图中，聚光灯被选择时将会显示蓝色和浅蓝色为边框的锥形，该区

域表示光线的最大光强区域和衰减区域。如果取消选择“显示光锥”复选框，则当灯光没有被选择时，这个锥形区域将不再出现；如果选中“显示光锥”复选框，则无论灯光是否被选择，锥形区域都出现在视图中。

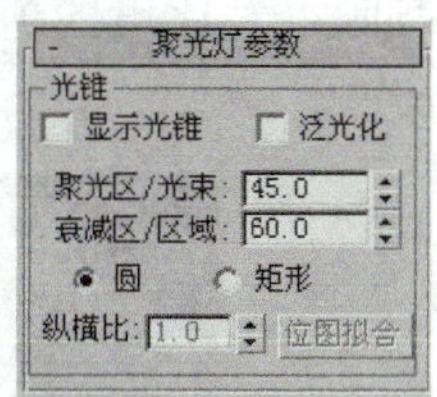

图 5-1-6

② 泛光化：当选中该复选框时，光线能够照亮所有的方向。但是只有在锥形框中投影的对象才有阴影，在锥形框之外的对象虽然能被光线照射到，但是在对象背后没有阴影。

③ 聚光区/光束：这是以角度表示的一个值，它以光源为顶点，形成一个张角为光束的圆锥体。在该圆锥体区域包含范围内的光线具有最大的光强。“聚光区/光束”的值要比下面提到的“衰减区/区域”的值要小。

④ 衰减区/区域：这也是一个以角度表示的值，它是围绕光源的假想球体的一部分。聚光灯喷射出来的光线在聚光控制的区域内光强最大，衰减控制区域在聚光控制区域的外围，光强在衰减控制区域内由最强逐步衰减到0，因此当衰减区的值远远大于聚光区的值时，光线将会有一个比较柔和的边缘。

⑤ 圆单选按钮、矩形单选按钮：设置光线锥体的形状。一般使用“圆形”，如果用户选中“矩形”单选按钮，也可将光锥的形状设置为矩形。如图5-1-7所示分别为使用“圆形”光线锥体与“矩形”光线锥体得到的效果。

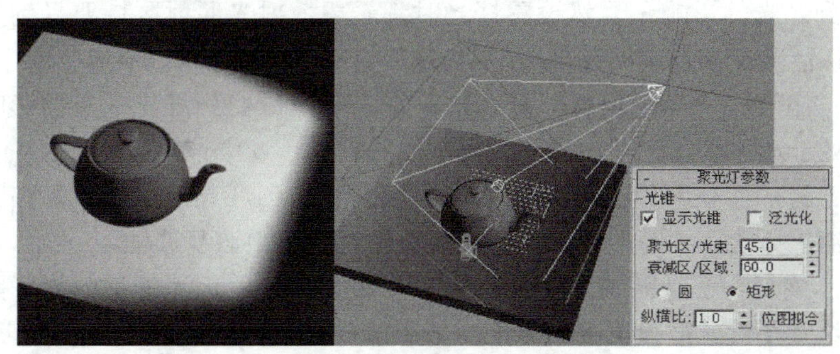

图 5-1-7

⑥ 纵横比：当光线锥体选择“矩形”锥体投影方式时，该数值框将被激活，调节这个值，改变的是矩形的长宽比。

⑦ 位图拟合：当选中“矩形”单选按钮时，单击“位图拟合”按钮，则可以从弹出的对话框中选择一张位图图片。这时矩形的长宽比将自动匹配这个确定的位图，注意选择这张位图并不是投影贴图。

4）高级效果卷展栏：单击卷展栏前边的加号将其展开，内容如图5-1-8所示。

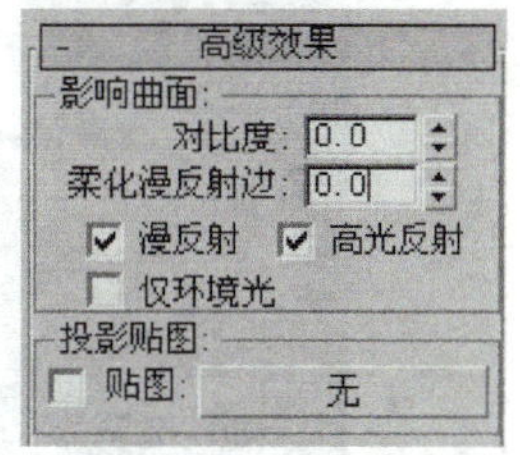

图 5-1-8

“影响曲面”包含以下几项内容。

对比度：该值可以在0～100之间变化，它用于调节光在最强和最弱的区域之间的对比度。一般当光垂直地照射在物体的表面时，该表面是明亮的，如果表面发生偏转，则光将变成倾斜照射，接收到的光较弱。对比度的值越大，得到的光越强、越刺眼；对比度的值越小，则光线越弱、越柔和，如图5-1-9所示分别为对比度20和100时的效果。

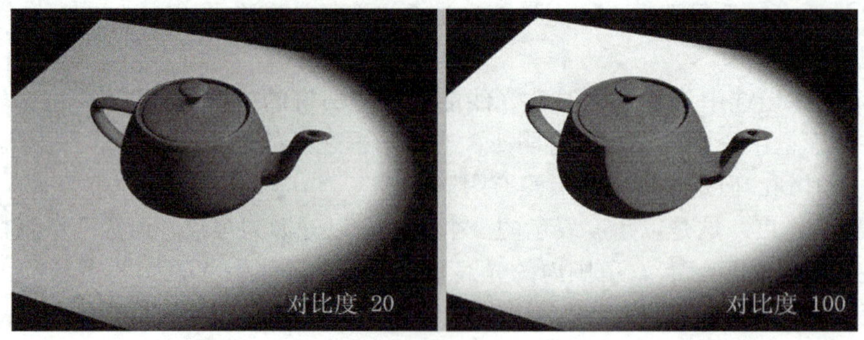

图 5-1-9

柔化漫反射边：这也是一个可以从0～100变化的属性值，它影响的是散射光和环境光之间的光线柔和度。该值越大，则散射光和环境光之间的过度越柔和；该值如果过低可能使散射光和环境光之间的过度显得生硬；增加该值，可以轻微地减少整个光线的亮度，不过一般影响并不是很大。

漫反射：当选中“漫反射”复选框时，散射光照射区域受到灯光效果的影响，而高亮区域并不受到灯光的影响。显然设置灯光时都希望散射光照射区域要受到灯光效果的影响，因此在默认情况下该复选框处于选中状态。

高光反射：当选中“高光反射”复选框时，高亮区域受到灯光效果的影响。在默认情况下该复选框处于选中状态，用户可以根据需要决定是否选中该复选框。

仅环境光：选中“仅环境光”复选框，阴影区域受到灯光效果影响。在默认情况下该复选框处于取消选择状态，用户可以根据需要决定是否选中该复选框。

投影贴图：该复选框是贴图的开关，只有开启这个开关，才能进行投影贴图。选择一张花的位图，这张图片就被投影到对象上，效果就像在太阳的照射下花的投影，如图5-1-10所示。

5）阴影参数卷展栏：单击阴影参数卷展栏旁边的加号，即可将其展开，如图5-1-11所示。在该展卷栏中可设置阴影图片，使对象的阴影部分被图片所代替。

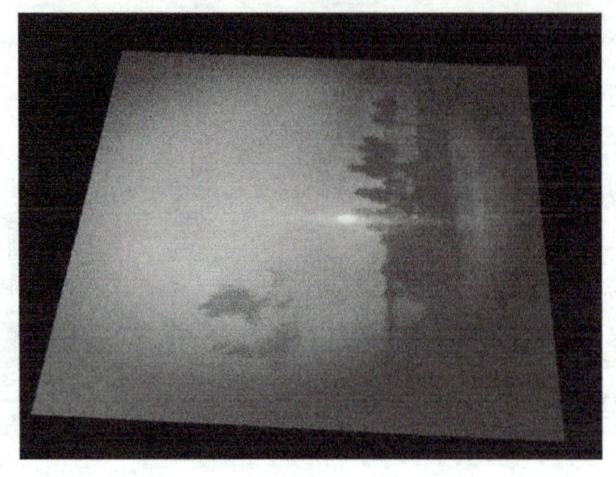

图 5-1-10

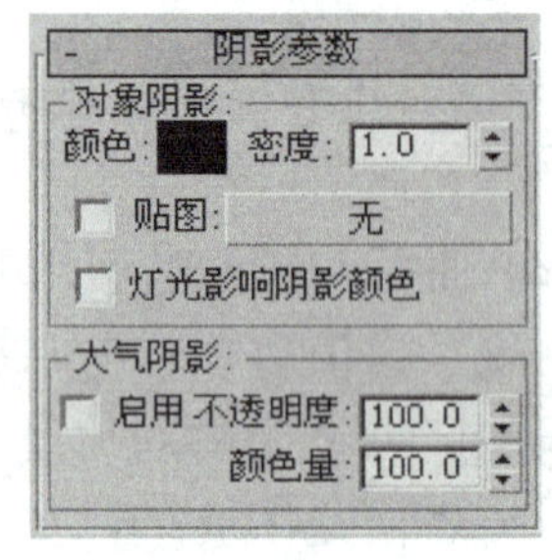

图 5-1-11

在“对象阴影”选项区中选中“贴图”复选框，单击其右侧的“无”按钮，在打开的“材质/贴图浏览器”对话框中选择“位图”选项，单击“确定”按钮，在打开的“选择位图图像文件”对话框中选择一张图片文件，单击“打开”按钮。渲染透视视图，观察阴影贴图的效果，可以看到这张图片覆盖了对象的阴影部分，如图5-1-12所示。

图　5-1-12

说明

阴影贴图与上面讲到的投影贴图不同，前者是将贴图投影在对象上，而后者是将对象的阴影部分用贴图代替，而对象上面没有图片。两者截然不同，初学者需注意。

6）阴影贴图参数卷展栏：单击“阴影贴图参数”卷展栏前面的加号，即可将其展开，如图5-1-13所示。

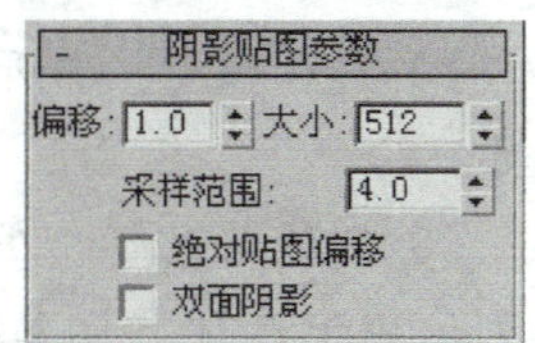

图　5-1-13

① 偏移：设置投影的偏移，此项功能用于使阴影产生一点偏向或者偏离对象的位移。这项功能在投影对象的设置是相对于接受阴影的对象时应该特别注意，如桌子上的茶壶阴影设置。低的偏移值将使阴影靠近投下阴影的对象，高的偏移值将使得阴影远离对象物体。如图5-1-14所示为偏移值分别为1和20时的投影效果。

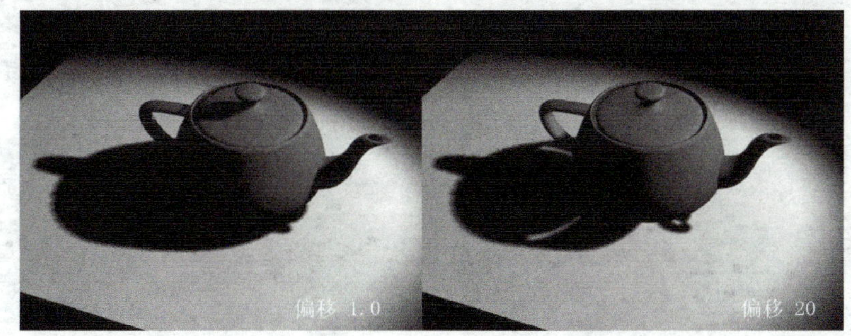

图　5-1-14

② 大小：用阴影贴图方法计算出的投影尺寸大小，如果阴影不够明显，可以考虑增加大小值以提高阴影的效果。注意提高大小值的同时也会增加渲染的时间。如图5-1-15所示是将偏移值设置为0，再分别将大小值设为100和1000时，阴影贴图的效果对比。

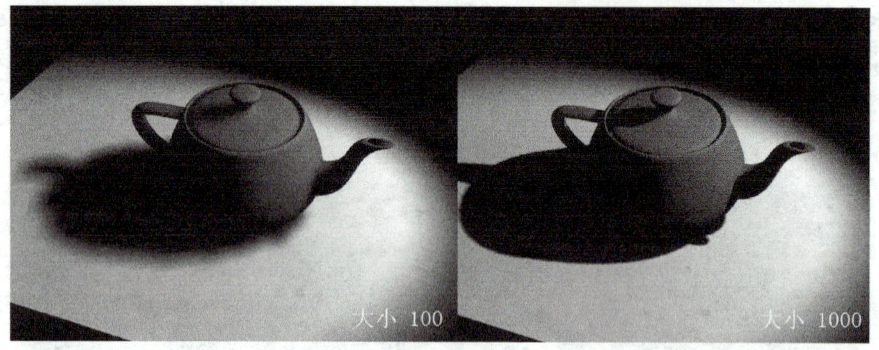

图 5-1-15

③ 采样范围：该值决定着阴影范围采样的次数，采样的次数越少，则产生的阴影越柔和；采样的次数越多，将产生比较尖锐的阴影。增加采样的次数，则计算机运算次数会相应增加，因而渲染的时间也会变长。

④ 绝对贴图偏移：这是一个用于动画制作的参数。在动画渲染过程中，由于在每一帧中都要重复计算贴图偏移，使得阴影边有时模糊。选中该复选框，能够把它变成贴图偏移的静态计算，这样在动画渲染过程中将不会出现上述情况。

项目实训

秋日的沉思制作实训步骤

1）打开模型：打开项目素材库中模型文件5-1-2m.max文件，默认渲染效果如图5-1-16所示。

2）创建聚光灯：在“创建”面板中单击“灯光”按钮，打开“灯光”创建面板。在下拉列表框中选择“标准灯光类型”，单击“目标聚光灯”按钮，在前视图需要定义目标聚光灯的光源地点，按下鼠标左键并拖动鼠标。渲染效果如图5-1-17所示。

图 5-1-16

图 5-1-17

3）阴影启用：观察现在的效果，虽然画面当中出现明暗变化效果，但与现实场景中的阴影效果有明显差异，还需要进一步进行参数设置。在灯光“常用参数”卷展栏的“阴影”选项区中勾选“启用”选项，效果如图5-1-18所示。

图 5-1-18

4）创建泛光灯：接下来在顶视图中创建一盏泛光灯，位置如图5-1-19所示，将场景中未被聚光灯照射的部分照亮。然后，调整泛光灯"阴影参数"密度为0.9，效果如图5-1-20所示。

5）投影贴图：在聚光灯"高级效果"卷展栏中"投影贴图"选项区勾选"贴图"，并在右侧选择"位图贴图"方式，指定项目素材库中提供的"树.jpg"贴图，这样整个场景就产生了一种真实感，最终渲染效果如图5-1-21所示。

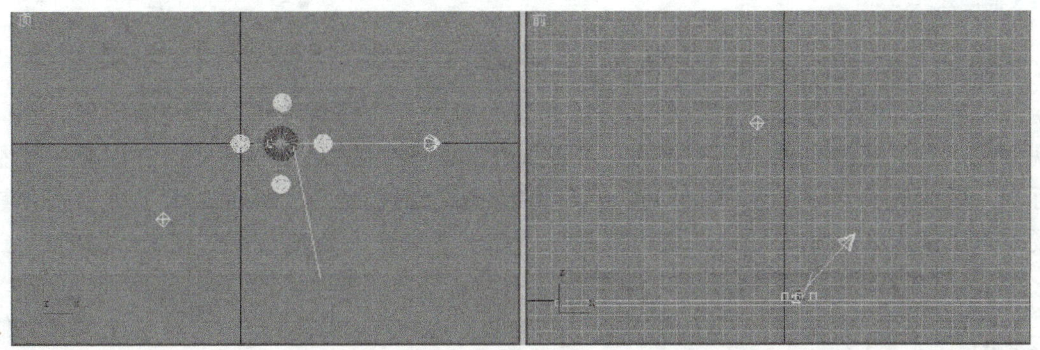

图 5-1-19

图 5-1-20

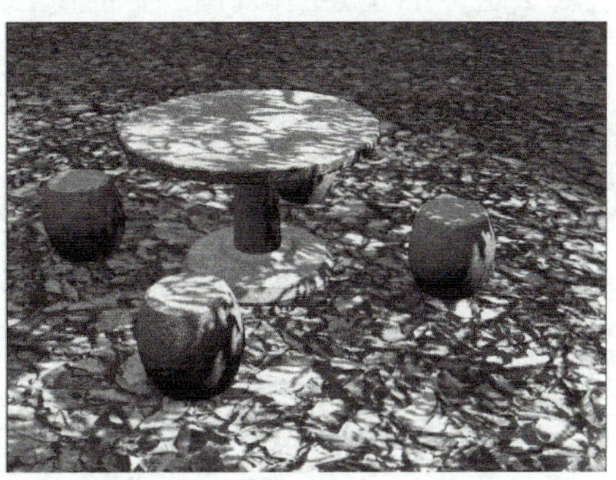

图 5-1-21

经验交流

因为灯在光技术的实际训练中是以目标聚光灯、泛光灯的综合使用为主，所以学习者应该加强训练，能够熟练地创建灯光，并根据场景需要调整灯光的参数，从而更深层次地了解不同灯光类型的作用及其属性的设置调整。

5.2 项目训练——清晨餐桌（三点照明）

训练要点

掌握灯光的基本布光原则；以及泛光灯、目标平行光灯的创建调设；三点照明法的使用。

训练目标

让学习者通过该项目训练掌握并灵活运用三点照明法。

基础练习

该部分主要介绍灯光的布光原则及三点照明法。

一个好的作品，包含了对造型、材质和灯光等因素的综合考虑。不同的场景，不同的表现效果，对灯光的要求也是不同的。可以说在3ds Max 9的场景中布光，并没有一成不变的标准，因为每个场景的物体布局和要表现的环境氛围都是不一样的，所以需要结合具体的场景来灵活设计满意的灯光效果。但是对于初学者来说，还是有一些规律可循的，在3ds Max 9的场景中布光主要有以下三方面原则。

一是主光源，它解决场景中的主要对象照明问题；二是辅助光，它对主光源产生的照明区域进行柔化和延伸；三是背光，它照亮场景中的主要物体边缘，使其与背景分开。

那么这种在场景主体周围三个位置上分别布置“主光源”、“辅助光”和“背光”（有时视场景需要，还可增加补光、背景光等光源），从而获得良好光影效果的这种方法，就是三点照明法。下面就练习一下3ds Max 9中比较常用的三点照明法。

项目实训

该项目除训练灯光的基本布光原则及其作用外，主要以目标聚光灯、泛光灯、目标平行光的综合使用为主，使学习者熟练运用三点照明法，从而更深层次地理解灯光的布光原则及其作用。

清晨餐桌制作实训步骤

1）打开模型：打开项目素材库中的模型5-2-1m.max文件，渲染效果如图5-2-1所示。

图 5-2-1

2）创建主光源：主光源是场景中最基本的光源，用来照亮场景中的主要对象及周围区域，并且给主体对象投射阴影，通常情况下是场景中最亮且唯一打开阴影功能的灯光。主光源一般位于摄影机的旁边，并偏离15～45度，高于摄影机。根据不同的环境要求，主光源的位置设置也可以有其他的变化。在场景中创建一盏“目标平行光”作为主光源，位置如图5-2-2所示。

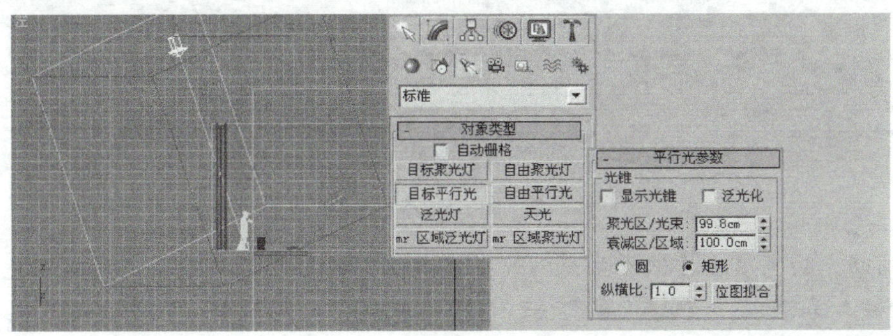

图 5-2-2

适当调整“目标平行光”的参数并渲染场景。由于我们选用灯光的阴影类型为“默认阴影贴图”，所以灯光不能穿透玻璃材质，在“常规参数”卷展栏的下拉列表框中选择“光线跟踪阴影”，如图5-2-3所示。渲染效果如图5-2-4所示。

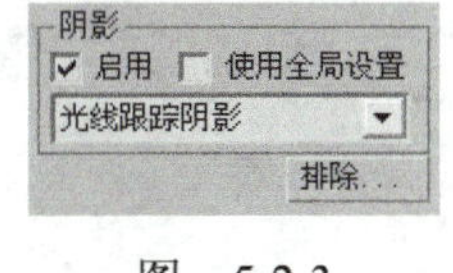

图 5-2-3

图 5-2-4

观察图5-2-1和图5-2-4分别为默认的照明效果与加入主光源后的照明效果。如图可见，使用默认的一盏灯照明，场景显得很平淡，没有层次感，而加入主光源后，照亮了场景中的主要物体，但是使得场景明暗对比过于强烈，缺乏真实感。这样就需要我们再创建一个辅助光源。

3）创建辅助光：辅助光对主光源产生的照明区域进行柔化和延伸，并且使更多的物体提高亮度并显现出来。辅助光可以用来模拟来自天空的光源（除了阳光以外）或是场景中的反射光，也可以是第二光源，如台灯等。因为辅助光拥有上述功能，所以可以在场景中添加多个辅助光。辅助光一般使用聚光灯，也可以使用泛光灯，但注意不要在场景中使用过多泛光灯，那会导致场景丧失层次感。在上面的场景中继续添加一盏“泛光灯”，作为场景的辅助光源。在“顶视图”中相对于主光源的另一侧，比主光源略低处添加辅助光，如图5-2-5所示。

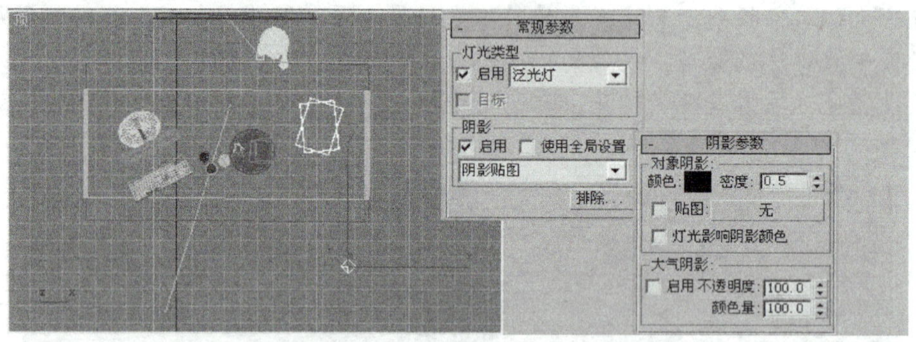

图 5-2-5

设置辅助光的亮度应该低于主光源，并且设置它的颜色为希望获得的环境色，在“强度/颜色/衰减”卷展栏，点击“颜色块”调整灯光颜色，同时将“阴影参数”卷展栏中的“密度”值设为0.5，详细设置如图5-2-5，渲染场景效果如图5-2-6所示。

图 5-2-6

可以看到加入辅助光源后，场景的照明效果改善很多，但是场景的层次感还不是很好，下面接着通过加入背光改善效果。

4）创建背光：背光的作用是照亮场景中的主要物体边缘，使其与背景分开，以增加主体的深度感、立体感。在视图中添加一盏“泛光灯”作为背光，将其置于物体之后，摄影机的对面。在“左视图”中将背光放置于高于物体的位置，具体参数如图5-2-7所示。

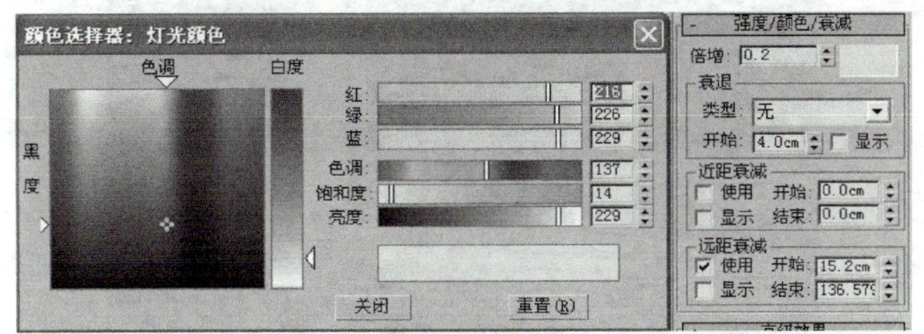

图 5-2-7

因为使用的是“阴影贴图”，所以需要在灯光的“常规参数”中点选“排除”，将玻璃排除，以便灯光能正常照射到玻璃后的物体，同时能产生类似天光产生的柔和阴影，方法如图5-2-8所示。之后复制“泛光灯”，设置位置如图5-2-9所示。渲染场景，得到的效果如图5-2-10所示

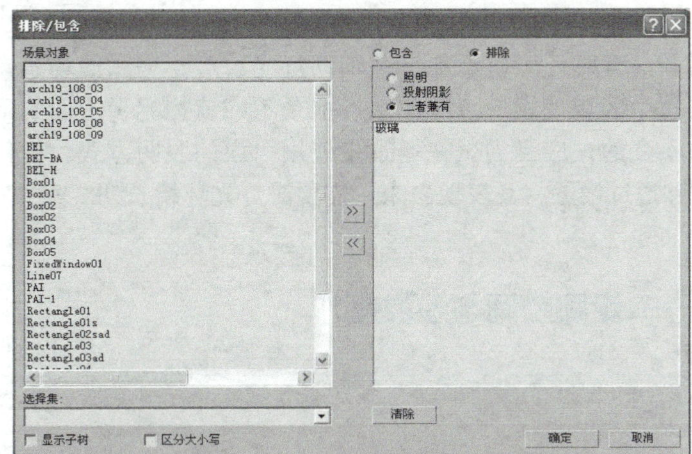

图 5-2-8

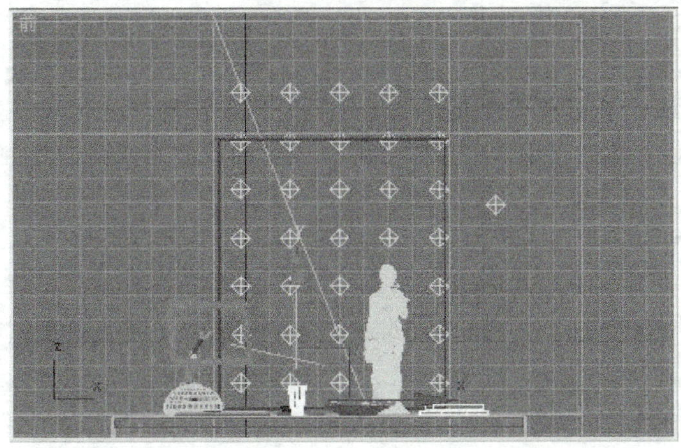

图 5-2-9

图　5-2-10

现在可以看到主要物体的边界更为明显，可以更好地从背景中分离出来。

➘ 经验交流

根据场景的需要，有时还可以添加一些辅助灯光。对一些大的场景，可以把场景分成一些小区域，并在每个区域使用三点照明法。但是不应该拘泥于上面的形式，即使是三点照明法也不是一成不变的，应当尝试在场景中使用自由的照明方式。如何把握一个场景中需要的灯光效果，并通过设置将其表现出来，需要对灯光环境长期观察并不断积累经验。

5.3　项目训练——走廊空间与沙发制作

➘ 训练要点

光度学灯光类型中的目标点光源的创建调整；高级照明中的光能传递渲染器的应用，即高级灯光渲染。

➘ 训练目标

通过该项目训练让学习者了解高级灯光渲染，掌握高级灯光渲染在室内效果图制作中的应用；并通过面板参数的调整及光度学各灯光类型面板的相似性达到融会贯通的目标。

➘ 项目实训

运用光度学灯光类型中的知识点，结合公共区域装修中走廊空间项目实例，训练学习者掌握高级灯光渲染的方法。还通过沙发制作的实例简单介绍了高级照明中光跟踪器的计算方式。

1．走廊空间制作实训步骤

1）打开模型：打开项目素材库中的模型5-3-1m.max文件，默认渲染效果如图5-3-1

所示。激活“摄影机视图”，单击主工具栏上的“快速渲染”按钮，进行测试渲染，效果如图5-3-2所示。

图　5-3-1

图　5-3-2

2）创建目标点光源：当前场景没有打任何灯光，下面为场景布置灯光。单击“灯光创建面板”选中下拉列表框中“光度学”灯光类型 光度学 ，单击“对象类型”中的“目标点光源”按钮 目标点光源 ，如图5-3-3所示。在“前视图”创建一盏“目标点光源”01，位置如图5-3-4所示。

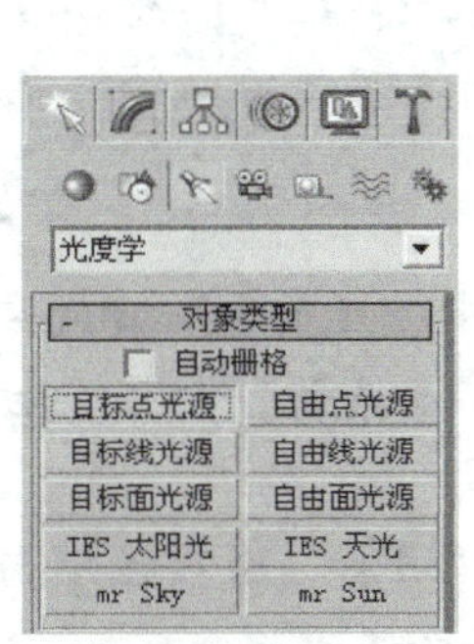

图　5-3-3

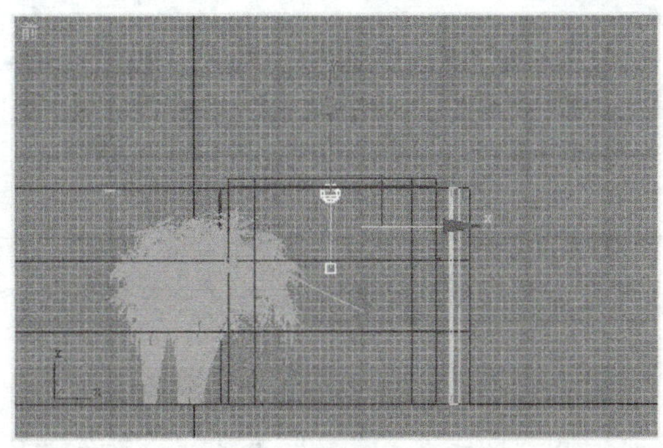

图　5-3-4

3）调整参数面板：单击“强度/颜色/分布”卷展栏，设置“分布” 下拉列表框为“Web”，如图5-3-5；在“常规参数”卷展栏的“阴影”选项区中勾选“启用”复选框，如图5-3-6；在 “阴影贴图参数”展卷栏内设置“偏移”为1.0、 “大小”为1024、 “采样范围”为4.0，如图5-3-7所示。

图　5-3-5

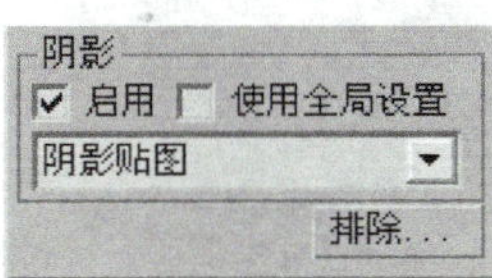

图　5-3-6

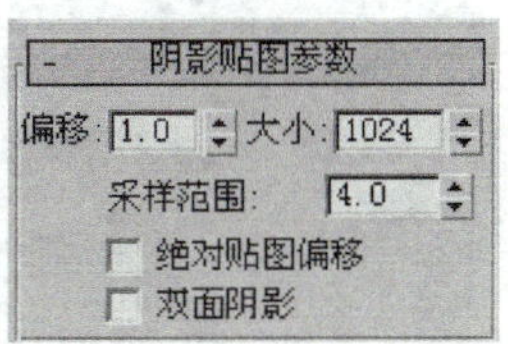

图　5-3-7

4）复制灯光：确定光源处于选中状态，右击鼠标在弹出的快捷菜单中选择“克隆”命令，在弹出的面板中选择“实例”选项，单击“确定”按钮，再调整复制出的目标点光源02的位置，如图5-3-8所示。

执行上一步的操作，继续复制出03等光源，使它们的位置和场景中天花板上的射灯对齐，位置如图5-3-9所示。

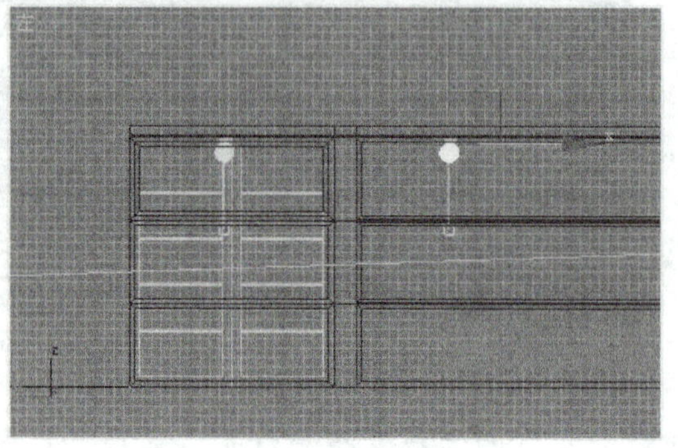

图 5-3-8

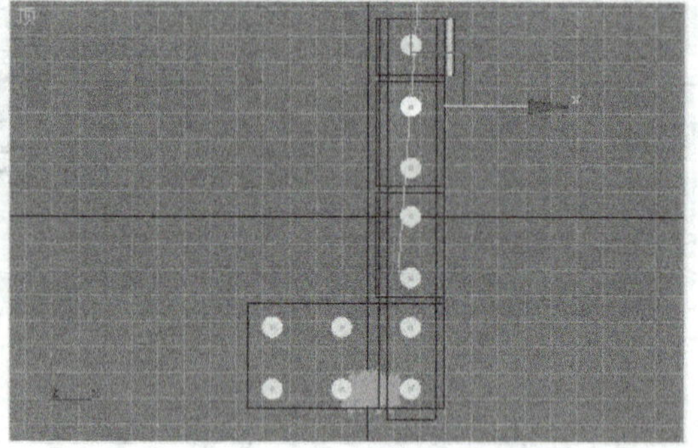

图 5-3-9

说明

复制灯光过程中，如选择“实例”复制方式，在调节其中一盏灯光的参数时，与之相关联的灯光参数也随着改变；若选择“复制”方式时，与之不相关联的灯光参数不会受到影响。

5）创建目标面光源：选择“灯光创建面板”的下拉列表框中“光度学”灯光类型，单击“目标面光源”按钮 目标面光源 ，在“前视图”创建一盏“目标面光源”灯光，位置如图5-3-10所示。

在“目标面光源”参数面板中，在“常规参数”卷展栏的“阴影”选项区中勾选“启用”复选框，在“区域光源参数”卷展栏中设置“尺寸”选项区数值为长4cm、宽380cm，如图5-3-11所示。单击主工具栏中的“快速渲染”按钮，进行测试渲染，效果如图5-3-12所示。

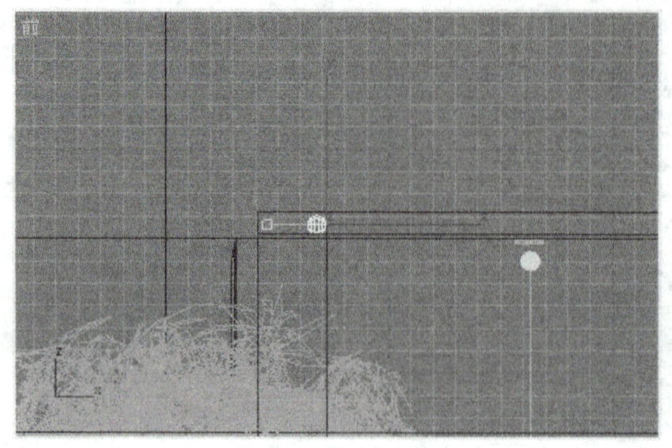

图 5-3-10

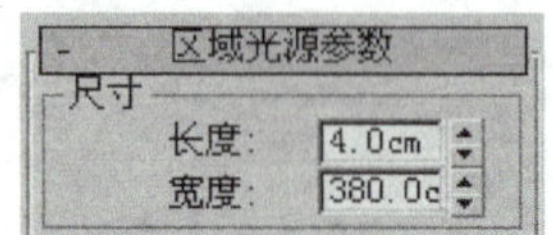

图 5-3-11

图 5-3-12

6）指定IES光域网文件：选择“目标点光源”参数面板，在“强度/颜色/分布”卷展栏中选择“分布”下拉列表框的“Web”项，激活“Web参数”卷展栏，如图5-3-13所示。并点选“无”按钮，为其指定项目素材库中的IES光域网文件，如图5-3-14所示。

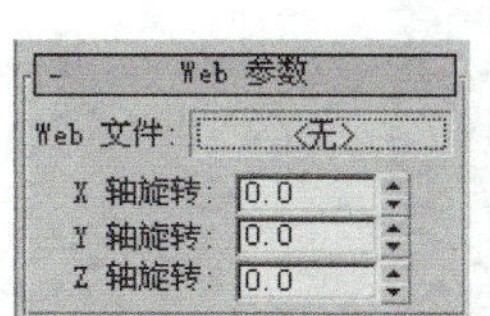

图 5-3-13

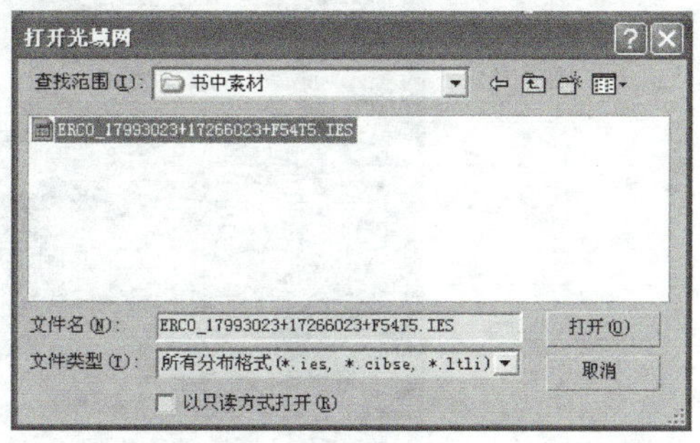

图 5-3-14

说明

由于没有进行光能传递计算，所以测试渲染效果很暗，光度学灯光只有通过光能传递，才会将光线分布到周围的物体上，这也是与普通灯光的区别。

7）执行渲染：执行主菜单“渲染”→“高级照明”→“光能传递”命令，如图5-3-15所示。

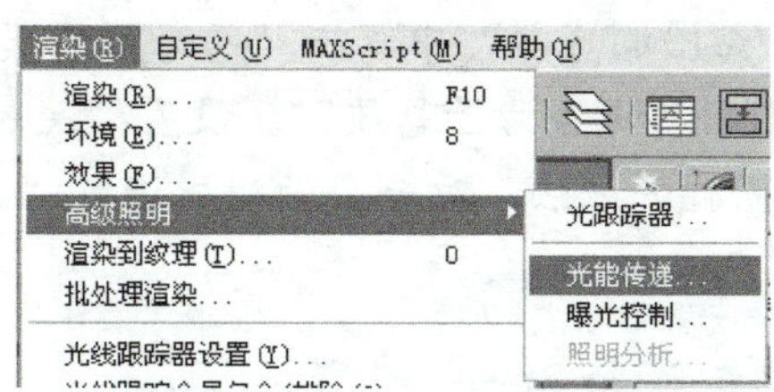

图 5-3-15

在“渲染场景”对话框中单击“高级照明”选项卡，打开“光能传递网格参数”卷展栏，勾选“启用”复选框，设置“最大网格大小”为30cm，“最小网格大小”为10cm，“初始网格大小”为50cm，如图5-3-16所示；在“光能传递处理参数”的“处理”选项区，设置“优化迭代次数（所有对象）”值为3。再单击“开始”按钮，开始光能传递计算，如图5-3-17所示。观察计算进度，计算到50%左右时单击“停止”按钮，进行测试渲染，效果如图5-3-18所示。

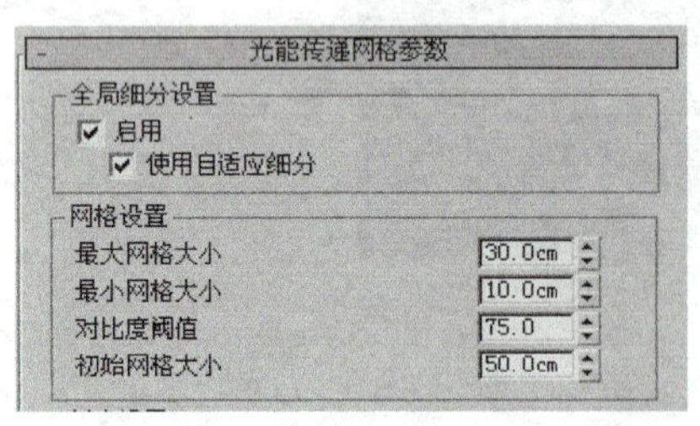

图　5-3-16

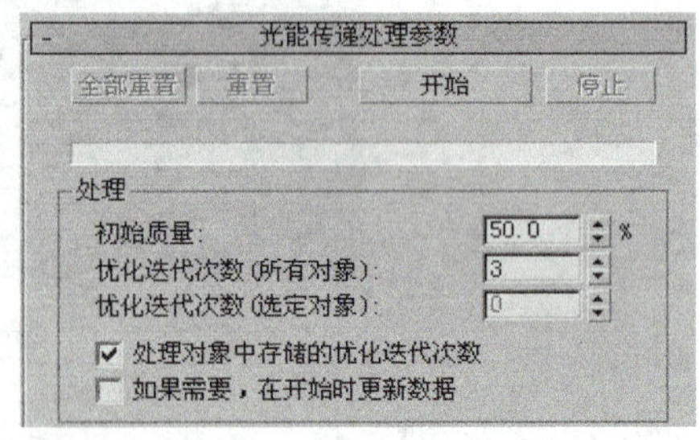

图　5-3-17

图　5-3-18

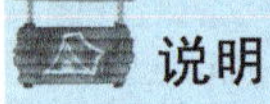 **说明**

有些场景，由于是按默认值来渲染的，材质没有给予高级光照设置，灯光高度参数未调节，也没有对场景进行曝光控制，所以渲染效果会产生曝光过度现象。

8）赋材质：打开“材质编辑器”，选择墙面的材质球，单击“standard”按钮 Standard，在弹出的“材质/贴图浏览器”中双击“高级照明覆盖”选项，在弹出的“替换材质”对话框中，选择“将旧材质保存为子材质”。设置“反射比”为0.77、“颜色溢出”为0.65，如图5-3-19所示。用同样的方法，对剩余的材质进行“高级光照设置”。

 **说明**

这两项参数在此起到一定的作用。如果渲染出来的效果很暗，可以加大反射比值来加强场景的亮度。

9）调整亮度：执行主菜单“渲染”→“环境”命令，弹出“环境和效果”对话框，单击“环境”选项卡，在“曝光控制”卷展栏的下拉列表框中选择“对数曝光控制”，激活“对数曝光控制参数”卷展栏，勾选“仅影响间接照明”复选框，如图5-3-20所示。

10）高级渲染：打开光能传递设置面板，单击“重置所有”，然后点击“开始”按钮，开始重新进行光能传递计算，计算到50%左右的测试渲染效果如图5-3-21所示。从当前渲染效果可以看出，曝光得到了控制。

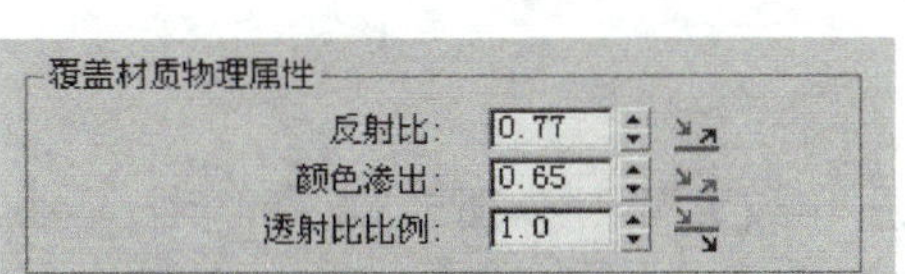

图 5-3-19

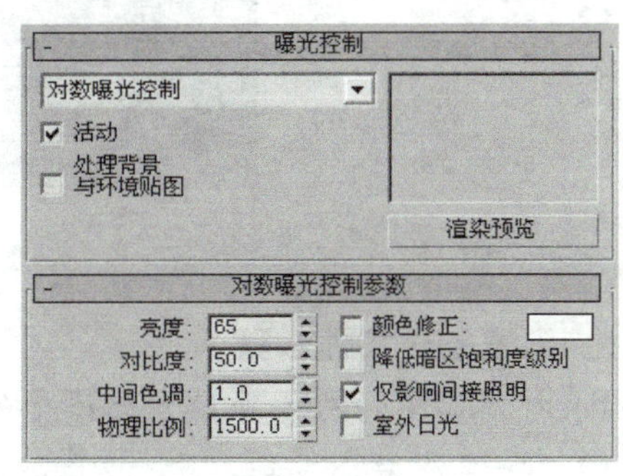

图 5-3-20

图 5-3-21

说明

若场景过暗，可以提亮场景的亮度，其方法有3种途径：一是在“环境参数面板”直接提高亮度值；二是加大灯光的亮度值；三是对材质高级照明反射值加大。

11）提亮场景：下面选择第一种途径来提亮场景，这种方法是经常用到的。在“环境参数面板”→“对数曝光控制参数”卷展栏，设置亮度为60，为了避免光色上比较单一，在光照上更富有变化，效果更好，接下来对灯光的发光色进行调整。

12）调整发光色：选择“目标点光源”，在“强度/颜色/分布”卷展栏内选择“光源色块”，将其调节为黄色。用同样的方法，调节“目标面光源”的RGB值。

13）渲染出图：重新进行光能传递计算，计算到80%左右的渲染效果如图5-3-22所示。

图 5-3-22

2．沙发制作实训步骤

1）打开模型：打开项目素材库中的模型5-3-2m.max文件，如图5-3-23所示。单击工具栏中的“快速渲染”按钮，进行测试渲染。场景是一个简单的沙发模型和一个通过立方体反转法线后生成的地面物体。效果如图5-3-24所示。

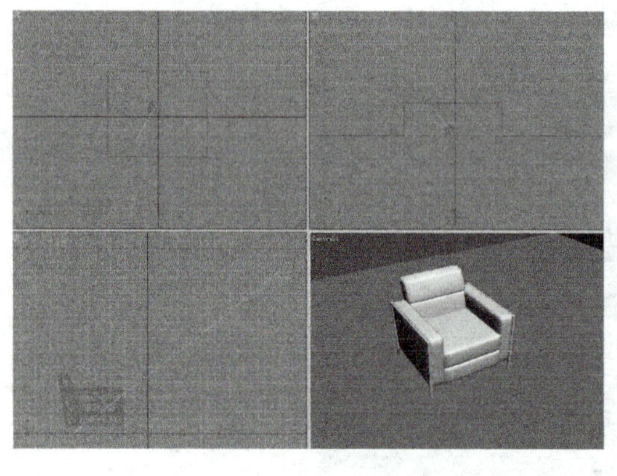

图 5-3-23

图 5-3-24

2）创建聚光灯：单击“灯光创建”面板中的创建“目标聚光灯”按钮，在前视图创建一盏“目标聚光灯”并调整一个合适的角度照射。

3）参数设置：单击“修改”按钮，进入“灯光参数面板”，在“常用参数”卷展栏的“阴影”选项区，勾选“启用”复选框，展开“聚光灯参数”卷展栏，设置“聚光区/光束”值为30.0，“衰减区/区域”值为75，如图5-3-25所示，单击“渲染”按钮进行渲染，效果如图5-3-26所示。

4）执行渲染：执行主菜单“渲染”→“高级照明”→“光跟踪器”命令，弹出“渲染场景”对话框，单击“高级照明”选项卡。按默认值进行渲染，此时效果与之前的相同，那是因为按默认时灯光的反弹值是零，光线没有进行传播，所以沙发背部很暗，如图5-3-27所示。

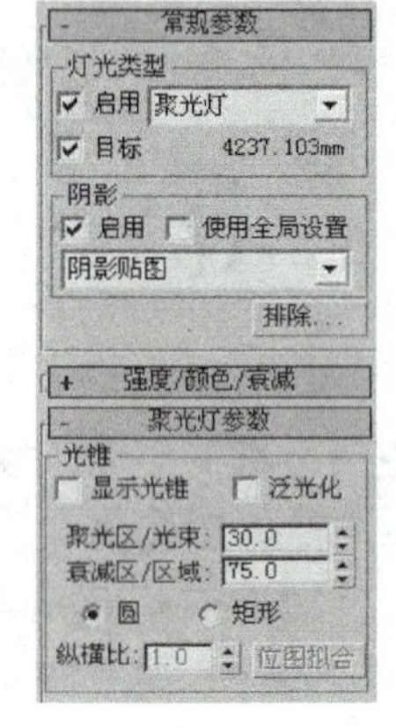

图 5-3-25

图 5-3-26

图 5-3-27

说明

高级照明系统包括两种，一是本节要练习的光跟踪器系统，二是光能传递系统。

5）设置反弹值：在“高级灯光”卷展栏，设置“反弹值”为1，并测试渲染，效果如图5-3-28所示。沙发的背部已有了光线照明效果（可以理解为环境光）。现在不仅是光线进行传播，物体的固有色之间也进行传播。所以，在沙发物体上有地面材质颜色的色彩成分（可以理解为环境色），反弹值越高，光线传播程度也随着增强。在“参数”面板系统也提供了“颜色溢出”值，主要是控制颜色的反弹程度。

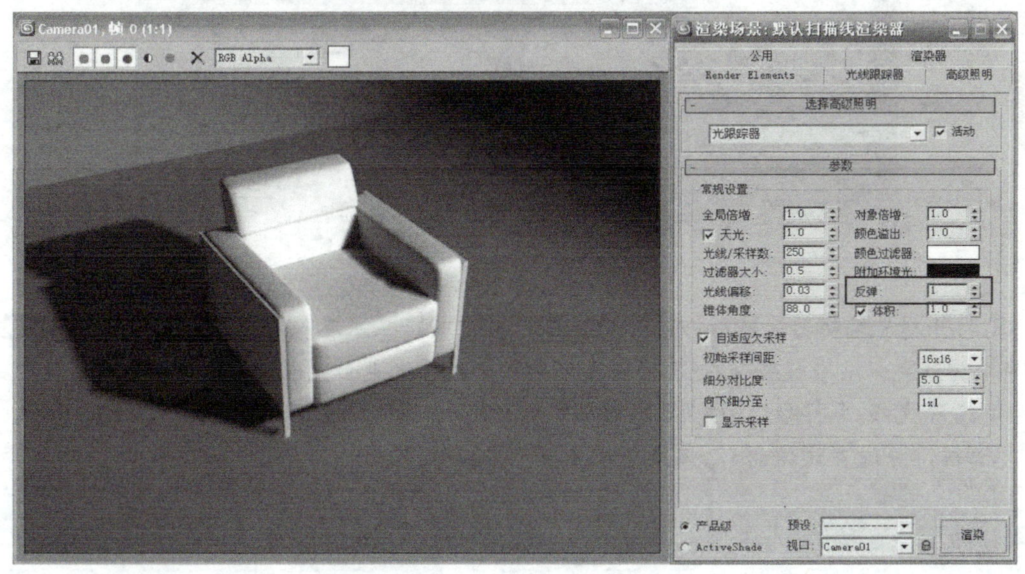

图 5-3-28

6）设置颜色溢出：在“参数”展卷栏，设置“颜色溢出”值为0.5，再进行渲染，现在，物体间颜色的相互反弹，已得到控制，在“颜色溢出”选项的下侧是“颜色过滤器”。下面调节该项颜色，再进行渲染，观察得到怎样的效果。效果如图5-3-29所示。

图 5-3-29

7）设置颜色过滤器：在“颜色过滤器”选项的下侧，设置“颜色过滤器”的色块，并测试渲染效果，渲染效果表明该项颜色对物体也是有影响的。效果如图5-3-30所示。

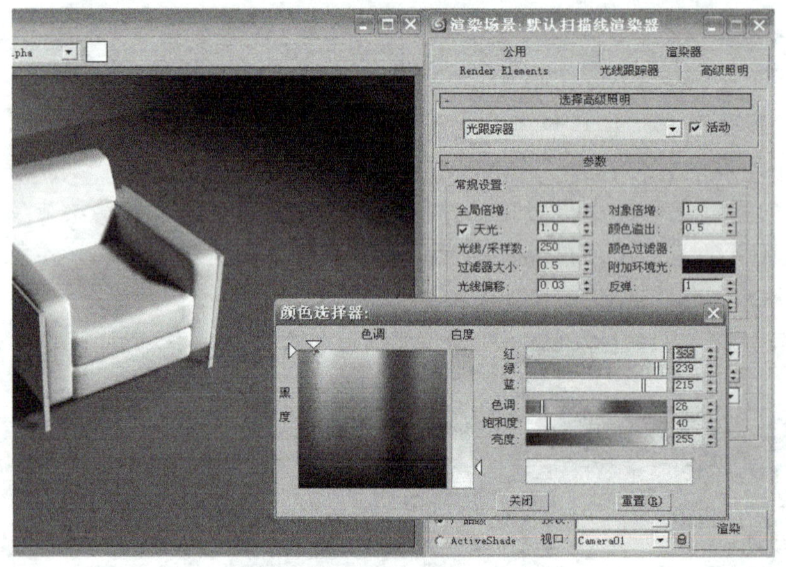

图 5-3-30

8）打开材质编辑器，选择沙发的材质球，在“明暗基本参数”卷展栏，设置“环境光”右侧色块为蓝色，渲染效果如图5-3-31所示。此时，在物体表面上已经有较好的色块变化效果。

9）设置光线/采样数：在“高级照明”选项卡中设置“光线/采样数”为30，勾选“体积”复选框，并设置该值为5，渲染效果如图5-3-32所示。

说明

降低“光线/采样数”的值是为了提高渲染速度，但渲染画面会产生黑斑，提高“体积”的值可对黑斑进行模糊处理，到最后渲染时，为了得到更好的效果，可将“光线/采样数”值还原或适当提高。为了提高效率，将“反弹”值恢复为0，再为场景添加一盏“天光”作为辅助光。

10）创建天光：在“灯光创建”面板，单击创建“天光”按钮，在“顶视图”创建一盏“天光”，如图5-3-33所示。按天光默认参数进行渲染，效果如图5-3-34所示。

11）光源倍增：现在灯光的亮度都过强，下面调节光源“亮度值”。分别设置Spot01光源的“倍增”值为0.9；Sky01光源的“倍增”值为0.8，如图5-3-35所示，其渲染效果如图5-3-36所示。

12）参数调整：为了研究天光，对沙发材质和该照明面板中的部分参数进行恢复与调整。在“材质编辑器”中选择沙发的材质球，调节“环境光”右侧色块的颜色为灰色，在“高级照明”卷展栏中设置“光线/采样数”值为100，“体积”值为2，“颜色过滤器”右侧色块的颜色为白色，如图5-3-37所示。

图 5-3-31

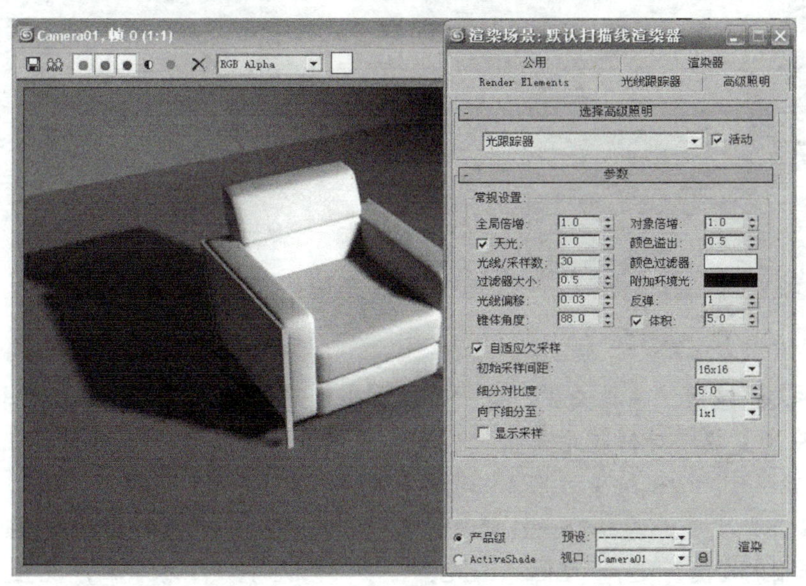

图 5-3-32

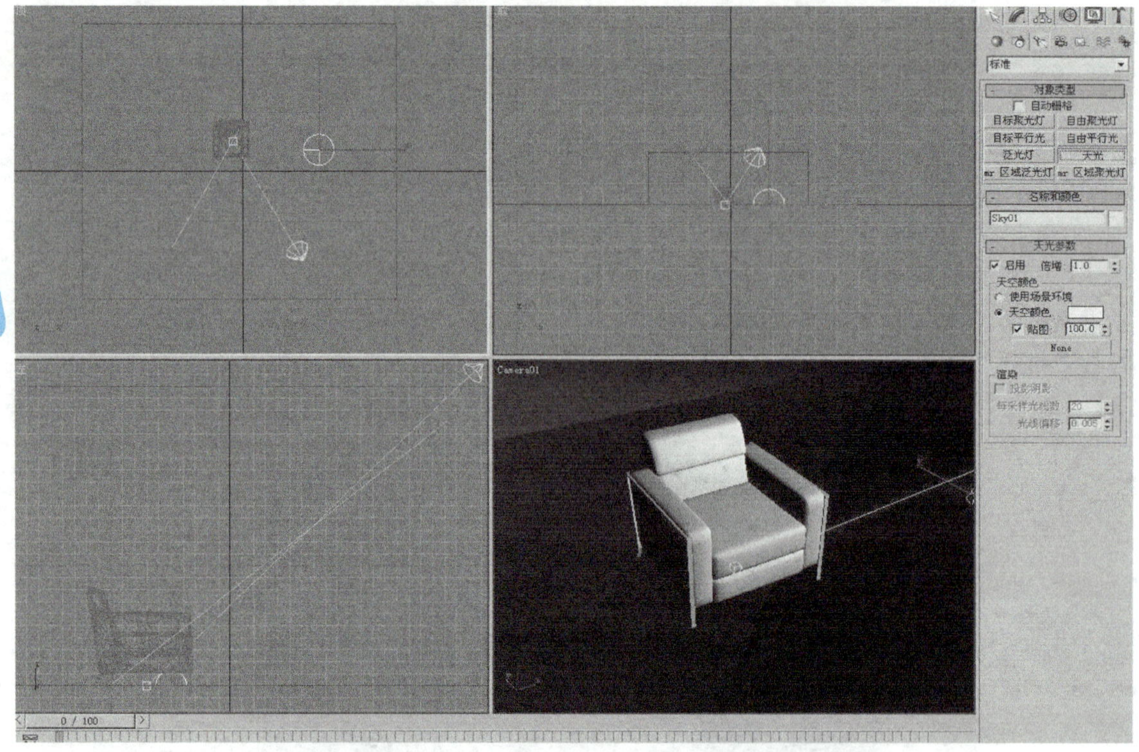

图 5-3-33

图 5-3-34

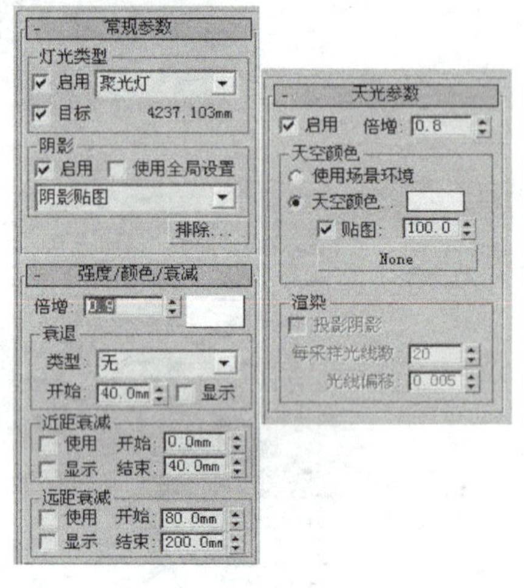

图 5-3-35

13）调整天光贴图：选择天光，在“天光参数”卷展栏，单击“None”按钮，在弹出的“材质/贴图浏览器”对话框中双击“位图”选项，打开项目素材库中的“背景.jpg”文件，如图5-3-38所示。测试渲染效果，如图5-3-39所示。

14）调整天光亮度：选择Spot01光源，在“常用参数”卷展栏灯光类型选项区，取消“启用”复选框的勾选。选择“Sky”01光源，在“天光参数”卷展栏，设置“倍增”值为1.1，再次进行测试渲染，效果如图5-3-40所示。

图 5-3-36

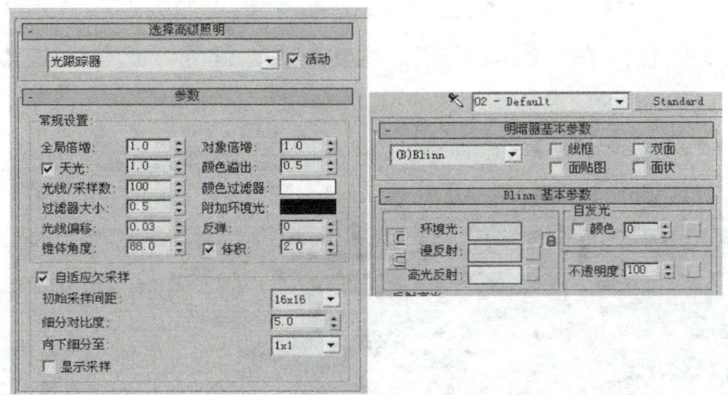

图 5-3-37

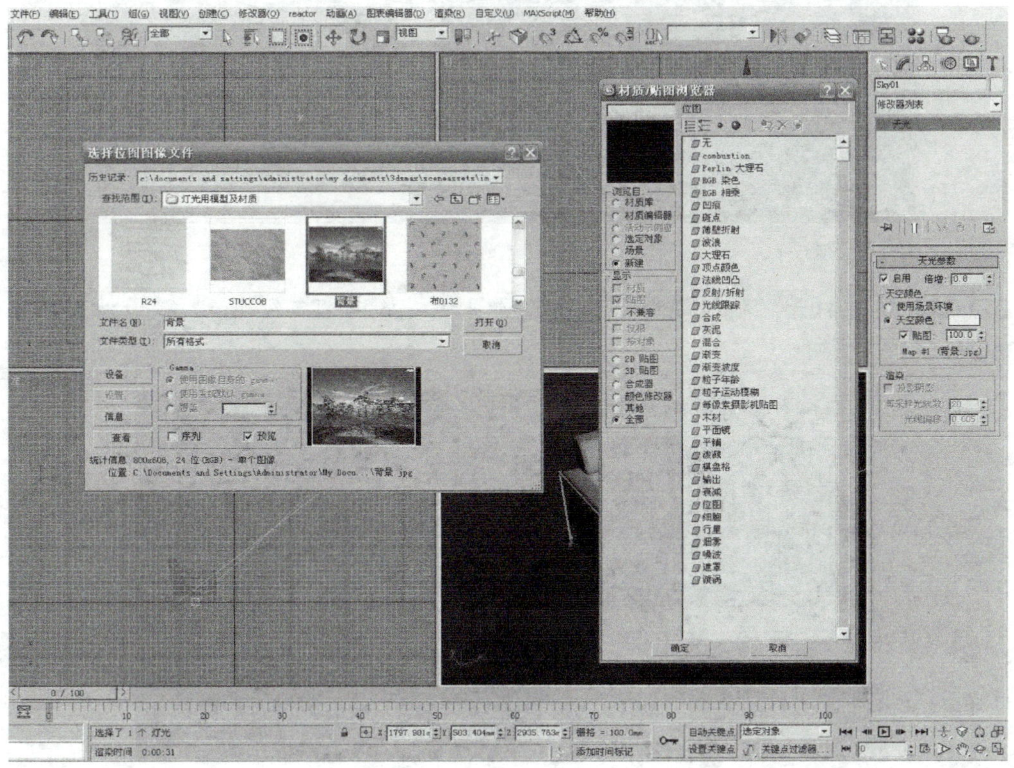

图 5-3-38

图　5-3-39

图　5-3-40

15）加强天光反弹值：在“高级照明”参数面板，设置“反弹”值为2，再次渲染，效果如图5-3-41所示。

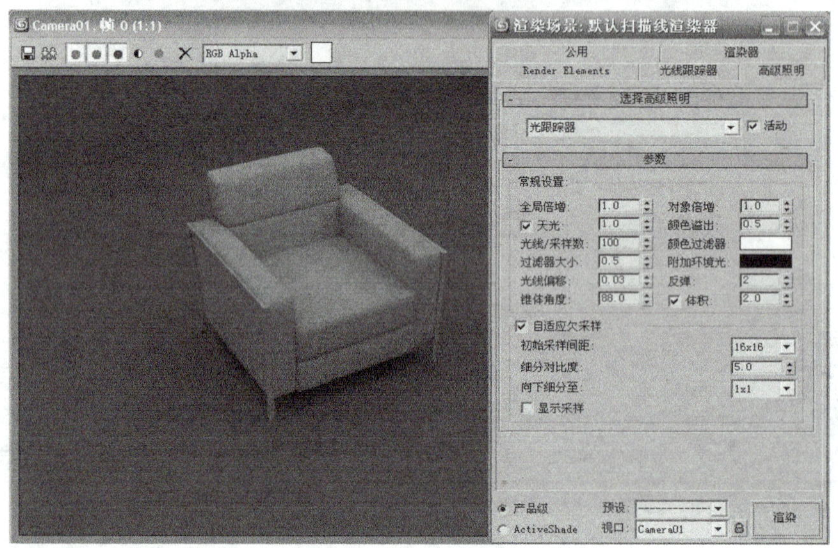

图　5-3-41

16）赋材质：打开“材质编辑器”，将项目素材库中“布纹.jpg”赋予沙发物体，如图5-3-42所示。

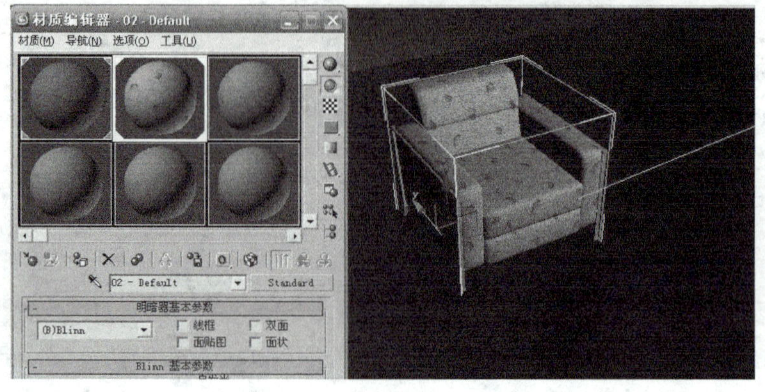

图　5-3-42

17）最后渲染输出：在“高级照明”参数面板，调节“光线/采样数”值为300、“颜色溢出”值为0.8、“体积”值为1.5，再次进行渲染，最后的效果如图5-3-43所示。

图 5-3-43

经验交流

本节主要讲解的是如何通过3ds Max 9中自带高级照明中的两种光照计算方式进行模型的灯光设置，重点在于光能传递方式中的参数调节，模拟真实的光照效果。而光跟踪器的计算方式，会受到场景灯数量和模型的复杂程度影响，渲染用的时间会随着场景的复杂而成倍增长，不适合效果图的制作，所以只做简单演示说明。对于3ds Max 9中的灯光设置，不仅要了解各种参数的调节作用，达到熟练操作。更要多看实景、照片等，分析现实生活中各种灯光呈现的效果。

5.4 项目训练——夏日别墅

训练要点

主要讲解3ds Max 9自带的日光系统，重点是如何运用系统提供的时间、地点进行模拟及受动进行调节。

训练目标

要让学习者了解系统提供的日光参数，掌握调节参数，创建真实的模拟效果；通过学习与训练达到能够独立实现利用3ds Max 9的日光系统创建真实模拟场景。

项目实训

运用3ds Max 9自带的日光系统，以室外的真实模拟场景夏日别墅为实训项目，让学习者掌握日光系统的使用。

夏日别墅制作实训步骤

日光在室外场景中的运用主要有两种：一是以系统提供的时间、地点进行模拟；二是直接通过手动调节来模拟。

1）打开模型：打开项目素材库中的5-4-1m.max文件。单击主工具栏中的“快速渲染”按钮，进行快速渲染，效果如图5-4-1所示。在场景中背景色使用了一张贴图，目前还未创建任何灯光。

图 5-4-1

2）创建日光灯：单击“创建面板”中的“系统”按钮，在“对象类型”卷展栏中单击“日光”按扭，如图5-4-2所示，在“顶视图”创建一盏“日光灯”，“日光灯”创建位置如图5-4-3所示。

图 5-4-2

下面练习使用第一种方法。

3）获取位置：在“日光灯参数面板”→“控制参数”卷展栏中单击“获取位置”按钮，弹出“地理位置”对话框，如图5-4-4所示。选择“地图”为“Asia（亚洲）”、“城市”为“Changchun China（中国长春）”，如图5-4-5所示。

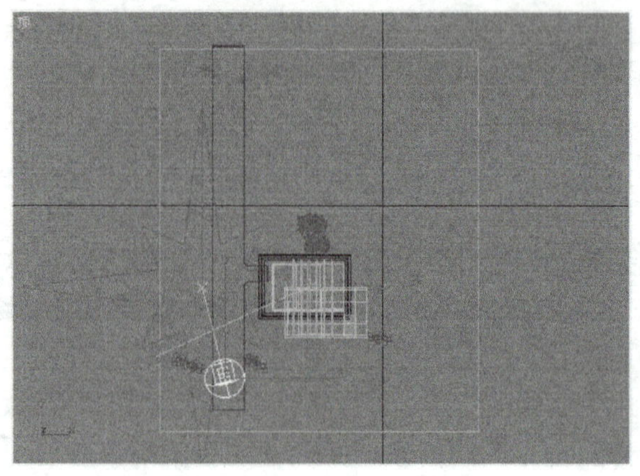

图 5-4-3

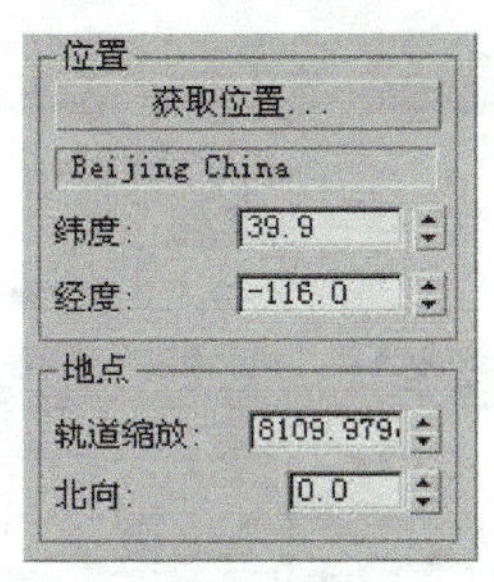

图 5-4-4

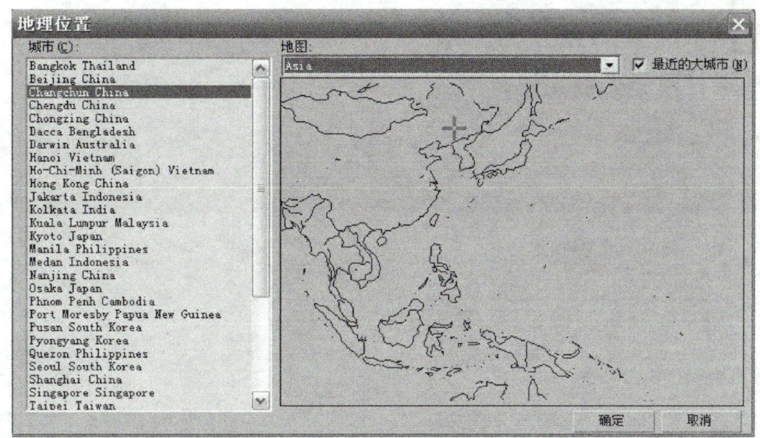

图 5-4-5

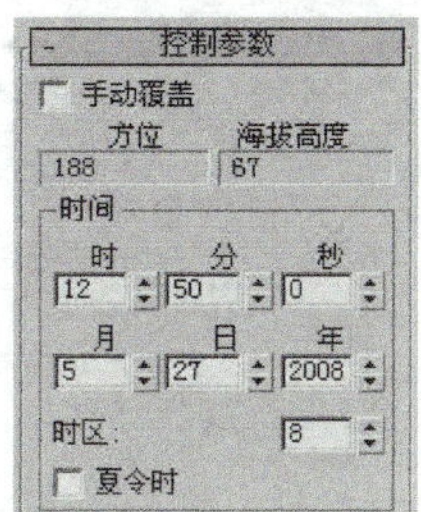

图 5-4-6

在“控制参数”卷展栏的“时间”选项区，设置模拟时间为2008年5月27日12时50分，如图5-4-6所示。

4）测试渲染：单击“快速渲染”按钮，测试渲染，效果如图5-4-7所示。从目前的效果图可以看出曝光很强烈，而且没有产生环境光。此种日光需要通过光能传递计算才会有环境光产生。

图 5-4-7

5）调整渲染参数：打开高级照明面板，在选择“高级照明”卷展栏的“无照明插件”下拉列表选择“光能传递”选项。设置“过滤”值和“采样”值效果如图5-4-8所示；点击“交互工具”的“设置”按钮，如图5-4-9所示；勾选室外日光，如图5-4-10所示，单击“开始”按钮进行光能传递。

6）测试渲染：计算到50%左右时单击“停止”按钮停止。测试渲染效果，如图5-4-11所示。观察现在的效果还不是很理想，主要是还没有进行曝光控制，材质也没有给予高级光照设置。

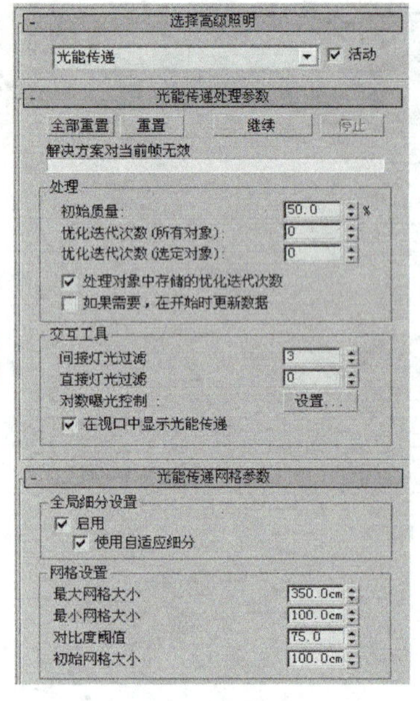

图 5-4-8

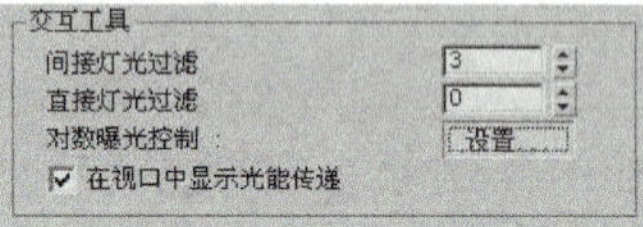

图 5-4-9

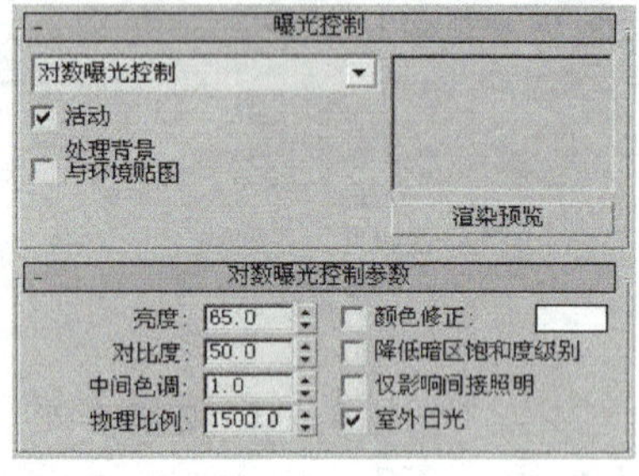

图 5-4-10

图 5-4-11

7）调整材质：打开“材质编辑器”，选择模型所应用的材质球，单击“standard”按钮，在弹出的“材质/贴图浏览器”中双击“高级照明覆盖”选项，如图5-4-12所示。勾选“将旧材质保存为子材质”单选按钮，如图5-4-13所示，再调节材质的“反射比”和“颜色渗出”，如图5-4-14所示。

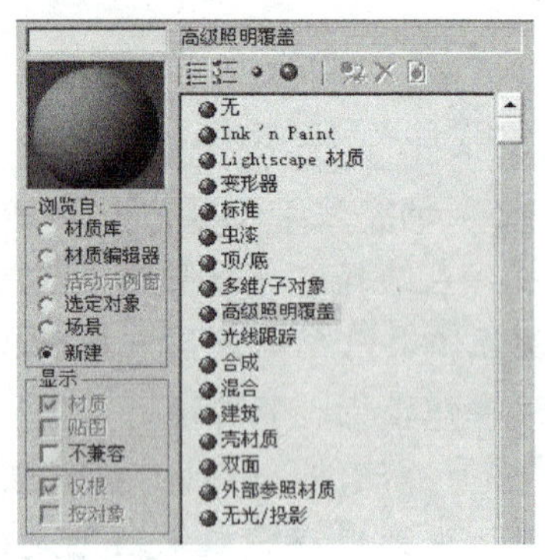

图 5-4-12

8）调整参数：由于草地材质的颜色比较艳而亮，所以“颜色渗出”相应调低，但不要调得过低，那样会失去所需的环境光。参数调整参见图5-4-14。

9）再次渲染测试：在“高级照明”面板的“光

能传递”卷展栏，先单击“全部重置”后单击“ 开始 ”按钮，重新进行光能传递，计算到50%左右的测试渲染效果如图5-4-15所示。

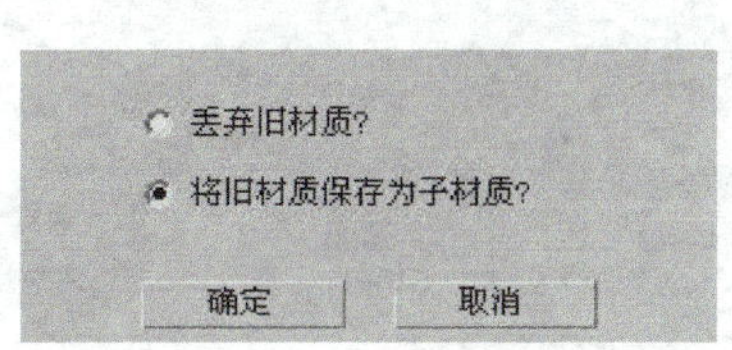

图 5-4-13

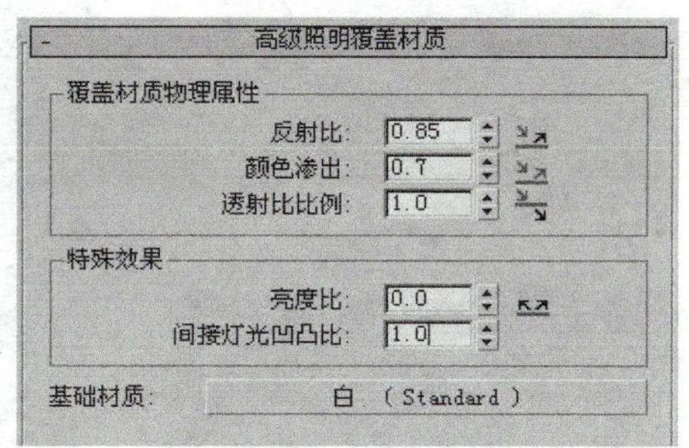

图 5-4-14

图 5-4-15

当前效果已比较理想，但如果觉得场景亮度不够，可通过调节“天空光”的“亮度”值或在“环境”面板中调节“亮度”值和“对比度”。由于使用的是“时间、地点”模拟，因此不能通过调节“日光”的“亮度”值来提亮场景的亮度。

10）设置倍增值：选中“日光”光源，在其参数面板“天光参数”展卷栏，设置“倍增”为20.0，如图5-4-16所示。

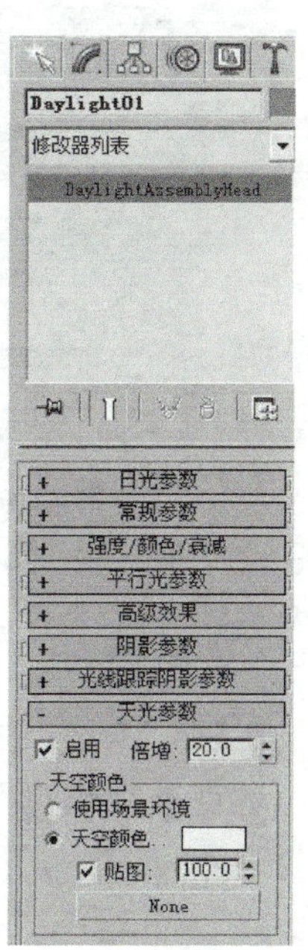

图 5-4-16

11）调整场景亮度：在“环境和效果”参数面板的“对曝光控制参数”卷展栏，设置“亮度”为65、“对比度”为60，如图5-4-17所示。

12）重新光能传递：再次重新进行光能传递计算，渲染效果如图5-4-18所示。

下面学习使用手动调节的用法。此种方法可以任意调节日光照射的方向、高度，亮度值也可以设置，其余的与上一种方法相同。

13）手动调节：选择日光，在“日光参数”卷展栏，选择“手动”单选按钮，设置日光的“亮度”值为60，再调整光源的位置，如图5-4-19所示。重新进行光能传递计算，渲染效果如图5-4-20所示。

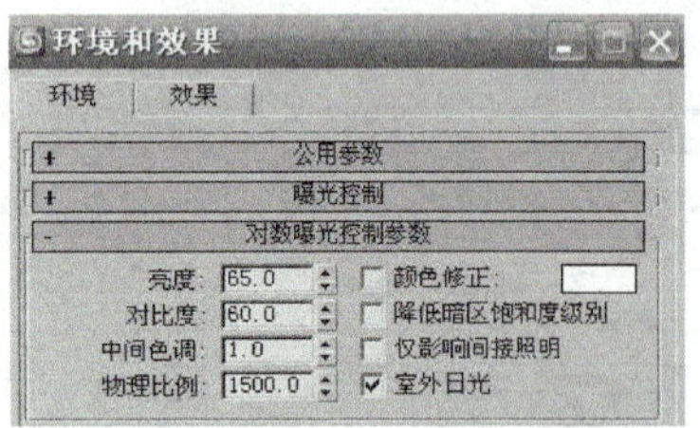

图 5-4-17

图 5-4-18

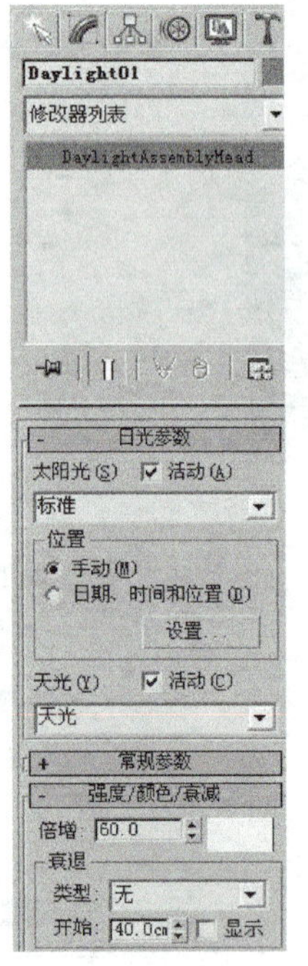

图 5-4-19

图 5-4-20

经验交流

在3ds Max 9中利用日光系统可以创建真实模拟场景，重点是如何运用系统提供的时间、地点进行模拟及手动进行调节，对系统提供的日光参数如何调节，从而创建真实的模拟效果。

第6章

3ds Max 9摄影动画篇——摄影机与动画

训练要点

摄影机的应用

训练目标

摄影机的创建与参数的应用；摄影机动画的建立。

基础练习

3ds Max 9中的摄影机对象跟我们现实生活中见到的摄影机相似，同样具有焦距、景深、视角以及透视变形等镜头的光学特性，但是3ds Max 9中的摄影机可以快速地更换镜头，而且具有无级变焦功能，这些是真实摄影机无法比拟的。摄影机对象不但可以模拟现实世界中的静止图像，还可以被创建成摄影机的视频动画。使用摄影机还可以设置景深模糊和运动模糊效果。图6-1所示为在场景中设置摄影机和通过摄影机渲染之后的图像效果。

图 6-1

6.1 摄影机的特征

在对摄影机对象介绍之前，我们首先来了解摄影机对象的一些特征。摄影机包括“焦距”和“视角”，如图6-2所示。

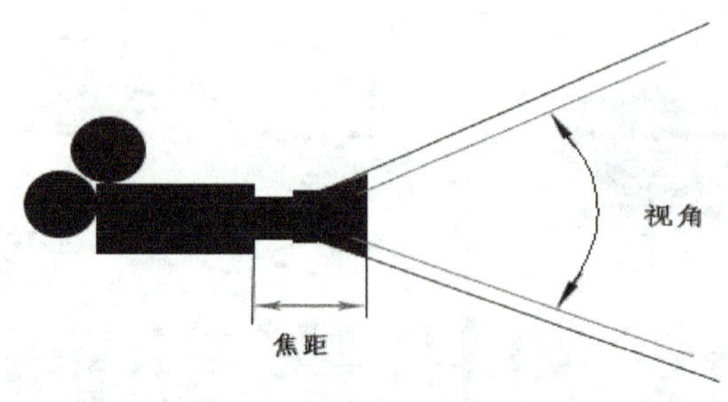

图 6-2

1）焦距：是镜头与感光表面间的距离。“焦距”影响场景中对象的清晰度以及所包含对象的数量，焦距越短，画面中能够包含的场景范围越大，对象就越模糊；焦距越长，包含的场景越少，但却能够更清晰地表现远处场景的细节。焦距始终是以毫米（mm）为单位进行测量的，50mm镜头通常是摄影的标准镜头，焦距小于50mm的镜头称为广角镜头，而焦距大于50mm的镜头称为长焦镜头。

2）视角：用来控制场景中可见范围的大小，摄影机的视角直接与镜头的焦距有关，例如50mm的镜头显示水平线为46°。镜头越长，视角越窄；镜头越短，视角越宽。短焦距（宽视角）会加剧透视的失真，而长焦距（窄视角）能够降低透视失真。50mm的镜头最接近肉眼所看到的内容，其产生的效果比较正常，被广泛地用于快照、新闻图片以及电影制作等。如图6-3所示。

图 6-3

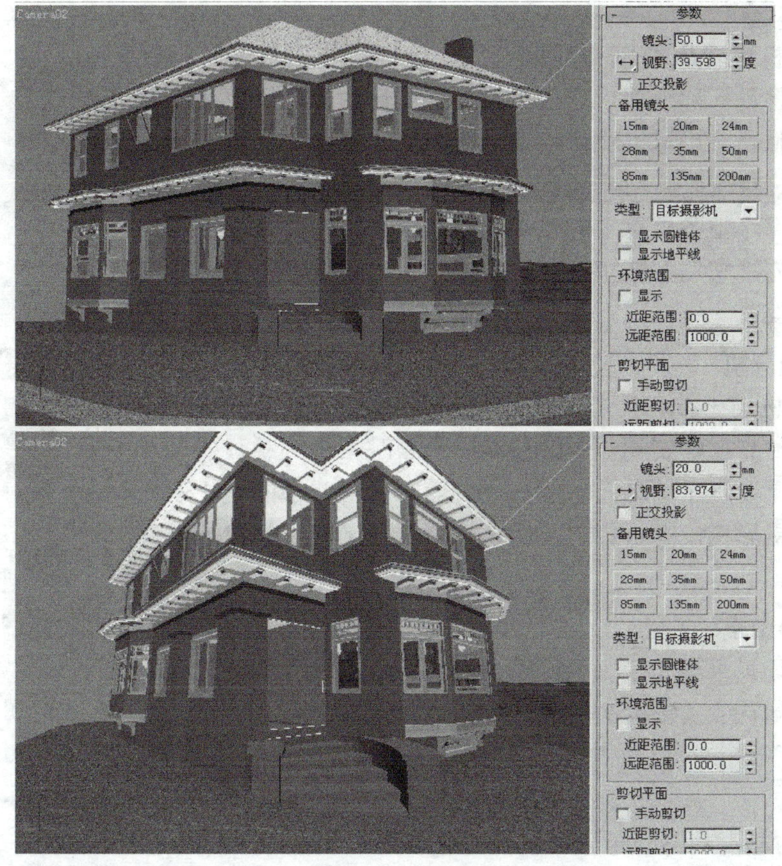

图 6-3（续）

6.2 创建不同种类的摄影机

在3ds Max 9中，为用户提供了两种摄影机对象，分别为“目标摄影机”和“自由摄影机”。单击“创建”主命令面板上的摄影机按钮，即可进入摄影机的创建面板，如图6-4所示，选中“透视”视图，按<C>键将其切换到摄影机Camera01视图。

图 6-4

摄影机的类型和灯光的类型一样，也分为目标式和自由式，如图6-5（目标式）和图6-6（自由式）所示。

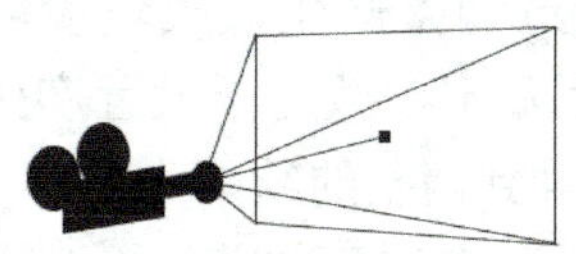

图 6-5

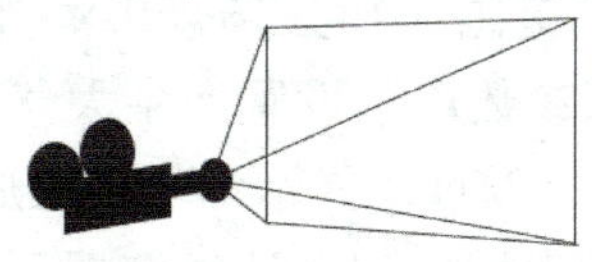

图 6-6

1. 目标摄影机

目标摄影机包含摄影机和目标点，一般把摄影机所处的位置称为观察点，将目标称为视点。目标摄影机比自由摄影机更易于控制，用户可以独立对摄影机和目标点进行调整，也可以同时选择摄影机和目标点进行调整。用户还可以分别对摄影机和目标点设置不同的动画，从而产生各种有趣的效果，为摄影机和它的目标点设置动画时，最好先将它们都链接到一个虚拟对象上，然后再对虚拟对象进行动画的设置。

图 6-7

2. 自由摄影机

自由摄影机用于观察所指方向内的场景内容，多用于轨迹动画的制作。例如穿行建筑物，车辆移动中的跟踪拍摄等动画效果。自由摄影机如果设置了动画，它的方向会随着运动路径的变化而变化。因为自由摄影机没有目标点，所以只能依靠旋转工具对其观察方向进行调整。

3. 设置摄影机

当用户在场景中创建了一台摄影机对象后，进入“修改”命令面板中即可看到有关摄影机的创建参数，如图6-7所示。

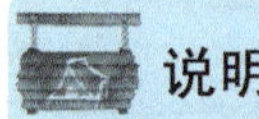
说明

由于目标摄影机与自由摄影机的创建参数基本相同，我们在这里将统一进行介绍

（1）镜头　用于设置摄影机的焦距长度，镜头参数与下方的视野参数相关联，修改一个参数，另一个参数也会随之改变。

（2）视野　该参数用于控制摄影机的视角，也可以通过参数栏前面的下拉按钮沿着水平、垂直和对角方向调整视角。

（3）正交投影　勾选该复选框后，会去掉摄影机的透视效果。另外摄影机控制栏中的透视按钮的操作结果也不会显示在摄影机视图中。

（4）备用镜头　在预设镜头列表中提供了9种常用的镜头类型，可以通过单击按钮快速进行选择。

（5）显示圆锥体　勾选该复选框后，在视图中会显示出表示摄影机拍摄视野的锥形框。

（6）显示地平线　勾选该复选框后在摄影机视图中会显示出一条代表地平线的黑色线条，在制作室外场景中可以借用地平线定位摄影机的观察角度。

（7）环境范围　如果场景中添加了环境范围，可以通过调整产生大气环境的起点位置，近距范围参数用于设置产生大气环境的起点位置，远距范围参数用于设置产生大气环境的终点位置。勾选“显示”复选框后可以直接在视图上查看到调整的结果。

（8）手动剪切　勾选该复选框后，在摄影机图标上会显示出红色的剪切面。通过调整下方的近距剪切和远距剪切参数可以将场景中的一些几何体在视图显示中排除，这样就可以透过一些遮挡的物体看到场景内部的情况。

（9）近距剪切 设置剪切面的起点位置。

（10）远距剪切 设置剪切面的终点位置，位于剪切面的起点和终点范围以外的场景将不会显示在摄影机视图中。

6.3 景深

3ds Max 9的摄影机不但可以拍摄场景，还可以模拟景深和运动模糊效果。3ds Max 9提供了多种制作景深的方法，各种方法的工作原理完全不同。摄影机的多重滤镜景深是通过在摄影机与焦点的距离上产生模糊来模拟景深效果，它的工作原理就是让摄影机在原地振动，摄影机每振动一次叫做一个周期。然后将多次振动所拍摄的一连串图像进行重叠，从而得到最好的效果。

景深是摄影术语，当镜头的焦距调整在聚焦点上时，只有唯一的点会在焦点上形成清晰的影像，而其他部分形成模糊的影像，在焦点前后出现的清晰区就是景深。

开启摄影机景深效果的步骤如下：在场景中创建一架任意类型的摄影机，选中摄影机后进入修改命令面板，然后展开参数卷展栏。在“多过程效果”列表中选择“启用”复选框，然后在下拉列表框中选择“景深”，如图6-8所示。

景深参数如下。

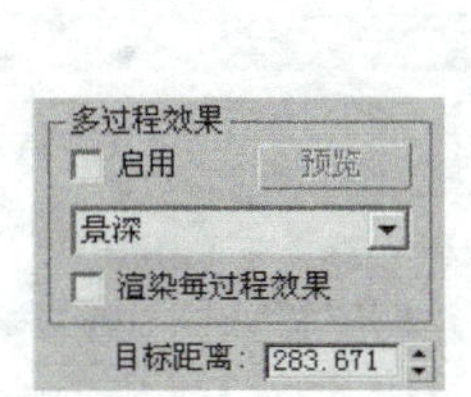

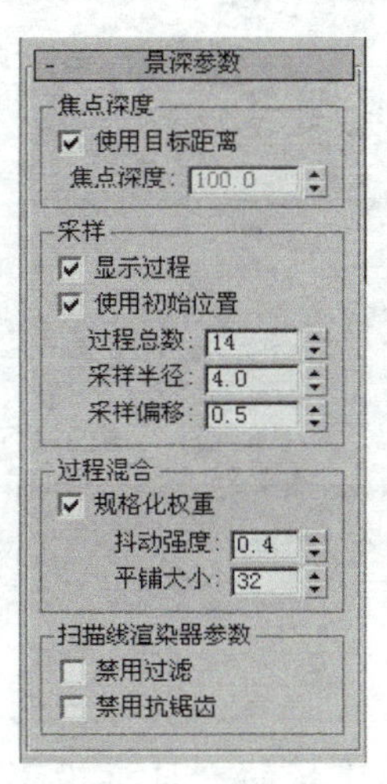

图 6-8

使用目标距离：勾选此复选框后，可以将摄影机的目标点设置在焦点位置。取消勾选后，可以使用下方的参数控制焦点的位置。对于目标摄影机可以直接使用移动工具控制目标点的位置，对于自由摄影机可以在选项组中通过设置参数控制目标点的位置。

显示过程：勾选此复选框后，渲染时在虚拟帧缓存器中会显示多重滤镜渲染的过程。

使用初始位置：勾选该复选框后，会在摄影机的当前位置开始渲染第一个周期。

过程总数：周期也可以理解为渲染的次数，增加周期参数可以得到准确的景深效果，但是也会增加渲染的时间。

采样半径：该参数用于设置每个周期偏移的半径，增加数值可以增强整体模糊效果。

采样偏移：用于设置模糊与采样半径的距离，增加数值会得到规律的模糊效果。

规格化权重：使周期通过随机的权重值进行混合，勾选后可以得到更加平滑的模糊效果。

抖动强度：设置周期的抖动强度，抖动是通过混合不同颜色和像素来得到最终的图像。增大参数会使抖动更加强烈，从而产生颗粒化的效果。

平铺大小：以百分比来计算抖动中图案的重复次数。

禁用过滤：勾选该复选框后使渲染设置窗口中的滤镜设置失效，这样会以牺牲图像品质的代价加快渲染速度，通常在测试渲染时使用。

禁用抗锯齿：勾选该复选框后使渲染设置窗口中的抗锯齿设置失效。

项目实训

1. 松花湖度假村制作实训步骤

1）执行“文件”→“打开”命令，打开项目素材库中“度假村”目录下的模型文件“6-1-1.max”，如图6-9所示。

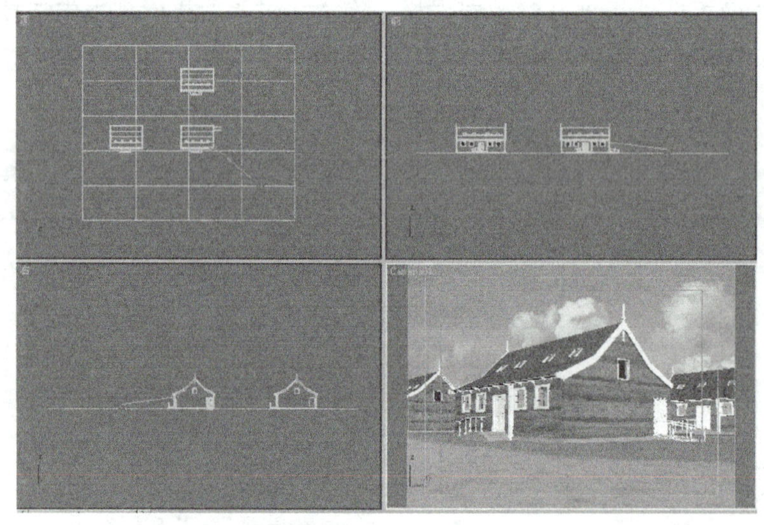

图 6-9

2）在场景中选择创建好的“目标摄影机”对象，然后进入“修改”命令面板，通过“参数”卷展栏中的“镜头”参数可以设置摄影机的焦距长度。如图6-10所示为设置不同“镜头”参数时，摄影机视图中所含的场景。

图 6-10

说明

如果在“渲染场景”对话框中改变了“光圈宽度”的值，同样也改变了“镜头”的值，这样做虽然不会给摄影机中的图像带来什么影响，但实际上已改变了焦距和视角之间的关系，也改变了摄影机锥形框的纵横比。

3）“视野方向”弹出按钮是扩展命令按钮，保持鼠标左键为按下状态，会弹出其他扩展命令按钮。这些按钮用来控制视野角度值的显示方式，包括水平、垂直和对角3种。通过调整“视野方向”按钮右侧的“视野”参数，可以设置摄影机的视角，以改变摄影机查看区域的大小。图6-11所示为“视野”参数为50°时，摄影机所观察的场景效果。

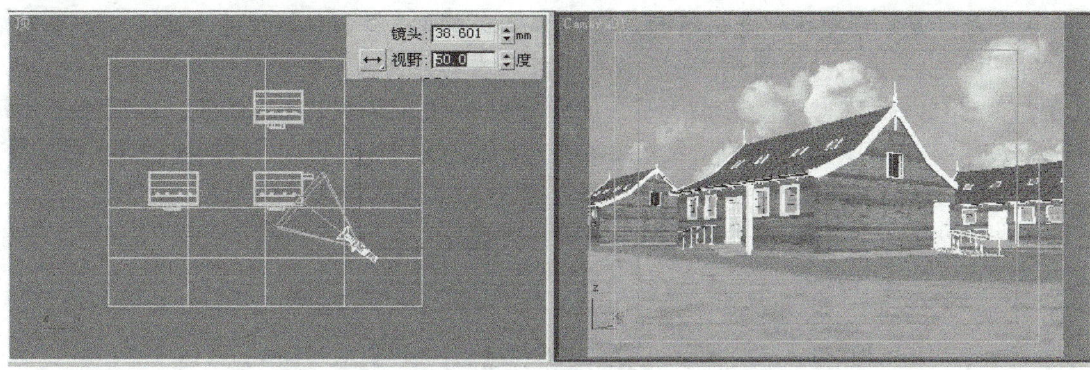

图 6-11

4）启用“正交投影”复选框后，摄影机视图看起来就像“用户”视图一样；禁用该复选框后，摄影机视图好像“透视”视图一样，如图6-12所示。

图 6-12

说明

当“正交投影”起作用时，所有视图工具都不受影响，只有“视图”按钮的功能会有所不同。透视工具依然可以移动摄影机并改变摄影机焦距，但不直接表现在视图中。

5）在“备用镜头”选项组中，为用户提供了9种常用的镜头，通过单击相应按钮可以快速选择某个镜头。图6-13所示分别为使用3种不同备用镜头的场景效果。

图 6-13

6）在“类型”下拉列表中可选择摄影机的类型，用户可通过该下拉列表在“目标摄影机”和“自由摄影机”之间进行切换，而无需重新创建。

7）勾选“显示圆锥体”复选框后，当摄影机没有被选择时，在视图中显示表示摄影范围的锥形框。除了摄影机视图外，锥形框能够显示在其他任何视图中。

8）勾选“显示地平线”复选框可在摄影机视图中显示地平线的位置。激活摄影机视图，然后按〈F3〉键使其线框显示，即可看到地平线在视图中的位置，如图6-14所示。

图 6-14

9）在“环境范围”选项组中可设置环境大气的影响范围。首先用户可参照图6-15所示在“环境和效果”面板中为场景添加“雾”大气环境效果。

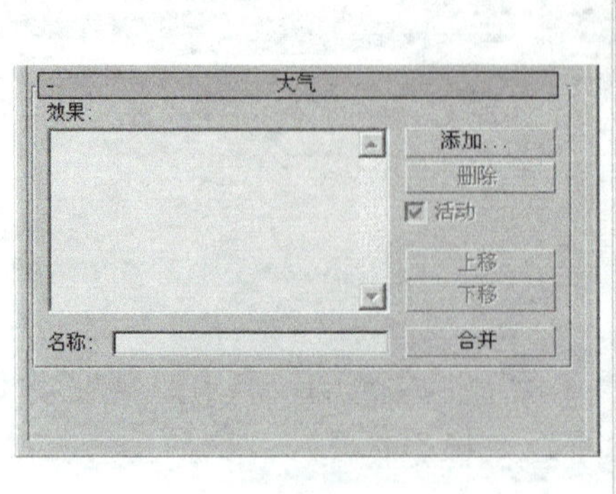

图 6-15

10）添加“雾”大气效果后，在“环境范围”选项组中勾选“显示”复选框，可在视图中看到近距、远距范围框的显示位置。保持“近距范围”和“远距范围”参数的默认设置，对场景进行渲染，观察雾的效果，如图6-16所示。

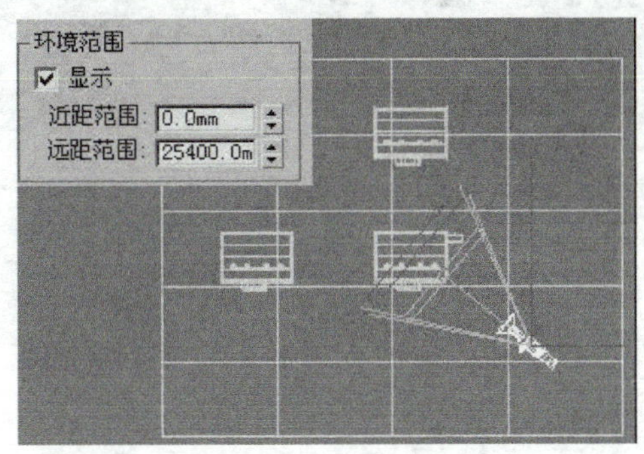

图 6-16

说明

由于图6-17中所设置的“近距范围”的数值为默认的0，所以在视图中看不到近距范围框的位置。

11）更改“近距范围”和“远距范围”参数，扩大环境影响的近距距离和远距距离，再次对场景进行渲染，如图6-17所示。

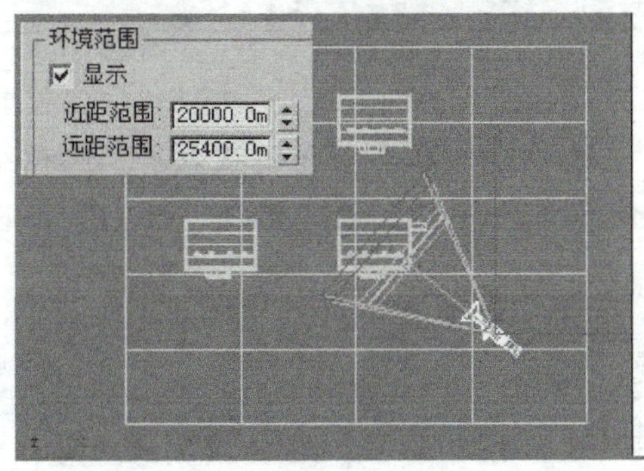

图 6-17

2．餐具制作实训步骤

剪切平面是平行于摄影机镜头的平面，以红色带交叉的矩形表示。剪切平面可以排除场景中的一些几何体，只查看或渲染场景的某些部分。用户可通过下面的操作来学习“剪切平面”的使用方法。

1）执行“文件”→“打开”命令，打开项目素材库中“餐具”目录下的模型文件“6-1-2.max”。如图6-18所示分别为场景中摄影机的状态和渲染场景后的效果。

2）选择场景中的摄影机对象，然后进入“修改”命令面板，在“参数”卷展栏中的“剪切平面”选项组中勾选“手动剪切”复选框，然后对“近距剪切”和“远距剪切”参数进行设置，接着对场景进行渲染，会发现比近距剪切平面近或比远距剪切平面远的对象是不可见的，如图6-19所示。

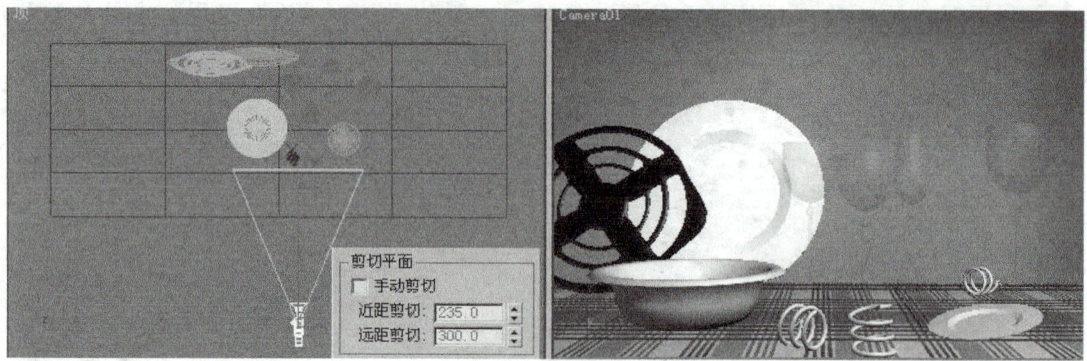

图 6-18

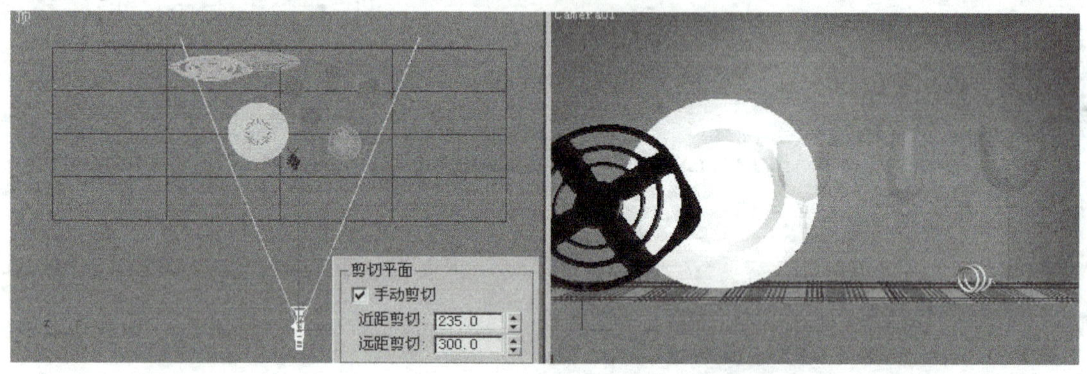

图 6-19

3）接着前面的操作，取消“手动剪切”复选框，然后在“多过程效果”选项组中选中“启用”复选框，这时将启用多过程效果，使其在场景中生效。单击“预览”按钮，在激活的摄影机视图中预览默认的景深效果。

说明

“多过程效果”用于指定摄影机的景深或运动模糊效果。它的模糊效果是通过同一帧图像的多次渲染计算并重叠结果产生的，会增加渲染的时间。景深和运动模糊效果是互相排斥的，由于它们都依赖于多渲染途径，所以不能对同一个摄影机对象同时指定两种效果。当场景同时需要两种效果时，应当为摄影机设置多过程景深，再将它与对象运动模糊相结合。

4）当场景中使用了“渲染效果”（在“效果”面板中设置）时，选中“渲染每过程效果”复选框，“多过程效果”将在每次渲染计算时都进行“渲染效果”的处理，这样会影响速度，但效果比较真实；取消“渲染每过程效果”复选框后，只对“多过程效果”计算完成后的图像进行“渲染效果”处理，这样有利于提高渲染速度。

5）对于自由摄影机来说，通过“目标距离”数值框可以设置一个不可见的目标点，使其可以围绕这个目标点进行运动。对于目标摄影机来说，这个选项用于设置摄影机与目标点之间的距离。

3．苹果制作实训步骤

3ds Max 9有三种制作景深效果的方法，第一种方法是使用摄影机的多重滤镜景深功能，第二种是使用Mental ray的景深功能，第三种是在特效编辑器中添加景深特效。在本实例中分别使用这三种方法制作景深效果，以比较不同方法在品质和速度方面的区别。

方法1：

1）打开项目素材库中“苹果”目录下的模型文件“6-1-3.max”。场景中包括了三个已经设置好材质的苹果模型和一个平面，并且创建了一盏天光灯为场景提供照明，如图6-20、图6-21所示：

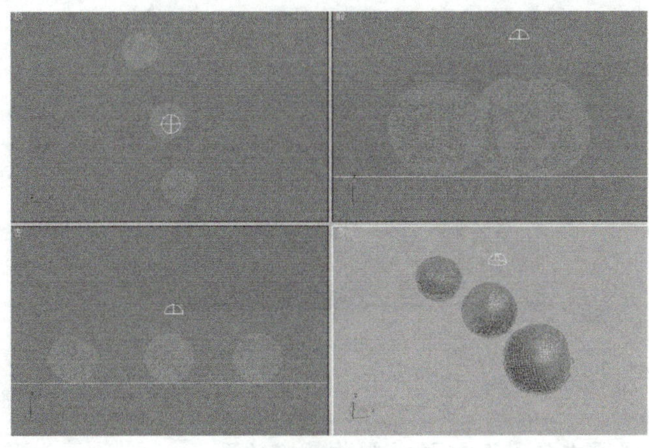

图 6-20

2）进入创建命令面板后单击“摄影机/目标”按钮，在视图中创建一架目标摄影机。注意要将摄影机的目标点放置在左视图中的第二个苹果上。

3）激活透视图，按下键盘上的<C>键将透视图切换为摄影机视图。接着按下<Shift>+<F>键打开安全框，参照图示调整好摄影机的观察角度。

4）首先利用摄影机的多重滤镜功能制作景深。选中摄影机进入修改命令面板，在多过程效果选项组中勾选启用复选框，然后在下拉列表中选择“景深”。展开景深参数卷展栏，修改“过程总数”为4、“采样半径”为4、“采样偏移”为0.5。修改后效果如图6-22所示。

图 6-21

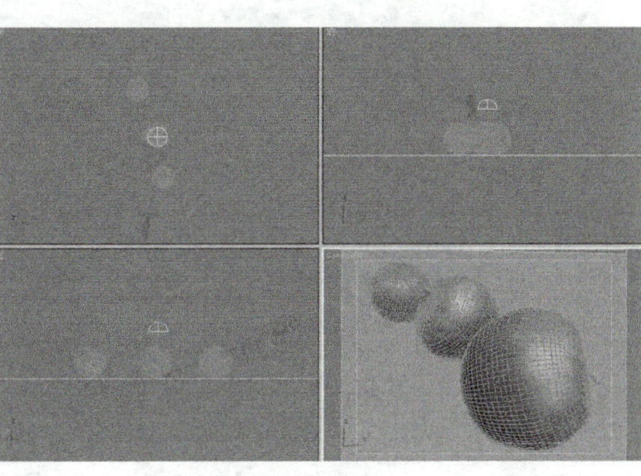

图 6-22

说明

3ds Max提供了摄影机景深和运动模糊的视图预览功能，当参数设置完成后按下多过程效果选项的预览按钮，摄影机视图经过一阵抖动后，就可以直接在视图中查看当前设置的景深效果。利用这项功能可以节省大量的测试渲染时间。

5）激活摄影机视图后，按下〈F9〉键对摄影机视图进行快速渲染，查看景深效果，如图6-23所示。

图　6-23

方法2:

下面使用效果编辑器中的景深特效来制作景深效果。

1）执行“渲染菜单”中的“效果”命令打开“效果编辑器”，单击“添加”按钮，在弹出的“添加效果”对话框中双击景深。回到效果编辑器，在焦点选项组中单击“拾取节点”按钮，然后在视图中选择中间的苹果模型，在焦点参数组中设置焦点范围为50，焦点限制为100，如图6-24、图6-25所示。

2）在焦点参数选项中，“焦点范围”和“焦点限制”参数用于设置焦点的范围，“水平焦点损失”和“垂直焦点损失”参数用于设置景深的模糊程序。对摄影机视图进行渲染。

效果编辑器中的景深特效渲染的速度非常快，但是品质方面没有摄影机的景深效果好。

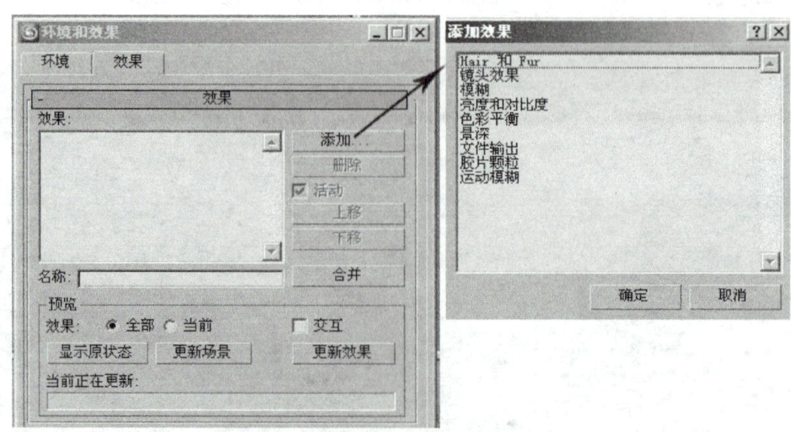

图　6-24

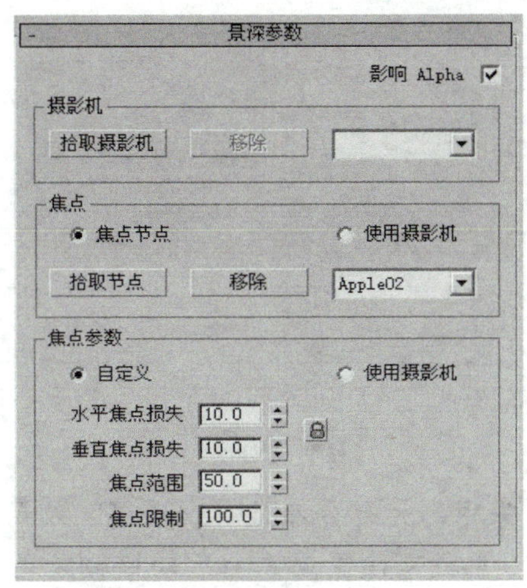

图 6-25

方法3：

利用Mental ray提供的景深功能制作景深效果。选中摄影机进入修改命令面板，在“多过程效果”选项组的下拉列表框中选择景深（mental ray），然后记住目标距离的数值。展开景深参数卷展栏，设置“f制光圈”参数为0.2。“f制光圈”参数的数值越小模糊效果就越强烈，如图6-26所示。

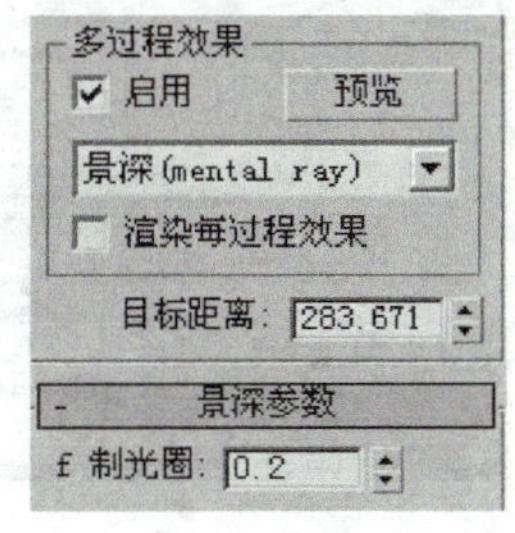

图 6-26

要想使用景深（mental ray），必须将当前的渲染器指定为Mental ray。按下<F10>键打开渲染设置窗口，在公用栏中展开指定渲染器卷展栏，单击产品级后面的指定渲染器按钮，在弹出的对话框中选择mental ray 渲染器栏，然后展开摄影机效果卷展栏。在景深中勾选“启用”复选框，设置焦平面参数与摄影机的目标距离相同，设置f-stop参数为0.2。

说明

对摄影机视图进行渲染，Mental ray的景深效果最好，而且渲染速度适中；景深特效的渲染速度最快，但是渲染的品质较差；多过程效果的景深渲染品质一般，而且渲染速度非常慢。

4. 运动模糊制作实训步骤

“多过程运动模糊”是摄影机根据场景中对象的运动情况，将多个偏移渲染周期抖动结合在一起后所产生的模糊效果。与景深效果一样，运动模糊效果也可以显示在线框和实体视图中。本节将通过一个简单的动画场景来学习“多过程运动模糊”的使用方法和技巧。

1）打开项目素材库中“动画场景”目录下的模型文件“6-1-4.max”，选择场景中的摄影机对象，进入“修改”命令面板为其添加“多过程运动模糊”效果，如图6-27所示。

2）在时间线区域中，拖动时间滑块至第25帧位置处，使飞行器正好到达摄影机视图的中间位置，激活摄影机视图，在该视图中预览运动模糊效果。

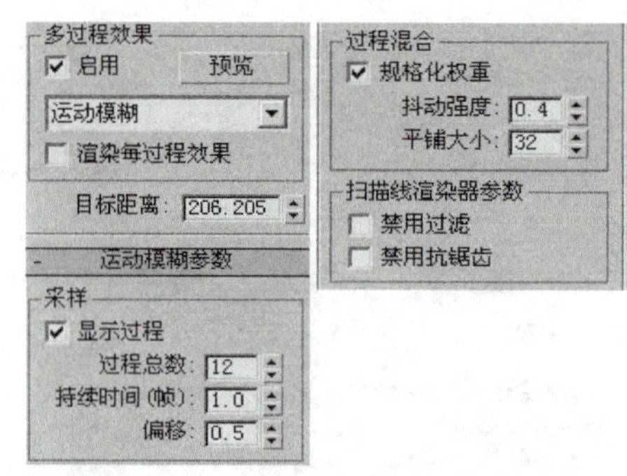

图 6-27

3）由于“运动模糊”效果中的大部分参数与“景深”效果中的作用相同，下面就不再重复介绍。通过“持续时间”参数可设置动画中运动模糊效果所应用的帧数，帧数越多，运动模糊所生成的重影越长，模糊效果越强烈。如图6-28所示分别为设置不同“持续时间”值时，渲染后的图像模糊效果。

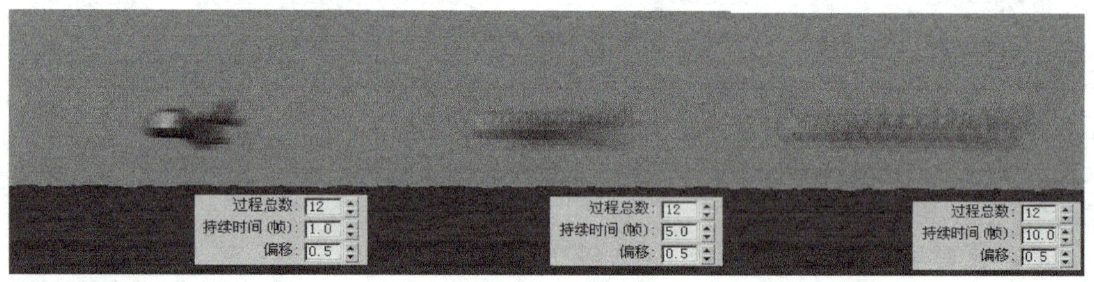

图 6-28

4）通过设置“偏移”值可定义当前画面在进行模糊的权重值。提升该值，模糊会向随后的两帧进行偏移，降低该值，模糊会向前两帧进行偏移。

5．神秘太空制作实训步骤

摄影机除了拍摄场景的功能外，还可以制作多种类型的摄影机动画。在本例中将制作一段行星爆炸的动画，主要学习摄影机的跟踪拍摄和摄影机的设置方法。

1）打开项目素材库中Blast目录下的模型文件“6-1-5.max”。场景中已经创建了一个行星的模型，并且已经编辑完成材质。场景中使用三盏泛光灯进行照明，其中两盏用于照明场景，一盏用于模拟爆炸时的发光效果，如图6-29所示。

2）首选制作激光击中行星的动画。在创建命令面板中单击“几何体/长方体”按钮，然后在顶视图中创建一个长方体。进入修改命令面板，设置长方体长度为50，宽度和高度均为1。使用移动工具将长方体放置到如图6-30所示位置。

3）单击动画控制区中的自动关键点按钮开始记录动画。将时间滑块拖到第10帧的位置，在顶视图沿着Y轴将长方体移动到行星位置。这个长方体用于模拟激光，现在已经完成激光击中行星的动画设置。

4）进入创建命令面板后单击“摄影机/目标摄影机”按钮，在视图中创建一架目标摄影机。激活透视图，按下键盘上的<C>键将透视图切换为摄影机视图。

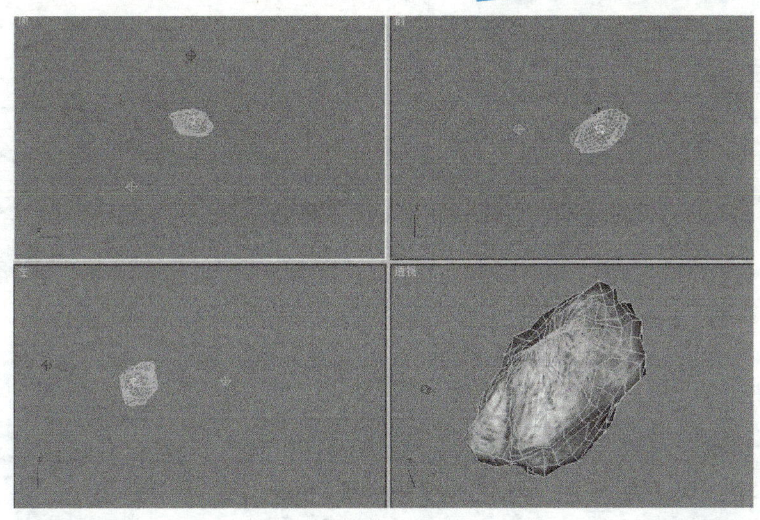

图 6-29

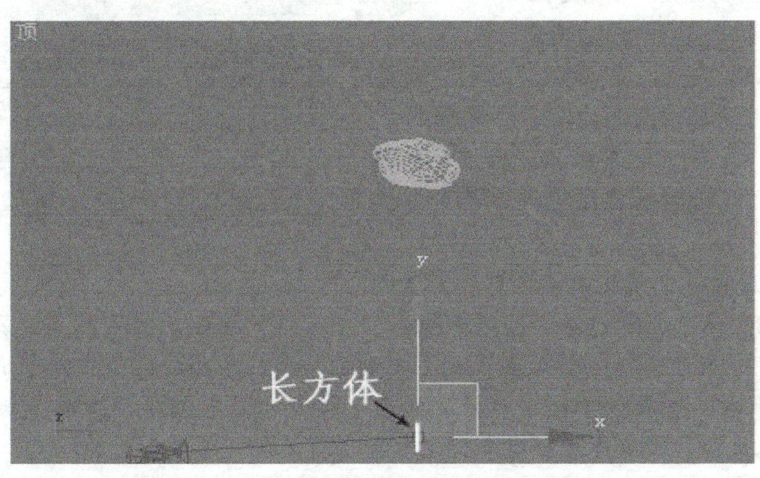

图 6-30

选中摄影机目标后激活工具栏上的链接工具，将目标点与长方体连接到一起，在动画控制区中播放动画可以看到无论长方体移动到哪里，它始终都在摄影机的镜头范围之内。

5）将时间滑块拖到第10帧的位置，在创建命令面板中单击“几何体/平面”按钮，在视图中创建长和宽都为500的平面。使用工具栏上的移动和旋转工具将平面放置到如图6-30所示的位置，这个平面的作用是模拟爆炸效果。

6）按〈M〉键打开材质编辑器，选择第二个示例球赋予长方体。打开“Blinn基本参数”卷展栏，在“自发光”选项组中将“颜色”参数设置为100，然后将环境光和漫反射的颜色均设置为RGB=255、16、16，如图6-31所示。

7）选中第三个示例球赋予平面，打开“Blinn 基本参数”卷展栏，在“反射高光”选项组中将高光级别和光泽度参数都设置为0。展开“贴图”卷展栏，为漫反射颜色贴图通道赋予项目素材库中的Blast目录下的“Hercules.avi”文件。进入漫反射颜色贴图后展开“时间”卷展栏，设置开始帧参数为19，然后在“结束条件”选项组中选中“保持”单选按钮，如图6-32所示。

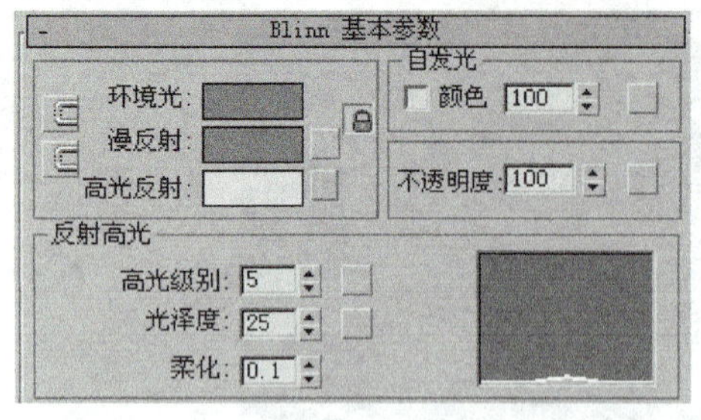

图 6-31

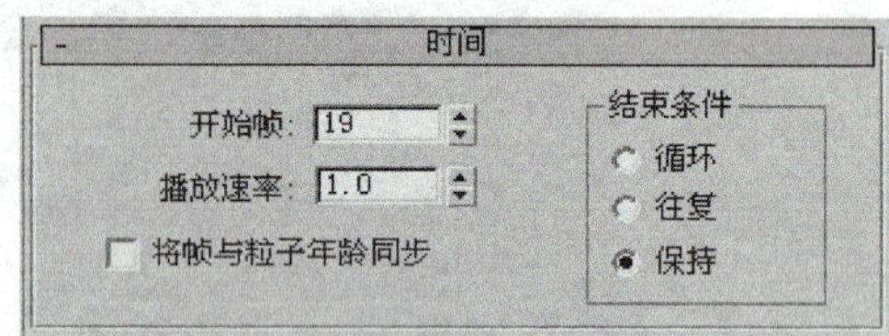

图 6-32

说明

如果为材质赋予了动画贴图，那么一定要在“时间”卷展栏中设置动画播放的时间和方式，否则按照默认的设置，动画贴图会从第1帧开始不断地重复播放。

8）返回到“贴图”卷展栏，为不透明度贴图通道赋予项目素材库的Blast目录下的“HerculesM.avi”文件。同样在“时间”卷展栏中设置开始帧参数为19，在“结束条件”选项组中选中“保持”单选按钮，如图6-33所示。播放动画，在摄影机视图中可以看到爆炸的效果。

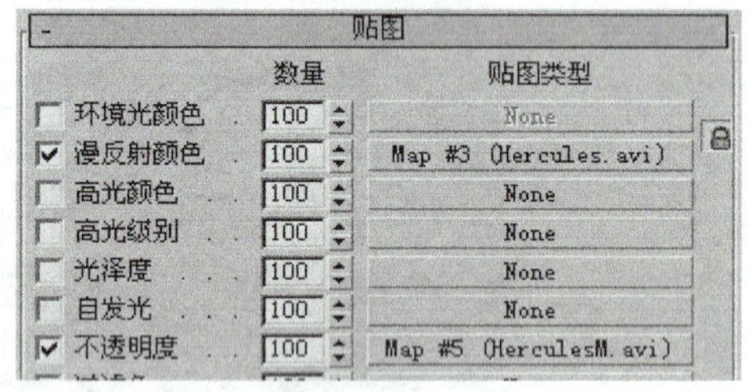

图 6-33

9）下面使用粒子来模拟行星爆炸所产生的碎片，如图6-34所示。在创建命令面板中单击“几何体”按钮，然后在下拉菜单中选择“粒子系统”。按下“粒子云”按钮后在顶视图中创建一个粒子图标。选中粒子进入修改命令面板，在“基本参数”卷展栏中按下“拾取对象”按钮，然后在视图中选择行星模型。展开“粒子生成”卷展栏，设置速度参数为15，发射参数为20，寿命参数为89。

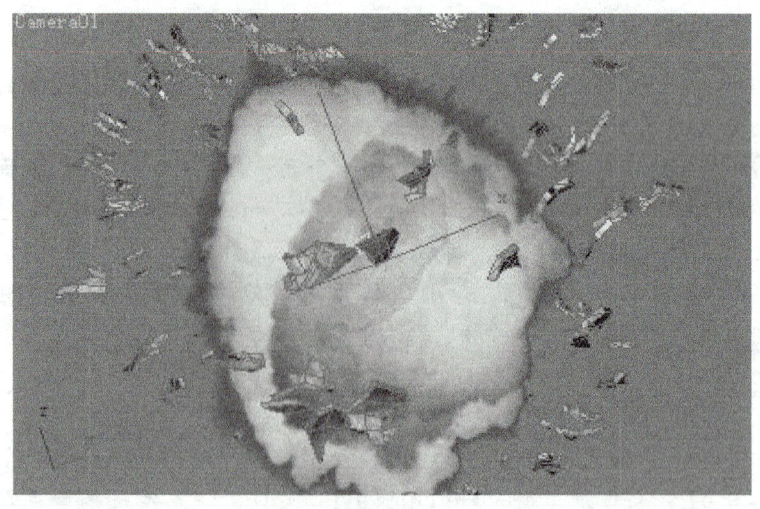

图 6-34

10）接下来为摄影机的目标点添加一个噪波位置控制器，制作摄影机强烈抖动的效果。

在视图中选中摄影机的目标点后进入运动命令面板，展开“指定控制器”卷展栏，选中位置：位置XYZ项。

11）然后单击指定位置控制器按钮，在弹出的窗口中选择噪波位置。在弹出的对话框中设置XYZ的强度参数均为30，频率参数为3.0，渐入参数为30，粗糙度参数为0.1，如图6-35所示。

12）最后为粒子碎片添加运动模糊的效果，因为摄影机的多重滤境运动模糊渲染速度过慢，而且在动画中对运动模糊的品质要求不是很高，所以这里选择使用图像运动模糊的方法。

在视图中选中粒子图标，然后执行“编辑”菜单中的“对象属性”菜单命令，打开属性对话框。在“运动模糊”选项组中将培增参数设置为5.0，勾选“启用”复选框，然后选择图像，如图6-36所示。

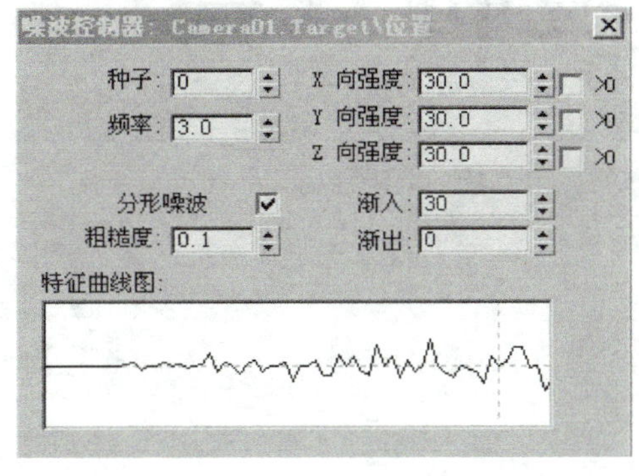

图 6-35

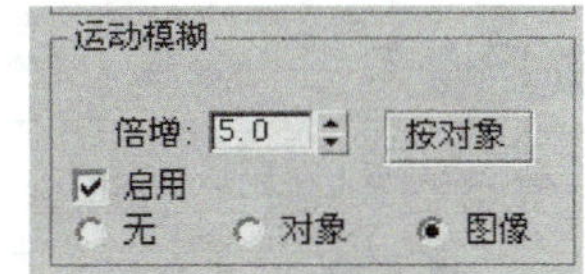

图 6-36

13）输出动画。图6-37所示为在不同帧时摄影机目标的位置。

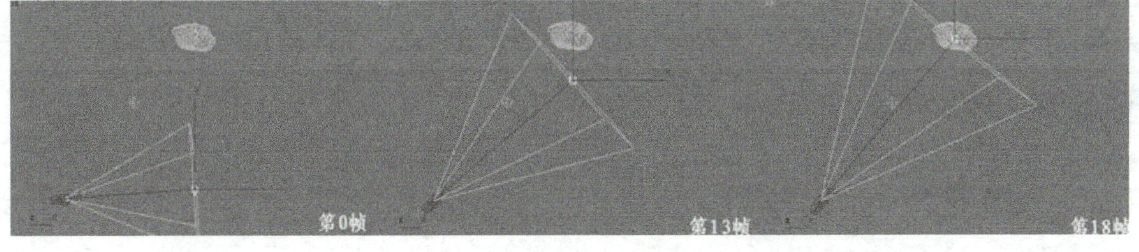

图 6-37

经验交流

上面介绍了3ds Max 9中摄影机的特征、类型、创建等方法。此外还介绍了景深、运动模糊的设置。摄影机是场景中必不可少的组成部分，其作为场景中的一种特殊对象，在最后的渲染输出时是不可见的，但也可以设置渲染输出摄影机的图标。

第7章 3ds Max 9环境特效篇

7.1 项目训练——山间云

训练要点

“大气特效”——“体积雾”的设置方法

训练目标

利用3ds Max的大气功能在场景中模拟出燃烧、云雾等大气现象，这样就可以使场景看上去更加真实、具有感染力。本训练将利用环境编辑器制作“山间云雾”效果。通过训练与操作，要求读者熟练掌握大气特效——体积雾的使用方法，并理解主要参数的含义。

基础练习

7.1.1 环境编辑器——大气卷展栏

3ds Max 自带的大气特效包括燃烧、雾、体积雾和体积光4种类型，大气特效的添加和删除等编辑工作都需要在环境编辑器的“大气”卷展栏中进行，如图7-1-1所示。

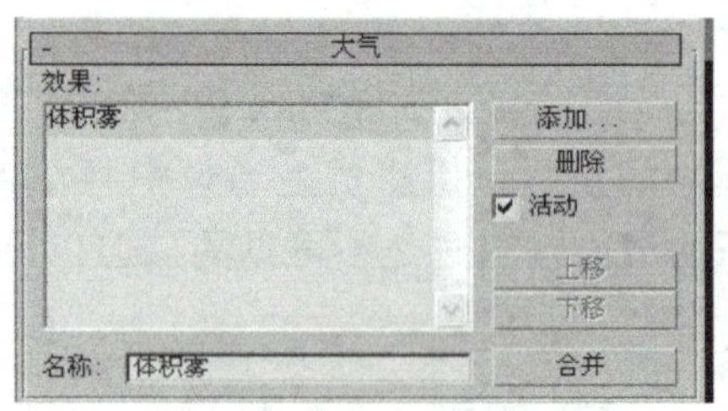

图 7-1-1

1）效果：用于显示场景中已经添加的大气效果。在效果列表中选中一种大气效果后，在下方会出现相应的参数设置卷展栏。

2）名称：在此文本框中可以为已经添加的大气效果重新命名。

3）添加：单击“添加”按钮会弹出“添加大气效果”对话框，如图7-1-2所示。从对话框中可以选择需要添加的大气效果。

4）活动：只有勾选此复选框后，“效果”列表中被选中的大气效果才会生效。

5）上移/下移：位于“效果”列表下方的特效会首先进行渲染，这两个按钮用于决定特效渲染的先后顺序。

6）合并：从其他已经保存的场景中获取大气效果参数设置。

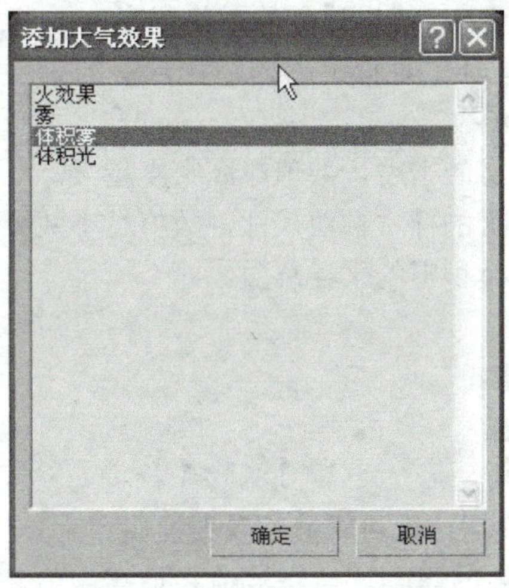

图 7-1-2

7.1.2 体积雾参数

“体积雾”特效可以在场景中生成密度不均匀的三维云团，有专门的噪声控制参数，可以控制风的速度和云雾运动的速度。另外体积雾不但可以应用于整个场景，还可以通过使用线框对象产生有范围的云团，只有在摄影机视图或透视视图中会渲染体积雾效果，正交视图或用户视图不会渲染体积雾效果。“体积雾参数”卷展栏如图7-1-3所示。

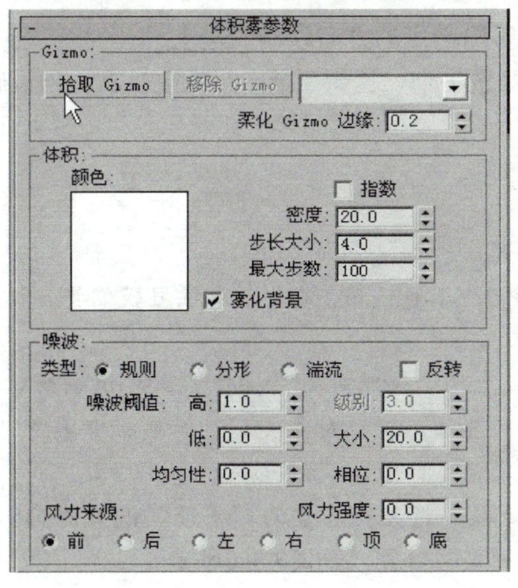

图 7-1-3

1）Zizmo：译为线框。

2）拾取Zizmo：单击此按钮，在场景中指定体积雾的载体，它可以是球体、长方体、圆柱体或这些几何体的组合。

3）移除Zizmo：按下此按钮后，可以从下拉列表框中删除应用的大气线框对象。

4）柔化Zizmo边缘：设置大气线框边界的柔化程度。

5）指数：勾选此复选框后，随着距离的增加，雾的刻度以指数方式增加；未被选中时，雾的密度以线性方式增加。

6）密度：用于设置体积雾的密度，数值越高密度越大。

7）步长大小：设置体积雾的样本颗粒尺寸，数值越小效果越好。

8）最大步数：用于限制体积雾的采样总数。

9）类型：

规则，产生标准噪波图案。

分形，迭代分形噪波图案。

湍流，迭代湍流图案。

10）反转：勾选此复选框后可以将噪波的效果反向。

11）噪波阈值：限制噪波的影响，当噪波值在最高阈值和最低阈值之间时，生成的体积雾密度过渡得比较平稳。

12）高/低：用于设置最高和最低的阈值。

13）均匀性：此参数的作用如同一个滤镜。较小的数值会使雾看起来更加透明，包含分散的烟雾泡。

14）级别：设置分形计算的迭代次数，数值越大雾效越精细。

15）大小：用于设置雾块的大小。

16）相位：用于控制风的种子。如果“风力强度”的值大于0，体积雾会根据风向产生动画。

17）风力强度：设置雾沿着风的方向移动的速度。

18）风力来源：选择风的方向，提供了前、后、左、右、顶、底六种类型的风力方向。

项目实训

山间云雾制作实训步骤

1）打开项目素材库中的7-1-1m.max 文件，本练习我们将在该场景的基础上创建云雾效果，如图7-1-4所示。

2）按下创建命令面板上的“辅助对象”按钮，显示辅助对象工具。在“标准”下拉列表框中选择“大气装置”选项。在“对象类型”卷展栏中单击“球体Gizmo”按钮，在顶视图中创建一个球体大气装置，如图7-1-5所示。

3）切换到修改命令面板，将大气装置的“半径”设置为145，启用“半球”复选框，并在各个视图中调整大气装置的位置，如图7-1-6所示。

4）依次选择“渲染”→“环境”命令，打开环境编辑器。在“大气”卷展栏中单击“添加”按钮，在打开的“添加大气效果”对话框中选择“体积雾”选项，单击“确定”按钮添加一个体积雾。

5）在“体积雾参数”卷展栏中启用“指数”复选框，将“密度”设置为32，“步长”设置为3.8，“最大步数”设置为100，启用“雾化背景”复选框，如图7-1-7所示。

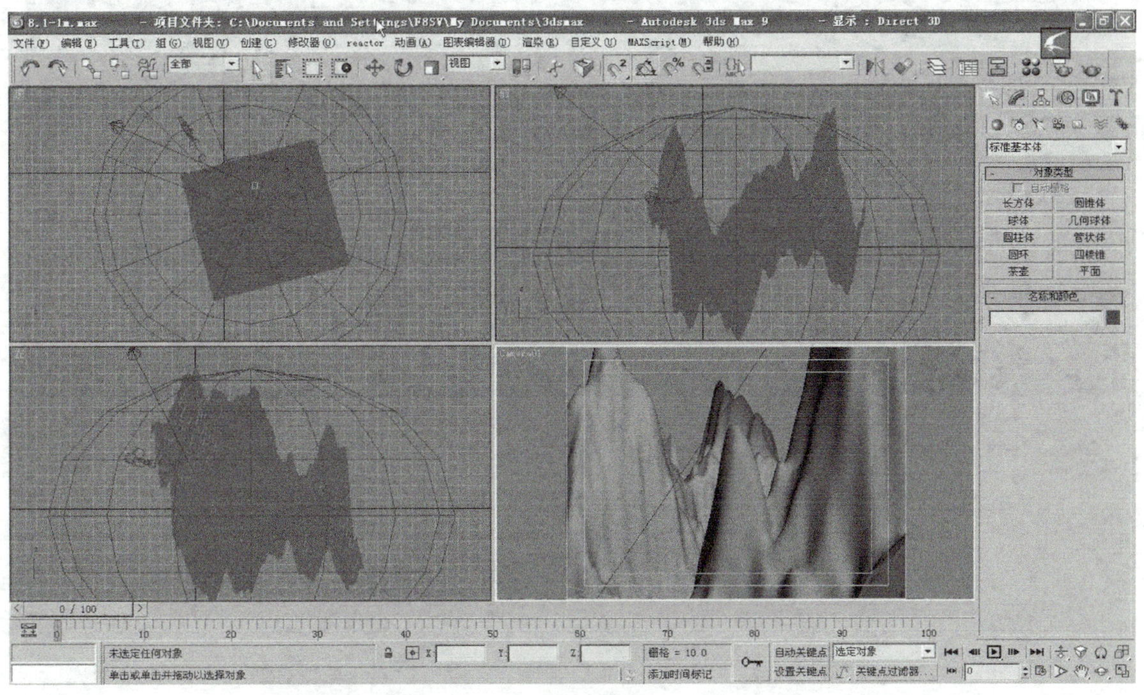

图 7-1-4

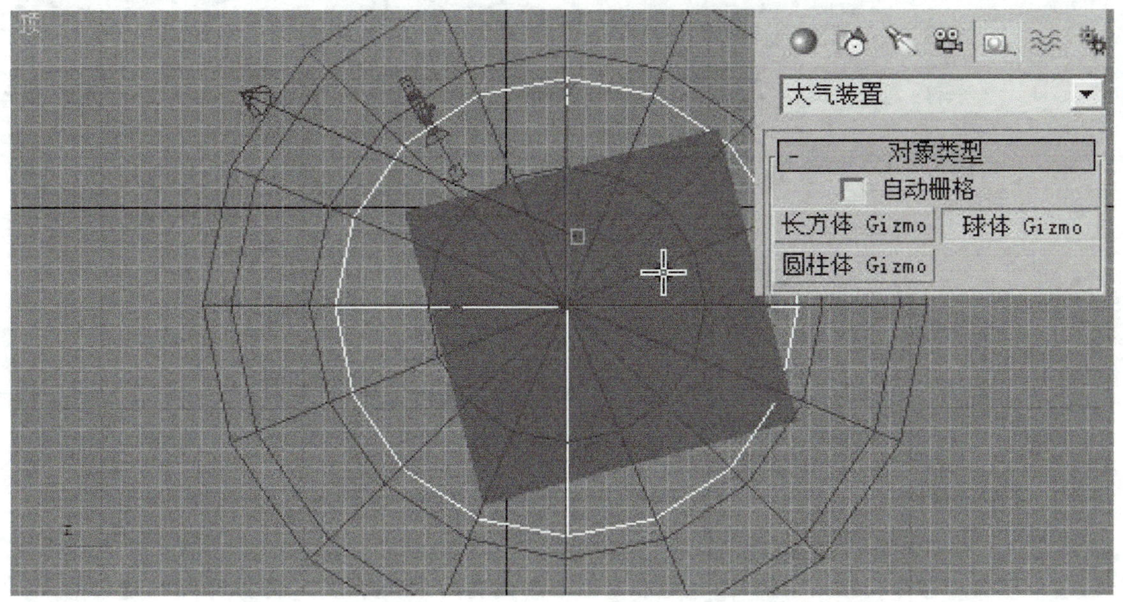

图 7-1-5

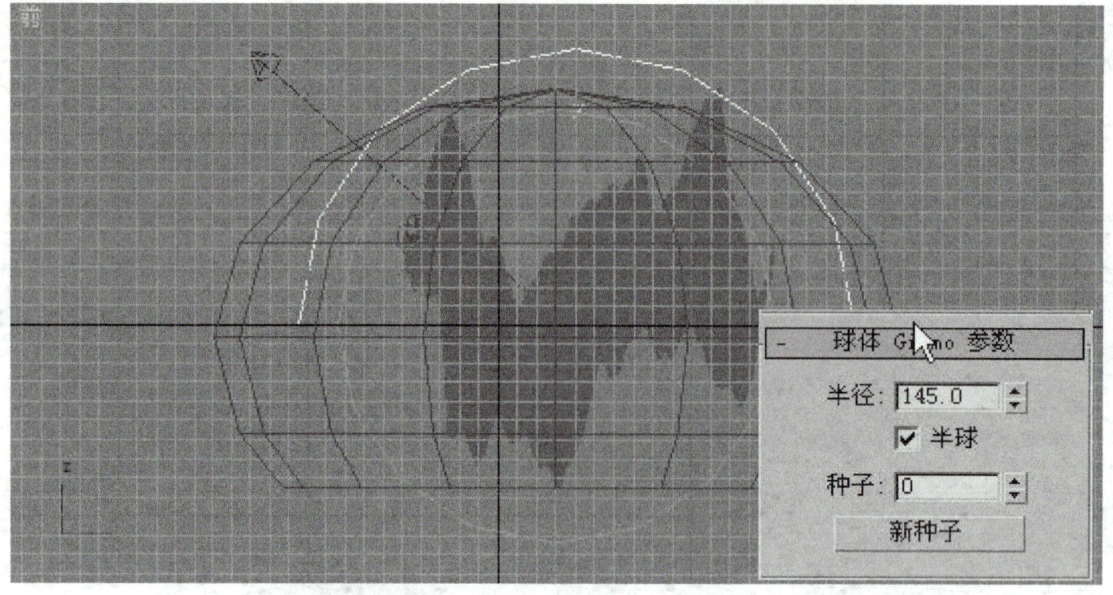

图 7-1-6

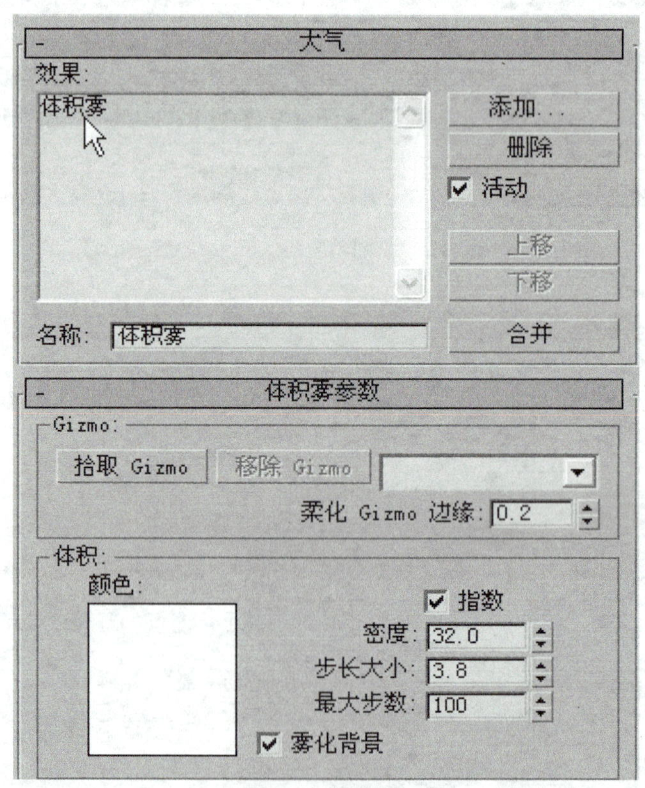

图 7-1-7

6）单击“拾取Gzmo”按钮，在视图中选择创建的大气装置，将其作为创建体积雾的载体，此时的效果如图7-1-8所示。

图 7-1-8

7）在“噪波”选项区域中启用“分形”复选框，将“高”设置为0.3，“低”设置为0.2，“均匀性”设置为－0.02，效果如图7-1-9所示。

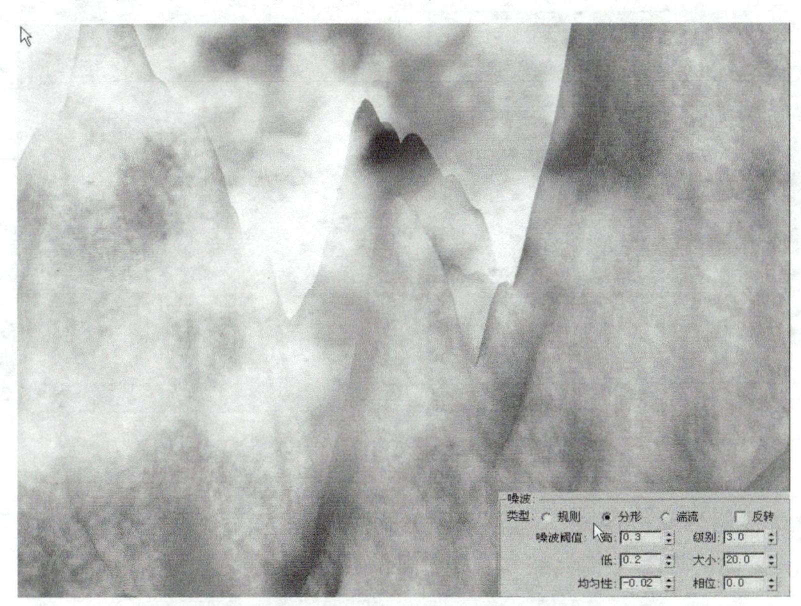

图 7-1-9

8）将“级别”值设置为4，将“大小”值设置为20。在“风力来源”选项组中选中“左”单选按钮，将“风力的强度”设置为12，如图7-1-10所示。

9）按下动画控制区域中的“自动关键点”按钮，将时间块拖动到第0帧，将“相位”值设置为-1。将时间块拖动到第100帧，将“相位”的值设置为4。然后，弹开“自动关键点”按钮，完成山间云雾的运动动画，图7-1-11所示是第0帧和第100帧的动画效果。

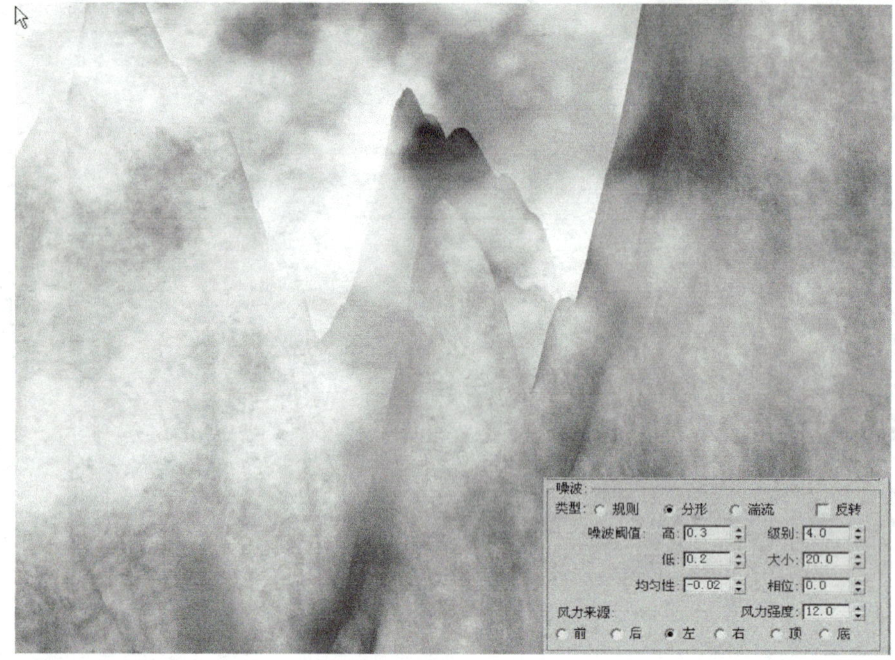

图 7-1-10

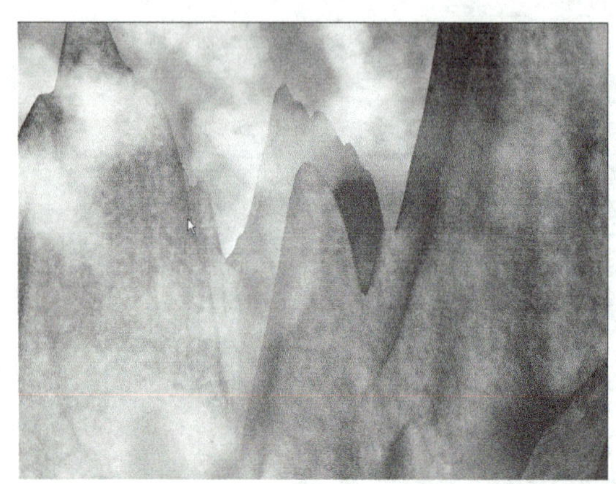

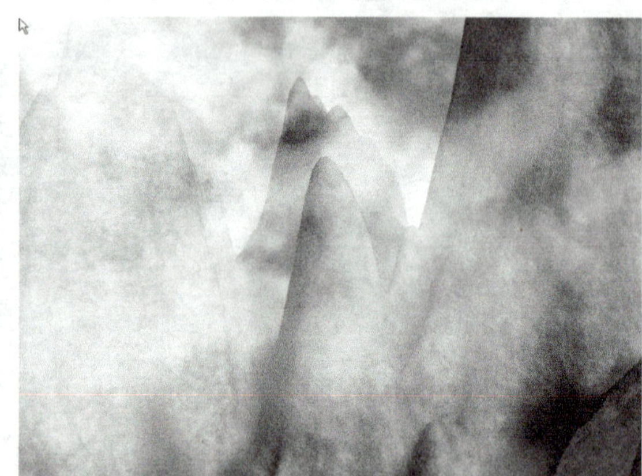

图 7-1-11

10）在动画控制区域中单击“时间配置”按钮，在打开的“时间配置”对话框中选择“帧速率”选区的“PAL”单选按钮，如图7-1-12所示。

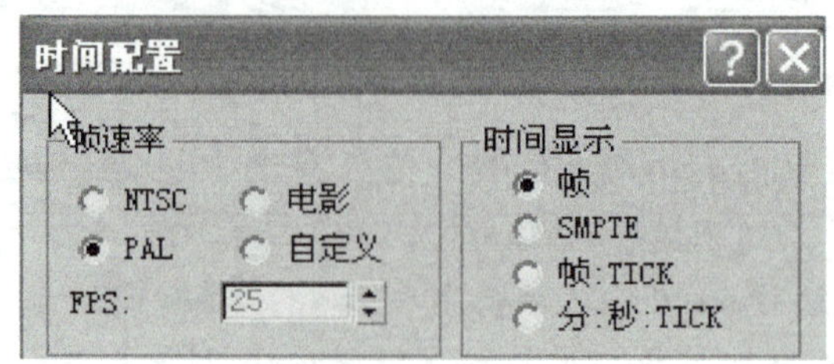

图 7-1-12

11）将场景输出，生成动画效果。菜单栏“渲染”→“渲染”命令，弹出“渲染场景”对话框，在“时间输出”选区中选择“范围”单选按钮，如图7-1-13所示。在“渲染输出”选区选中复选框，如图7-1-14所示。选择“文件”按钮设置输出文件的位置和格式。最后单击“渲染”按钮。

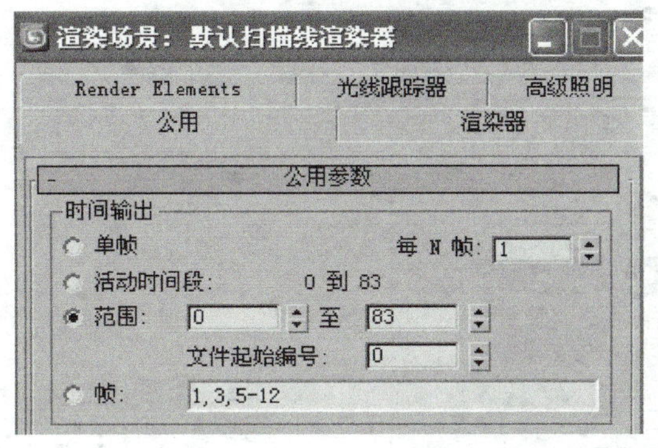

图 7-1-13

图 7-1-14

7.2 项目训练——篝火

训练要点

“大气特效”——“火效果”的设置方法。

训练目标

本训练将利用环境编辑器制作“篝火”效果。通过训练与操作，要求学习者熟练掌握大气特效——火效果的使用方法，并理解主要参数的含义。

基础练习

燃烧特效可以用于制作火焰、烟雾和爆炸等效果，如图7-2-1所示。在应用环境编辑器中的燃烧效果时，场景中必须创建大气线框对象。可以在建立命令面板中单击“辅助对象”按钮，然后在下拉列表框中选择“大气装置”，在“对象类型”卷展栏中共有三种类型的大气线框对象可供选择，如图7-2-1所示。

图 7-2-1

燃烧特效参数卷展栏如图7-2-2所示。

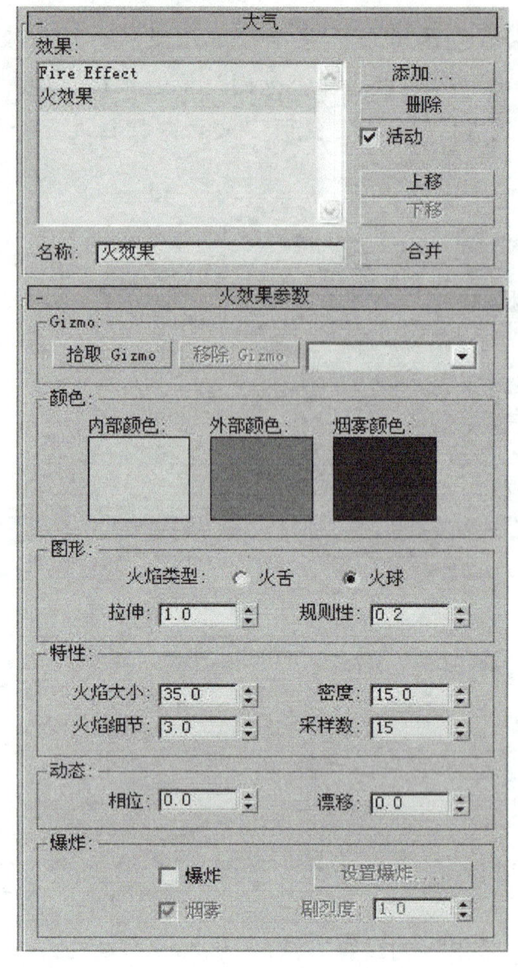

图 7-2-2

Gizmo：译为线框。

拾取Gizmo：按下此按钮后，在视图中选择要指定燃烧特效的大气线框对象。被选中的大气线框对象名称会出同在右侧的下拉列表框中。

移除Gizmo：按下此按钮后，会从下拉列表框中删除被选中的大气线框对象。

内部颜色：设置效果中最密集的颜色。

外部颜色：设置最稀薄部分的颜色。

烟雾颜色：用于设置烟雾的颜色。

火舌：产生沿着中心和大气线框的Z轴方向进行燃烧的火焰，常用于模拟烛火和篝火等效果。

火球：产生从中心向四周膨胀的火焰，用于模拟爆炸生成的火焰。

拉伸：沿着大气线框的Z轴方向拉伸火焰。数值小于1时会压缩火焰，火焰比较矮，密度比较大。数值大于1时会拉伸火焰，火焰比较高，密度相对稀薄。

规则性：设置火焰填充大气装置的程度。数值为1表示火焰完全添满大气线框。

火焰大小：用于设置火焰的大小。

密度：设置火焰的亮度和不透明度，数值越大，火焰中心的亮度越高，图示出了三种不同密度随对应的火焰效果（数值从左到右不断增大）。

火焰细节：控制火焰边缘的精细度。较小的值会产生模糊但较为光滑的效果，较大的值会产生尖锐边缘的火焰效果。

采样数：用于设置火焰的采样率。值越高火焰效果就越真实，但是也会增加渲染时间。

相位：用于控制火焰变化的速度，对此参数设置动画可以产生动态的火焰效果。

漂移：设置火焰沿着大气线框Z轴的位移。对此参数设置动画可以产生火焰跳动的效果。

爆炸：选中此复选框后，可以通过相位参数的变化自动产生爆炸动画。

烟雾：此复选框可以决定爆炸时是否产生烟雾效果。

设置爆炸：按下此按钮，在弹出的对话框中输入爆炸开始/结束时间后，会为相位参数自动设置爆炸动画。

剧烈度：用于设置相位参数变化的剧烈程度。当剧烈度数值大于1时，会产生剧烈的燃烧或爆炸效果。

➘ 项目实训

篝火制作实训步骤

1）依次选择“文件”→“打开”命令，打开项目素材库中的7-2-1m.max 文件，本练习我们将在该场景的基础上创建云雾效果，如图7-2-3所示。

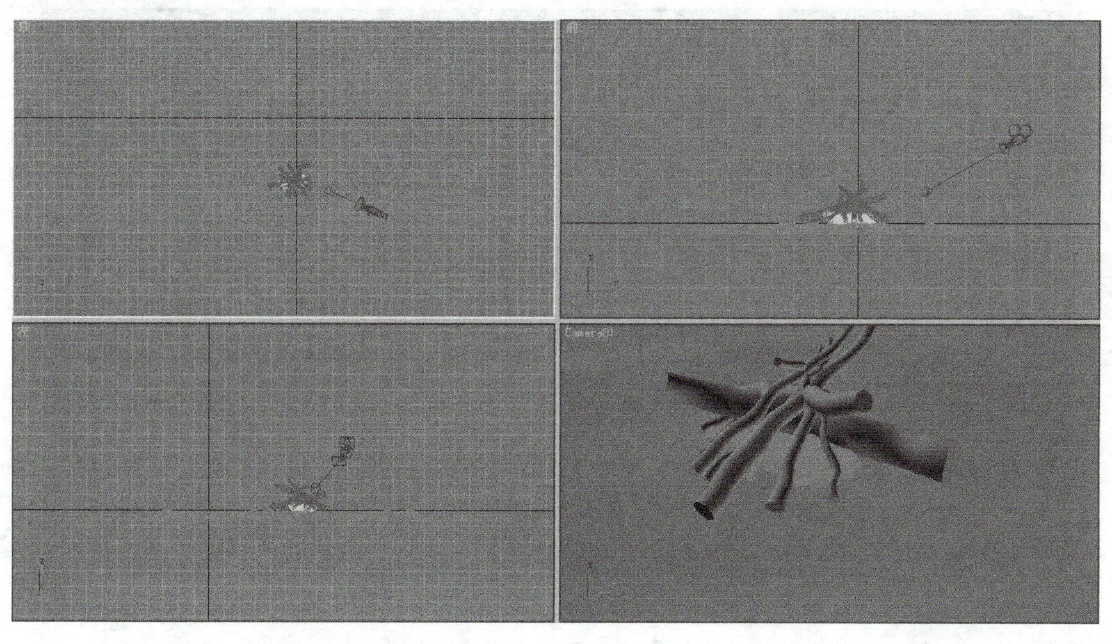

图　7-2-3

2）按下创建命令面板上的“辅助对象”按钮，在“标准”下拉列表中选择“大气装置”选项。然后，在“对象类型”卷展栏中单击“球体Gizmo”按钮，在顶视图中创建一个大气装置，如图7-2-4所示。

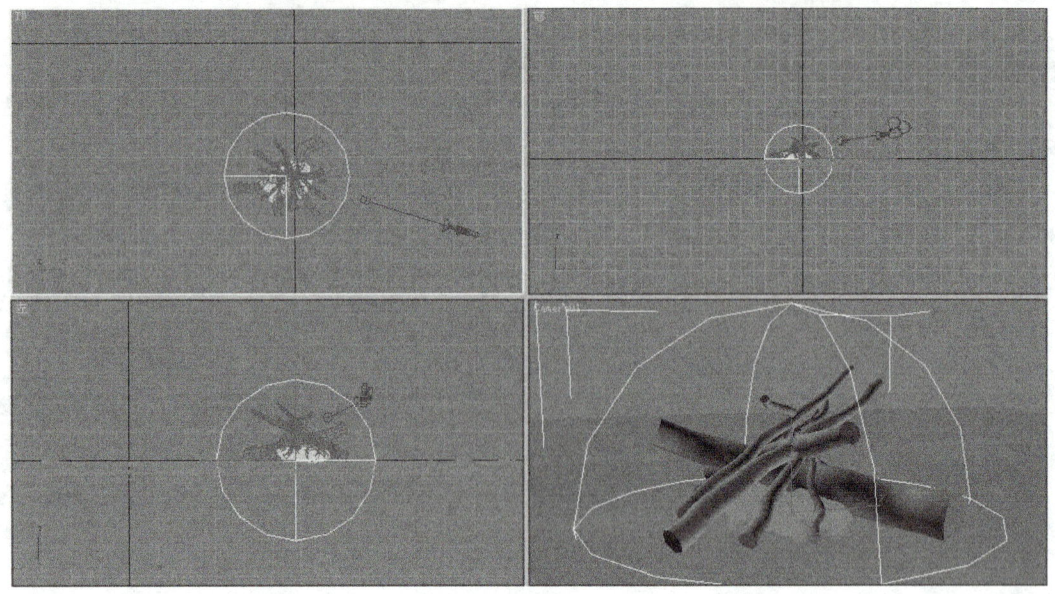

图 7-2-4

3）在工具栏上单击“缩放”按钮，在前视图中调整大气装置的形状，如图7-2-5所示。半径设置为30，选中“半球”复选框。调整它的主要目的是为了让燃烧的火焰高度能够发生变化。

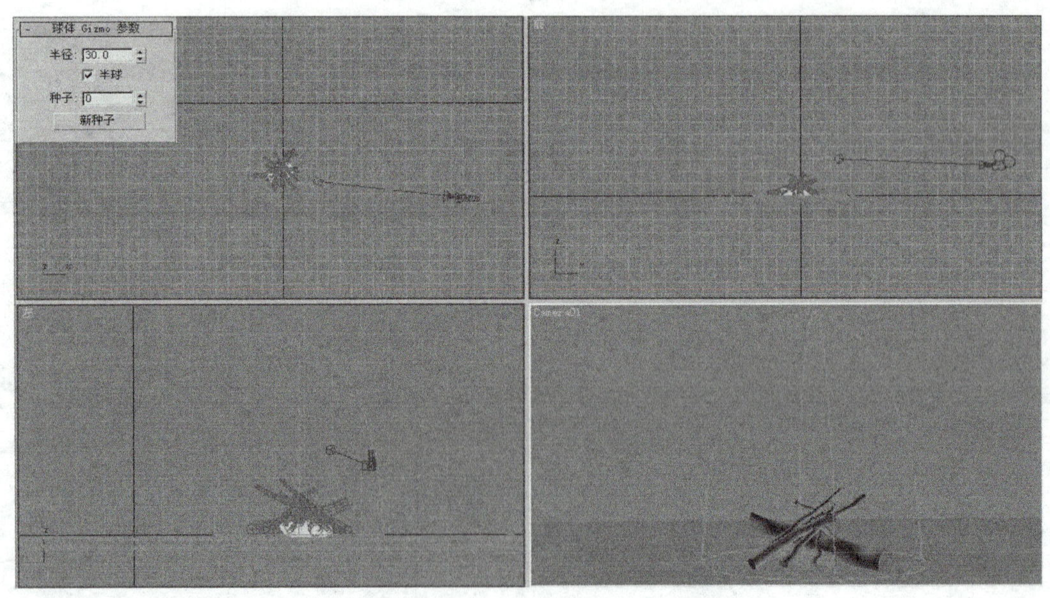

图 7-2-5

4）依次选择“渲染”→“环境”命令，打开“环境与效果”对话框。单击“大气”卷展栏中的“添加”按钮，在打开的对话框中选择“火效果”选项，单击“确定”按钮添加该效果，如图7-2-6所示。

5）在“效果”列表框中选择“火效果”选项，展开“火效果参数”卷展栏，单击拾取Gizmo按钮，在视图中选择大气装置，从而将其作为火焰燃烧的载体，此时的效果如图7-2-7所示。

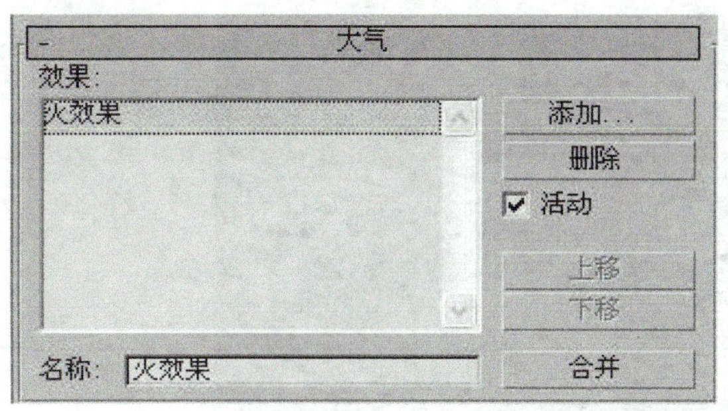

图 7-2-6

图 7-2-7

6）在“火效果”卷展栏中，将“拉伸”值设置为1.9，将“密度”值设置为25，此时，再次快速渲染摄像机视图，观察效果，如图7-2-8所示。

图 7-2-8

7）按下创建面板中的“灯光”按钮，在“对象类型”卷展栏中单击“目标聚光灯”按钮，在前视图中创建一盏目标聚光灯，如图7-2-9所示。

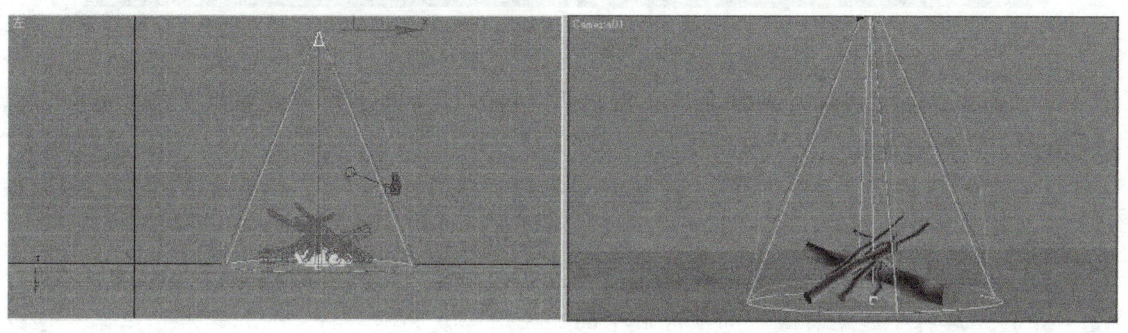

图 7-2-9

8）切换到修改命令面板，启用“常规参数”卷展栏中的“阴影”复选框。在“聚光灯参数”卷展栏中启用“泛光化”复选框，将“衰减区/区域”设置为95，如图7-2-10所示。

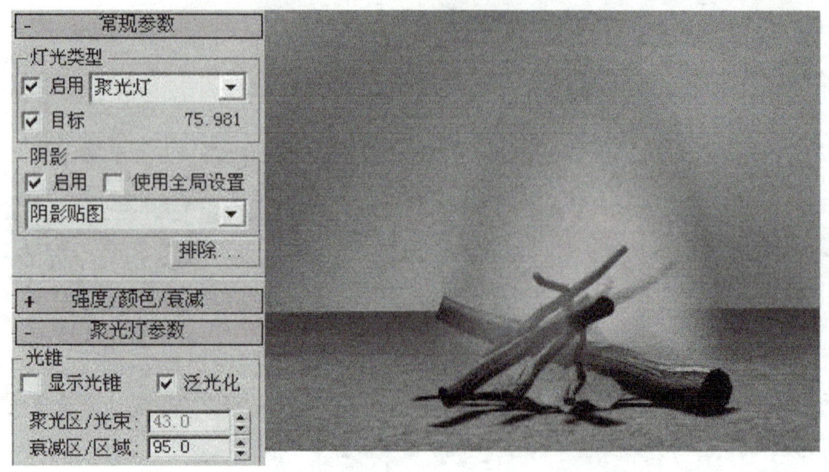

图 7-2-10

9）展开“强度/颜色/衰减”卷展栏，将“倍增”的值设置为1.0，将灯光的颜色设置为RGB（230、135、50），在“远距衰减”选项区域中，将“开始”和“结束”值分别设置为5和90，如图7-2-11所示。

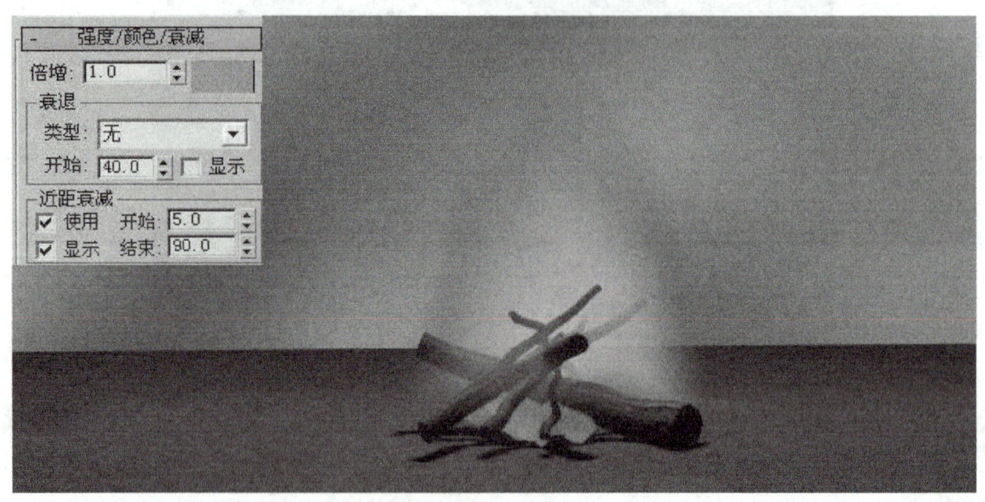

图 7-2-11

10）然后快速渲染摄像机视图，观察此时的效果。通过观察可以发现，场景中的火焰已经具有了一定的效果。

11）再次使用“泛光灯”工具在视图中创建一盏泛光灯，并将其调整到篝火的建模处，放在炭火上，如图7-2-12所示。

12）切换到修改命令面板，将灯光的强度设置为4，将灯光的颜色设置RGB（227、100、50）。启用“远距衰减”选项区域中的“使用”复选框，将“开始”和“结束”值分别设置为5和25，此时的效果如图7-2-13所示。

图 7-2-12

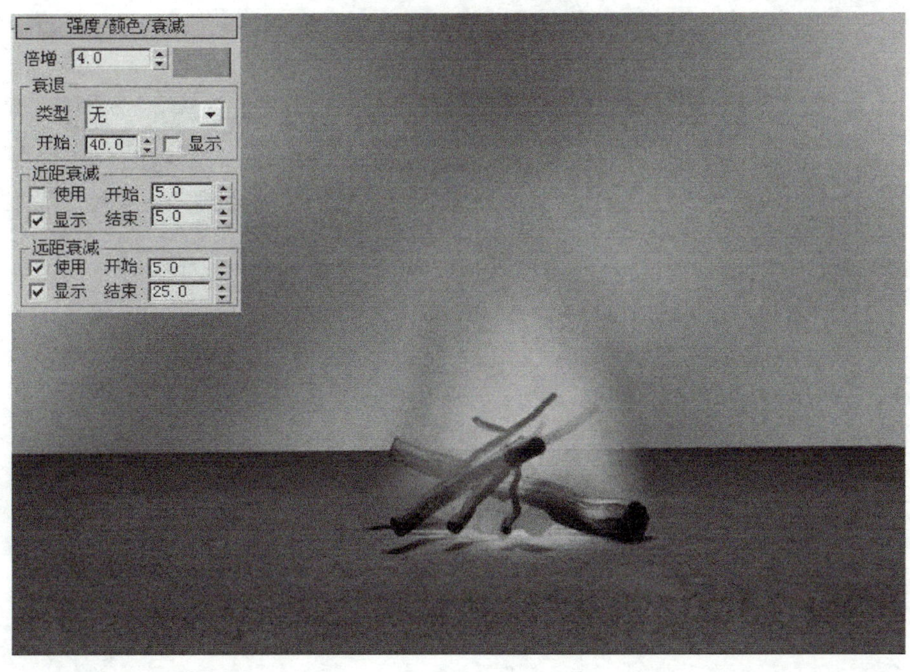

图 7-2-13

13）选择“渲染”→Video post命令，打开Video post对话框。单击工具栏上的“添加场景事件”按钮，在视频合成器中添加一个摄像机事件。

14）单击“添加图像过滤事件”按钮，在打开的对话框中选择“星空”选项，单击“确定”按钮添加该特效。然后双击“星空”选项，在打开的对话框上单击“设置”按钮，然后按照图7-2-14所示的参数进行设置。

15）退出“星星控制”对话框。在Video post工具栏上单击“执行序列”按钮，观察渲染效果，如图7-2-15所示。最终效果文件见项目素材库中的“篝火.max”文件。

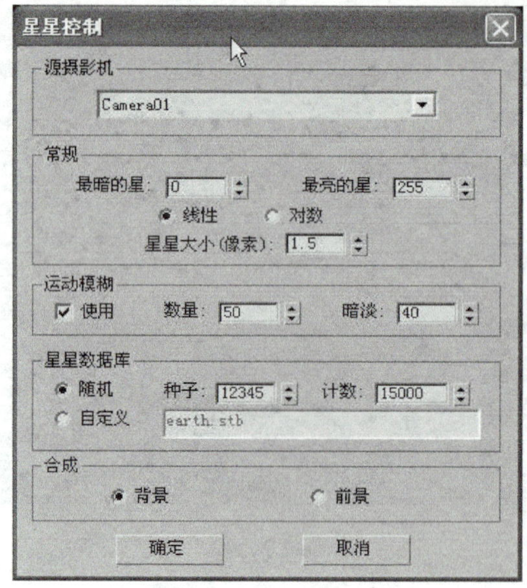

星星控制
源摄影机
Camera01
常规
最暗的星：0
最亮的星：255
线性
对数
星星大小(像素)：1.5
运动模糊
使用
数量：50
暗淡：40
星星数据库
随机
种子：12345
计数：15000
自定义
earth.stb
合成
背景
前景
确定
取消

图 7-2-14

图 7-2-15

第8章 3ds Max 9综合项目实训——中式风格客厅

训练要点

CAD图形导入3ds Max中的方法、标准渲染方式下的建模和材质设置方法、传统灯光模拟阳光效果的方法、标准渲染输出的方法以及效果图后期处理方法。

训练目标

让学习者了解如何在3ds Max中模拟现实世界灯光效果及材质、渲染输出、后期处理的方式方法，并通过一个中式客厅的制作，使学习者全面系统地掌握效果图制作的全过程。

基础练习

主要讲解渲染输出的方式方法、如何对效果图进行后期处理、室内效果图制作的基本理论、运用所学习的知识（建模、材质、灯光、渲染输出、后期处理）完成效果图的总体制作。

8.1 渲染输出

渲染就是将三维模型赋予材质与贴图，并设置灯光，然后进行渲染并输出生成效果图的过程。灯光而言，渲染输出这一步就简单多了，只需单击主工具栏中的“快速渲染”按扭，耐心地等待任务的完成即可。

相对于前面章节中讲述的创建场景、布置小、格式等，则可以单击主工具栏中的“渲染场景对话框”按扭，在打开的对话框中根据自己的需要进行设置。渲染输出的示例如图8-1所示。

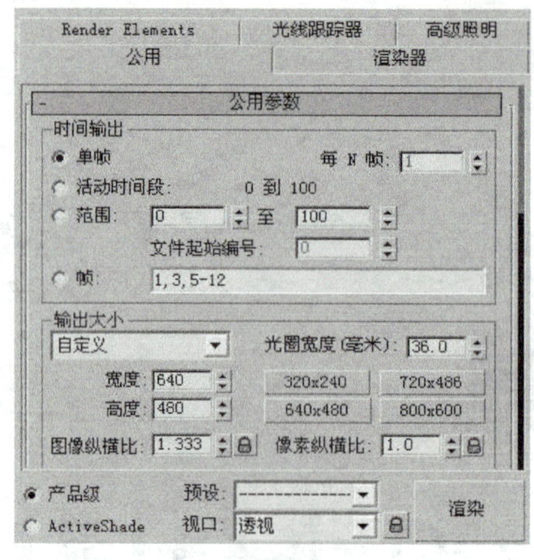

图 8-1

3ds Max 9 具备强大的渲染输出功能，本章我们将通过对中式客厅和卧室的讲解全面系统地介绍渲染输出的全过程。

8.2 后期处理

对于后期处理而言，主要使用的软件是Photoshop（此软件的应用可参考本套丛书中的《Photoshop 职业应用项目教程》）。它是Adobe公司推出的一款优秀的图形图像处理软件，可以方便快捷地对制作好的效果图进行必要的处理，使作品趋向完美表现。其主要进行以下处理：调整效果图的色调、明暗对比度、色相/饱和度，为效果图添加背景、人物、植物、各种渲染气氛的装饰物，以及对光效制作和画面局部进行精细的修补处理。处理完毕，一张专业精美的三维效果图就完成了。如图8-2所示即为经过Photoshop处理前后的对比效果图。

图 8-2

 说明

需要注意的是，在实际制作过程中，不要把所有模型都制作出来再赋予材质，这样会加大制作难度。正确的方法是制作出一个或一组模型，就将它们的材质编辑到位。

8.3 室内效果图设计的基本理论

室内效果图设计来源于生活并体现生活，即具有建筑艺术的特征，又兼有造型艺术的特点，其造型要素包括空间、色彩、光线和材质等，强调把功能和美结合起来去构成各种各样的空间，通过环境基调、家具选择、色彩搭配、照明渲染及材质结构等的协调组合，最终完成室内环境的整体效果。（想深入了解室内设计的项目知识与技能，可参考本套丛书中的《室内设计与制作实务项目教程》）

1. 室内环境设计

室内环境设计主要包括对空间构成和动线的研究。对空间构成研究是要在人的生活和心理需求以及其他功能要求的基础上，对于室内的实在空间、视感空间、虚拟空间、心理空间、流通空间及封闭空间等加以合理筹划，确定空间的形态和序列，各个空间的分隔、联系及过渡等处理方法；对于动线的研究是要根据人在室内空间中的活动，对于空间、家具及设备等进行合理安排，从而使人在室内的移动轨迹符合距离最短、最单纯及不同时交错这三项基本要求。下面简单介绍一下空间构图的要素和空间构图的原则。

（1）空间构图要素　任何空间都是由线条、形、体等空间基本要素构成的。其中，形指的是物体的平面几何形状，如圆形、方形等；体指的是三维立体几何造型体，如长方体、球体等。形和体组成了建筑空间，它们的协调搭配使得室内空间富有生机和变化。如果矩形室内空间有矩形的茶几、柜子及沙发等矩形家具，墙上挂着矩形的匾额等，这样布置难免显得呆板，如果在茶几上放上球形的花瓶、曲线形灯具等，则空间会显得的活跃得多。以直线作为主导线条的物体给人简练、平稳的感觉，适合于淡雅、理想化的基调；以曲线为主导线条的物体富有流动感，流畅的线条给人一种贴切、真实的艺术气息，适合于比较柔和、轻松的环境，但是曲线使用过多容易给人一种柔弱的感觉。

（2）空间构图的基本原则　空间构图有一些美学上的基本原则，具体内容如下。

1）各要素之间要协调统一：建筑装饰设计中的协调统一原则是最基本的原则之一，设计者应力求综合考虑各个主导因素，利用艺术的手法和技术手段协调各个因素之间的关系，使各个要素完善地结合成一个统一的有机体，协调地为实现装饰设计目的、表达设计创意服务。

2）造型体的比例和尺度要合理：建筑装饰设计中的任何造型体都涉及到尺度和比例的问题。尺度指的是造型体的长、宽、高三个方向的尺寸；比例则包括造型体本身长、宽、高三个方面尺寸之间的相对大小，也包括造型体和周围其他物体尺寸的相对大小。适当协调的比例能够产生和谐的美感，否则只会使人觉得生硬，不协调。设计过程中可以根据整体和局部关系、使用的要求等方面来综合考虑造型体本身和相对于周围物体的尺寸关系

3）均衡性和稳定性：均衡性指的是空间构图中各个要素之间相对的视觉上的轻重关系；稳定性指的是空间整体上下之间视觉上的轻重关系。均衡性要求空间前后左右各部分给人以匀称、安定的美感，对称的布置很容易实现均衡性，同时对称手法也可以体现严谨、严肃的风格，但是对于严格也会带来呆板的感觉。不对称的手法也能实现均衡性，并且不对称手法更容易显得轻快、自如。

4）节奏和韵律：符合人的心理特点的、有秩序的装饰设计，能激发人的心理上的节奏感、韵律感。这就是一种重复性的、自然的韵律美。韵律能给结构带来更多感性的氛围。

要产生韵律感，通常利用以下几种方法。

① 连续：连续的曲线给人流动的感觉，通过色彩、形状及图案等的连续或者重复来产生一种韵律美，能给人以鲜活的动感。

② 渐变：线条、色彩、明暗及形状按照一定的规律变化，能够带来层次上和空间上的韵律美，甚至是一种延展的韵律美。

③ 交错：各种组成要素按照一定的规律穿插交织、重复出现，能产生自然生动、节奏性很强的美感。

2. 室内家具设计

对于一定的室内空间，只有通过配制适合各种用途的家具，才能实现各种室内功能。家具是人们工作、学习和生活的必需用具，也是人们生活中最直接的生活用品之一；另外，由于家具所占的空间比较大，位置比较突出，它的视觉和触觉最容易对人们心理产生明显的效应。因此，家具设计是现代室内设计及建筑装饰的一个重要方面。家具可以通过其表现的时代特点、艺术风格及风俗的习惯，而对整个室内环境效果的好坏产生极其重要的影响。

3. 室内色彩设计

对于一个建筑空间而言，色彩是一种能够强烈地引起人的心理效应的因素。它不只局限于一个抽象的视觉概念，而是和建筑中每一个物体的材质紧密联系在一起的。在建筑设计中，色彩设计之所以占重要地位，是因为建筑最终以其结构形态和色彩效果被人感知，色彩对组成视觉环境、营造建筑情调和气氛具有重要作用，同时能够对人的情绪、心理产生潜移默化的影响。

（1）色彩的基本知识　一切物体颜色的唯一来源是光。色彩是光作用于人的视觉神经而引起的一种视觉作用。没有光的作用，就没有颜色。我们都有这样的常识：在密闭的暗室里，任何颜色都无法得到分辨。当光照射到物体上时，一部分光被物体吸收，一部分光被物体反射，还有一部分光投射到物体的另一侧，人们所能分辨的物体颜色实质上是物体反射光的颜色，不同的物体有不同的质地，光线照射后，其吸收、反射及透射的情况各不相同，因而显示出多种多样的色彩。

现代的色彩科学以太阳作为标准发光体，并以此为基础解释光色等现象。通过三棱镜分解后，太阳光线分解成为红、橙、黄、绿、青、蓝、紫七种颜色。太阳光照射到物体上被物体反射的光色就反映为物体的颜色。例如，绿叶吸收了太阳光中的红橙黄青蓝紫等成分，反射了绿色，我们就感觉到叶子的颜色是绿色的。

物体呈现白色，是因为物体反射出了绝大多数光线成分；物体呈现黑色，是因为吸收了大部分光色成分。由于物体对光色的吸收和反射都是相对的，所以，物体的各种颜色在色谱上也是相对的，在自然界中没有纯白和纯黑的物体。

（2）色彩的属性　色彩具有三种属性，既色相、亮度和饱和度。任何一个物体的颜色都可以由这三个要素来确定，所以也称之为色彩的三要素。它们是比较和确定各种色彩的唯一标准。

1）色相：色相是色彩所呈现的相貌及不同色彩的面目，反应了不同色彩各自具有的品格。如红、黄等色彩，色彩之所以不同，取决于光波的波长。我们所说的红、橙、黄、绿、青、蓝、紫等色彩名称就是色相的标志。作为一个建筑设计人员，尤其是室内装饰设计人员，提高对色彩辨别的敏感性并理解它们的差别是一项很重要的技能。

2）亮度：色彩的明亮程度称之为亮度。越接近白色，色彩的亮度越高；相反；越接近黑色，色彩的亮度越底。即使是同一种颜色，由于受光强弱的不同，亮度也各不相同，例如，红色就有浅红、深红和暗红的区别。

3）饱和度：色彩的饱和度也称为纯度。色相环上的标准色均为红色，红色的饱和度最高。如果在标准色中加入白色，饱和度降低而亮度增高；如果在标准色中加入黑色，那么饱和度降低且亮度也降低。通常所说的颜色鲜艳指的就是它的饱和度，如果某个物体的颜色灰暗，就是指它的饱和度低。

（3）色彩的物理作用 人们通过眼睛的视觉神经感知色彩时可以产生多种效应。所谓色彩的物理作用，指的就是各种色彩对物体的冷暖、远近甚至轻重等物理属性的表现。色彩的物理作用在建筑装饰设计上的应用十分重要。

1）冷暖感：在色谱中，我们把不同色相的色彩按照它们的冷暖感觉分为冷色和暖色。因为绝大多数生物和有机物的颜色给人以温暖的感觉，所以暖色也常被称为有机色；而无机物（如石头等）多属冷色调，所以也有人将冷色称为无机色。橙、红之类的颜色给人以温暖的感觉，称为暖色；青、蓝之类的颜色称为冷色；由冷暖原色合成的颜色（如紫色、绿色）称之为暖色；而一些既不属于暖色也不属于冷色的黑、白、灰、金和银等颜色称为中性色。

色彩的冷暖感与色彩的亮度有关，亮色具有凉爽感，暗色具有温暖感；色彩的冷暖感还与色彩的饱和度有关，在暖色范围中，饱和度越高越具有温暖感，在冷色范围中，饱和度越高越有凉爽感。

在建筑装饰设计中，要想营造满意的建筑空间气氛，色彩的冷暖感起着很大的作用。在一个空间里有一个作为主题的色调，而各种中性色多是调剂色。进行色彩规划时，首先应该选定统一色调：是明亮的色调还是暗淡的色调；是冷色还是暖色；是具有活泼感的还是体现深沉感的。为表现这些感觉还需考虑具体的配色色调（或同一色调，或类似色调；或明亮色调，或黯淡色调），并选择地毯、地砖及壁纸等材质，以实现整体的和谐感。

2）距离感：颜色可以给人进退、凹凸及远近的距离感。色彩的距离感和色相以及色相的亮度有关。一般暖色和亮度较高的色彩具有前进、凸出及接近的效果；而冷色和亮度较低的色彩具有后退、凹进及远离的效果。建筑设计中常利用色彩的这种属性来改善空间的尺寸感和形态感。

3）重量感：色彩的重量感取决于其亮度和饱和度。亮度和饱和度高，则显得轻，如桃红色；亮度和饱和度低，则显得重。因而，有时把色彩分为轻色和重色。在建筑设计中经常利用色彩的轻重感作为建筑构图达到平衡和稳定的辅助手段。另外，色彩的轻重感还有利于表现建筑的风格。

4）体积感：根据色彩对物体体积的视觉效果的影响，色彩又分为膨胀色和缩聚色。色彩的体积感和色相以及亮度有关，暖色和亮度高的色彩具有扩散作用，因而显得体积膨胀；而冷色和亮度低的色彩具有内聚作用，因而显得体积缩小。在建筑设计中，可以利用色彩的体积感的特性来改善建筑空间的尺度和体积，使建筑各部分之间的关系更加协调。

（4）色彩给人的心理效应 人们对不同色彩表现出来的心理反应，常常和人们的生活经验、利害关系以及由色彩引起的联想有关，同时也和人的年龄、职业、性格、修养及民族等有关。此外，色彩的心理效应一方面表现出它能给人以美感，另一方面表现出它能够影响人的情趣，引起联想。这种联想可以是抽象的，也可以是具体的。例如，看到红色，就会联想到太阳、火花甚至鲜血。各种颜色通常容易引起的情绪或联想如下。

1）红色：血的颜色，富于刺激性，富于激情，容易使人感觉到热情、热烈、美丽、吉祥、活跃和忠诚，也会让人感觉到血腥。

2）橙色：兴奋之色，明朗、甜美和温馨，充满温情而又不乏活跃，容易使人感觉到成熟和丰盛，也可以让人感到烦躁。

3）黄色：帝王之色，宫殿通常用这种颜色来表现其高贵和华丽，使人感觉到光明和喜悦。

4）绿色：生命之色，森林和田野的基调色，富于生机，容易使人感觉到青春、活力、健康和永恒，也是公平、宁静、爱护和智慧的象征。

5）青色：使人联想到大海的碧波，是一种冷静之色，容易使人感觉到深沉、博大、悠久和理想，但也容易使人产生忧郁、冷淡和贫寒的感觉。

6）紫色：使人联想到古朴和庄重，也可以使人联想到阴暗、污秽和险恶。

7）白色：纯洁的象征，使人联想到清白、光明、神圣和平和，也可以使人感觉到冷酷和哀婉。

8）灰色：给人以朴实感，更多的使人感觉平凡、空虚、忧郁、沉默和绝望，缺乏生机。

9）黑色：使人感到坚实、含蓄、凝重和肃穆，也容易使人感觉到黑暗和罪恶。

（5）色彩的使用原则 建筑的色彩配置必须符合空间的构图原则，处理好协调和对比、统一和变化、主景和背景等的关系，才能充分发挥色彩对空间的美化作用，否则可能会适得其反。在进行室内设计时，首先根据不同的使用目的、用户的个人爱好等确定空间色彩的主调。如同乐章的主旋律，主调色彩在室内气氛中起主导作用，确定合适的室内主调色彩在室内装饰设计中是至关重要的。构成空间主调色彩的因素很多，一般来说要考虑到空间的亮度、色温、饱和度和对比度等。从亮度上讲，有明调、灰调和暗调；从色温上讲，有冷调、暖调等。其次要处理好统一和变化的关系，色彩主调使色彩关系相互统一、协调，只有统一而无变化，仍然达不到满意的效果，要在统一的基础上求变化，才能取得较好的效果。为了取得既有统一又有变化的效果，要在统一的基础上求变化，才能取得较好的效果；大面积的色块不宜采用过分鲜艳的色彩，小面积的色块则可以适当提高亮度和饱和度。再次，色彩设计要体现建筑的稳定感、韵律感和节奏感，通常上轻下重的色彩关系给人以稳定的感觉；另外，色彩的起伏变化要注意规律性，形成韵律感和节奏感，切忌杂乱无章。

空间形式和色彩的关系很密切，利用色彩的物理属性和对人心理的影响，可以在一定程度上改变空间尺度和比例，分隔、渗透空间，改善空间效果。例如，墙面如果过大，宜采用收缩色。柱子比较细时，宜采用浅色；柱子比较粗时，用深色可以减弱粗笨的感觉。在使用色彩时还应注意在不同的色彩交接过渡部分应该自然、明确和合理；为了突出名贵陈设和名人绘画，背景色调应处于从属地位，室内整体色调应以低纯度色调为主，然后再以高纯度色调在重点局部和中心加以点缀，可以收到典雅而丰富的艺术效果。

总之，色彩可以起到调整人与空间关系的作用。在创作建筑效果图时，一定要注意整个构图的色彩是否做到了以上几点。

4. 室内照明设计

光影效果的利用是现代建筑室内设计的特色之一，特别是顶光和顶部间接光被广泛地应用起来，利用光影的变幻可以丰富空间效果，增强装饰效果的层次感。

在室内装饰设计中，人造灯光的照明设计对于营造环境气氛起着特殊的作用。当代空间设计中，灯具不仅起着不可或缺的装饰作用，同时，在不同的场合、不同的空间要求下，满足了人们视觉需求的精神享受。室内光源成分复杂，照明和灯具布置对创造空间的艺术效果有很大的影响，光线的强弱、颜色以及照射方式都可以明显影响空间的感染力。例如，卧室应该给人以宁静舒适、色调温暖和光线较弱的感觉，而饭店大厅则应该给人以富丽堂皇的明亮感。

在进行室内照明设计时，应在充分研究被照明对象的特征、性质与使用目的、观赏者的动机和情绪、视觉环境所提供的信息和内容、创造环境气氛等方面的要求及光源本身性质的基础上，对照明的方式、照明的用途、照明用的光色以及灯具本身的样式等方面做出合理的安排和设计。

5. 室内装饰材质设计

通常材质设计是实现造型设计与色彩设计的根本措施，同时也是表现光线效果和材质效果的重要依据。换句话说，材料设计的正确与否，直接关系着装饰设计与制作的整体效果的成败，无论是对用于建筑功能还是表现效果，都将产生严重的影响。

装饰材料的外观设计必须满足视觉和触觉两个方面的要求，层次丰富、功能各异的材质，有利于营造一个舒适的生活和工作环境。材质本身的光泽、质地和舒适感使装饰用具更具人性化，使人乐于接受。

（1）材质的光泽　抛光的大理石、玻璃、釉面陶瓷及瓷砖等的表面具有良好的光泽和变化多端的色泽，这些装饰材料的优点是色彩明丽，鲜艳耀人，具有很强的现代感。

镜面玻璃独具的反射特性即能用于墙体表面的装饰，又可以用于增强室内空间感和立体感。

光亮的金属面有特殊的金属光泽，既显得古朴凝重又不失高贵，在很多方面是不可替换的材质元素。

（2）材质的质感　各种不同材料的表面有不同的触觉特点。例如，棉麻织物的纤维既有地毯、壁毯的厚实、温和、粗犷、刚毅感，又有丝织品的华贵、亮丽感，给人的感觉用在不同的对象上恰到好处。

总之，材质是色和光得以呈现的载体，它表面的精、粗、光、涩，常常会影响到色和光的寒暖、深浅变化。质地的松软和挺括、柔韧和坚硬也易使人引起含蓄和明快的联想，借助材质料本身材质的表现力，有利于调整室内的空间感和事物的体量感。材料表面纹理的粗细、疏密，也能在不同层次上体现出装饰效果。

除了结构形体、色彩、光泽及材质以外，水体和绿化也是构成室内整体美的生态要素。盆景和水体本身就是一个浓缩的风景，加上它独具的生命活力，能够使室内装饰起到画龙点睛的效果。同时，绿色植物也是改善室内环境的重要手段，很多新装修的室内空气中往往会有有害气体超标的现象，绿色植物能起到良好的净化空气的作用。

不同的色彩、灯光和材质的运用，会给室内空间效果带来某种程度的影响，但起主导作用的是空间维护体和家具的陈设布局。天花板、墙面、地面、立柱和隔断等，宛如室内空间的一种环境躯壳，成为室内环境设计的主体；而家具则依托这个躯体作为它的陈设的背景，成为室内环境设计的宾体。这种宾主关系的构图手法，大致可以分为三种不同类型：以空间围护体为衬托的对比手法、以空间围护体为依托的调和手法、以空间体和面穿插为依存的对应手法。

不论采用哪种手法，都要从整体和谐美的角度出发，讲究依景置物，体量适度；层次穿插，烘托有序，虚实掩映，变化多端；华素适宜，繁简有度；光影交织，疏朗风韵；务求基调，主从分明；重点突出，点缀贴切。最忌讳独立对待某一部分，各部分之间的协调配合才是决定整体美的关键。

6. 室内效果图制作的一般流程

三维效果图作为计算机图像制作的一个分支，从一开始就以生产周期短、画面真实丰富、制作过程交互等优点而受到了设计师的青睐。如今，在建筑装饰行业的前期策划、客户洽谈、项目投标竞标等过程中，电脑效果图已经很大程度地取代了传统手绘效果图。

3ds Max是近年来出现的最优秀的三维造型体设计及动画设计软件之一，其强大的功能在室内建筑装饰设计上，给设计师们提供了一套得心应手的设计工具。传统建筑效果图的制作是根据建筑的三视图（平视、立面、剖面视图）在头脑中建立整个建筑的场景，然后选择一个合适的角度，根据画法几何的原理合成透视图，最后加上色彩渲染效果。这种方法很难将建筑装饰设计作品方方面面的因素详尽地表达出来，而三维绘图软件则是在理解设计图的基础上，直接建立三维造型体，计算机将自动生成各个角度的透视图。

利用3ds Max 9可以制作形象逼真的三维造型体，可以随意调整组合各种造型体，以达到最优的设计效果；调整灯光效果，创造最合适的灯光氛围；最为难能可贵的是3ds Max 9提供了强大的多媒体演示功能，利用它甚至可以随着“摄影机”镜头参观室内的每个角落。可以说，3ds Max 9让设计师们可以随心所欲、痛快淋漓地表达设计思想。在房地产行业中，利用3ds Max 9制作的演示动画可以随身携带到任何需要的地方，向客户全面地演示房地产项目，这无疑给商业活动带来了更多便捷和有利条件。

利用3ds Max 9制作三维设计图的一般流程是：创建造型体→创建材质→设置灯光效果→场景渲染→多媒体制作。

（1）创建造型体　制作造型体是效果图制作的基础，必须精确地创建场景中的各个模型，协调它们之间的比例、距离，以及场景中模型点面数的分布，并且要快速、准确地将整个要渲染的场景建立出来。

3ds Max 9是面向对象的设计软件，这里的对象指的是能够利用3ds Max 9制作、选取、编辑和进行其他操作的事物，可以是单独的个体，也可以是由多个个体组成的集合。在进行造型体制作之前，必须明确造型体可以分几个部分及每个部分的制作工序等。局部的细致工作是实现良好的整体效果的基础，从这个角度来讲，利用该软件制作造型体是一件颇费心思的细致工作。3ds Max 9提供的都是一些常用的标准对象的造型体，绝大多数造型需要设计者大量细致的工作才能完成。不用怀疑3ds Max 9制作造型体的能力，只要坚信一点：在熟练掌握了它的使用方法以后，通过设计者大量细致入微、不厌其烦的工作，任何复杂的甚至是不可思议的造型体，都能通过3ds Max 9来实现。制作造型体一定要严格按照设计图制作，准确地表达设计方案，这要求初学者必须具备对设计图纸的阅读和理解能力。可以说，室内建筑装饰设计是一个系统性很强的工作，电脑为现实设计思路提供了一个革命性的工具，掌握了利用电脑制作室内装饰效果图的方法，对设计人员的设计工作无疑是提供了极大的便利。

（2）创建材质　在造型体创建完毕以后，必须对其赋予适当的材质，才能使作品更加形象贴切，例如，木制家具在对其赋予了木质纹理以后才会显得自然逼真。在赋予对象材质之前，先要根据被赋予对象应具有的质感、表面纹理和尺寸大小设计好材质，然后到3ds Max 9软件本身附带的材质库中寻找需要的贴图。此外，如果需要，用户还可以从一些专业网站的素材库下载材质，必要时还可以使用平面设计软件（如Photoshop）绘制所需要的贴图和各种通道。

对造型赋予材质的工作，往往需要设计者根据生活经验和适当的想象力来完成，其间难免会反复进行试验。

（3）灯光处理　在室内效果图中，利用灯光制造特有的明暗、阴影等效果是非常重要的。3ds Max 9提供了一系列的灯光工具，用户可以按照设计者的意愿任意调试。和材质创建一样，灯光的设置也是一个反复试验的过程，设计者必须注意到光强、阴影、颜色及投射方式等诸多方面的综合效果，不厌其烦的调试才能使诸多因素协调统一，达到令人满意的设计要求，形成一定的环境氛围。另外，在使用灯光时，应在保证效果的前提下尽量节约用光数量。

（4）摄影机及渲染　3ds Max 9提供了虚拟的摄像机系统，使读者能够很方便地实现对摄像机的控制，从而展现建筑装饰效果的最佳视图。

通过对创建的模型进行上述几个步骤的编辑，就可以生成逼真的效果图和演示动画。有关具体的操作方法，将会在后面的实例中详细介绍。

项目实训

中式风格客厅制作实训步骤

1. 创建客厅模型

高品质的模型是优秀效果图的基础。相对室内效果图而言，高质量模型主要体现在模型的细节和比例两方面。但模型细节越多，场景就越复杂，这将会导致系统运行缓慢。因此，制作精细的模型需要掌握一定的优化技术，使模型面数控制在一定的数量之内，同时又能满足质量的要求。

室内模型可以简单分为两大类，室内框架和室内家具。室内框架指的是组成室内空间的墙体、地面、顶棚（天花）、窗户、门等。室内空间由于大小、高度、户型不一，很难有现成的模型可以套用，一般需要根据户型图或施工图手工制作。

室内家具指的是沙发、桌椅、电视、灯具、洁具等家庭用具。家具在家庭装修时一般根据室内设计风格从家具城购买，如中式家具、欧式家具等，其尺度的规格都比较标准，外形和款式大同小异。对于这些模型，可以直接从家具模型库中直接调用，以节省时间，提高工作效率。目前市面上有大量室内家具模型库出售，平时大家也可以在工作时收集、积累起自己的家具模型库。

（1）导入AutoCAD图形　绘制效果图之前应向室内设计师索取相应的室内设计方案。如果有现成的室内施工图，则可以将其导入至3ds Max 9，在它的基础上创建室内模型，从而提高工作效率。

1）启动3ds Max 9，选择菜单“自定义”→“单位设置”命令，设置系统单位和显示单位为毫米。如图8-3所示，以保持与室内施工图绘制单位一致。

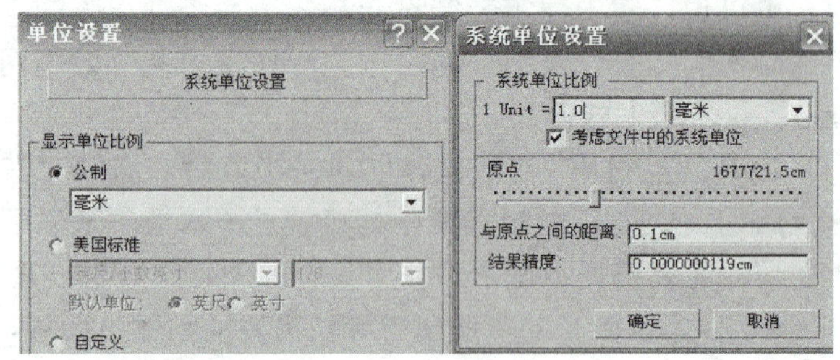

图　8-3

2）选择菜单“文件”→“导入”命令，在弹出的“选择要导入的文件”对话框中选择“AutoCAD（*.DWG，DXF）”文件类型，选择项目素材库中的“客厅平面图.dwg”文件，单击“打开”按钮。

说明

3ds Max 9 有两种导入AutoCAD 图形的方式，在“选择要导入的文件”对话框中可选择“原有AutoCAD”和“AutoCAD图形”两种方式，其中“AutoCAD图形”是新增的图形导入工具，该工具有许多改进和增强之处，可以导入AutoCAD中的图层。

3）弹出“AutoCAD DWG/DXF导入选项”对话框，勾选“几何体”选项卡“按层合并对象”选项，在“层”选项卡中选择需要导入的图层，如图8-4所示。

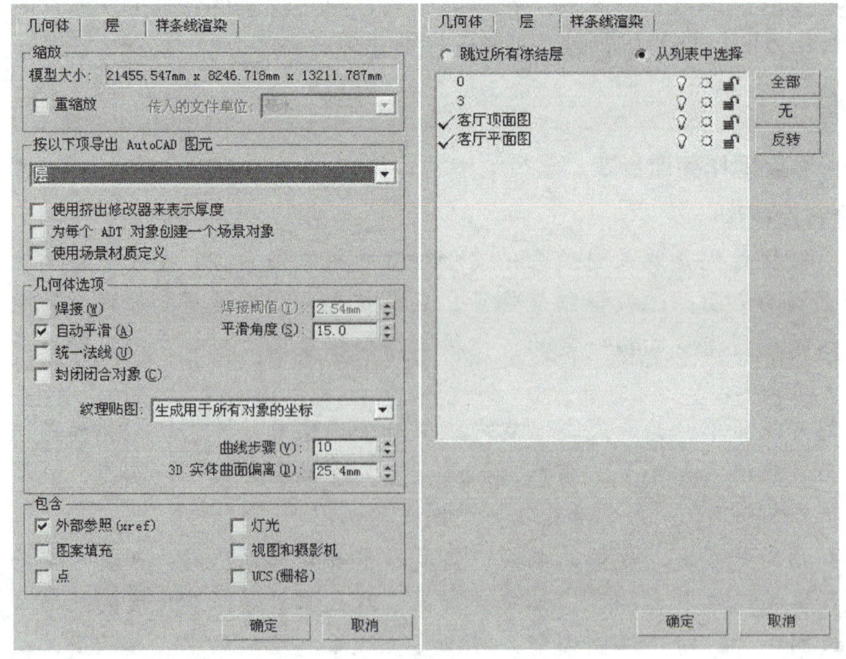

图　8-4

4）单击“确定”按钮导入图形，结果如图8-5所示。

5）单击主工具栏“捕捉开关”按钮，开启2.5维捕捉功能，锁定某个共同点（如墙角顶点），将客厅顶棚图与客厅平面图对齐，结果如图8-6所示。

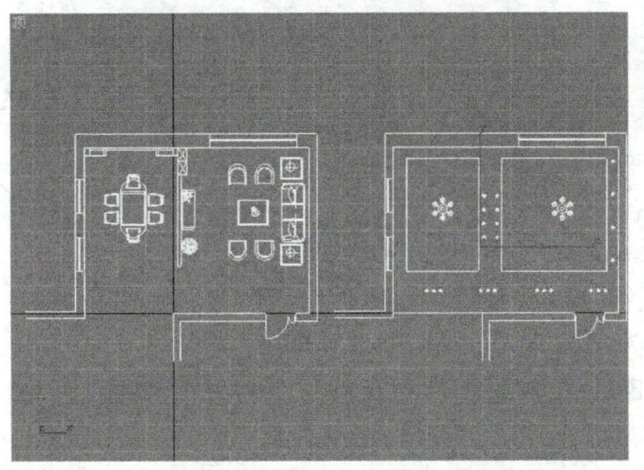
图 8-5

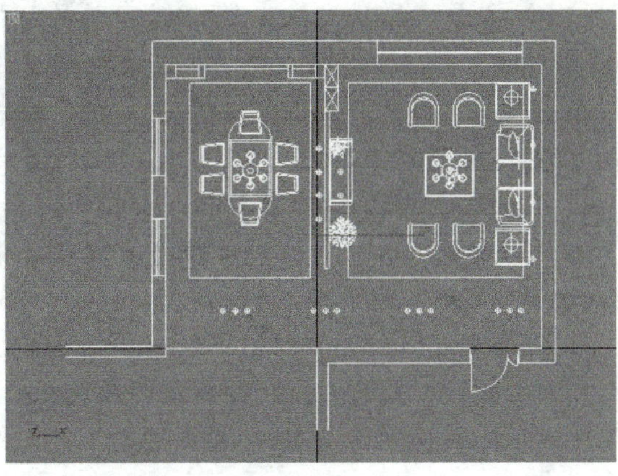
图 8-6

说明

右击主工具栏捕捉开关按钮，在打开的“栅格和捕捉设置”对话框中可设置捕捉对象，如栅格点、轴心、垂足、顶点等。

6）按下〈Ctrl〉+〈A〉组合键，选择所有图形，选择菜单“组”→“成组”命令创建组。

7）单击主工具栏“选择并移动”按扭，将屏幕下方图形的世界坐标X、Y、Z值都设为“0、0、0”，如图8-7所示，以方便模型的创建。

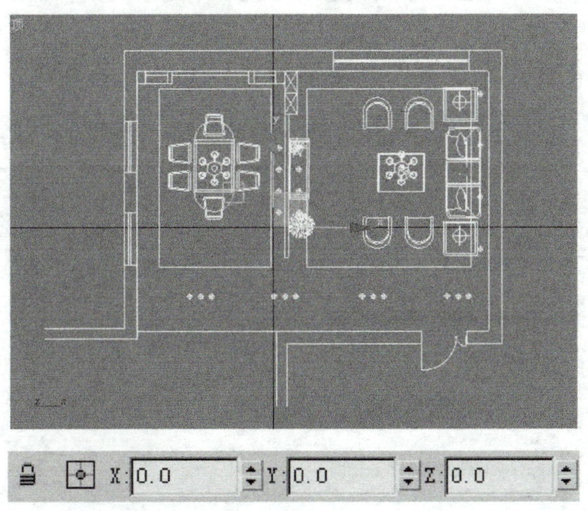

图 8-7

说明

如果设计师提供的只是手绘草稿，则应该先使用AutoCAD绘制出必要的CAD图形（如平面设计图、顶棚图），并主动与设计师进行沟通，充分理解设计师的设计意图，使最终的效果符合设计师的构想。

（2）创建客厅框架造型 导入AutoCAD图形之后，即可在此基础上快速地创建墙体、地面和顶棚等基本框架模型。

1）单击“层”面板中的“创建新层”按钮，创建“框架”新图层。为了避免误选和误移动导入的Auto CAD图形，单击“层”面板中的“选择高亮对象和层”按扭，使之显示形状，以冻结CAD图形所在图层，如图8-8所示。“客厅平面图”和“客厅顶棚图”两个图层是从AutoCAD中导入的图层。

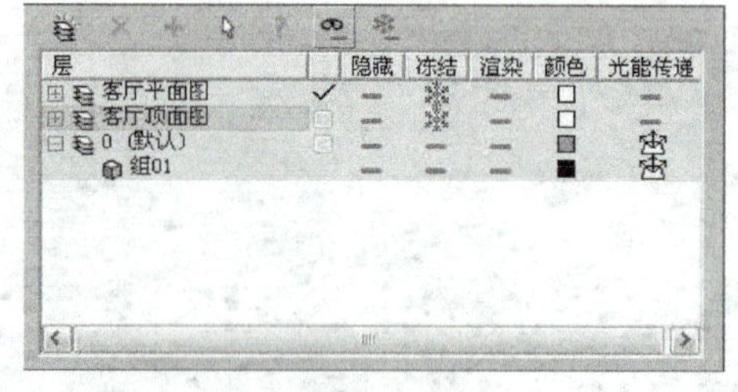

图 8-8

2）打开2.5维捕捉功能，设置捕捉点类型为“顶点”，如图8-9所示。

3）由于系统默认捕捉对冻结对象无效，因此需要激活“捕捉到冻结对象”功能，如图8-10所示，快捷键为〈Alt〉+〈F2〉。

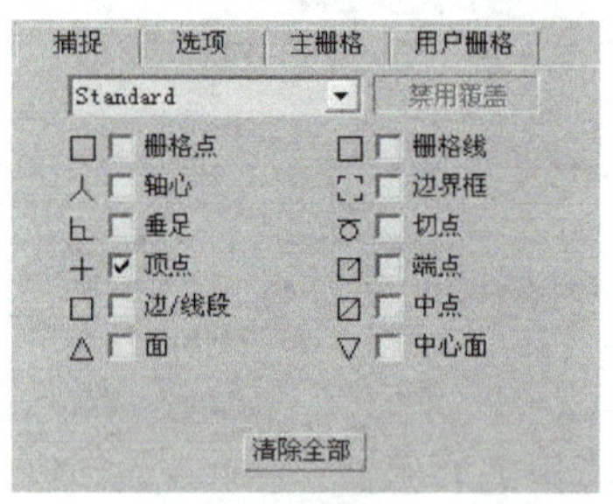

图 8-9

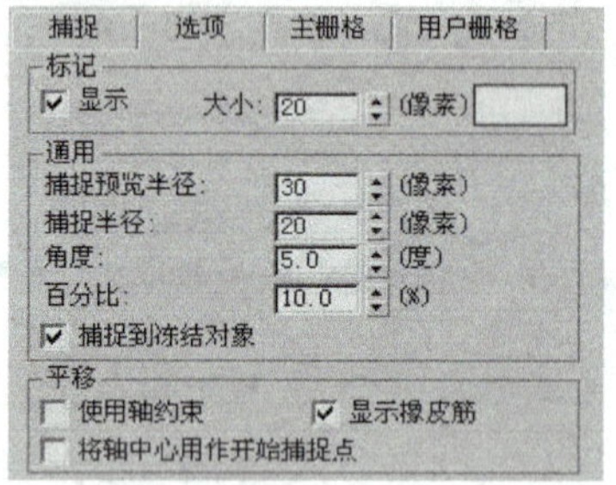

图 8-10

4）3ds Max 默认冻结对象显示为灰色，与视口背景颜色非常相似，不利于捕捉操作，下面进行设置。执行“自定义”→“自定义用户界面”命令，为冻结对象选择一种容易识别的颜色，以区别于灰色的视口背景，这里将冻结对象设置为黑色，如图8-11所示。

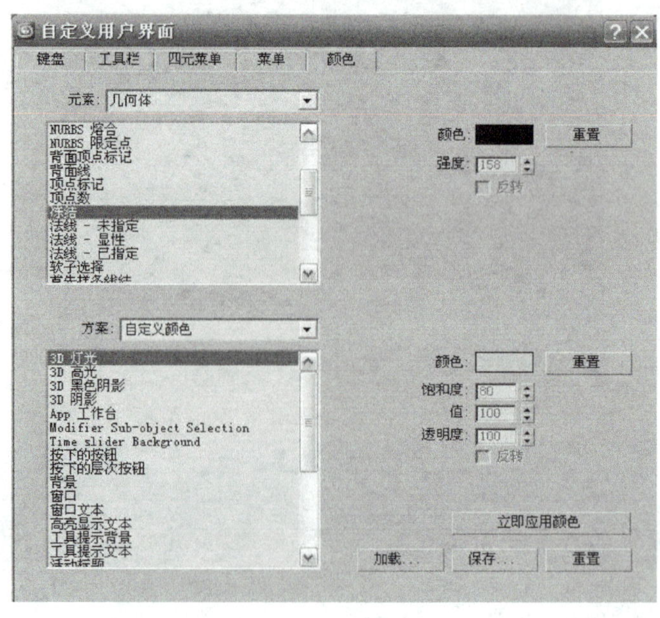

图 8-11

5）选择“创建”→“图形”→“线”命令，捕捉客厅平面图内侧墙体线绘制一条封闭线段，如图8-12所示。

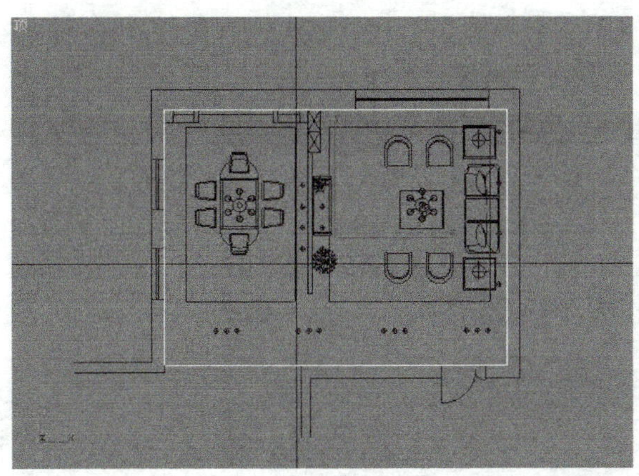

图 8-12

说明

本书把选择“创建”→“图形”→“线”命令操作简称为调用“线”命令。

6）选择线段，添加“挤出”修改器，设置拉伸“数量”为2 900mm，如图8-13所示。

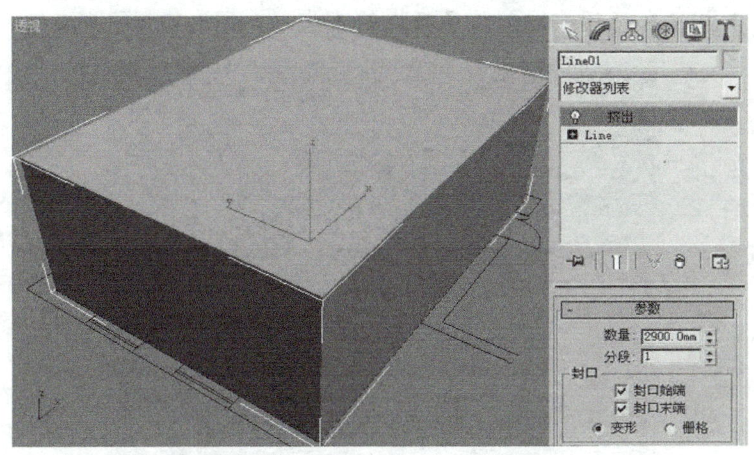

图 8-13

说明

为场景对象添加修改器，既可以从“修改器”菜单中选取，也可以直接从修改面板“修改器列表”中选择。

7）添加“法线”修改器，翻转拉伸对象表面法线方向，使其向内可见，得到由墙体、地面和顶棚围合而成的封闭空间，如图8-14所示。

（3）创建吊顶造型 从顶棚平面图可以看出，客厅吊顶造型比较规则，使用拉伸轮廓线的方法能够快速完成吊顶模型的创建。

1）单击“层”面板中的“创建新层”按钮，创建“吊顶”新图层。

2）选择挤出得到的客厅框架造型，按〈Ctrl〉+〈V〉组合键，以“复制”的方式复制一个副本，取名为“吊顶”，如图8-15所示。

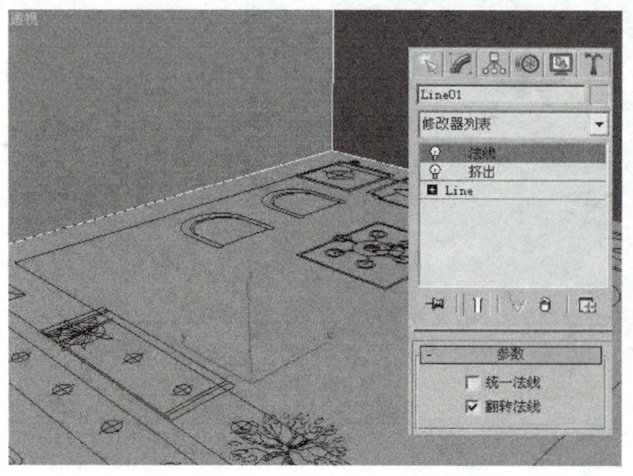

图 8-14

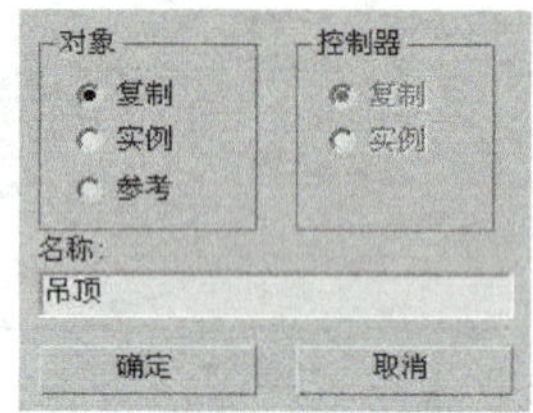

图 8-15

3）单击“修改”面板中“从堆栈中移除修改器”按钮，删除“吊顶”对象的“法线”和“挤出”修改器，如图8-16所示，得到墙体的内轮廓线（即吊顶的外轮廓）。选择“创建线”命令，捕捉客厅顶棚图创建吊顶内轮廓线，如图8-17箭头所示。

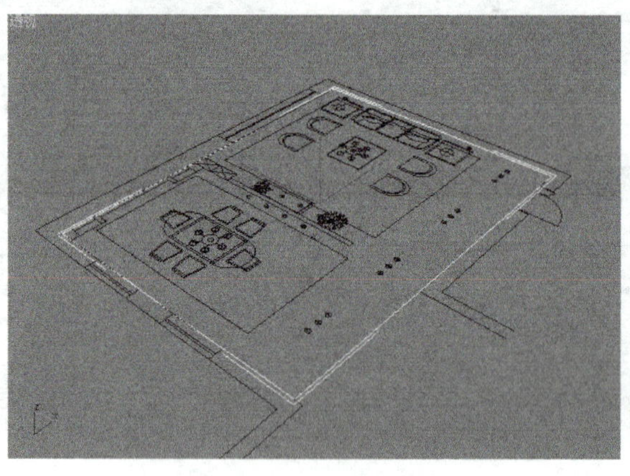

图 8-16

说明

为了简化场景，便于场景操作，可暂时隐藏未用的客厅平面图。

4）为“吊顶”对象添加“挤出”修改器，设置积压“数量”为400，如图8-18所示。

5）单击主工具栏中的“捕捉开关”按钮，开启三维捕捉功能，在透视图Z轴正方向移动，将吊顶的顶端与墙体顶端对齐，结果如图8-19所示。

6）按〈M〉键打开“材质编辑器”，选择一个材质示例窗，取名为“乳胶漆”，分别赋给框架模型和吊顶，如图8-20所示。

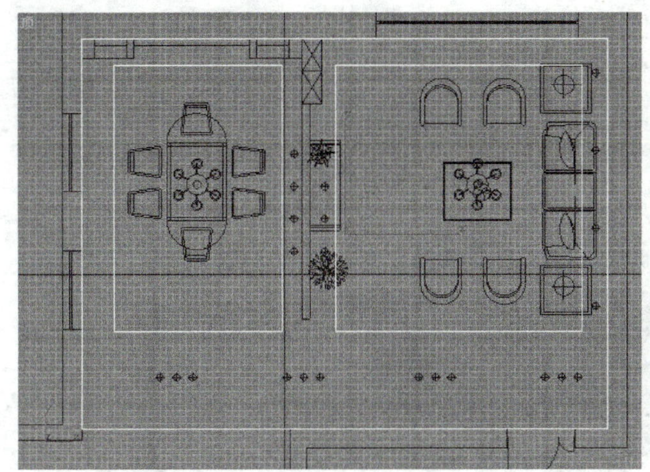

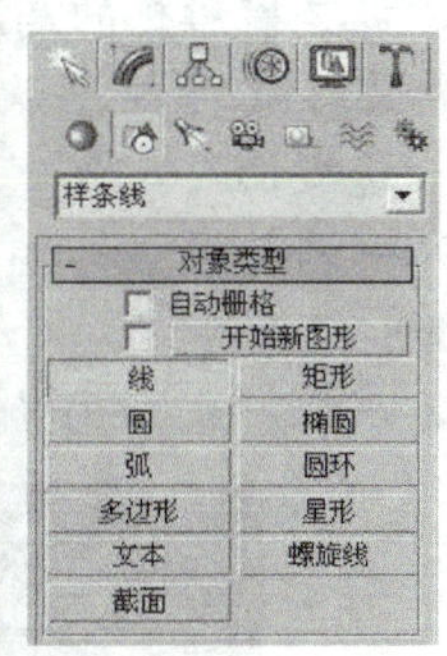

图 8-17

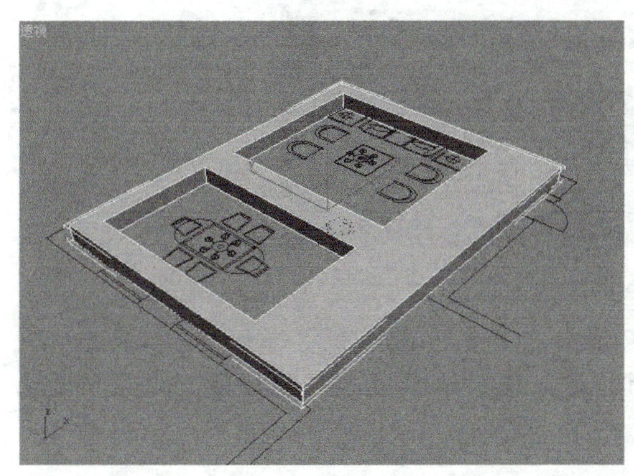

图 8-18

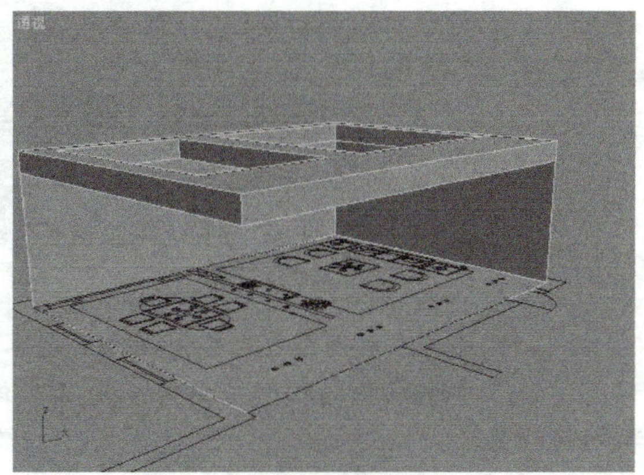

图 8-19

在创建一个场景对象之后，有必要及时为其指定一个材质示例窗，并设置一种不同的漫反射颜色，以便于区分场景对象，具体材质参数可以在材质编辑环节仔细设置。

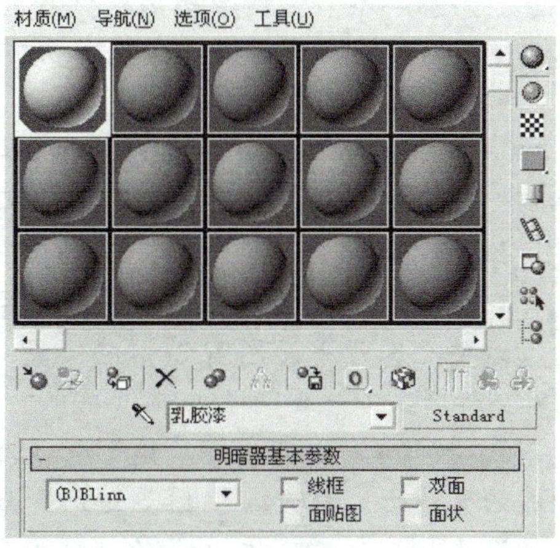

图 8-20

当所有场景对象创建完成后，场景将会变得很复杂，此时再从场景中选择对象并指定材质会变得非常困难，且容易遗漏。在指定材质时，应根据材质的特点为材质命名，如“乳胶漆”、“油亮的木纹”、“不锈钢”等，这些材质名称比“墙体”、“桌面”、“地板”等名称更容易理解。

7）为了便于观察场景和定位渲染角度，需要创建一架摄影机。单击创建面板中的“摄影机”按扭，进入摄影机创建面板，单击“目标”按钮，在顶视图中拖动创建一架摄影机。

8）同时选择摄影机和目标点，在“移动工具” 上单击鼠标右键，在打开的“移动变换输入”对话框Z轴框中输入1 450，调整摄影机的高度，如图8-21所示。

9）选择摄影机进入修改面板，设置“镜头”值为30。切换至“透视图”，按〈C〉键转换为摄影机视图，在“顶视图”中调整摄影机和目标位置，以得到最佳的观察角度，如图8-22所示。

图 8-21

10）按〈Shift〉+〈C〉组合键，暂时隐藏摄影机。

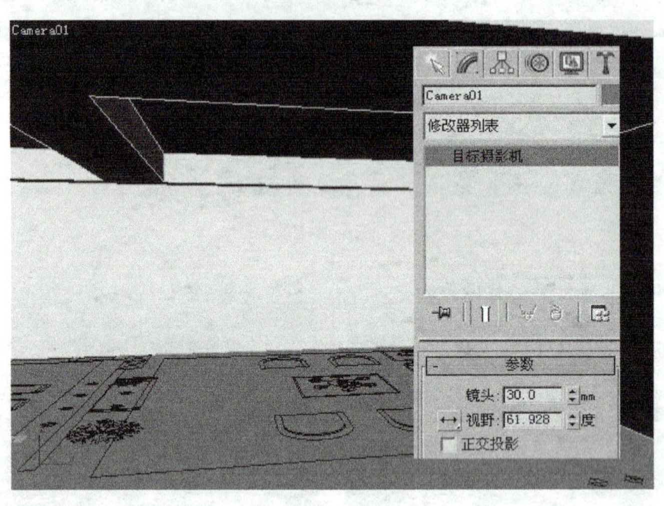

图 8-22

（4）创建窗洞和窗造型　本例制作的是客厅的日光效果，窗将是室外太阳光和天光的入口，下面采用编辑多边行的方法完成窗模型的创建。使用编辑多边形的方法可以获得最为精简的模型。

1）创建一个新图层“窗”。

2）创建窗洞　选择框架模型，按〈Alt〉+〈Q〉快捷键进入孤立模式。添加一个“编辑多边形”修改器，按〈2〉键进入“边”子对象层级，选择窗所在墙体的上下两条边，如图8-23所示。

3）展开“编辑边”卷展栏，单击“连接”按钮右侧的“设置”按钮，在弹出的“连接边”对话框中设置“连接边分段”为2，分别单击“应用”按钮和“确定”按钮，得到两条垂直连接和两条水平连线，如图8-24所示。

4）按〈1〉键进入“顶点”子对象层级，通过移动顶点，将创建的边调整至客厅平面图窗的相应位置，并适当调整窗口大小，结果如图8-25所示。

5）按〈4〉键进入“多边形”子对象层级，选择由四条连接边所构成的多边形，打开“编辑多边形”卷展栏，单击“挤出”按钮右侧的“设置”按钮，在弹出的“挤出多边形”对话框中设置“挤出高度”为-180mm，得到窗洞如图8-26所示。单击“确定”按钮关闭“挤出多边形”对话框。

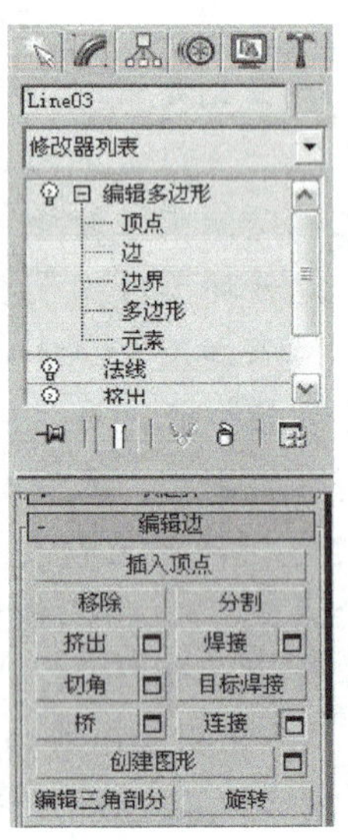

图 8-23

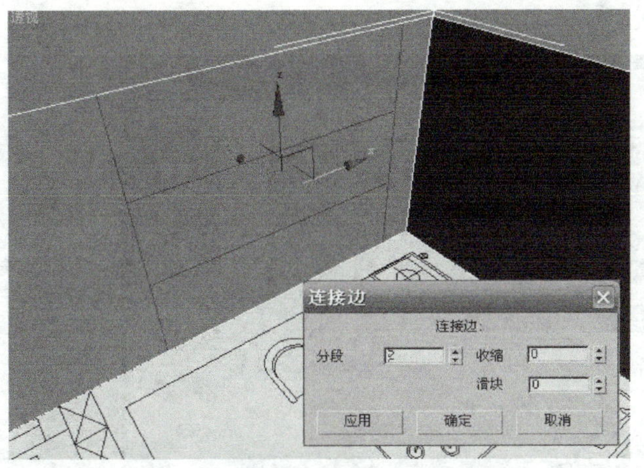

图　8-24

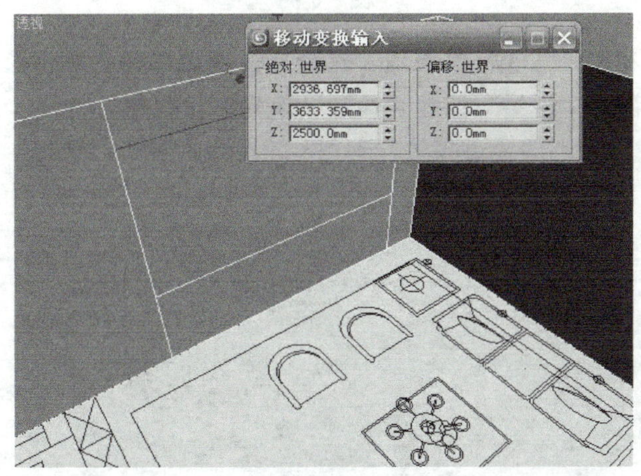

图　8-25

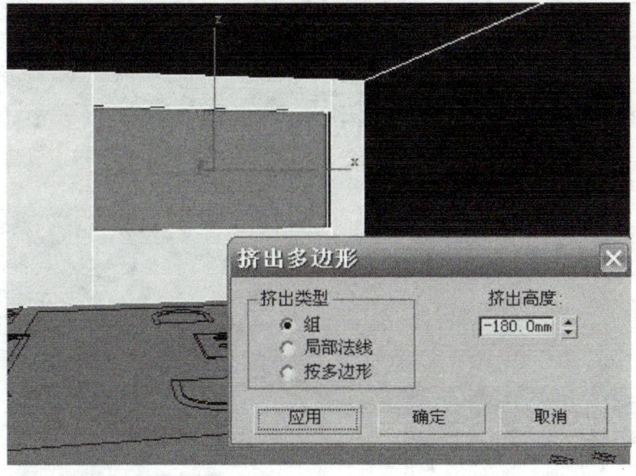

图　8-26

6）创建窗框。打开“编辑多边形”卷展栏，单击“倒角”按钮右侧的“设置”按钮，在弹出的“倒角多边形”对话框中设置“轮廓量”为-50mm，“高度”为0，如图8-27所示。

单击“确定”按钮确认。

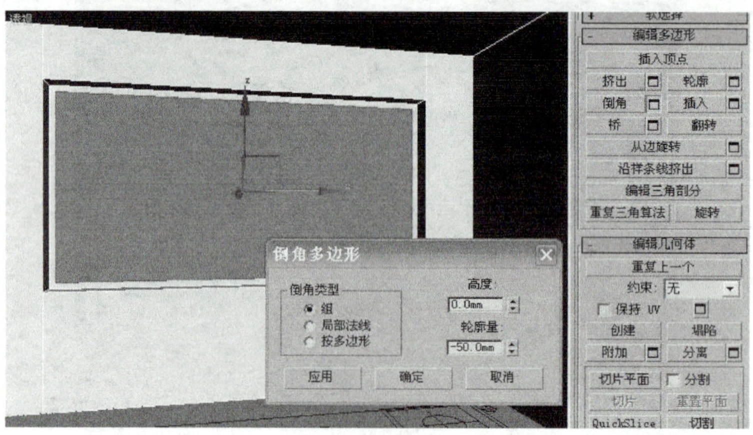

图 8-27

7）按〈2〉键进入“边”子对象层级，选择倒角多边形的上下两条边，如图8-28所示。单击“编辑边”卷展栏中“连接”按钮右侧的“设置”按钮▢，弹出“连接边”对话框，设置“连接边分段”为2，得到两条连接边，如图8-29所示。单击“确定”按钮确认。

8）使用相同的方法创建其他连接边，并适当调整其位置，得到窗框轮廓线如图8-30所示。

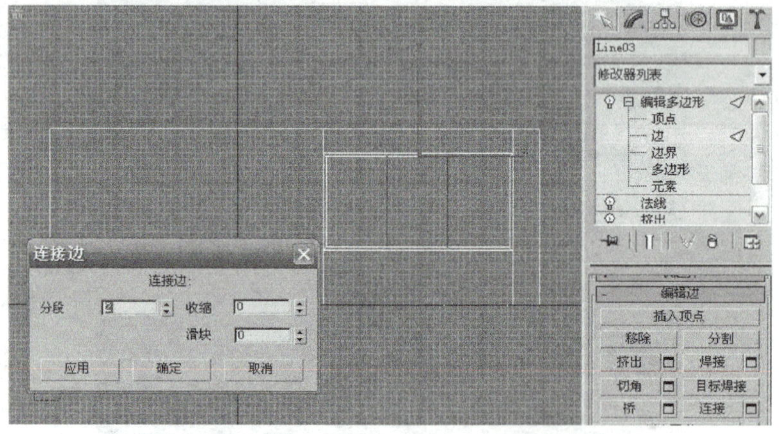

图 8-28

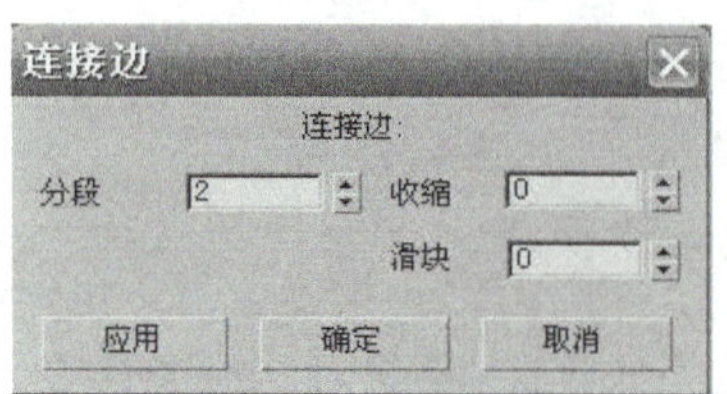

图 8-29

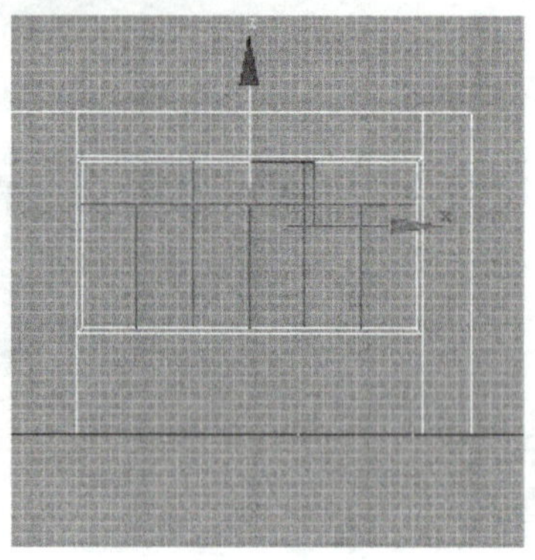

图 8-30

9）选择所有窗框轮廓线，打开“编辑边”卷展栏，单击“切角”按钮右侧的“设置”按钮▢，在弹出的“切角边”对话框中设置“切角量”为25mm，得到窗框如图8-31所示。单击【确定】按钮确认。

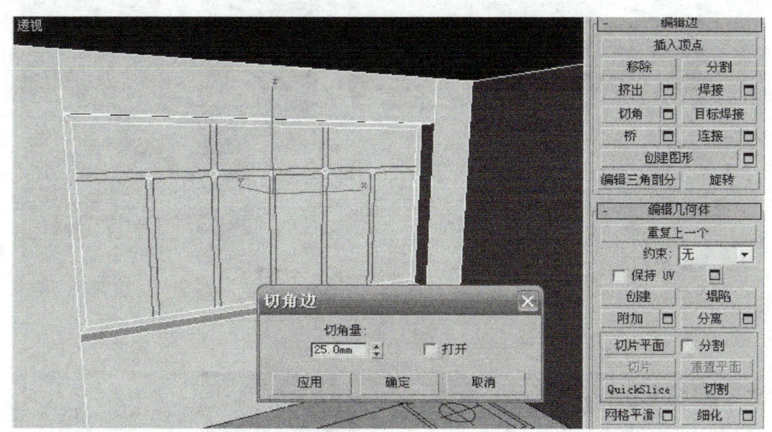

图 8-31

10）选择所有构成窗框的多边形，打开“编辑几何体”卷展栏，单击“分离”按钮，分离出窗框，如图8-32所示。

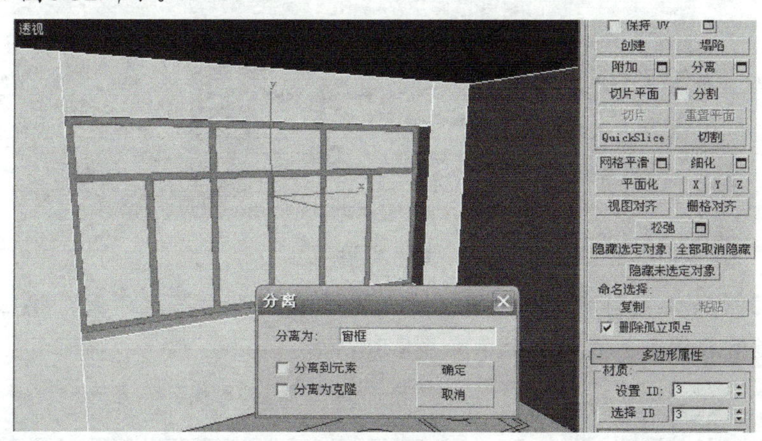

图 8-32

11）按〈4〉键进入“多边形”子对象层级，选择所有构成窗框的多边形，打开“编辑多边形”卷展栏，单击“挤出”按钮右侧的“设置”按钮▢，在弹出的“挤出多边形”对话框中设置“挤出高度”为50mm，得到窗框厚度，如图8-33所示。单击“确定”按钮确认。

12）按〈M〉键打开“材质编辑器”，选择一个空的示例窗，取名为“铝塑”，将其指定给窗框对象。

13）创建窗玻璃。选择窗框，按〈4〉键进入“多边形”子对象层级，选择窗框内的所有多边形，如图8-34所示，单击“编辑几何体”卷展栏中的“分离”按钮将其分离。按〈M〉键打开“材质编辑器”，拖动一个未使用的材质示例窗到分离的多边形上，取名为“清玻”，如图8-35所示。

14）选择窗框和窗玻璃，单击“层”面板中的“添加选定对象到高亮层”按钮＋，将窗框和窗玻璃添加到“窗”图层。

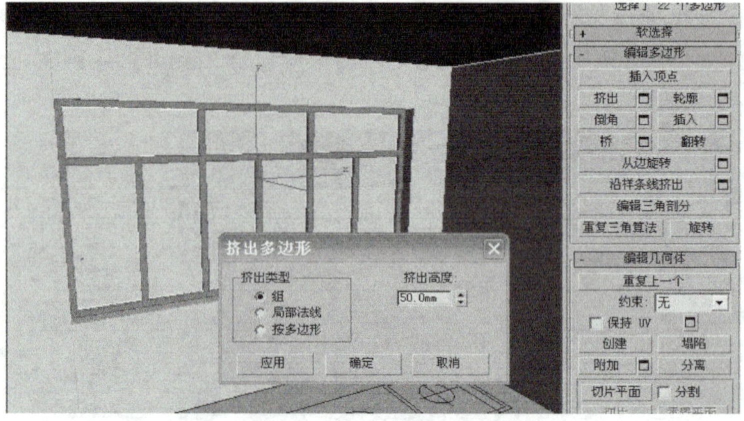

图 8-33

图 8-34

15）使用同样的方法创建另一个窗，完成后单击“退出孤立模式”按钮，退出孤立模式。按〈F9〉键渲染摄影机视图，效果如图8-36所示。

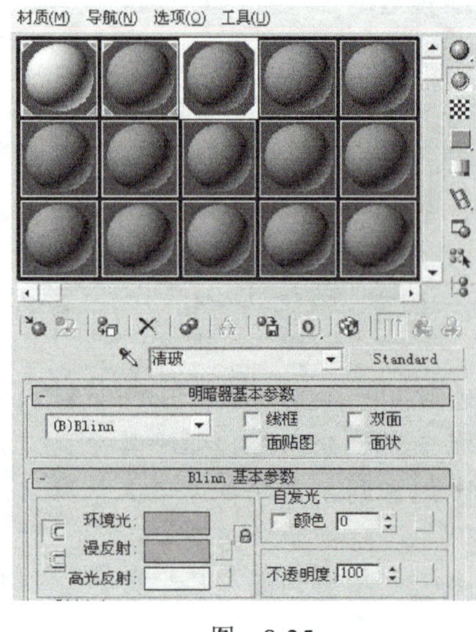

图 8-35

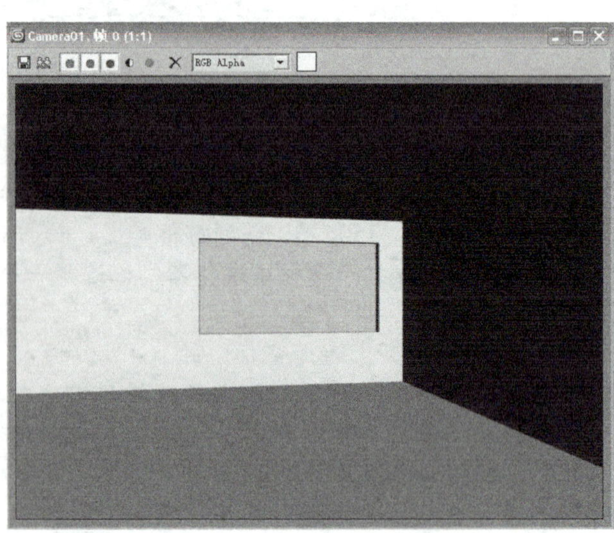

图 8-36

（5）创建墙面造型　当使用传统灯光进行渲染时，可根据“不见不建”的原则进行建模，即只需要创建摄影机视图内可见的面，不可见的面可以不予创建。

1）创建造型墙面。

① 设置“框架”为当前图层，隐藏“吊顶”图层。

② 在房间中间创建一立方体，长度4 300mm，宽度112mm，高度2 500mm，绝对坐标X:319，Y:1 470，Z:0，选择编辑多边形，按〈2〉键进入“边”子对象层级，选择上下两条边如图8-37所示。

图　8-37

③ 打开“编辑边”卷展栏，单击“连接”按钮右侧的“设置”按钮，创建八条连接边，如图8-38所示。

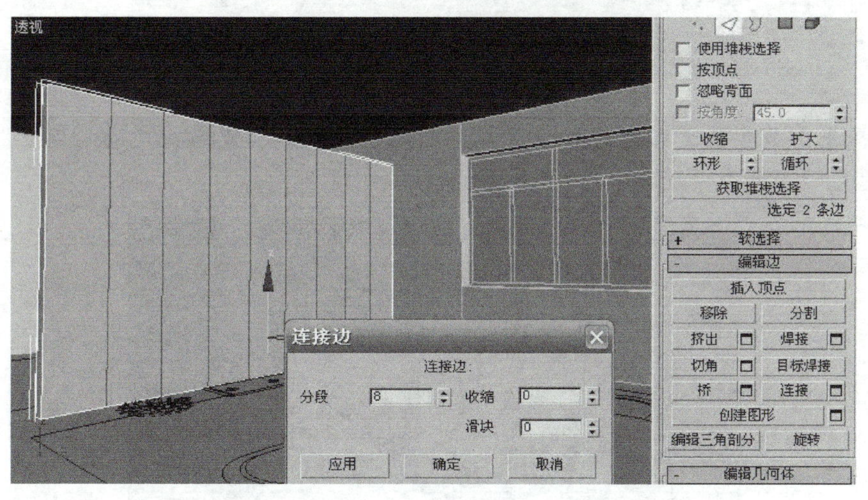

图　8-38

④ 根据客厅平面图适应调整八条连接边的位置，使其与客厅平面图造型墙的轮廓对齐，如图8-39所示。

⑤ 按〈4〉键进入“边”子对象层级，选择两侧和中间的多边形，应用“编辑多边形”卷展栏中的“挤出”命令拉伸多边形，挤出高度为200mm，如图8-40所示。

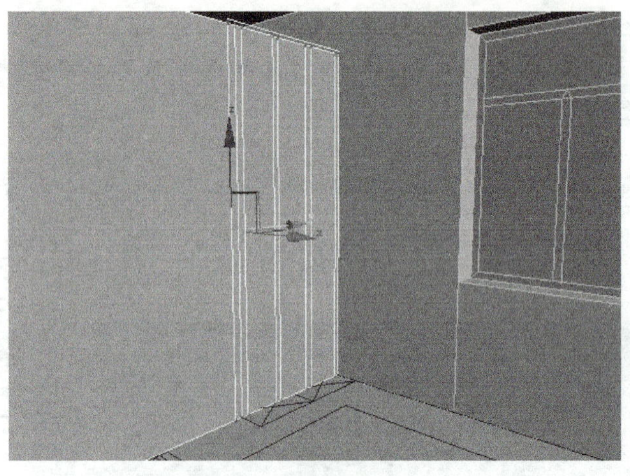

图 8-39

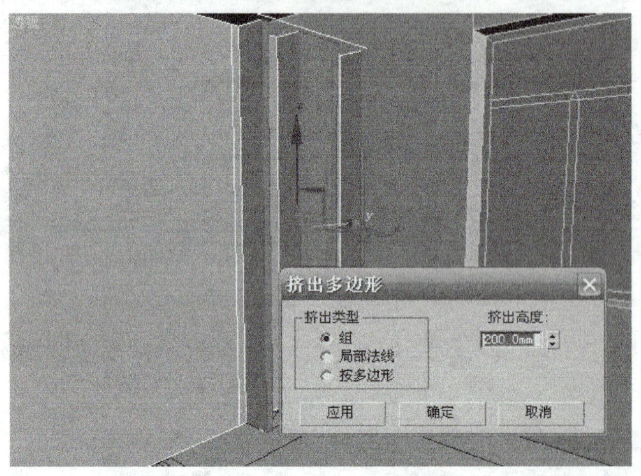

图 8-40

⑥ 选择本小节步骤②所创建的连接线，应用“编辑边”卷展栏中的“连接”命令创建连接线，设置“连接边分段数”为2，如图8-41所示。

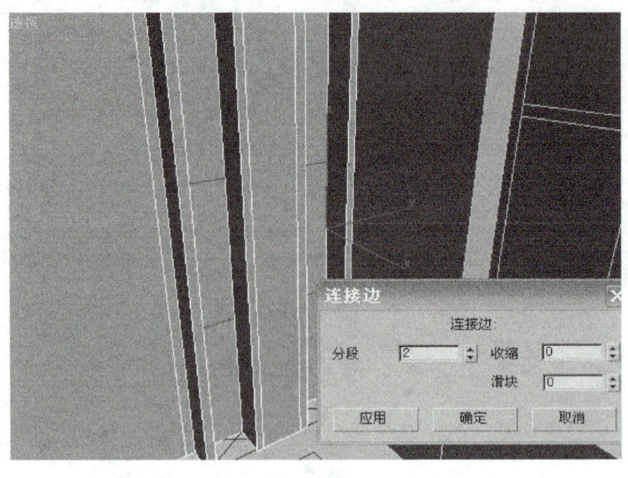

图 8-41

⑦ 按照如图8-42所示调整连接边高度，按〈4〉键进入“边”子对象层级，选择如图8-42所示连接边构成的多边形，应用“编辑多边形”卷展栏中的“挤出”命令拉伸多边形，挤出高度为200mm，如图8-43所示。

图 8-42

图 8-43

⑧ 激活“顶视图”，按住〈Ctrl〉键，连续框选如图8-44所示矩形框内的多边形，应用“编辑几何体”卷展栏中的“分离”命令将其分离。按〈M〉键打开“材质编辑器”，拖动一个未使用的材质示例窗到分离的多边形上，材质示例窗取名为“木纹1”。

⑨ 调用“线”命令，在“顶视图”如图8-45所示位置创建造型包角轮廓。为包角轮廓添加一个“挤出”修改器，设置挤出“数量”为2 500mm，如图8-46所示。按〈M〉键打开“材质编辑器”，拖动材质示例窗“木纹1”到角线上，为其赋予“木纹1”材质。

图 8-44

⑩ 复制包角轮廓到其他位置，如图8-47所示。

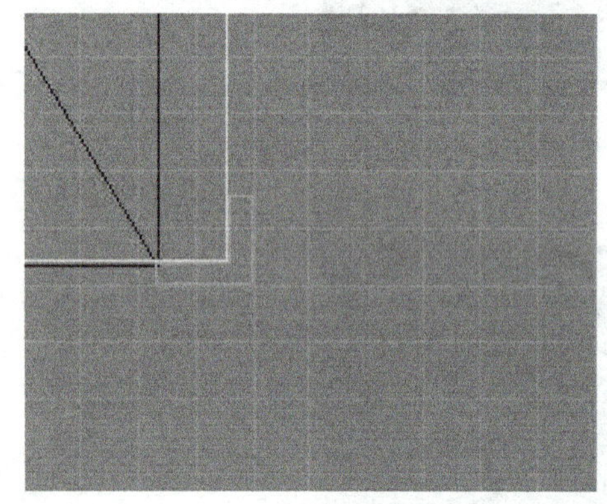

图 8-45

数量: 2500.0mm
分段: 1

图 8-46

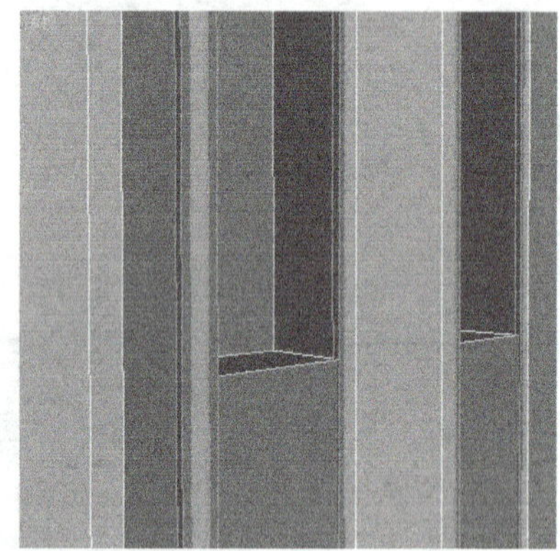

图 8-47

⑪ 显示“吊顶”图层，按〈F9〉键渲染摄影机视图，效果如图8-48所示。

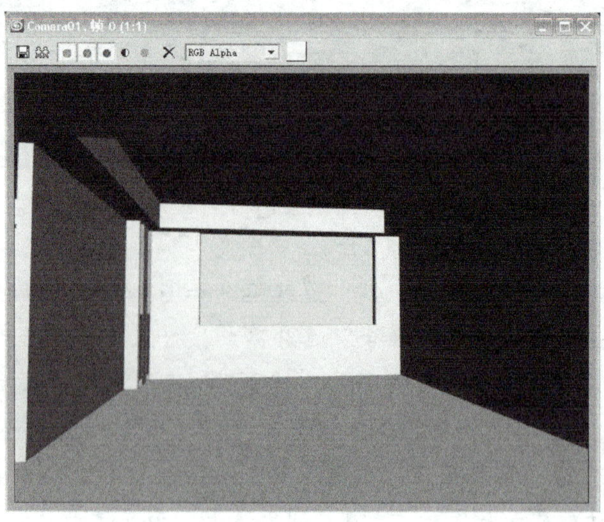

图 8-48

2）创建胡桃木边框墙面：胡桃木边框墙面即摄影机视图中的右侧墙面，该墙面用淡黄色席纹壁纸铺贴，并以胡桃木作边框。

① 选择基本框架模型，按〈4〉键进入“多边形”子对象层级，选择摄影机视图中右侧墙面多边形，应用“编辑几何体”卷展栏中的“分离”命令将其分离。

② 按〈M〉键打开材质编辑器，拖动一个未使用的材质示例窗到分离的多边形上，材质示例窗取名为“壁纸”，并指定一种漫反射颜色以区分其他材质，如图8-49所示。

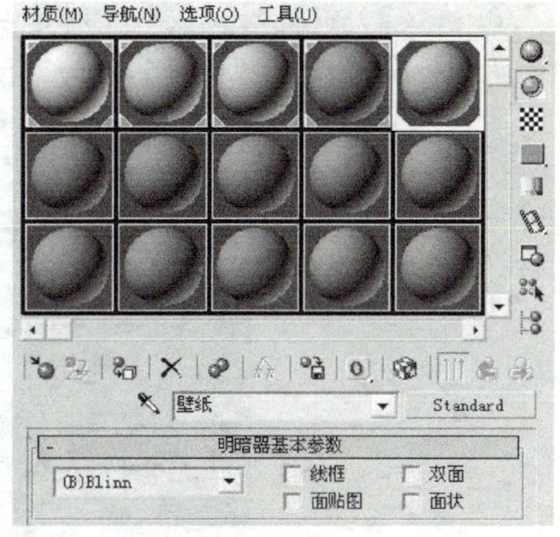

图 8-49

③ 选择分离的多边形和吊顶模型，按〈Alt〉+〈Q〉组合键，进入孤立模式，如图8-50所示。

④ 按〈L〉键切换至“左视图”：按住〈Ctrl〉键单击鼠标右键，在弹出的下拉菜单中选择“平面”命令，应用2.5维捕捉功能，捕捉吊顶的左下角和多边形右下角创建一个平面，设置平面“长度分段”为1，“宽度分段”为5，如图8-51所示，为平面取名为“边框”。

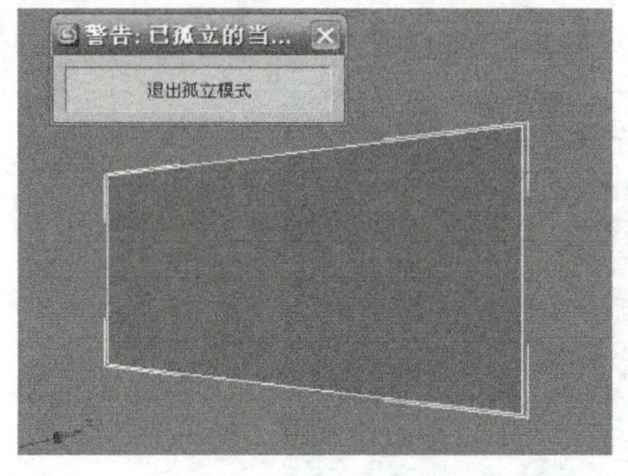

图 8-50

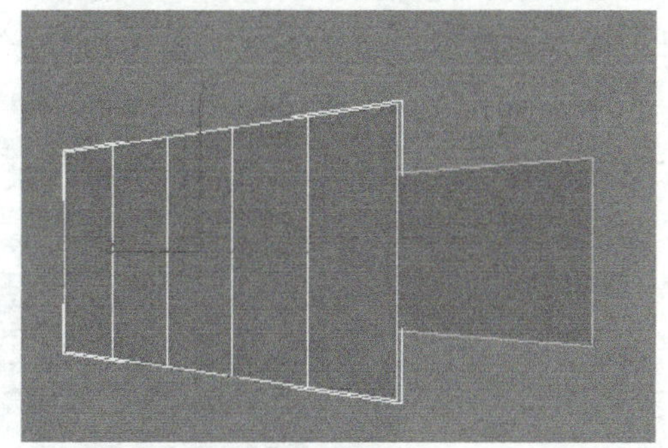

图 8-51

⑤ 为“边框”对象添加“编辑多边形”修改器，按〈4〉键进入“多边形”子对象层级，选择所有多边形，应用“编辑多边形”卷展栏中的“倒角”命令，设置参数如图8-52所示，得到胡桃木外边框。

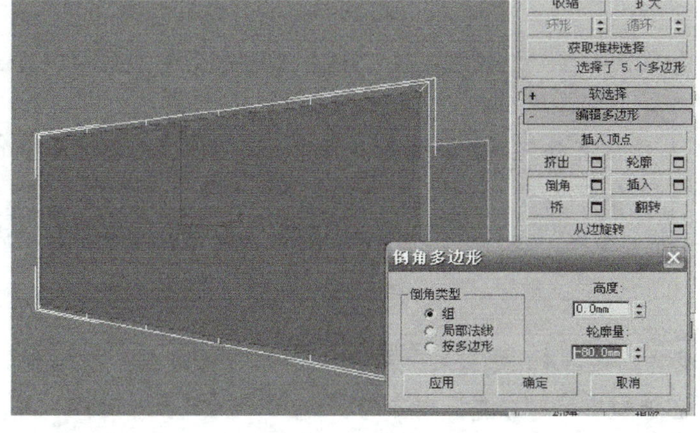

图 8-52

⑥ 按〈2〉键进入“边”子对象层级，选择中间的四条边，应用“编辑边”卷展栏中的“切角”命令，设置“切角量”为25mm，得到胡桃木内边框，如图8-53所示。

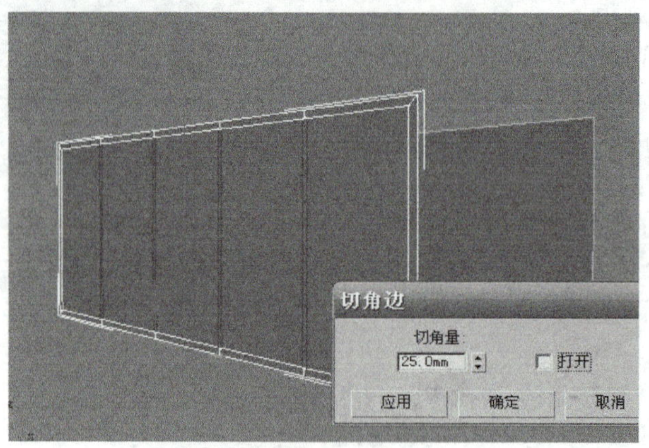

图 8-53

⑦ 按〈4〉键进入“多边形”子对象层级，选择除胡桃木内、外边框之外的所有多边形，按〈Delete〉键删除。再选择未删除的所有多边形，应用“编辑多边形”卷展栏中的“挤出”命令，设置“挤出高度”为10mm，产生胡桃木边框厚度，如图8-54所示。

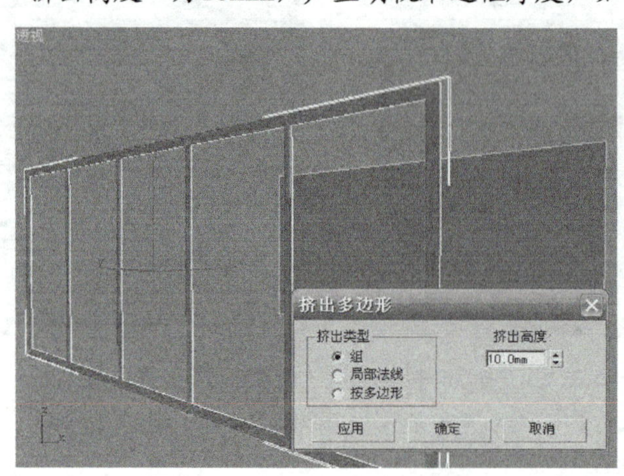

图 8-54

⑧ 退出子对象层级，在“前视图”中将边框X轴的最大点与吊顶X轴的最大点对齐，如图8-55所示。

⑨ 按〈M〉键打开材质编辑器，拖动材质示例窗“木纹1”到场景中的边框造型，为其指定“木纹1”材质。

⑩ 单击“退出孤立模型”按钮，退出孤立模型。按〈F9〉键渲染“摄影机视图”，效果如图8-56所示。

（6）创建地面

1）选择框架模型，按〈4〉键进入“多边形”子对象层级，选择框架模型的底面，应用“编辑几何体”卷展栏中的“分离”命令将其分离，取名为“地板”。

2）为地板指定一个未使用的材质示例窗，取名为“木地板”，如图8-57所示。

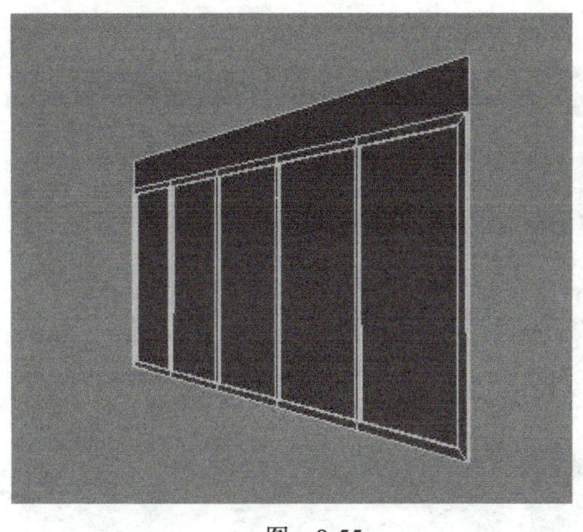

图 8-55

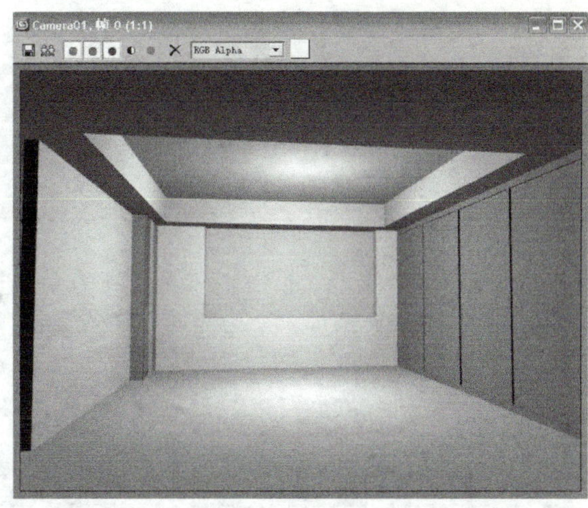

图 8-56

（7）合并家具模型　家具和装饰物是室内空间的重要组成部分，由于其种类多、结构复杂，因而建模费时费力。不过目前市面上有大量制作精美的家具、装饰物模型库出售，可以即调即用，从而大大提高了工作效率。本客厅场景所需要的沙发、茶几、椅、条案、小方几、吊灯等家具，以及花瓶、挂画等装饰物都可以从项目素材库中直接调用。

1）创建一个新图层“家具”。

2）执行“文件”→“合并”命令，打开“合并文件”对话框，打开项目素材中的模型“中式沙发.max”文件，单击“打开”按钮，弹出“合并”对话框，在对象列表框中选择“沙发”组，如图8-58所示，单击“确定”按钮，沙发调入至当前场景。

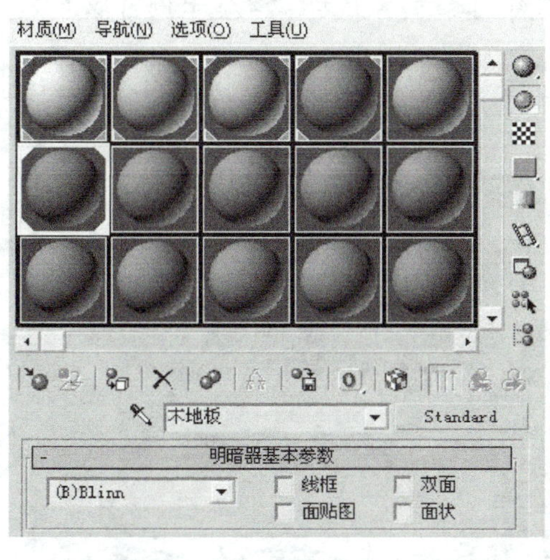

图 8-57

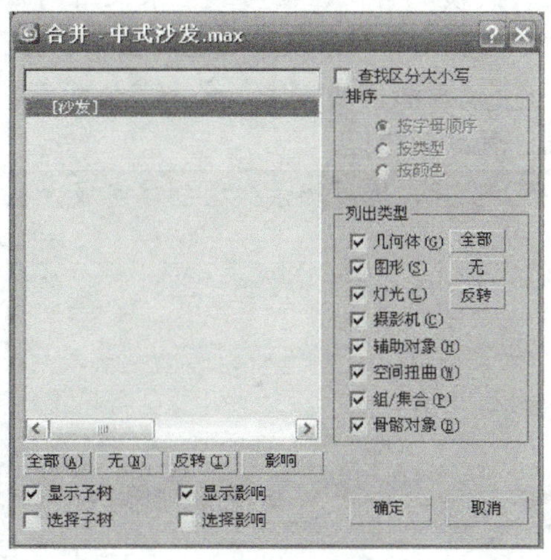

图 8-58

3）根据导入的平面布置图，选择移动工具和旋转工具适当调整沙发位置和方向，结果如图8-59所示。

4）继续选择“文件”→“合并”命令，打开“合并文件”对话框，选择项目素材库中的“茶几.max”文件，单击“打开”按钮，弹出“合并”对话框，在右侧“列出类型”选项组中取消“图形”、“灯光”和“摄影机”的勾选，如图8-60所示。单击“全部”按钮选择“茶几”组，单击“确定”按钮，茶几调入至当前场景。

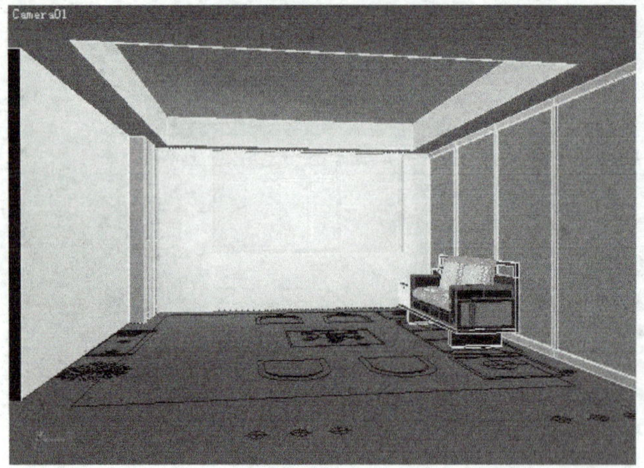

图 8-59

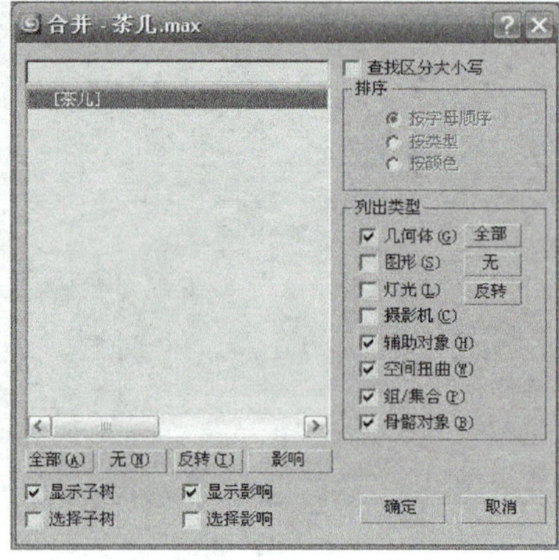

图 8-60

说明

调入模型过程中如果弹出“重复名称”对话框，说明合并的模型与当前场景对象重名，此时可以为调入模型重新命名，或者单击“自动重命名”按钮，让系统自动重命名，如图8-61所示。

5）调用“长方体”命令，创建一个长方体表示地毯，将其移至茶几下方。按〈M〉键打开材质编辑器，拖动一个未使用的材质示例窗到长方体上方，材质示例窗取名为“地毯”，并指定一种漫反射颜色以区分其他材质。

6）使用相同的方法，合并其他模型，包括椅子、条案、小方几、吊灯、筒灯、竹帘、花瓶、挂画等模型。

7）至此，客厅场景模型创建完成。按〈F9〉键渲染摄影机视图，效果如图8-62所示。

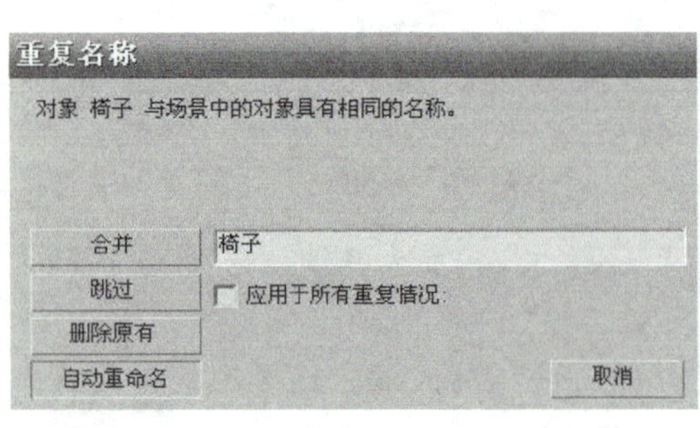

图 8-61

图 8-62

2．编辑客厅材质

材质是表现模型真实效果的重要手段，如果说模型是效果图的骨架，那么材质就是华丽的外衣。材质的效果与场景灯光、环境有很大的关系，同样的材质在不同的环境下得到的效果会不尽相同。因此，要想制作出逼真的材质效果，需要深刻理解每个参数的真正含义，理解真实世界中物体的状态属性，以便能根据灯光和环境的变化做出相应的调整。

本节对客厅场景材质进行初步调节，参数的设置完全是根据以前的作图经验进行设置，在布光和渲染时还需要进一步对材质参数进行细调。读者在学习过程中，应重点掌握材质的调整思路，而不是材质的具体参数。

（1）设置“乳胶漆”材质　使用“乳胶漆”材质的对象为顶棚和部分墙面。为墙面粉刷乳胶漆时，其表面不会产生任何纹理，因此在设置材质时，只需根据乳胶漆的颜色设置相应的漫反射颜色即可，如图8-63所示。

（2）设置“铝塑”材质　使用“铝塑”材质的对象为窗框。铝塑是一种具有较强反射高光的金属材质，虽然也带有一定的反射效果，但由于距离摄影机较远，效果是明显，因此不需要设置反射。

表现金属材质通常可以选择Blinn和Strauss两种明暗器。这里选择Strauss明暗器来模拟“铝塑”材质效果，其参数如图8-64所示。其中“光泽度”和“金属度”的值越高，材质就更具有金属质感，“光泽度”影响反射高光的大小和强度，“金属度”影响材质的金属外观。

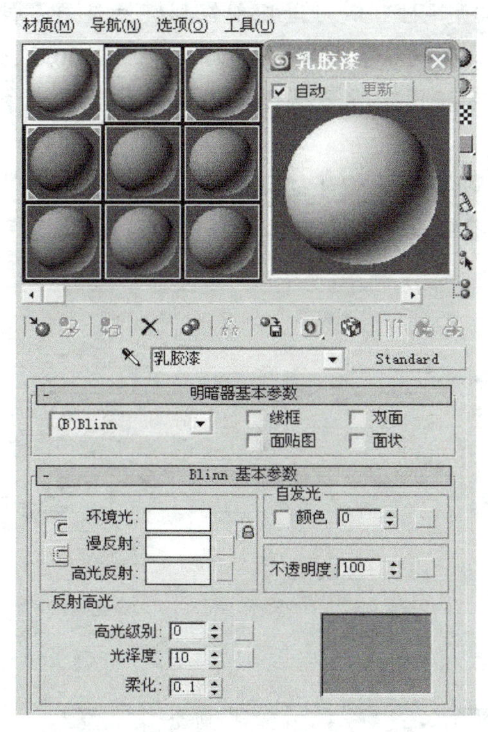

图　8-63

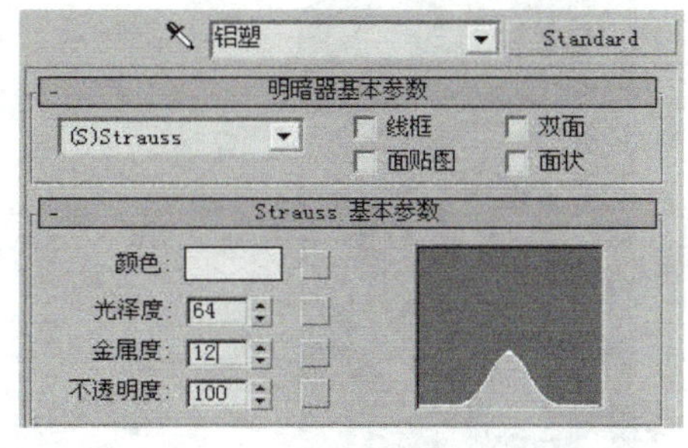

图　8-64

（3）设置“清玻”材质　清玻材质的特点是通透（高透明）、清脆、干净，具有很强的高光反射并带有折射效果。下面根据清玻材质的特点进行参数设置。

1）在材质编辑器中单击选择“清玻”材质示例窗。

2）首先将“清玻”材质的明暗器设置为“各向异性”（该明暗器特别适合于表现玻璃），“高光反射”颜色为白色，“漫反射”颜色为灰色，再将其“不透明度”参数值调低至10，使其接近完全透明，如图8-65所示。

高光反射和一定的漫反射效果，如图8-66所示。

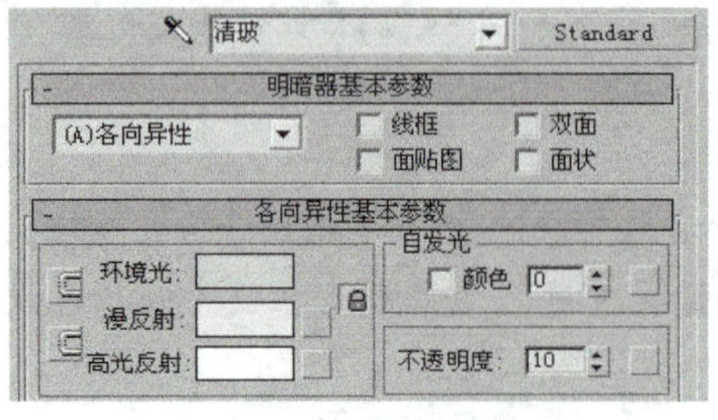

图 8-65

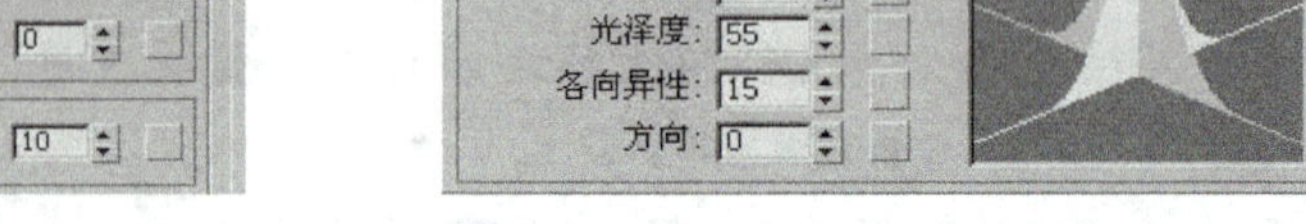

图 8-66

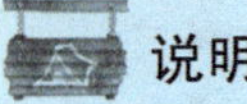

说明

单击材质编辑器按钮，在材质示例窗中显示出背景，可以更好地观察材质的透明效果。

3）加大“高光级别”、“光泽度”、“各项异性”和“漫反射级别”参数值，使玻璃具有“各项异性”参数控制高光的方向或形状，值为0时，高光为圆形，值为100时，高光变得非常狭窄。如果要表现弧形对象的高光，可将该值设置得比较高，使其呈现线条形的高光效果，如图8-67所示。

4）接下来制作玻璃反射效果　由于本例制作的是室内白天效果，从室内向室外看玻璃，其反射是有一些但不强，因此反射的强度不应设置得太高，如图8-68所示。

图 8-67

☐ 过滤色	100	None
☐ 凹凸	30	None
☑ 反射	25	Map #10 （Raytrace）
☐ 折射	100	None

图 8-68

（4）设置“木纹1”材质

1）设置反射高光：按〈M〉键打开材质编辑器，选择“木纹1”材质示例窗，打开“Blinn基本参数”卷展栏，设置“高光级别”为60，“光泽度”为35。其中“高光级别”参数值控制反射高光的强度，值越大，反光效果就越强；“光泽度”参数值控制反射高光的大小，值越大，反射高光范围就越小，材质就越光滑。

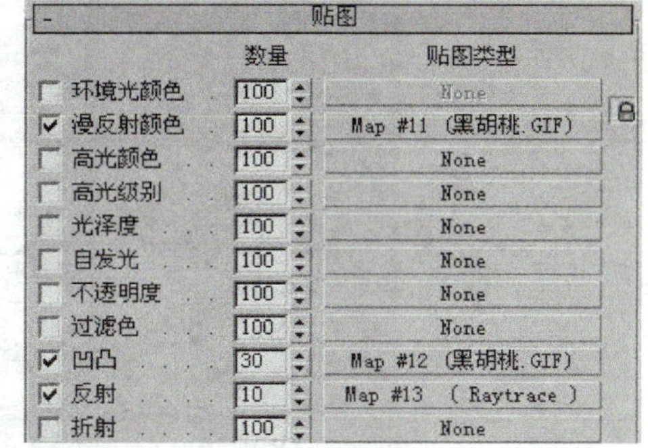

图 8-69

2）打开“贴图”卷展栏，单击“漫反射颜色”贴图按钮，在打开的“材质/贴图浏览器”中选择“位图”贴图类型，在打开的“选择位图图像文件”对话框选择项目素材库中的“黑胡桃.JPG”木纹贴图，如图8-69所示。

3）制作木纹凹凸效果：为使木纹稍微带有一点凹凸的效果，拖动“漫反射颜色”贴图至“凹凸”贴图按钮上，在弹出的“复制贴图”对话框中选择“实例”单选项，设置“凹凸”贴图“数量”值为30，如图8-69所示。

4）制作材质反射效果：单击“反射”贴图按钮，在打开的“材质/贴图浏览器”对话框中选择“光线跟踪”贴图类型，由于木纹材质反射较弱，这里将反射“数量”值设置为10，如图8-69所示。

5）指定贴图坐标：指定了贴图的对象通常需要为其添加一个“UVW贴图”修改器，使贴图按照指定的坐标正确显示。单击“材质编辑器”按钮，在视口中显示出贴图，单击材质编辑器“按材质选择”按钮，选择指定“木纹1”材质的所有对象，按〈Alt〉+〈Q〉组合键进入孤立模式，如图8-70所示。

图 8-70

6）此时贴图显示不正确，指定“UVW贴图”修改器后，纹理正确显示，如图8-71所示。

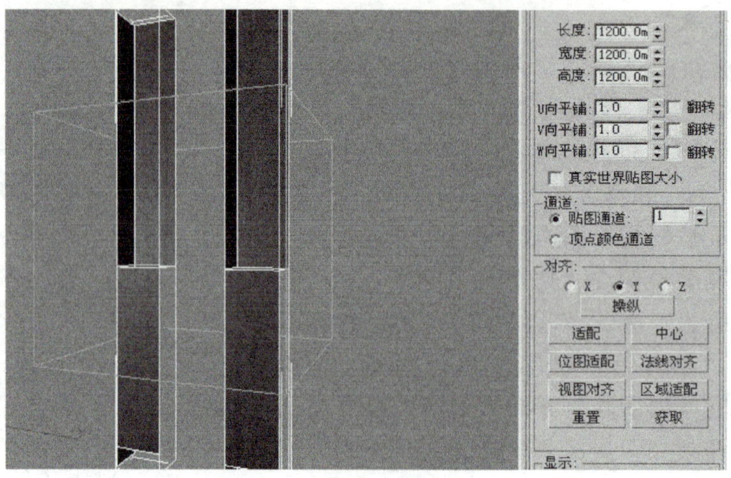

图 8-71

（5）设置“壁纸”材质

1）“壁纸”材质参数如图8-72所示。

2）选择使用“壁纸”材质的对象，为其指定一个“UVW贴图”修改器，设置参数如图8-73所示。

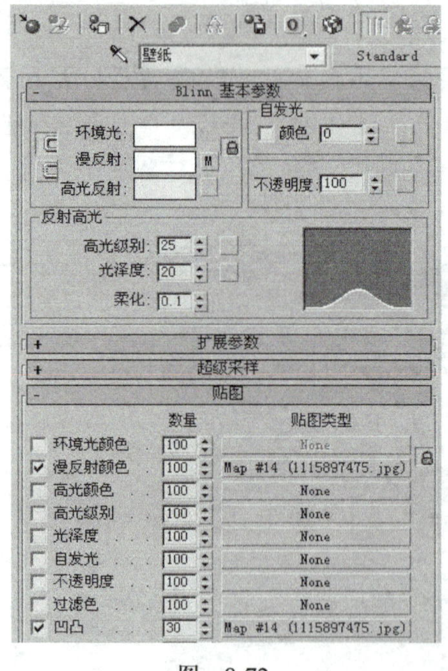

图 8-72

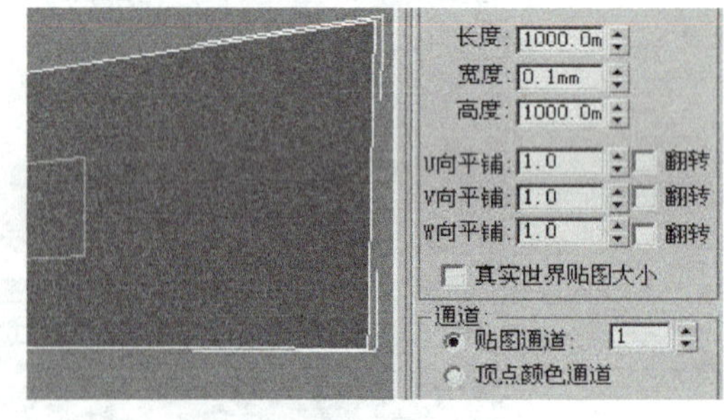

图 8-73

（6）设置“木地板”材质

1）按〈M〉键打开材质编辑器，选择“木地板”材质示例窗，打开“Blinn基本参数”卷展栏，设置“高光级别”为35，“光泽度”为20，如图8-74所示。

2）打开“贴图”卷展栏，单击“漫反射颜色”贴图按钮，指定本书项目素材库中的木地板贴图“木地板.jpg”，如图8-75所示。

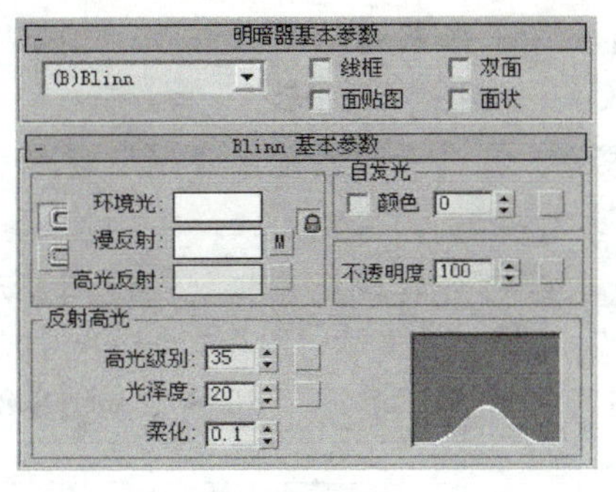

图 8-74

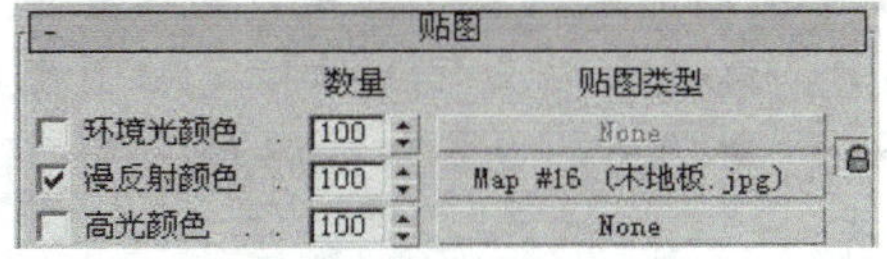

图 8-75

3）制作模糊反射效果：在“凹凸”贴图通道内指定一个“噪波”贴图，设置参数如图8-76所示。在“反射”贴图通道内指定一个“光线跟踪”贴图，设置参数如图8-76所示。

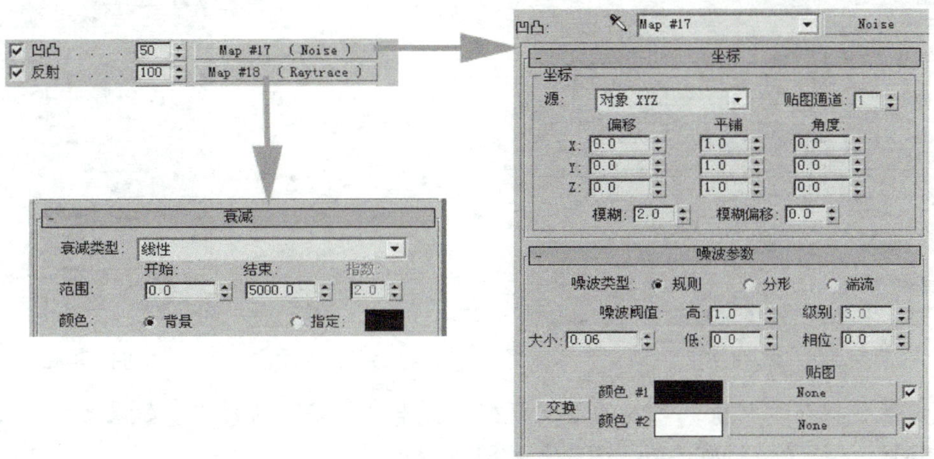

图 8-76

4）选择地面，指定一个“UVW贴图”修改器，设置参数如图8-77所示。

（7）设置布纹材质　前面编辑的均为建模过程中创建的材质，接下来设置合并模型的材质。在编辑这些材质之前，首先需要将材质拾取到材质编辑器，这样才能对材质进行编辑。

在本例客厅场景中，使用布纹的对象有沙发和抱枕，其参数设置如下。

1）设置沙发布纹材质：选择沙发模型，按〈Alt〉+〈Q〉键进入孤立模式。

2）单击材质编辑器“从对象拾取材质”按钮，拾取沙发材质到一个新的材质示例窗，如图8-78所示，拾取的沙发材质名为“沙发面”。

图 8-77

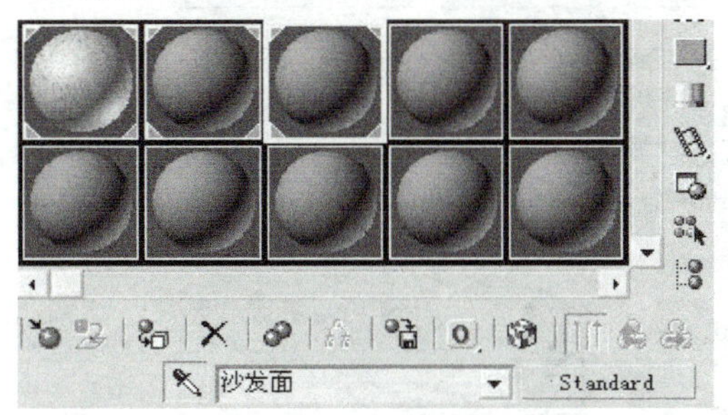

图 8-78

3）在“沙发面”材质“漫反射颜色”贴图通道添加一张布纹贴图，并以“实例”的方式复制到“凹凸”贴图通道，使其带有一定的凹凸效果，如图8-79所示。

4）布纹质感适宜选用Oren-Nayar-Blinn明暗器模拟，在“明暗器基本参数”卷展栏中选择Oren-Nayar-Blinn，并适当设置其反射高光如图8-79所示。

5）单击材质编辑器“在视口显示贴图”按钮，此时会发现摄影机视图没能显示沙发模型贴图，这是由于没有正确指定贴图坐标的缘故。选择沙发，执行“组”→“打开”命令打开组，分别为沙发各部分添加一个“UVW贴图”修改器，其参数可参照如图8-80所示进行设置。

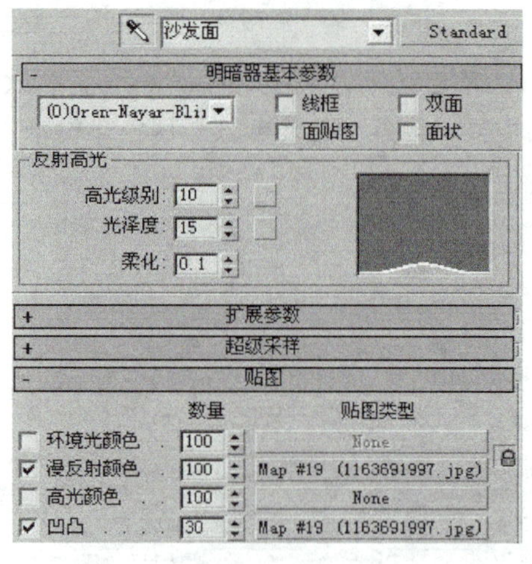

图 8-79

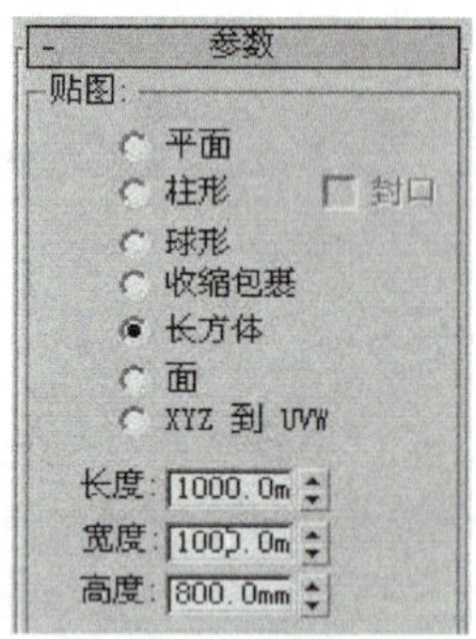

图 8-80

6）设置抱枕布纹材质：导入的沙发模型，其中“靠垫”的材质参数设置方法与沙发布纹材质相同，“垫子”材质参数设置如图8-81所示。

（8）设置“木纹_椅子”材质　使用“木纹2”材质的对象有椅子、茶几、条案等，其参数设置方法与“木纹1”基本相同，如图8-82所示。

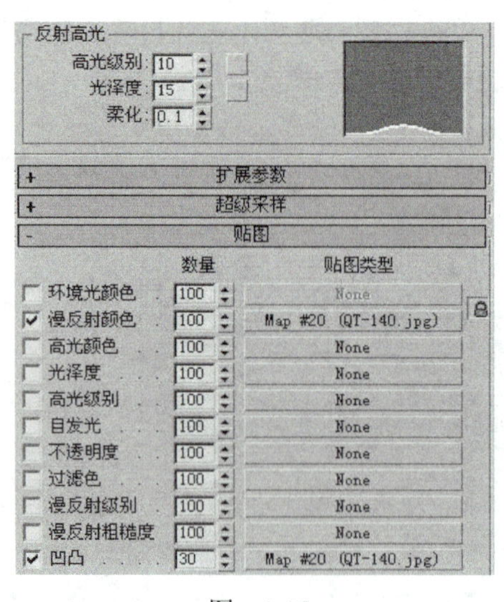

图 8-81

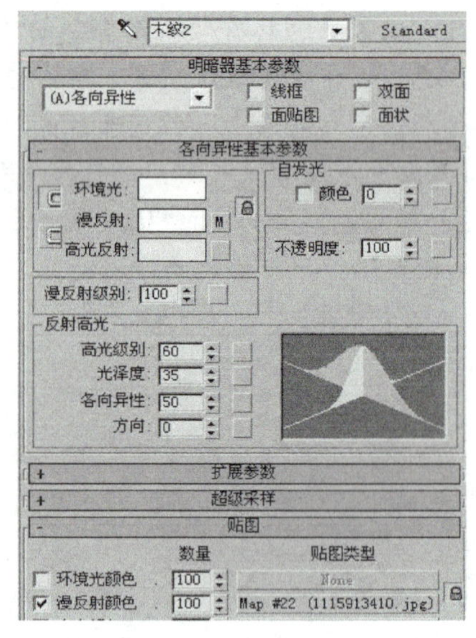

图 8-82

（9）创建“瓷”材质 “瓷”是一种具有较强高光反射、光滑亮丽的材质，并带有一定反射效果，客厅场景中使用该材质的对象为造型墙内的装饰瓷瓶，参数设置方法如下。

1）拾取装饰瓷瓶材质到一个新的材质示例窗，该材质的名称为“瓷”。

2）设置反射高光：设置“瓷”材质明暗器类型为“各向异性”，并设置“高光级别”为一个较高的值，适当调整“光泽度”和“各向异性”参数，使高光呈现出一种椭圆效果，如图8-83所示。

3）在“漫反射颜色”贴图通道指定一张瓷纹贴图，并适当调整“漫反射级别”参数，在“反射”贴图通道指定“光线跟踪”贴图，使其具有反射效果，反射强度设置为20左右即可，如图8-84所示。

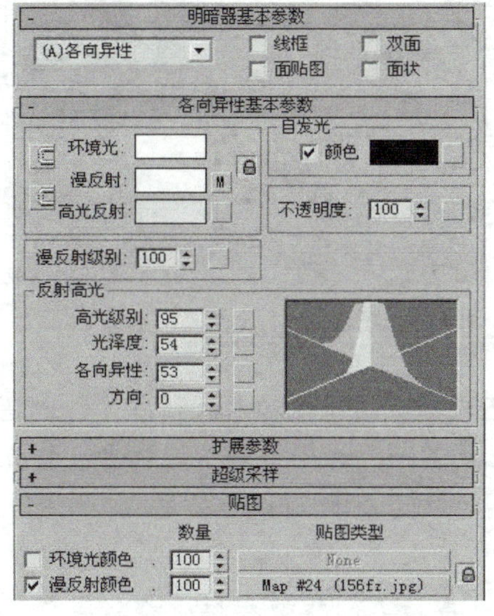

图 8-83

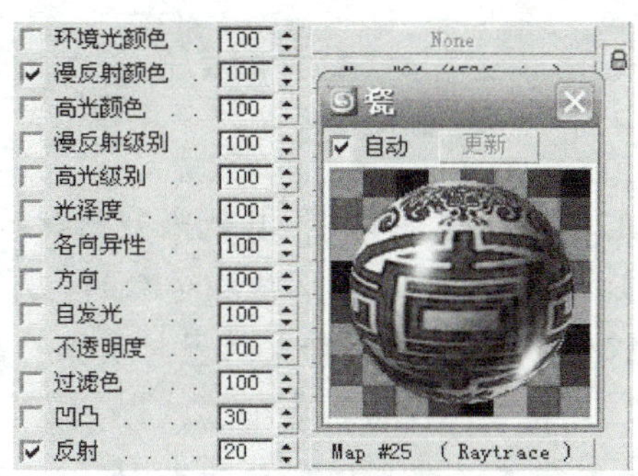

图 8-84

4）选择花瓶，添加“UVW贴图”修改器，设置参数如图8-85所示，“瓷”材质制作完成。

（10）创建自发光材质 使用“自发光”材质的对象为吊灯灯罩，“自发光”材质通常用来模拟灯具的发光效果（如图8-86所示），但在标准渲染方式下指定自发光材质的对象不能照明场景。

图 8-85

图 8-86

“自发光”材质的制作比较简单，只需根据发光强度设置其“自发光”参数值大小即可，发光的颜色为材质的“漫反射”颜色，这里设置为白色，如图8-87所示。

（11）设置“不锈钢”材质 使用“不锈钢”材质的对象有吊灯拉杆、筒灯和茶几脚，参数设置如图8-88所示。

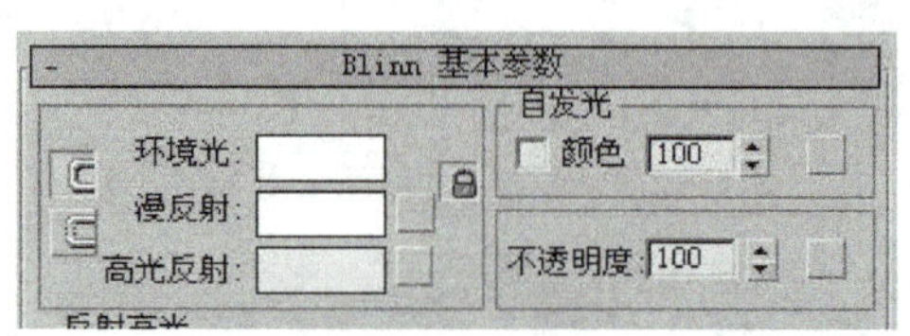

图 8-87

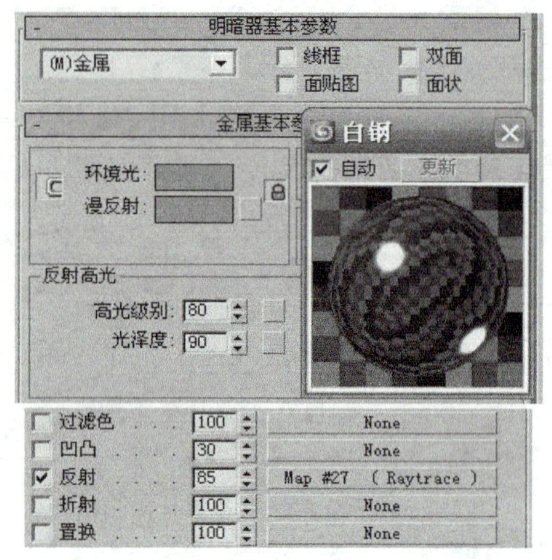

图 8-88

（12）布置其他材质 其他未列出材质的对象还包括挂画（纸和木纹材质）、地毯、竹帘和植物等，限于篇幅，这些对象的材质参数在此就不一一详细讲解了，读者可打开本书项目素材库中的场景文件，使用材质编辑器工具拾取材质至示例窗进行参考。

3. 布置客厅场景灯光

灯光布置是效果图制作过程的一个重要环节，再精美的模型和材质都需要灯光来体现。本例使用的是传统灯光渲染方式，该渲染方式最大的缺点是只能计算灯光对象的直接照明，而不能计算光线在物体之间反弹而得到的间接照明，因此与现实情况严重不符。

要在3ds Max 9中模拟真实世界的光照效果，归纳起来主要有以下两种方法：传统渲染方式的灯光阵列和使用全局渲染系统（包括光能传递和光跟踪器）。

使用灯光阵列方式，需要创建大量的辅助灯光来模拟光的反弹效果，布光操作较为繁琐，操作者需要有一定的布光经验，但具有渲染速度快、修改方便，对场景模型没有特殊要求等优点，因而目前仍然被广泛使用。

本例使用的即为传统灯光阵列法，全局光渲染将在本书后面的章节中陆续介绍。

（1）布光思路分析 在布光之前，首先应对场景的光源和模拟方法作一个简单分析，做到心中有数，避免毫无目的的布光，节约调试时间。

本例制作的是一个同时拥有日光和人造灯光的室内场景，光线来源有太阳光、天光和室内灯光，其中天光是场景的主要光源，对场景照明起到关键作用，场景的亮度和色调主要由它决定。根据“从整体到局部”的灯光布置原则，首先应模拟天光效果。

太阳光是太阳直接发出的光，光线强烈，平行照射到物体，它所产生的阴影轮廓清晰。在模拟这种光照效果时，一般使用平行光或距照射物体较远的聚光灯，并使用光线跟踪阴影类型。太阳光的颜色会随着时间的改变而改变，太阳从地平线上升起时发出的是橘红色光，随着太阳的升高变为明亮的黄光，最后变为黄白色的太阳光。本例模拟的是一个夏天午后场景，太阳光颜色可设置为黄白色。

天光是由太阳光光线在大气层中散射引起的漫射光线。在大多数情况下，天空光没有统一的方向，通常采用泛光灯阵列进行模拟。天光的颜色随着太阳离地面的高度、大气条件、观察者的视点和地面的反射而改变，在模拟时，通常将其设置为蓝色。

太阳光和天光照射到物体后，在物体之间相互反弹，产生反射光。模拟这种光的最好方法是使用泛光灯阵列。

人造室内灯光指的是吊顶的听筒和造型墙底端灯带灯光，它的影响范围有限，只能对局部场景产生装饰作用，本例使用泛光灯和自由点光源进行模拟。

说明

灯光阵列比单个灯光的照明更精确，渲染得到的效果也更真实、细腻。

（2）模拟天光效果 本例通过几组泛光灯来模拟天光效果，具体操作步骤如下。

1）创建第一组泛光灯。

① 单击“层”面板中的“创建新层”按钮，创建“天光1”图层，并设置为当前层。

② 为便于操作和提高测试渲染的速度，将所有合并的家具放入“家具”图层，并隐藏该图层。

③ 在创建面板中单击按钮，进入灯光创建面板，选择“泛光灯”按钮，在“前视图”右侧窗户的左上角单击鼠标创建一盏泛光灯，然后在“顶视图”将其移到窗外且靠近窗如图8-89所示。

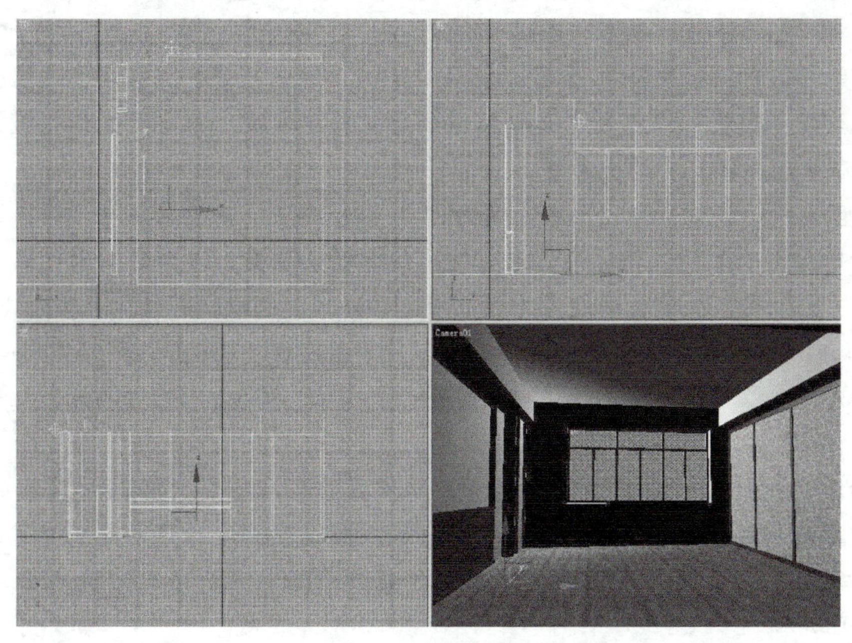

图 8-89

④ 按照如图8-90所示设置泛光灯参数，部分参数解释如下。

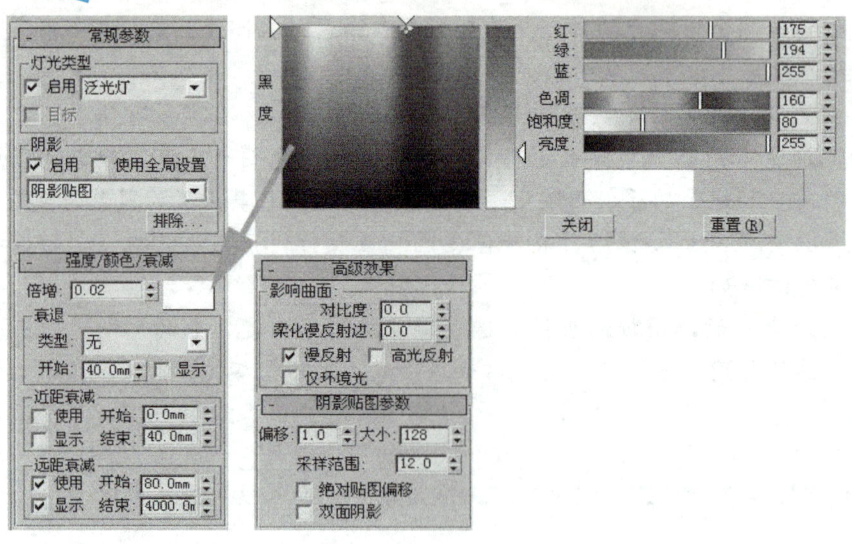

图 8-90

阴影：使用阴影贴图类型，这种阴影是使用位图来模拟，渲染速度快且能够产生很柔和的阴影边界，很适合模拟天光柔和的阴影效果。

倍增：3ds Max 9中的灯光效果是累加的，比如一个灯光的倍增值设置为0.02，那么两个同值的灯光所产生的亮度与一个倍增值为0.04的灯光所产生的亮度相同。灯光阵列中的灯光，该值应设置得非常小，此处暂时设置为0.02，在渲染测试过程中可根据需要再作调整。

灯光颜色：天光颜色通常为蓝色，此处设置为一种淡蓝色。

远距衰减：此处开启，设置“开始”值为0mm，“结果”值为4 000mm。“开始”表示光线衰减的起始位置，这里设置为0，即光线从光源所在的位置开始衰减，在“结束”值指定的位置光线完全消失，以模拟真实世界中的灯光衰减效果。开启灯光衰减后，从窗户到室内，灯光强度逐渐减弱，直至消失。

阴影贴图参数：设置阴影“大小”值为128，该值越大，阴影效果越清晰，渲染时所需内存也同时增加。“采样范围”值设置为12，该参数值越大，得到的阴影效果越柔和，在测试阶段，可将“大小”参数值设置为较小的值，如64，这样能有效地加快渲染速度。

⑤ 选择泛光灯，在“前视图”以“实例”的方式向右复制6盏，得到共7盏泛光灯。再选择所有泛光灯，以“实例”的方式向下复制4组，得到共35盏泛光灯的矩形灯光阵列，如图8-91所示（所有灯光应在窗口范围之内）。

阵列的泛光灯就像一盏巨大的面光源，向室内照射光线。可根据计算机的性能确定阵列灯光的数量，灯光越多，得到的照明和阴影效果越细腻，但同时渲染速度也越慢。此外，应以“实例”的方式复制灯光，这样调整任何一盏灯光，其他灯光也会发生相应变化，如图8-92所示。

⑥ 测试灯光效果，为了提高渲染速度，暂时关闭“启用光线跟踪”和“抗锯齿”选项，如图8-93所示。

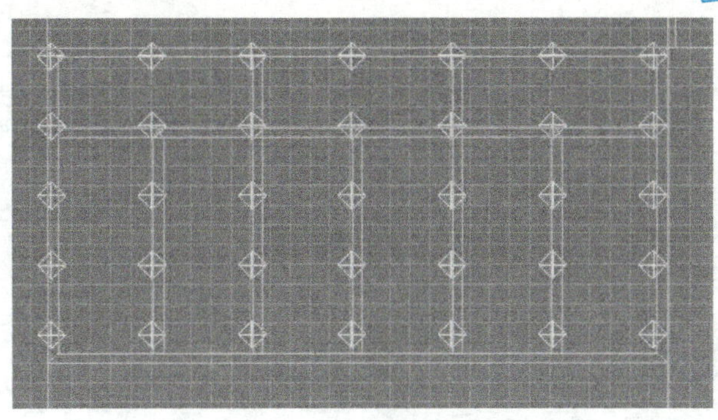

图 8-91

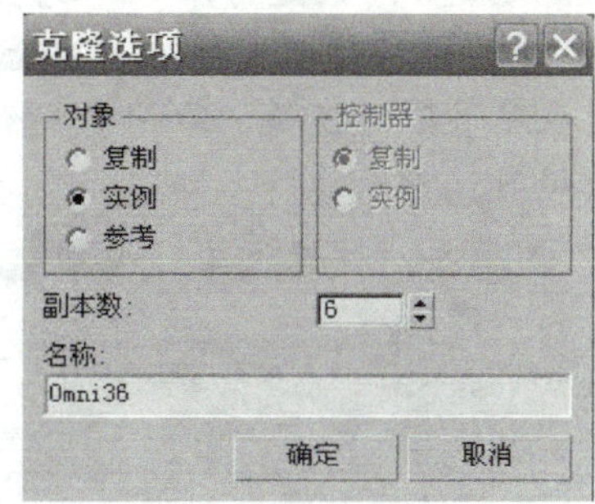

图 8-92

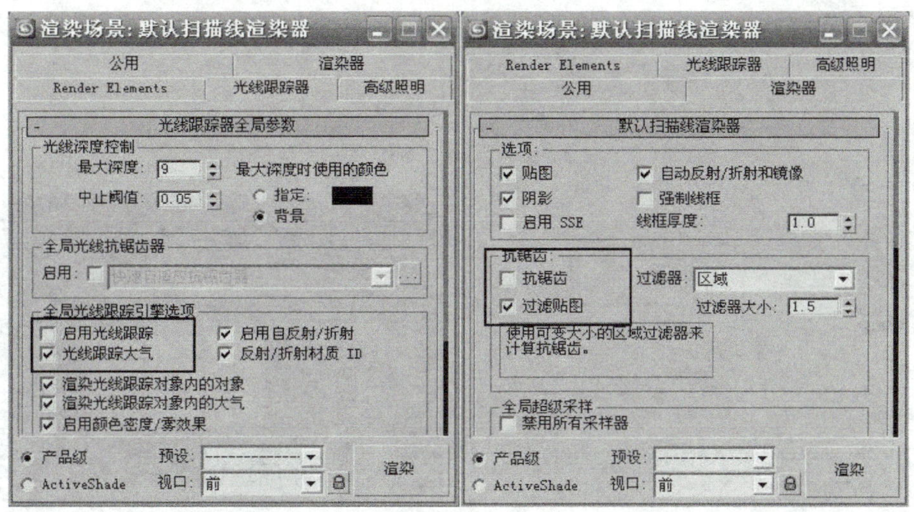

图 8-93

⑦ 因为是测试渲染阶段，可以设置一个较小的输出尺寸以节省时间，这里设置为400×275，如图8-94所示。

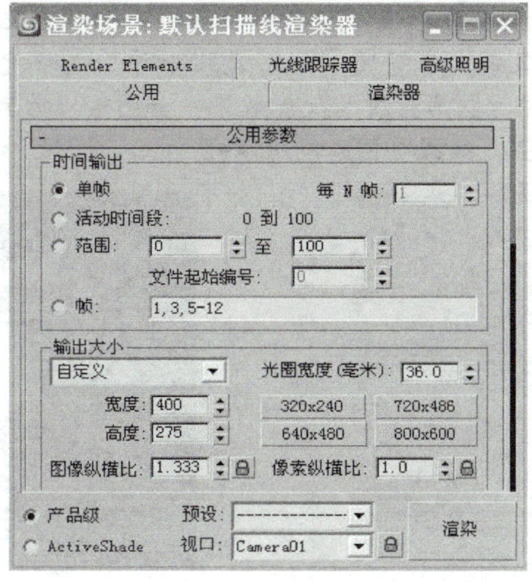

图 8-94

⑧ 按下〈8〉键打开“环境和效果”对话框，单击背景颜色色样，设置背景为白色。

⑨ 选择窗玻璃对象，单击鼠标右键，从弹出的下拉菜单中选择“属性”命令，打开“对象属性”对话框，取消“投影阴影”选项的勾选，如图8-95所示，这样光线才能透过窗玻璃照射到室内。

⑩ 单击“快速渲染”按扭 渲染摄影机视图，效果如图8-96所示。

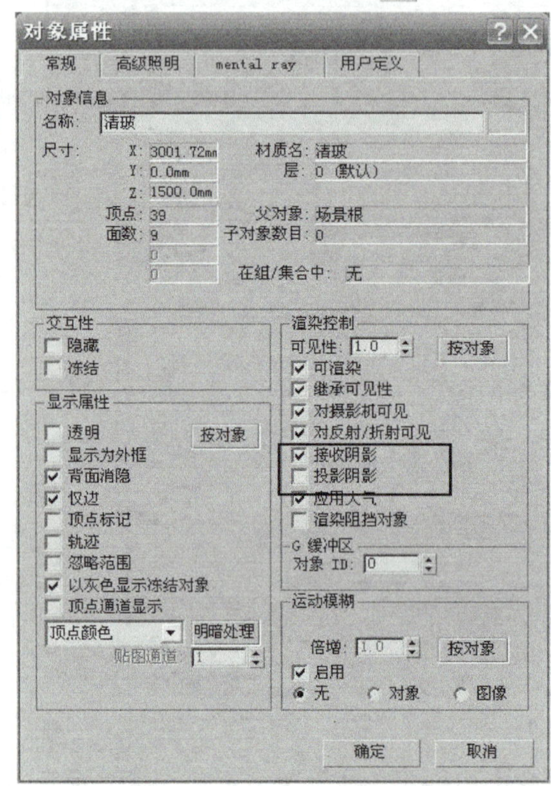

图 8-95

图 8-96

⑪ 从图8-96所示可以看出，地板和造型墙面呈现出一种自发光效果，这是由于地板和造型墙面的材质带有反射效果，在关闭“启用光线跟踪”选项就会出现这种情况。为了更清楚地观察光照效果，可暂时取消材质的反射效果，如图8-97所示。

⑫ 再次渲染摄影机视图，效果如图8-98所示。

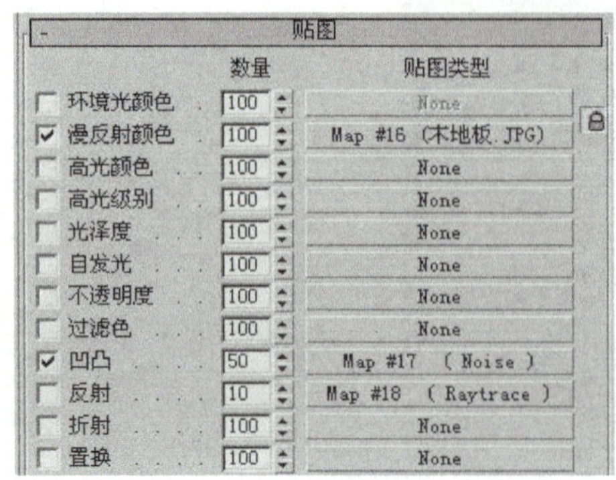

图 8-97

图 8-98

2）创建第二组泛光灯。从图8-98可以看出，第一组泛光灯已经产生了微弱的天光效果，但室内的光线还比较昏暗，为了使光线继续向室内延伸，需要继续创建泛光灯阵列。

也许有读者会问，为何不直接通过提高第一组泛光灯的“倍增”数值来增加室内光线亮度呢？这是由于过分增加一个位置的灯光强度会导致该位置出现曝光现象，如图8-99所示。

① 创建新图层“天光2”。

② 选择所有泛光灯，在左视图以“复制”的方式向右复制出第二组泛光灯，距第一组泛光灯1 000mm左右，单击“层”面板中的“添加”按钮 将灯光添加到“天光2”图层，结果如图8-100所示。

图 8-99

图 8-100

③ 隐藏“天光1”图层。

④ 为使光照效果更加柔和，将第二组右侧窗的泛光灯增加到13列、9行（具体行数和列数，可以根据需要灵活设置），如图8-101所示。

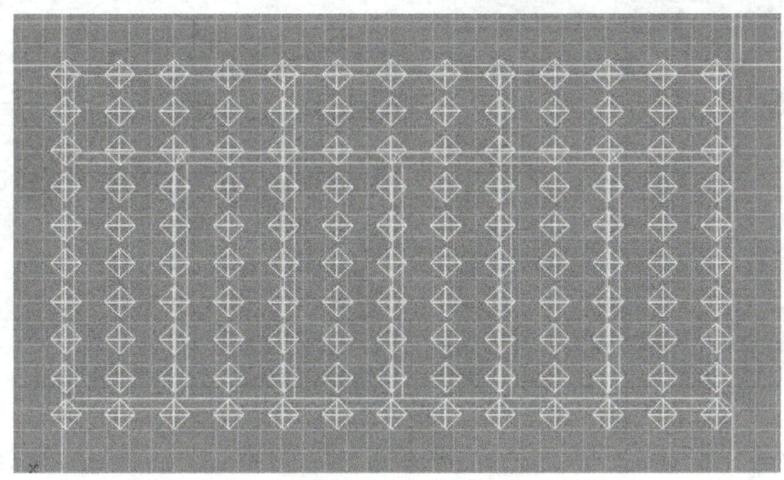

图 8-101

⑤ 设置第二组泛光灯“倍增”值为0.01，灯光颜色为更淡的蓝色，其他参数不变，如图8-102所示。

⑥ 按〈F9〉键渲染“摄影机视图”，效果如图8-103所示，此时光线被进一步向室内延伸。

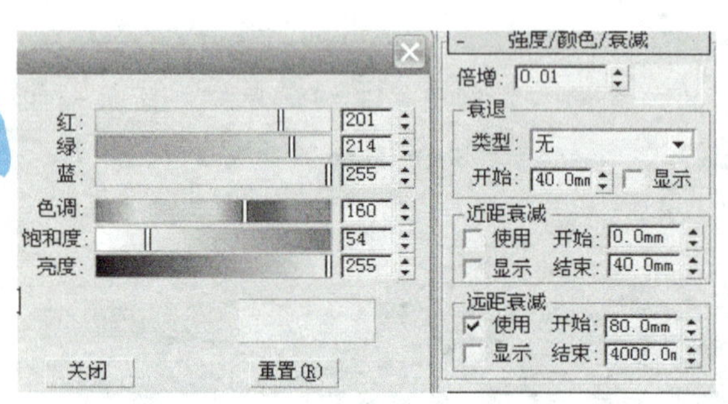

图 8-102

图 8-103

从如图8-1-103的渲染效果可以看出，背光的窗所在的墙面被第二组泛光灯照亮了，由此可见，第二组泛光灯起到了模拟地板、顶棚反弹光的作用。

3）创建第三组泛光灯。

① 创建新图层“天光3”：选择第二组泛光灯，在左视图以“复制”的方式向右复制出第三组泛光灯，距第二组泛光灯1 000mm左右，如图8-104所示，单击“层”面板中的“添加”按钮将其添加到“天光3”图层。

② 隐藏“天光2”图层。

③ 第三组泛光灯周围模型较少，没必要保留太多灯光，可以对其进行一些精减，可以加快渲染速度，精减后的灯光排列如图8-105所示。

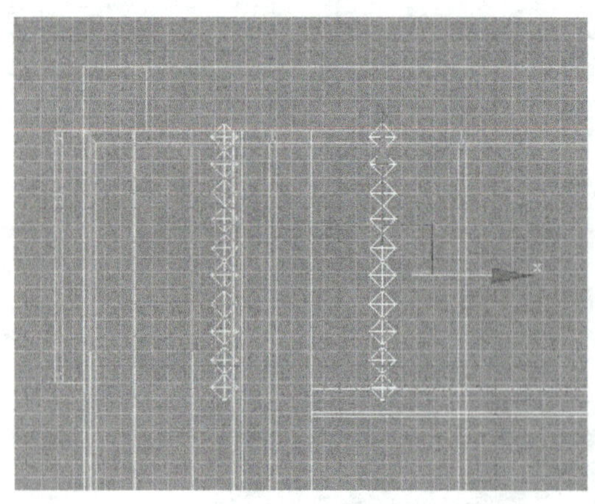

图 8-104

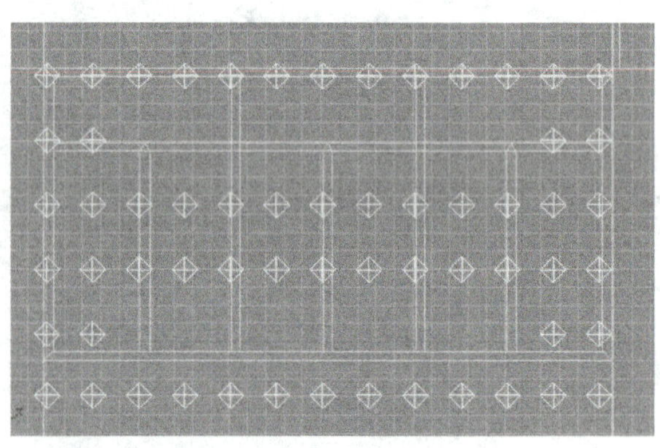

图 8-105

④ 选择第三组的任意一盏泛光灯，在修改面板“高级效果”卷展栏中勾选“高光反射”复选框，使第三组泛光灯产生高光效果，其他参数保持不变，如图8-106所示。

⑤ 按〈F9〉键渲染“摄影机视图”，效果如图8-107所示，天光更进一步向室内延伸。

图 8-106

图 8-107

4）创建第四、五组泛光灯。此时天光还未完全照亮整个室内场景，需要继续创建灯光。

① 创建两个新图层“天光4”和“天光5”。

② 选择第三组泛光灯，在“左视图”以“复制”的方式向右复制出第四组和第五组泛光灯，每组泛光灯距离为1 000mm左右。

③ 由于光线衰减的原因，因此分别降低第四、五组泛光灯的“倍增”值为0.008、0.006，并设置灯光颜色，如图8-108所示。

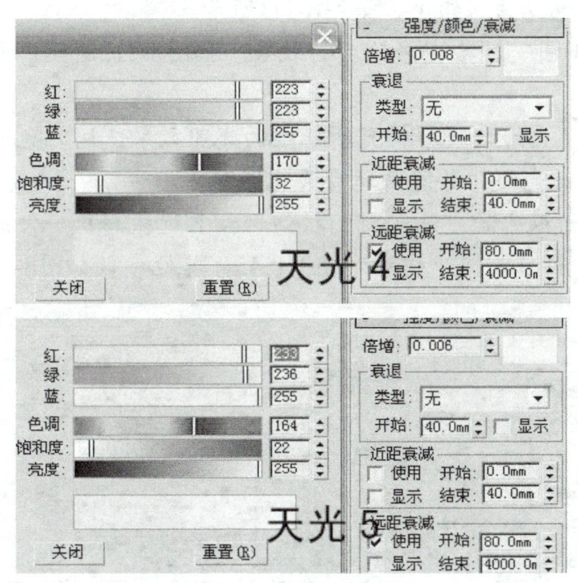

图 8-108

④ 按〈F9〉键渲染“摄影机视图”，效果如图8-109所示。

⑤ 此时天光效果已基本出来了，为了检测整体的光照效果，显示“家具”图层，渲染摄影机视图，渲染结果如图8-110所示。

显示“家具”图层之后，由于模型数量增加，渲染时间会有所延长。

图 8-109

图 8-110

5）创建补充灯光。补光也是一个模拟反弹光的过程，它是对反弹光的进一步细化，主要目的是扫除一些死黑和较暗的区域。从如图8-110所示渲染效果可以看出，靠近摄影机一侧的沙发侧面和背面还比较黑暗，需要创建补光。其次，从顶棚可以看出，从窗口到客厅的里端，光线衰减得太快，且整个场景亮度还不够，需要重新调整阵列泛光灯的灯光强度。

① 调整泛光灯灯光强度：在调整泛光灯灯光强度之前，分析造成光线衰减得太快的原因，是由于从第三组泛光灯开始对灯光陈列数量进行了精简导致的。因此，适当提高第三组之后的泛光灯强度（包括第三组），如图8-111所示。

② 渲染“摄影机视图”，检查修改后的效果，如图8-112所示，此时天光效果已达到理想状态。

③ 创建补光。为了更好地观察补光所产生的光照效果，同时也为了加快渲染测试补光的速度，暂时关闭所有泛光灯，并隐藏所有天光图层。

④ 单击灯光创建面板中的“泛光灯”按钮，在靠近摄影机一侧的沙发后面创建一盏泛光灯，如图8-113所示。设置灯光“倍增”值为0.45，其他参数如图8-114所示。

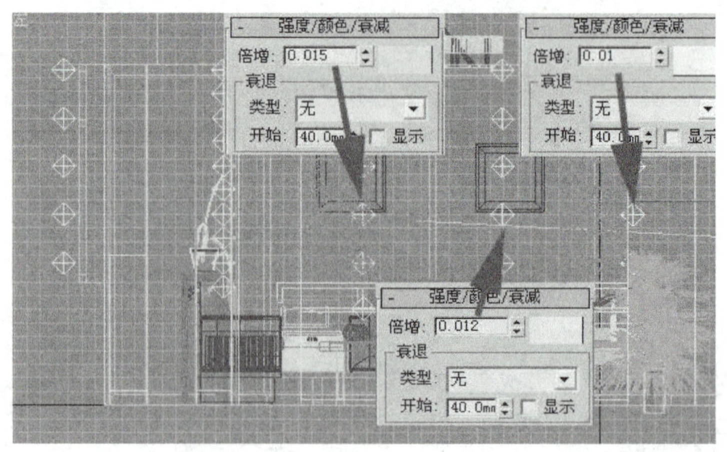

图 8-111

图 8-112

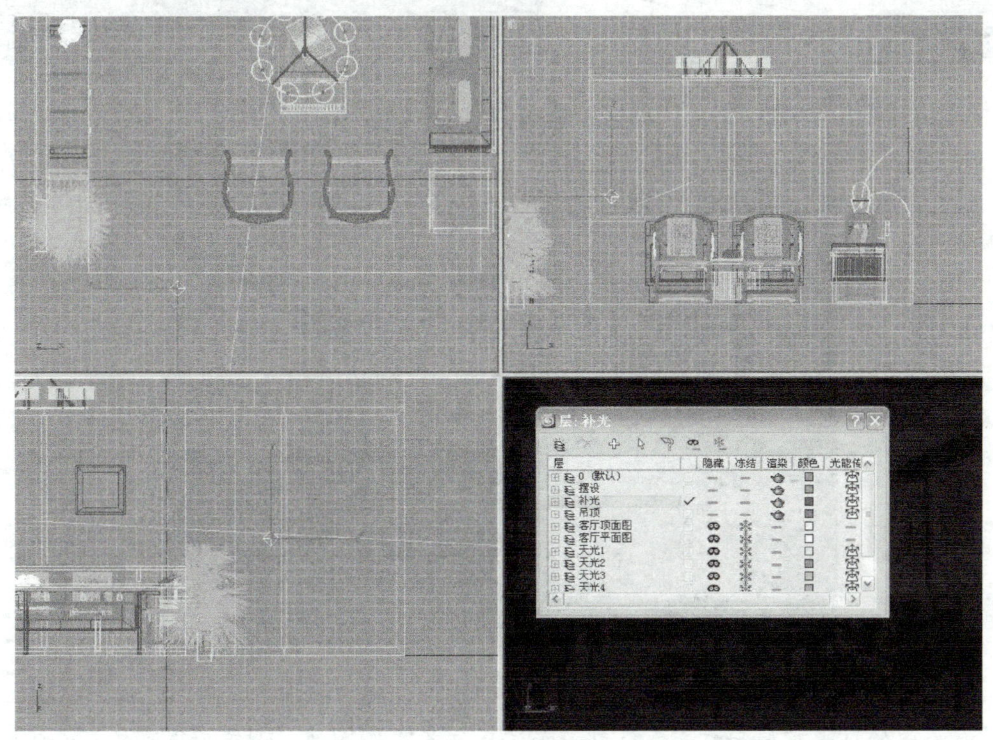

图 8-113

⑤ 渲染“摄影机视图”，检查补光光照效果，渲染结果如图8-115所示。

⑥ 确定补光光照效果之后，开启所有灯光，渲染“摄影机视图”，检查补光后的整体光照效果，渲染结果如图8-116所示，此时沙发靠内一侧得到了应有的照明。

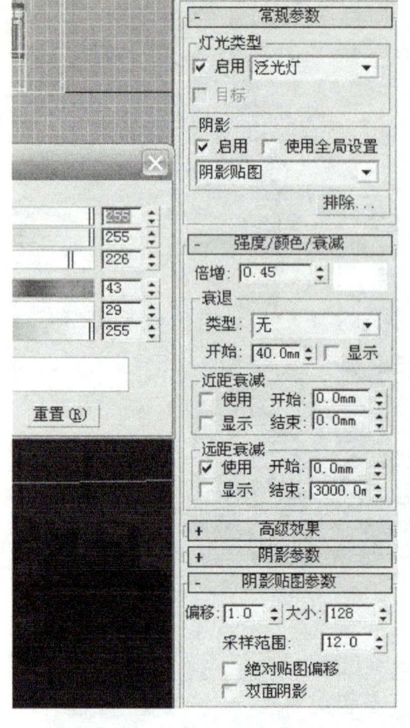

图 8-114

图 8-115

图 8-116

前面给出的灯光布局和灯光参数都是经过反复多次的测试、调整后得到的。在实际工作中，应根据场景的特点和具体情况灵活设置，并反复测试和调整，以取得最佳光照效果。

（3）模拟太阳光效果 太阳光是太阳直射光，光线强烈，产生的阴影轮廓清晰。本场景使用“目标平行光”来模拟太阳光效果。

1）创建一个新图层“太阳光”，关闭并隐藏其他所有灯光。

2）单击“标准”灯光创建面板中的“目标平行光”按钮，在“左视图”中拖动光标创建一盏目标平行光，然后在“顶视图”中调整其位置和方向。设置灯光阴影类型为“光线跟踪阴影”，“倍增”值为1.5，灯光颜色为淡黄色，其他参数如图8-117所示。

3）测试太阳光效果。按〈F9〉键渲染“摄影机视图”，结果如图8-118所示。从渲染结果可以看出，场景出现了漏光现象。这是由于室内框架使用了单面建模的方法，即墙体、顶棚均为单面。

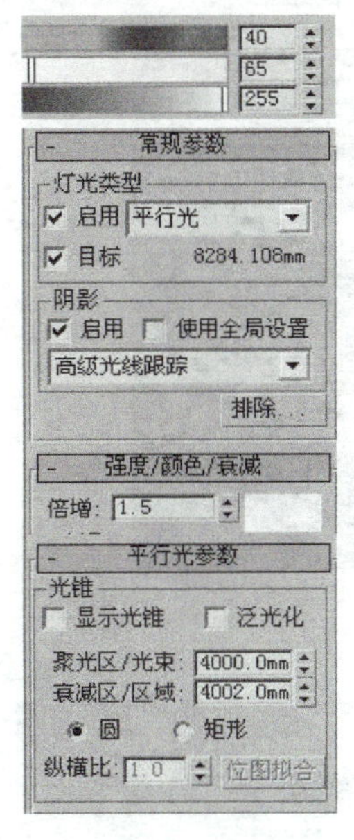

图 8-117

图 8-118

4）选择太阳光，在“高级光线跟踪参数”卷展栏中勾选“双面阴影”选项，按〈F9〉键渲染“摄影机视图”，得到正确的太阳光效果如图8-119所示。

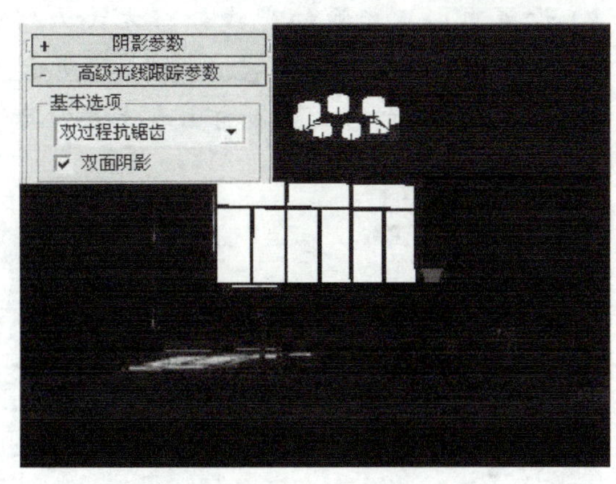

图 8-119

（4）模拟筒灯和灯带光照效果　创建筒灯和灯带光主要是为了画面的构图更加完美，由于筒灯和灯带相互间的影响不是很大，因此可以同时进行渲染测试，以加快整体的制作速度。

筒灯灯光效果可以使用聚光灯或光域网进行模拟，这里采用后者，灯带则仍然是采用灯光阵列的方法，具体操作步骤如下。

1）创建筒灯：关闭目标平行光，并隐藏“太阳光”图层和“家具”，然后分别创建“筒灯”和“灯带”新图层。

2）设置“筒灯”为当前图层：单击“光度学”灯光创建面板中的【自由点光源】按钮，在“顶视图”筒灯位置创建一盏自由点光源，在“前视图”或“左视图”调整点光源到筒灯模型的下方，如图8-120所示。

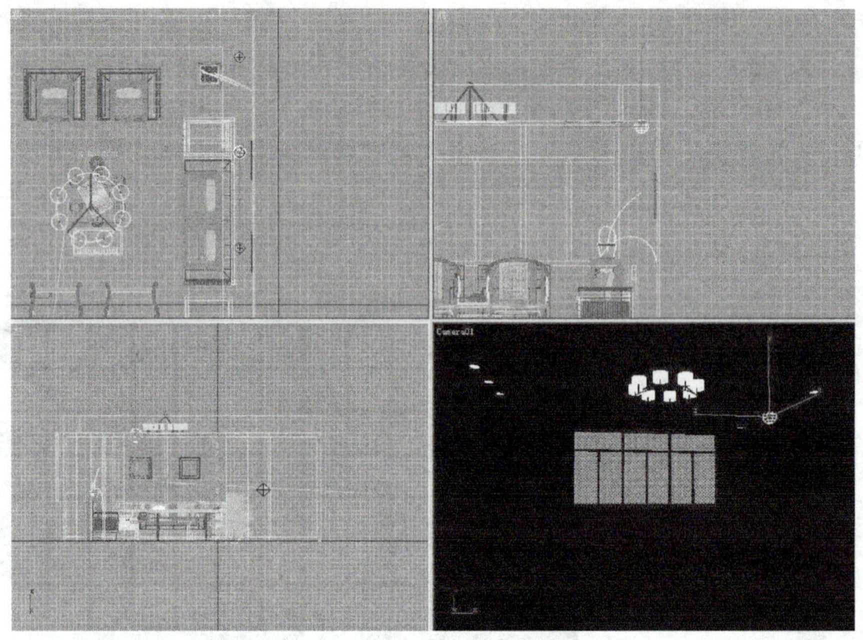

图 8-120

说明

自由点光源应调整至筒灯模型下方并接近筒灯的位置，但不能置于筒灯模型之内，否则会被遮挡而不能得到正确的光照效果。

3）设置自由点光源的光线分布方式为“Web”，Web文件为项目素材库中的“筒灯.ies”，强度为500 cd，其他参数如图8-121所示。

4）以“实例”的方式复制自由点光源到其他筒灯位置，如图8-122所示。

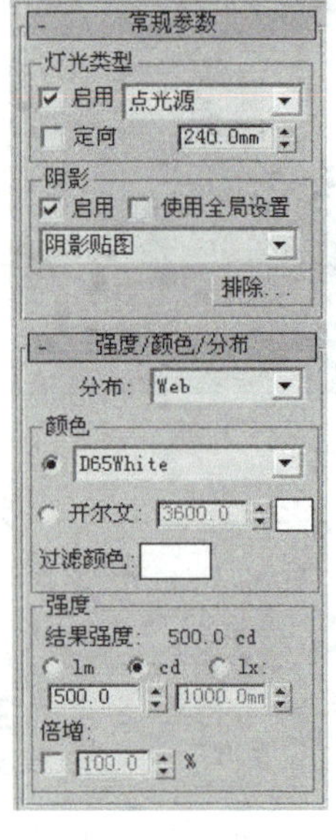

图 8-121

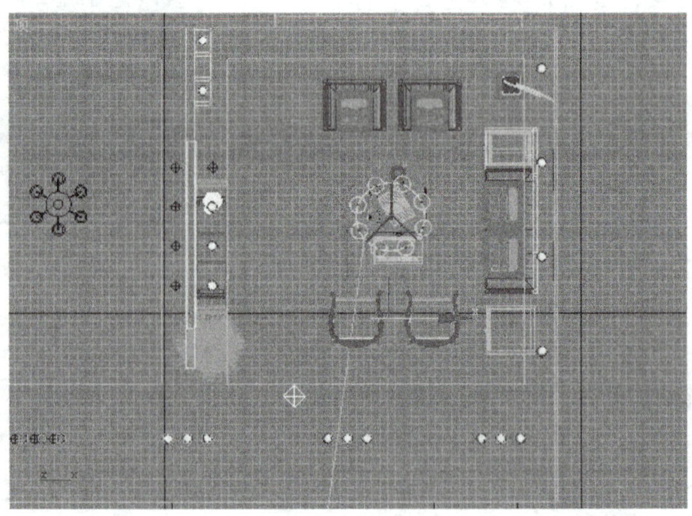

图 8-122

5）选择造型墙体位置的自由点光源，单击修改面板“使唯一”按钮，解除与其他点光源的关联关系，为其重新指定Web文件为项目素材库中的“射灯.ies”，设置灯光强度为6 000 cd，如图8-123所示。

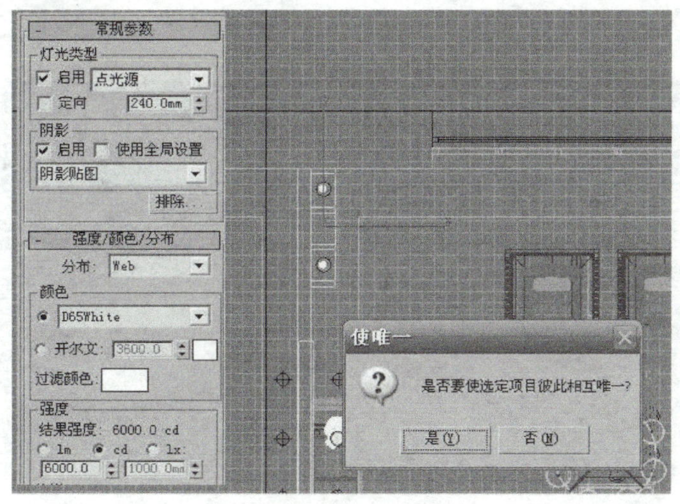

图 8-123

6）创建灯带灯光：设置“灯带”为当前图层。单击“标准”灯光创建面板中的“泛光灯”按钮，在造型墙下方创建一盏泛光灯，设置灯光强度为0.1，颜色为淡黄色，其他参数如图8-124所示。

图 8-124

7）以“实例”的方式向上复制泛光灯，泛光灯数量控制在8盏左右，选择所有泛光灯，向上复制出另一条灯带，结果如图8-125所示。

8）选择如图8-124所示的所有泛光灯，在顶视图以“复制”的方式向下复制，用以模拟灯带在地板上所产生的反弹光。修改灯光“倍增”值为0.02，其他参数不变，如图8-126所示。

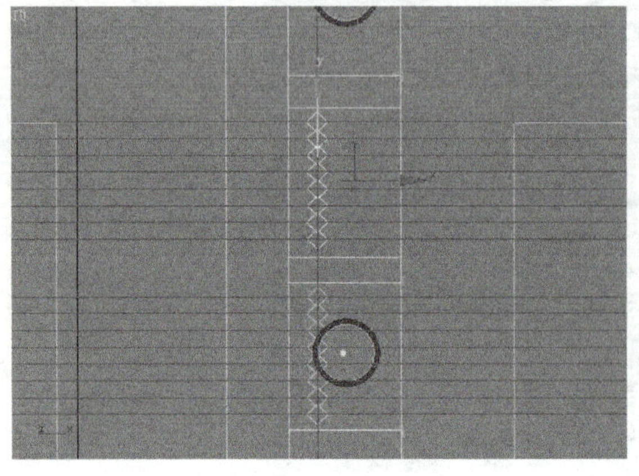

图 8-125

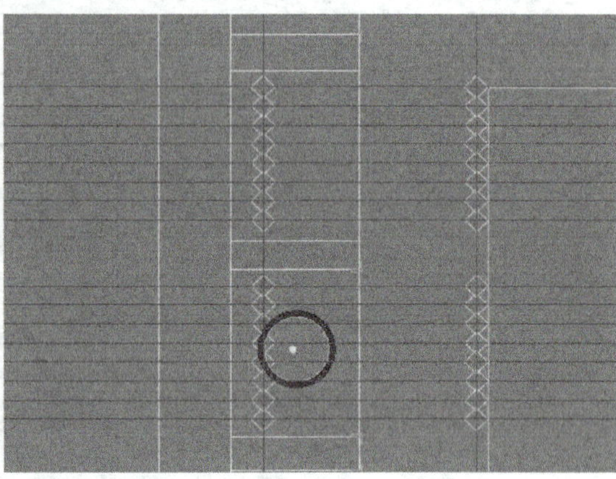

图 8-126

9）按〈F9〉键渲染“摄影机视图”，得到筒灯和灯带效果如图8-127所示。

10）确定当前筒灯和灯带效果后，显示出“家具”图层，并开启所有灯光，渲染并检查整体光照效果如图8-128所示。客厅场景灯光全部布置完成。

图 8-127

图 8-128

（5）材质调整 确定整体光照效果之后，需要打开“光线跟踪”和“抗锯齿”选项，渲染检查材质效果，以便进行调整。

1）按〈F10〉键打开“渲染场景”对话框，在“光线跟踪”选项卡中勾选“启用光线跟踪”复选框，在“渲染器”选项卡中勾选“抗锯齿”和“过滤帖图”复选框，如图8-129所示。

2）单击“渲染”按钮渲染摄影机视图，效果如图8-130所示。

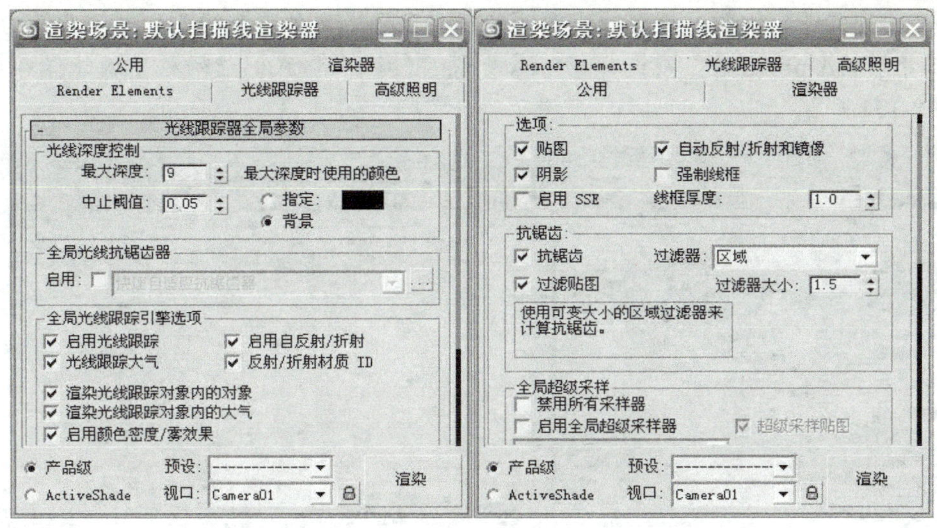

图 8-129

图 8-130

3）检查当前材质效果并根据需要进行调整，直至到达理想效果为止。在调整材质过程中，应尽量一次性修改完所有要调整的材质，然后再进行渲染检查，这样可以减少渲染次数，节约渲染时间。同时也应尽量进行局部渲染，这样比渲染整个视图要节省时间。

4. 渲染输出图像

在进行最终渲染之前，需要认真测试渲染模型、材质和灯光效果，确认无误后方可开始。因为最终渲染可能是一个漫长的过程，不可能像测试渲染一样反复进行。最终渲染包括输出效果图和材质通道图像两个部分，其中材质通道图像用于Photoshop后期处理使用，以便于快速选择效果图中的各个材质区域。

（1）渲染输出效果图

1）按〈F10〉键打开“渲染场景”对话框，在“公用”选项卡中设置渲染输出的图像尺寸，该尺寸根据效果图的实际用途确定。

2）单击“文件”按钮，设置输出图像的保存位置、文件名和类型。为了保存分离透明窗玻璃与背景的Alpha通道，应选择“*.tga”或“*.tiff”格式，这两种格式能保存Alpha通道，如图8-131所示。

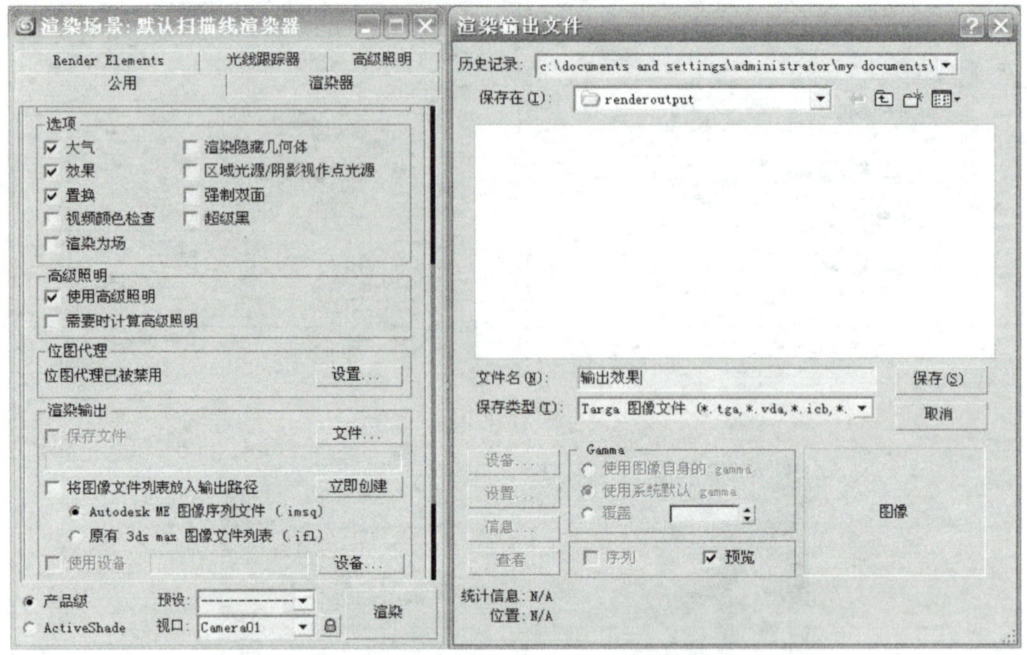

图 8-131

3）单击“保存”按钮，在打开的图像控制对话框中选中“预乘Alpha”复选框，以保存Alpha通道，如图8-132所示。

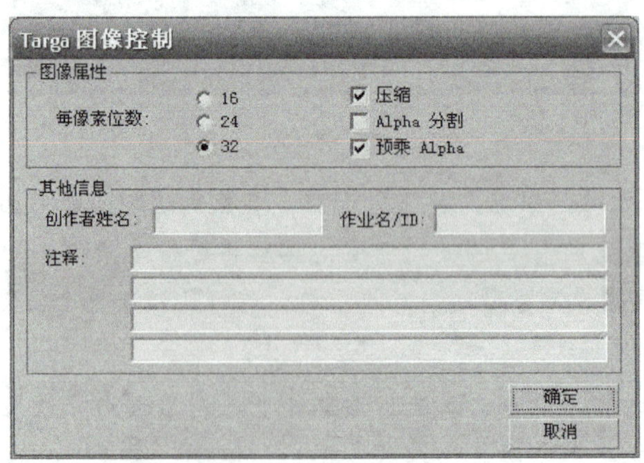

图 8-132

4）单击“渲染”按钮开始渲染，输出的图像保存在指定的文件中。

（2）渲染输出材质通道 在3ds Max 9中制作效果图时，往往要渲染一幅与效果图大小完全一致的纯色图像，称为“材质通道图”，借助它可以方便地选择效果图中的不同部分。这样，在后期处理过程中，调整局部图像的色相、亮度、对比度等因素时，就可以很方便地选择它们了。

为了使每个材质区域都渲染输出为单一颜色的色块，各个对象的材质都要设置为单色的自发光材质，然后以同样大小的输出尺寸、不同的文件名进行渲染输出。

下面以“木纹”材质为例介绍单色自发光材质的制作方法。

1）选择“文件”→“另存为”命令，将文件另存为“通道.max”。

2）按M键打开材质编辑器，选择“木纹1”材质示例窗，在“贴图”卷展栏中取消所有贴图的勾选，如图8-133所示。

3）指定一种“漫反射”颜色，比如红色，并设置自发光为100。设置“高光级别”和“光泽度”为0，得到自发光材质效果，如图8-133所示。

4）使用同样的方法，完成其他自发光材质的制作，需要注意的是每种自发光材质的漫反射颜色应选择不同的颜色，如绿色，以区别其他材质，完成后的效果如图8-134所示。

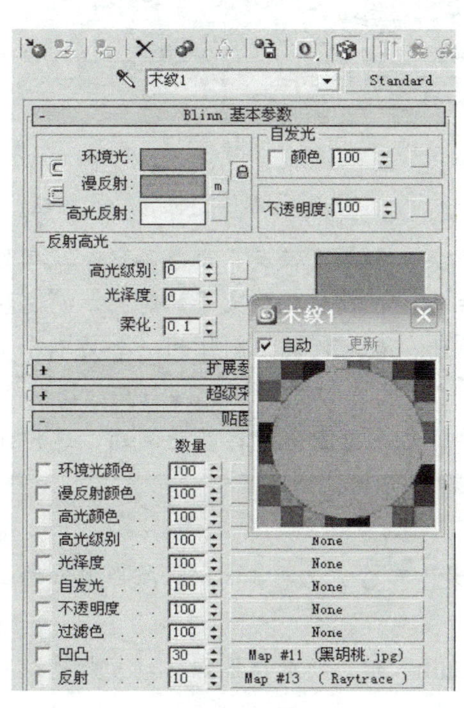

图 8-133

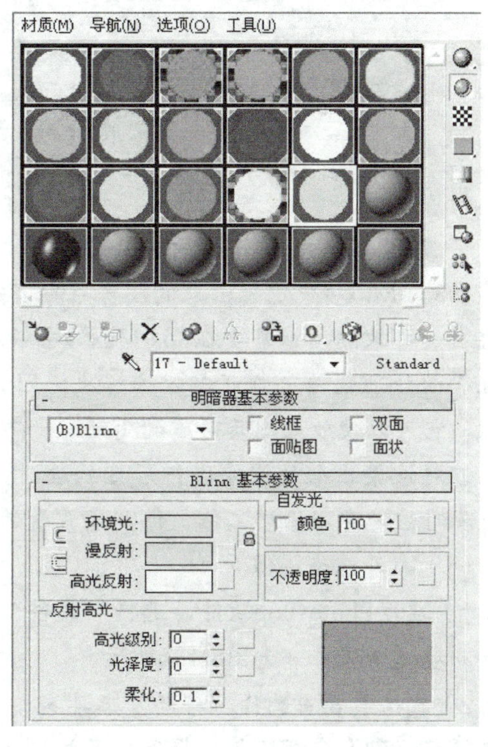

图 8-134

自发光材质制作完成后，接下来就可以渲染输出材质通道图像了。

5）关闭场景中所有灯光，因为渲染自发光材质不需要灯光，关闭灯光的同时也可以加快渲染速度。

6）按〈F10〉打开“渲染场景”对话框，设置渲染输出文件名为“输出效果通道”，文件类型为“*.tga”，关闭“光线跟踪”选项，如图8-135所示，以节省渲染时间。

7）单击“渲染”按钮开始渲染，输出的图像保存在指定的文件中。

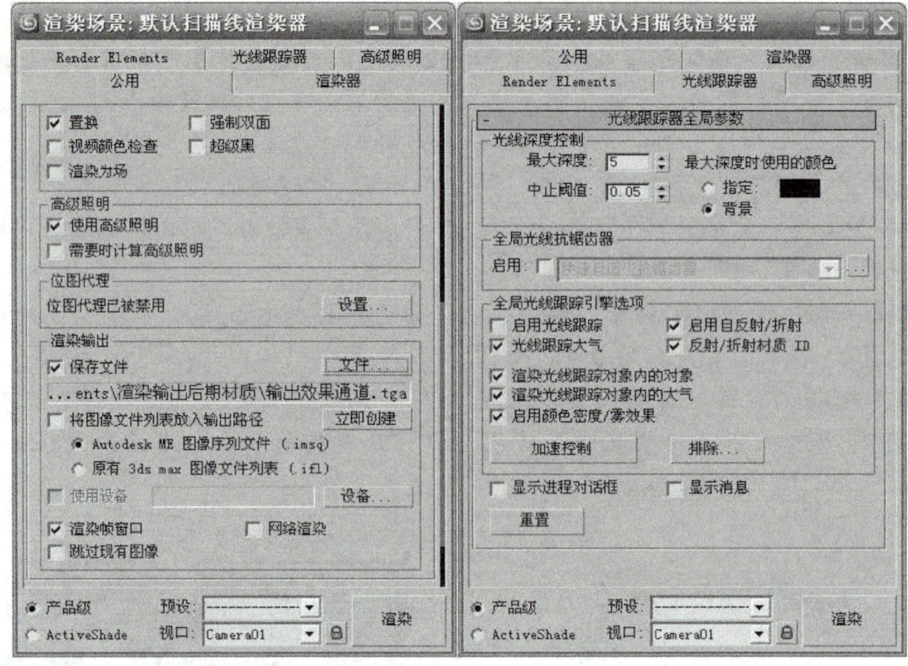

图 8-135

5. 在Photoshop中进行后期处理

在3ds Max 9中渲染出来的图像往往不是十分完美，如颜色较灰、光感不强等，有时甚至存在一些缺陷，如果要在3ds Max 9中解决这些问题，往往要花费大量的时间。而这些问题在平面处理软件中都可以轻松解决，因此后期处理一直是效果图制作的一个必不可少的步骤，它可以使效果图获得质的飞跃。

在对渲染出来的图像进行后期处理时，一定要首先找出图中所存在的问题，这样才能更有针对性地完成修整工作，得到高质量的处理效果。

（1）打开渲染图像

1）启动Photoshop软件，选择“文件”→“打开”命令，打开3ds Max渲染输出的效果图和材质通道文件，如图8-136所示。

2）在工具箱中选择“移动”工具，按住〈Shift〉键，将通道图像拖动复制到效果图图像窗口得到一个新图层，将其更名为“通道”。

说明

按住〈Shift〉键拖动一个图像到另一个图像窗口，可使原图像与目标图像中心对齐。

3）关闭通道图像文件。

4）拖动“背景”图层到图层面板底部“创建新图层”按钮，复制得到“图层副本”，将“图层副本”置于“通道”图层之上，如图8-137所示。

图 8-136

图 8-137

5）执行“文件”→“存储”命令，以Psd格式保存图像文件。

说明

“背景副本”图层为处理图层，“背景”图层为备份图层。

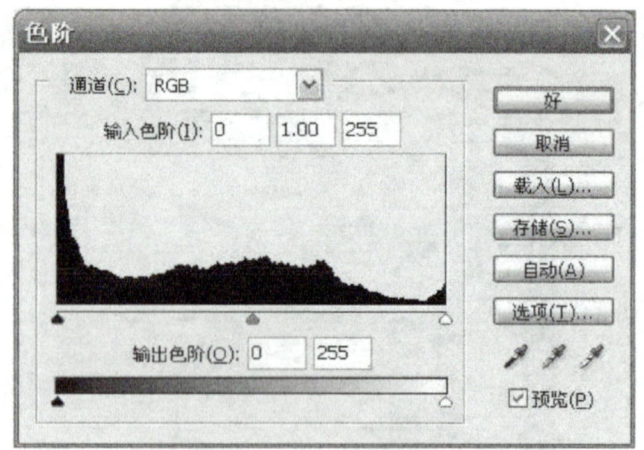

图 8-138

（2）调整图像色调 3ds Max 9渲染输出的图像通常会出现图面发灰、阴影细节不够、阴影关系不正确等现象，在Photoshop中可使用“色阶”、“曲线”、“亮度/对比度”、“色彩平衡”等命令，从整体到局部进行调整与修正。

1）整体效果调整。

① 调整图像整体亮度：观察当前图像，整体很暗淡。执行“窗口”→“直方图”命令打开“直方图”调板。从直方图可以看出，图像像素主要集中在暗部（直方图左侧），这是导致图像暗淡的原因，如图8-138所示。

② 解决图像暗淡的问题通常是采用调整“色阶”的方法，但从当前的直方图可以看出，通过调整色阶提高图像亮度并不十分理想，因为那样会损失部分细节，如图8-139所示的窗户位置出现了曝光的现象。

图 8-139

③ 比较好的调整方法是使用“曲线”命令。设置“背景副本”为当前图层，单击图层面板底部的“创建新的填充或调整图层”按钮，添加“曲线”调节图层，如图8-140所示。

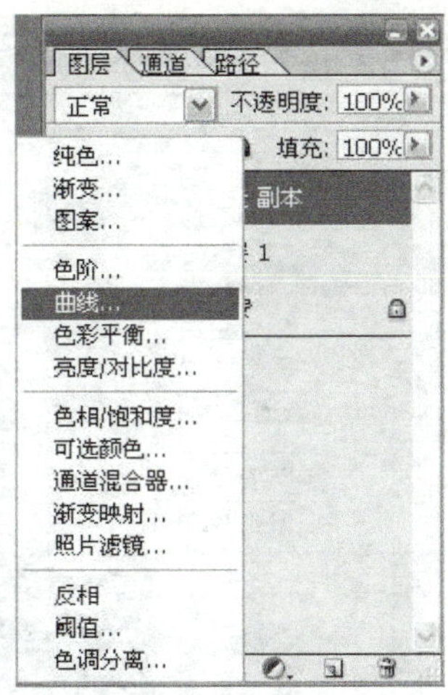

图 8-140

说明

使用调节图层处理图层不会破坏原始图像像素，可以很方便地进行调整与修改。

④ 打开“曲线”对话框后，按下〈Ctrl〉键，分别在图像亮光、中间调、暗调三个区域拾取点，在“曲线”对话框中将得到相应的控制点，如图8-141所示。

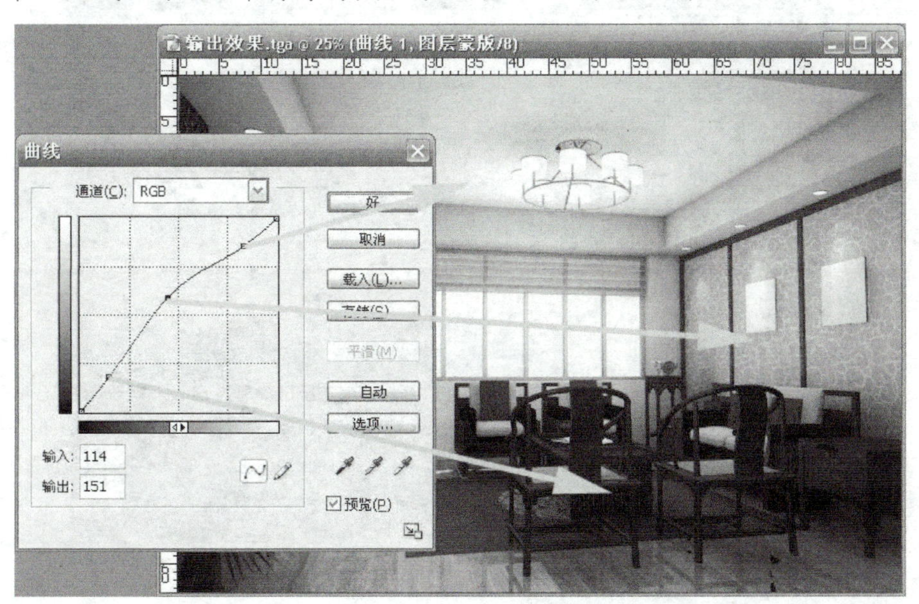

图 8-141

⑤ 适当提高中间调和暗调区域控制点，如图8-142所示，此时图像亮度被提高，同时保留了应有的细节。

⑥ 处理构图：选择“裁剪”工具，在图像窗口内拖动鼠标创建一个裁切窗口，根据构图需要调整裁切窗口大小，如图8-143所示，按回车将不需要的部分裁掉。

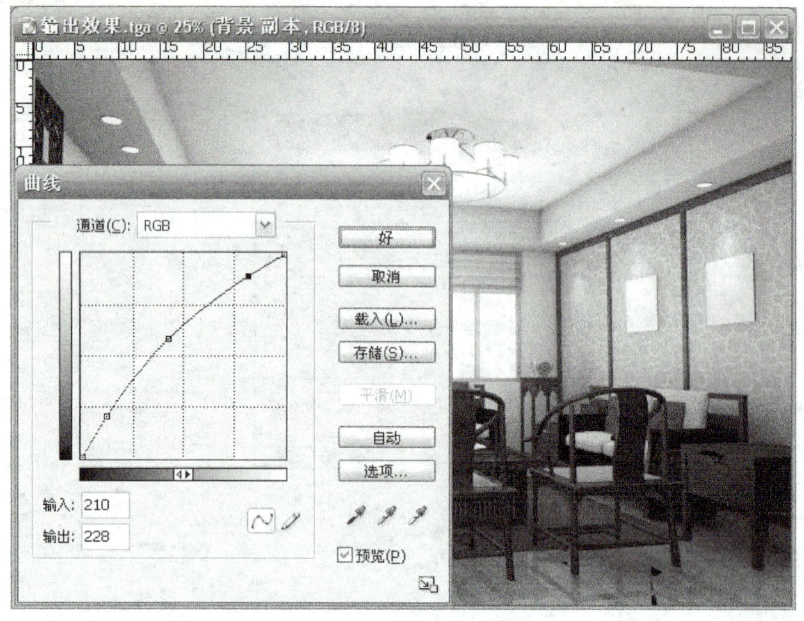

图 8-142

图 8-143

2）局部效果调整：整体调整完成后，在图像的局部也会发现许多不如意的地方，等待我们去整理，包括色调、阴影等。

① 调整椅子、条案、沙发亮度：设置“通道”为当前图层，选择“魔棒”工具，在条案上单击鼠标，将“木纹_椅子”材质载入选区。按住〈Shift〉键单击沙发，将“布纹_沙发”材质区域添加到当前选区，结果如图8-144所示。

图　8-144

② 设置“背景副本”为当前图层：选择“减淡”工具，在工具选项栏中设置“范围”为“中间调”、“曝光度”为6%，并适当调整画笔大小，在条案左侧沙发背面涂抹，加强其亮度，如图8-145所示。

图　8-145

③ 利用“通道”图层，将条案上的瓷盘载入选区，添加一个“亮度/对比度”调整图层，适当调整参数以增加其亮度，如图8-146所示。

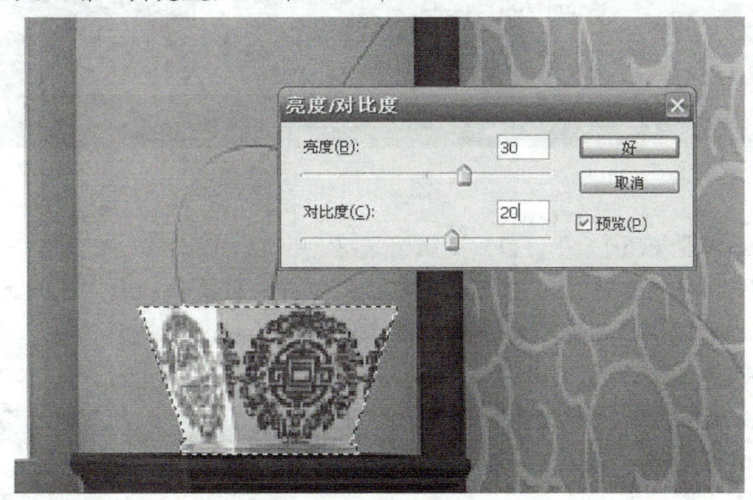

图　8-146

（3）处理溢色　使用3ds Max 9传统渲染器渲染效果图，不能处理物体之间的颜色溢出，因此需要在后期处理软件中手动添加。下面以沙发和条案为例讲解溢色的添加方法。

1）单击图层面板底部的按钮，创建“图层1”新图层。

2）利用“通道”图层将沙发载入选区。

3）选择“吸管”工具，在条案接近沙发的位置单击鼠标，拾取该位置的颜色作为前景色，如图8-147所示。

图 8-147

4）选择“画笔”工具，设置“不透明度”为12，并适当设置画笔大小，在条案与沙发布纹之间的选区上涂抹，模拟深红色的条案颜色溢出到白色沙发布纹上的效果，结果如图8-148所示。

图 8-148

5）处理完成后按〈Ctrl〉+〈D〉键取消选区。

（4）柔光处理 对图像进行柔光处理，可以制作出一种柔和的太阳光效果。

1）选择“文件”→“存储”命令保存图像文件。再选择“文件”→“存储为”命令，以其他名称保存文件。

2）选择“图层”→“拼合图像”命令，合并所有图层。

3）选择“图像”→“模式”→“Lab颜色”命令，将图像颜色模式转换为Lab模式。

4）拖动“背景”图层到图层面板底部按钮上，复制得到“背景副本”图层。

5）切到“通道”面板，按〈Ctrl〉+〈1〉快捷键选择“明度”通道，如图8-149所示。执行“滤镜”→“模糊”→“高斯模糊”

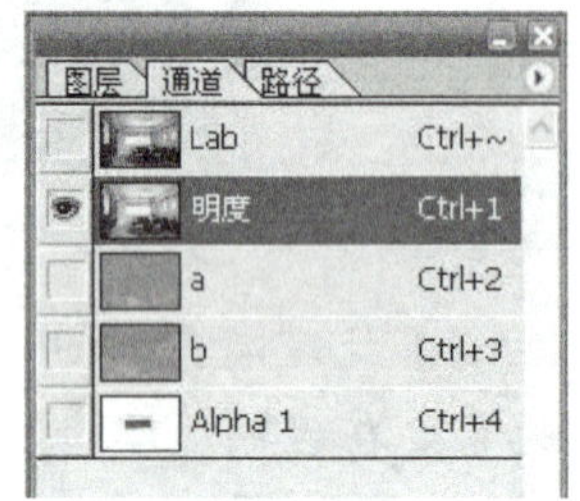

图 8-149

命令，打开“高斯模糊”对话框，设置“半径”为1.8像素，如图8-150所示，单击“好”按钮确定。

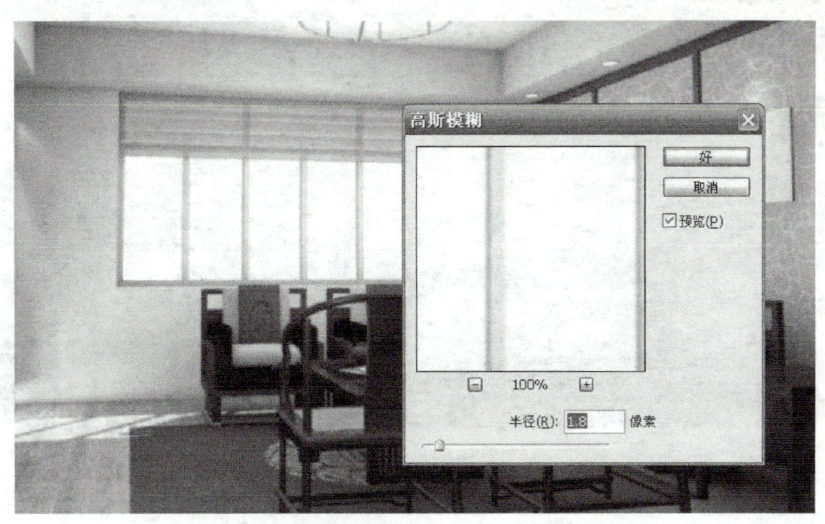

图 8-150

6）按〈Ctrl〉+〈~〉快捷键返回到Lab复合通道。

7）切换至图层面板，单击面板底部按钮，在“背景副本”图层上添加图层蒙版。按〈D〉键设置前景为黑色，按〈Alt〉+〈Delete〉键填充图层蒙版为黑色，如图8-151所示。此时“背景副本”图层被蒙版隐藏。

图 8-151

8）选择“画笔”工具，在工具选项栏中设置“不透明度”为10%，并适当设置画笔大小，然后以窗为起始点向室内方向涂抹（即修改黑色蒙版为白色，“背景副本”将从白色区域显示出来），以产生较柔和的太阳光效果，如图8-152所示。

图 8-152

9）按下〈Ctrl〉键，同时单击图层蒙版将其载入选区，如图8-153所示。

图 8-153

10）单击“创建新的填充或调整图层”按钮，添加“亮度/对比度”调整图层，在“亮度/对比度”对话框中适当提高“亮度”值，以加强阳光效果，如图8-154所示。

11）合并所有图层，执行“滤镜”→“锐化”→“USM锐化”命令，对图像进行锐化处理，使图像更清晰，锐化参数如图8-155所示。

12）选择“图像”→“模式”→“RGB颜色”命令，将图像颜色模式转换成RGB模式。

13）按〈Ctrl〉+〈S〉组合键保存图像文件，新中式风格客厅的最终效果图制作完成。

图 8-155

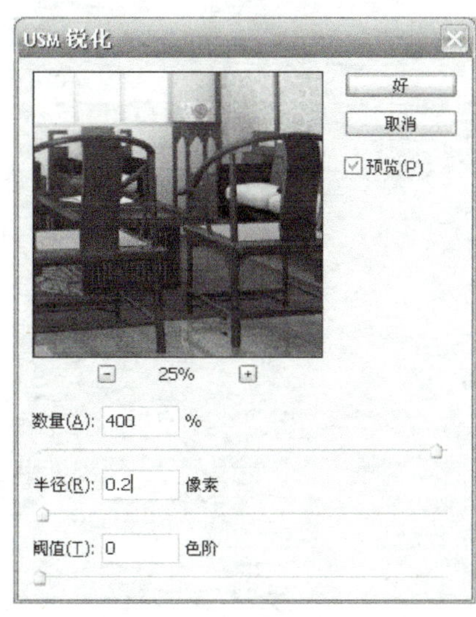

图 8-155

经验交流

本节课我们进行了中式客厅的制作，从中了解并掌握了效果图制作的整个流程，重点在于如何通过3ds Max提供的系统灯光来模拟现实世界的真实光照，这个环节，学生要通过实例的学习结合对现实世界光线的分析，制作出高仿真的效果。后期部分，通过平面软件，解决在3ds Max中制作的不足，使画面效果达到最理想的效果。整个过程要求学生活学活用，在最短的时间制作出满意的效果，最大地发挥软件的功效。

参 考 文 献

[1] 陈志民．家装效果图表现精彩实例[M]．北京：机械工业出版社，2006．

[2] 韦志峰．完美风暴3ds Max 8室内外效果图制作现场[M]．北京：北京希望电子出版社，2006．

[3] 周欢．3ds Max艺术效果100例[M]．北京：人民邮电出版社，2005．

[4] 吴俊海．3ds Max 8入门必练[M]．北京：清华大学出版社，2006．